国内外石油科技创新发展报告（2016）

吕建中　主编

石油工业出版社

内 容 提 要

本书是在中国石油集团经济技术研究院长期跟踪研究国内外石油科技创新进展的基础之上编写而成,主要包括 8 个技术发展报告和 12 个专题研究报告。技术发展报告全面介绍了国内外石油科技创新的发展动向,归纳总结了世界石油上下游各个领域的重要技术进展及技术发展特点与趋势。专题研究报告重点分析了低油价对全球深水油气勘探开发的影响及北美地区降低钻完井作业成本的主要做法,中国海油成功研发"贪吃蛇"技术的启示,以及近年来全球油气领域专利动态,并对叠前深度偏移成像、光纤监测、连续管钻井、钻头、天然气水合物钻井、无限级压裂、炼油工艺催化剂、石油化工等领域的技术进行了深入研究。

本书可作为石油行业各专业科技管理人员、科研人员以及石油院校相关专业师生的参考用书。

图书在版编目(CIP)数据

国内外石油科技创新发展报告.2016/吕建中主编.
—北京:石油工业出版社,2017.8
ISBN 978 – 7 – 5183 – 2101 – 8

Ⅰ.①国… Ⅱ.①吕… Ⅲ.①石油工程–科技发展–研究报告–世界–2016 Ⅳ.①TE – 11

中国版本图书馆 CIP 数据核字(2017)第 216013 号

出版发行:石油工业出版社
(北京安定门外安华里 2 区 1 号楼　100011)
网　　址:www. petropub. com
编辑部:(010)64523738　图书营销中心:(010)64523633
经　销:全国新华书店
印　刷:保定彩虹印刷有限公司
2017 年 8 月第 1 版　2017 年 8 月第 1 次印刷
787×1092 毫米　开本:1/16　印张:20.25
字数:510 千字
定价:180.00 元

《国内外石油科技创新发展报告(2016)》

编　委　会

主　　　任：李建青　钱兴坤

副 主 任：吕建中

成　　　员：刘朝全　姜学峰　张　宏　祁少云　李尔军
　　　　　　廖　钦　程显宝　何艳青　饶利波

编　写　组

主　　　编：吕建中

副 主 编：何艳青　饶利波　朱桂清

编 写 人 员：（按姓氏笔画排序）

　　　　　　王丽忱　王祖纲　王晶玫　田洪亮　司云波
　　　　　　毕研涛　朱桂清　刘　兵　刘雨虹　孙乃达
　　　　　　杨金华　杨　虹　杨　艳　李春新　李晓光
　　　　　　邱茂鑫　余本善　张华珍　张焕芝　赵　旭
　　　　　　郝宏娜　胡秋平　袁　磊　徐金红　高　慧
　　　　　　郭晓霞　焦　姣

指 导 专 家：刘振武　高瑞祺　蔡建华　李万平　阎世信
　　　　　　吴铭德　孙　宁　贾映萱　徐春明　杜建荣

编 写 单 位：中国石油集团经济技术研究院

低油价下国际油气行业技术创新战略动向分析
（代序）

自 2014 年下半年以来，国际油价大幅度下跌，石油行业遭遇严峻的困难和挑战，倒逼石油公司采取一系列降本增效措施，包括压缩投资、精简开支、裁减冗员、剥离资产、兼并重组等，并将降低成本费用的压力传导至技术服务、装备制造、工程建设、材料供应等各个环节，推动整个产业链的低成本运行。在这种情况下，那些在高油价时期形成并一度被视为理所当然的成本驱动要素，都需要进行改革、调整和更替，其中通过技术和管理创新提高效率、优化运营成为最现实的选择。纵观世界石油工业的发展历程，一些颠覆性技术正是在油价低迷或开发条件复杂化的环境下应运而生的，充分体现了技术创新的商业属性和业务驱动。面对新一轮的油价暴跌，国际大石油公司、服务公司对技术创新的重视程度依然未减，有的甚至投入力度更大，同时大力推进技术创新管理转型，呈现一些值得关注的新动向、新特点。

一、研发投入总体上保持稳定，服务公司的投入强度有所增长

一般认为，在高油价时期，油气行业盈利丰厚、资金充裕，石油公司往往创新动力不足；到了低油价时期，石油公司迫切需要依靠技术创新降本增效，又容易受到盈利下降、资金紧张的制约。当一些公司的投资捉襟见肘时，就会削减对技术研发的投入，特别是暂停或收缩一些基础性、战略性研发项目。但是，那些世界一流的大型石油公司和油田技术服务公司，始终把创新作为公司的核心战略，无论在高油价还是低油价时期，都能坚持对技术研发的大投入，保持创新动力和活力。毫无疑问，一旦低油价成为新常态，必将催生对新技术的更多需求，进而激发新一轮技术创新热潮。

根据对 14 家大型石油公司（包括国际石油公司和国家石油公司）、4 家大型油田技术服务公司研发投入的统计分析，在过去 20 多年里，这些公司的研发投入总体上保持大幅增长态势，绝对值增长了近 2 倍。在研发投入强度（研发投入占销售收入的比率）方面，石油公司基本保持在 0.2% ~0.6% 之间，油田技术服务公司平均达到 3%，个别公司高达 6% 以上。在 2013—2014 年，由于国际大公司对油价下跌的预期加剧，进一步加大了对技术研发的投入，积极储备技术和实力，以应对低油价的挑战。

值得注意的是，石油公司的研发投入与油价变化存在一定的"时滞"现象。油价持续走低之后，石油公司会压缩对技术研发的投入，暂停部分研发项目或实施研发业务外包。但是对于依靠技术生存的油田技术服务公司来说，持续、稳定、巨额的研发投入是不断获取新技术和保持技术领先的基础，越是在低油价情况下，油田技术服务公司越要靠技术赢得市场和竞争优势，因此对技术研发的投入保持稳定或增长的态势。在 1998 年和 2008 年的两次油价低谷时

期,油田技术服务公司的研发投入基本保持稳定,而且后期反弹上升较快。自本轮油价下跌以来,国际大型油田技术服务公司的研发投入也未见明显缩减。

二、研发项目的优先级调整明显,更加重视实用性、针对性技术

在低油价下,国际石油公司普遍缩减了对中长期研发项目的投入,将研发投入集中于中短期的项目,强化研发项目的优化组合。由于石油公司关心的主要是采取哪些措施能最有效地减少成本或提高作业效率,更加注重技术研发的实用性和针对性,大力开发特色关键技术。比如,在北美地区大幅度推广应用的老井重复压裂、增加压裂段数和减少压裂段间距、提高压裂液中支撑剂强度、水循环应用以及延长分支井、工厂化作业钻机等技术,都是在生产商与服务商的相互协作下,通过新的技术发明或者对原有技术的重新组合及再应用,大幅度压缩了生产作业成本,取得了理想的效果。

根据 IHS 公司的调查数据,将 2014—2015 年的低油价与 2012—2013 年的高油价时期相比,上游技术研发的重点发生了一些显著变化。目前,国际石油公司的关注点主要集中在提高效率、降低成本的实用技术上,尤其是与数字化、自动化相关的技术,特别是油藏描述与模拟、移动/通信/过程自动化、计算机、机器人/无人机/自动驾驶、钻井自动化、分析处理等技术的研发优先级提升较多,而提高采收率、水下处理、地震数据处理与解释、储层表征、钻井、岩石/流体分析工具、地震数据采集、油藏增产、流动保障、混相驱等技术研发的优先级有所下降。

国际油田技术服务公司的关注点也主要集中在降低成本和优化产量的相关技术方面。根据威德福公司的研究报告,当油价为 100 美元/bbl❶ 时,公司最关注风险及复杂性管理、增储、钻探和完井成本最小化等方面的技术;当油价下降到 50 美元/bbl 时,优先级出现了变化,"实现钻探和完井成本最小化"变成了考虑的第一要素。仍以 IHS 公司的调研数据为证,在 2014—2015 年油田技术服务公司研发项目中,海底控制管线、立管和输送管线(SURF)、传感器、岩石/流体分析工具、水下处理、地震数据处理和解释、地震数据采集、非地震遥感、管道防腐、大数据及分析、钻井等技术研发的优先级有所提升,而未来数字油田、钻井自动化、储层表征、修井、完井、油藏描述与模拟、海底增压与人工举升、电缆工具等技术研发的优先级有所下降。

同时,针对不同类型资源,石油公司的研发优先级也在调整,对重油、极地资源、页岩气、老油田、含酸气油田等资源的研发优先级有所下降;对常规碎屑岩、碳酸盐岩、致密气、油砂、煤层气、页岩油等资源的研发优先级有所加强。

三、突出"价值驱动"理念,强调技术研发的价值创造力

一般认为,技术创新管理理念历经四代演变,即直觉驱动、项目驱动、战略驱动和价值驱动。自 20 世纪 90 年代以来,油气行业的技术创新基本处于战略驱动阶段,石油公司将研发活

---

❶ 1bbl = 158.9873dm³。

动纳入公司战略发展规划之中,具有明确的战略方向,打破原来的封闭性研发模式,采取跨部门的矩阵组织开展技术创新活动,由企业高层直接领导,技术创新被列为公司竞争优势的重要影响因素。比如,中国石油的科技创新理念"主营业务战略驱动、发展目标导向、顶层设计",就带有明显的战略驱动阶段特征。

近年来,特别是油价进入下行通道之后,国际大石油公司的技术创新加快从第三代"战略驱动"向第四代"价值驱动"的跨越,在主张技术创新围绕公司战略的基础上,进一步突出价值管理,充分利用科技发展的最新成果,弥补自身研发能力存在的不足,更加有效地缩短研发周期,降低研发成本、研发风险,更好地利用有限的研发资金,为公司创造更大的价值;注重技术组合管理,聚焦核心技术能力与平台,实施开放式创新;在对自主研究、合作研究、技术联盟等技术获取方式进行决策时,充分考虑技术交易成本等。

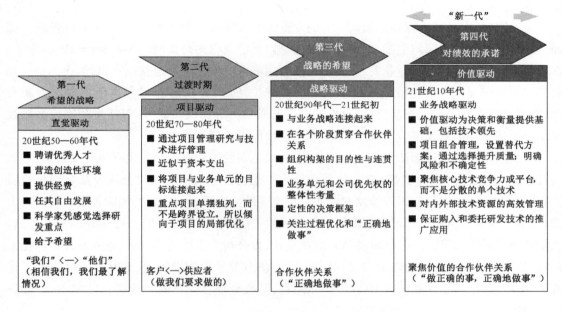

四代创新管理理念

资料来源:伍德麦肯兹公司

在具体实践中,强调制定适宜的技术战略,强调创新活动与公司战略、市场竞争需要的一致性,围绕业务发展目标设置研发项目组合;公司领导层把更多的精力集中到创新和创造方面,推动依靠创新增强价值创造力;对技术创新给予持续稳定的资金支持,并将资金投入合适的研究领域,特别是优势和竞争性领域;营造鼓励创新与宽容失败的文化氛围,培养员工的创新精神,鼓励员工发现问题,提出相关意见或建议;在公司内部创建知识管理系统,实现公司范围内信息和知识的共享,并通过知识分享激发创造出新的点子,促进更多的创新;重视吸收并培养具有技术创新能力的优秀员工,组建由具备不同能力的人员组成的多功能小组;建立有效支撑创新的组织架构与管理流程,规避风险,确保以高效的方式促进技术创新。

四、开放式创新日益活跃,跨界合作、风险投资引起更多重视

在低油价下,越来越多的石油公司实施更加开放的创新管理模式,充分借助外部创新资源,广泛开展与大学/研究机构的合作研发,建立技术联盟,设立风险投资基金,参与联合工业项目甚至跨界、跨行业合作等,快速实现创新价值。

从国际上的成功实践来看,建立联合工业项目(Joint Industry Project,JIP)是油气领域开放式技术创新的有效选择。在 JIP 项目中,每个参与者可以在合作过程中提出需求和建议,并获得项目的最终研发成果。JIP 解决的是行业面临的共同技术难题,一般是在技术还不成熟、竞争还未开始的阶段开展合作,目的是实现技术升级、加强供应商与客户的联系、创造竞争优势等。通过 JIP 这种组织模式,石油公司不仅能够快速学习和提升技术能力,还能结识外部合作伙伴,扩充自己的"朋友圈"。

与此同时,在一些全球创新资源聚集区,油气技术领域的跨界创新合作越来越普遍。比如,在美国休斯敦、英国阿伯丁、加拿大卡尔加里以及巴西里约科技园(Rio Science Park)等地,各类技术公司、研发机构、专业人才聚集,石油公司可以更方便快捷地获取知识,形成创意。壳牌公司在美国波士顿—剑桥地区成立的壳牌技术工坊(STW),通过借力当地丰富的创新资源,将相关前沿技术引入石油行业,取得了一系列成功的跨界创新成果,包括将药物控缓释技术用于微流体与纳米尺度传输,核磁共振成像技术用于地层评价等。

为克服大公司内部创新活力不足的难题,越来越多的国际石油公司设立风险投资基金,面向社会上的初创企业,寻找超前性、颠覆性技术。盈利并非石油公司设立风投基金的首要目的,获取创新资源、实现公司可持续发展才是最重要的。国际石油公司的风险投资主要面向上游、数字技术及清洁技术领域。以道达尔能源风险投资(Total Technology Ventures LLC)为例,长期致力于寻找有潜力的新技术和新的商业模式,为公司实现可持续发展、进入新的能源化工领域,或帮助现有业务部门转型、升级及发展等提供有前景的创投机会;截至目前已投资了将近 30 个项目,单项投入规模在 1000 万美元左右,其投资项目评估的内容包括技术创新、投资方式、技术模式、知识产权、财务状况等。

五、启示与思考

1. 油价越低,越要重视并依靠技术创新

在低油价的市场环境中,赢得竞争优势需要依靠成本领先,而实现成本领先的最有效途径就是技术创新。对于那些在高油价时期形成并一度被视为理所当然的生产方式、技术手段、工艺方法及其相应的成本驱动要素,必须通过创新加以调整和改变。尤其是在当前油气行业整体盈利水平大幅度下降的情况下,谁能保持战略定力,切实把创新摆在发展全局的核心位置,谁就能成功渡过"寒冬",拥有更多发展机会,实现在凤凰涅槃中浴火重生。

在低油价下,国内石油公司既要保持对技术研发活动的稳定投入,又要改进对研发项目的管理,突出技术创新的"价值驱动"理念,认真解决好科研力量重复分散、科研与生产脱节以及

科研人员积极性不高等老大难问题，着力提高研发效率，降低投入风险。公司在安排业务发展、项目投资、工程建设等时，都要把技术创新的因素考虑进去，形成全方位、全员参与的技术创新倒逼机制。要围绕价值链部署创新链，下大气力组织好实用、新型技术的研发、试验及推广，加快技术创新能力向核心竞争力和价值创造力的转化。

2. 适应低油价新常态，及时调整科研重点，着力优化技术组合

纵观世界油气行业技术创新的历程，在油价长周期波动的不同时期，国际石油公司和技术服务公司会适时调整其科研重点，不断优化技术组合。比如，在高油价时期，石油公司技术创新涉猎的领域可以广泛些，但在低油价条件下，则要收缩战线，突出强调实用性、针对性，降低投入风险，提升研发效率。同时，技术发展的集成化趋势明显，科学优化技术组合可以有效降低技术成本。

考虑到在未来几年里，低油价可能成为油气行业的新常态，国内石油公司应多聚焦于那些能够降低成本、提高效率的实用技术研发，积极引进和利用各种成熟的技术创新管理方法与工具，有效降低研发成本、缩短研发周期、加快决策过程，并使研发项目及其技术组合能够更好地适应环境变化。比如，在页岩油气开发中，"水平井+压裂"一直被视为提高产量的主要手段，也是降低生产作业成本的主要领域。近年来，国内的工厂化作业、水平井和压裂等关键技术和作业方法，虽然取得了一系列进步，但综合成本和作业效率相对于北美地区仍还有一定差距，可以挖潜提升的空间依然较大。在国内老油气田推广应用的老井侧钻水平井方法，特别是利用连续管天然气侧钻水平井，就是在低油价下优化技术组合的一种有益探索。

3. 扩大开放、协同创新，用好各种外部创新资源，积极探索"互联网+"技术创新模式

由于技术创新是企业核心竞争力的重要组成部分，一些企业常常把追求"自主创新"的过程变成"自己创新"的封闭模式，以此实现对技术的保密和独享，阻碍竞争对手进入。这种封闭式创新需要建立完整的内部技术创新体系，成本费用高，效率较低。在知识创造和扩散速度越来越快的新时期，企业独立地开展创新受到越来越多的挑战，必须与其他组织相互作用、相互影响，形成对内外部创新资源有效整合的开放、协同创新模式，做到以快捷、低成本的方式获取技术创新能力和成果。

按照开放式创新的理念，国内石油公司有必要打破科技管理体制上的"大而全""小而全"，扩大外协、外包范围和比例，并在产业链、创新链的不同环节吸纳不同的合作伙伴，促进内外部创新资源的相互补充、协同共进。特别应加强石油公司与服务公司的技术创新合作，建立利益共享、风险共担机制，使服务公司能够分享因工程技术进步带来的油气勘探开发业务降本增效成果。同时，积极融入国家鼓励"大众创业、万众创新"的新时代，探索风投、创投等新的商业模式，构建更加广泛的技术创新网络，推动形成"互联网+"创新发展新业态。

4. 为低油价时期的技术创新提供必要的政策支持

持续低迷的油价和疲软的市场，正在将全球油气产业拖进困难的泥潭，国内石油公司的技术创新需要得到国家政策的大力支持。首先，考虑到石油公司的研发重点普遍转向实用技术领域,国家应加大对基础性、超前性、战略性油气技术研发项目的投入,保持创新链的连续性、完整性;其次,在国际市场上,存在着一些拥有先进或独特技术的石油公司、服务公司,因低油价而面临着破产、出售的命运,国家应鼓励和支持国内石油公司有选择地组织国际收购,弥补技术短板,同时借机引进国际高端技术人才;再则,党的十八大以来,国家出台了一系列深化科技体制机制改革、鼓励技术创新的政策文件,需要尽快在国内石油公司、服务公司及其相关企业"落地",切实减轻企业负担,调动科技人员的积极性和创造性。

中国石油集团经济技术研究院副院长　吕建中
（本文发表于2015年12月第12期《国际石油经济》）

前　言

技术创新是企业实现可持续发展的根本,尤其是在近年来的低油价环境下,技术创新已经成为应对低油价的一个重要举措。中国石油集团经济技术研究院科技发展和创新管理研究团队,通过对世界石油科技信息的长期持续跟踪研究,为及时准确地了解和把握世界石油科技发展现状与趋势,以及国内外石油科技创新成果,更好地服务于国家的石油科技发展,每年定期形成一份涵盖石油地质、开发、物探、测井、钻井、储运、炼油、化工等多个领域的科技发展报告,并为上级管理部门提供不同领域的专题研究报告。

石油工业历史上的每一次跨越都得益于技术革命,特别是一些颠覆性技术,在应对挑战的过程中破壳而出。越是在困难的条件下,越要倍加重视和依靠技术创新,跟上科技革命步伐,准确把握未来方向,赢得竞争优势和发展空间。国际大石油公司纷纷将科技创新作为立身之本,将科技投入作为公司的战略投资,依靠创新培育核心竞争力、占领制高点。中国石油实施创新战略,明确提出到2020年公司科技实力保持国有企业前列、行业先进,建成国际知名的创新型企业,到2030年努力建成世界一流的创新型企业。为了更好地反映世界油气行业科技创新发展的最新动态,从本年度开始,将自2012年以来正式出版的《国外石油科技发展报告》系列丛书更名为《国内外石油科技创新发展报告》,在报告的编写内容上进行了调整:各专业年度发展报告增补了国内技术的创新发展,增加了石油化工年度发展报告,在专题报告部分增加了技术创新管理的相关内容,以期能够更加全面准确地为科技和管理人员提供世界范围内的石油科技创新发展信息,充分发挥这些研究成果的作用,更好地服务于中国石油科技的创新发展。

《国内外石油科技创新发展报告(2016)》由综述、8个技术发展报告、12个专题研究报告和附录组成。其中,技术发展报告包括石油地质勘探理论技术、油气田开发技术、地球物理技术、测井技术、钻井技术、油气储运技术、石油炼制技术、化工技术报告,全面介绍了国内外石油科技的新进展和发展动向,归纳总结了世界石油上下游各个领域的重要技术进展及技术发展特点与趋势。根据国外石油科技发展状况,结合国内石油科技发展的实际需求与科技发展规划,专题研究报告对叠前深度偏移成像、光纤监测技术、连续管钻井技术、钻头技术、天然气水合物钻井技术、无限级压裂技术、炼油工艺催化剂、生物化工技术等进展进行了深入研究,并重点分析了低油价下全球深水油气勘探开发的影响与北美地区降低钻完井作业成本的主要做法,中国海油成功研发"贪吃蛇"技术的启示,以及近年来全球油气领域专利动态。

中国石油集团经济技术研究院吕建中副院长对该书进行了总体策划、设计和审核,李建青院长对报告提出了宝贵的修改意见,何艳青、饶利波和朱桂清共同组织了编写和审校工作。其中,综述由李晓光、朱桂清编写;石油地质勘探理论技术发展报告由胡秋平、焦姣编写,高瑞祺审核;油气田开发技术发展报告由张华珍编写,蔡建华审核;地球物理技术发展报告由李晓光编写,阎世信审核;测井技术发展报告由朱桂清、王丽忱编写,吴铭德审核;钻井技术发展报告由郭晓霞编写,李万平审核;油气储运技术发展报告由郝宏娜编写,贾映萱审核;石油炼制技术发展报告由赵旭编写,徐春明审核;化工技术发展报告由刘雨虹编写,杜建荣审核。专题研究报告编写人员包括吕建中、何艳青、李万平、朱桂清、杨金华、杨虹、袁磊、田洪亮、郭晓霞、孙乃达、张华珍、张焕芝、李晓光、余本善、郝宏娜、焦姣、邱茂鑫、王丽忱等。

由于时间仓促,编写水平和经验不足,书中难免存在不尽如人意之处,真诚地希望听到广大读者的意见和建议,以不断提高编写质量和水平。

编者

2017 年 3 月

目 录

综 述

技术发展报告

专题研究报告

附　录

综　　述

2015 年，国际油价跌破金融危机低点。全球石油剩余探明可采储量 $2410 \times 10^8 t$，同比下降 0.2%；全球天然气剩余探明可采储量 $190.7 \times 10^{12} m^3$，同比增长 0.35%。因油价持续走低，世界油气产出量增幅收窄，高成本油气项目的勘探开发投资进一步放缓，全球新发现油气田数量进一步减少，全年共获得 277 个油气发现，其中新发现油田 147 个，气田 130 个。海上新增储量 $18 \times 10^8 t$ 油当量，陆上新增 $4 \times 10^8 t$ 油当量，海上新增油气储量远多于陆上。

油气行业处于"寒冬"季节的 2015 年，石油公司和油田服务公司技术创新成为油气行业应对低油价的重要举措之一，油气勘探开发等各个专业领域在艰难险阻中取得了一系列技术进展：勘探技术向综合化、数字化、可视化、实时化、定量化方向发展的趋势始终不变，地质建模法、多维的储层模型、精确的资源评价技术及资源风险评估等方法和技术取得新进展；油气田开发领域涌现出基于 CT 扫描的油藏描述、无水压裂等大批新技术；在地球物理领域，宽频、高密度采集与各种叠前深度偏移成像技术应用持续推进；地层压力测井及随钻测井技术取得多项新进展；智能化钻井系统取得新突破，连续管欠平衡钻井技术支撑老油田挖潜；油气储运行业快速发展，管材技术取得突破，管道管理和运行技术朝着智能化发展。炼化技术进展主要集中于清洁燃料生产和重油加工转化，具体表现在催化裂化、加氢处理等主流技术的工艺改进和催化剂性能升级等；世界石化工业正在向着技术先进、规模经济、产品优质、成本低廉、环境友好的方向发展。

一、低油价下国内外油气勘探开发形势

2015 年，全球经济增速放缓，世界能源消费增速减慢，化石能源在全球一次能源消费结构中的比重继续下降，世界石油供需宽松程度进一步加大，国际油价跌破金融危机低点。全球油气勘探开发资本支出继续大幅下降，据巴克莱银行统计，2015 年油气上游资本支出为 5300 亿美元，同比减少 22%，受此影响，工程技术服务市场规模为 3365 亿美元，降幅达 25%。低油价下，美国页岩油气勘探开发的热潮有所消退，石油企业债务大幅上升，再融资能力下降，处于破产或重组之中的中小企业数量不断增加。

（一）全球油气上游资本支出大幅下降

2015 年，世界油气行业步入低谷，全球油气供给能力超出消费需求，中国油气市场整体需求乏力，全球石油公司经营陷入困境，业绩大幅下滑，纷纷开源节流、降本增效应对行业寒冬。全球石油供应年均增速为 1.28%，世界石油市场供需基本面由 2010 年的供应比需求少 $150 \times 10^4 bbl/d$，转为 2015 年供应比需求多 $170 \times 10^4 bbl/d$（图 1）。油气供过于求成为本轮油价下跌的主要原因。

1. 全球能源投资及油气上游投资双降

低油价下全球能源及油气投资大幅萎缩。美国能源信息署（EIA）统计指出，自 2000 年以

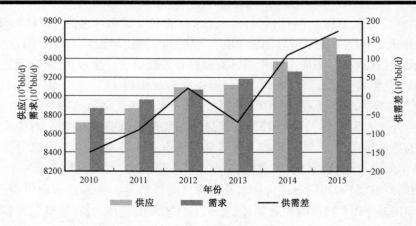

图1 全球油气供需关系图

来，除去2009年，全球对能源领域的投资一直呈增长态势。截至2014年，全球对煤炭、石油、天然气等传统化石能源的研发和生产投资增长近两倍，对太阳能、风能等可再生能源的投资则增长近3倍。2015年，全球能源领域的投资总额从2014年的2万亿美元下降到1.8万亿美元。其中，中国因积极推进低碳能源、智能电网及能效提升等政策，再次成为全球最大能源投资国，投资总额达3150亿美元。

据IHS公司统计，2015年全球油气上游勘探开发投资4930亿美元，受低油价和北美非常规油气的影响，比2014年减少了2230亿美元，减少了1/3。海上勘探生产投资同比减少了280亿美元。据IHS公司预测，2016年上游油气投资见底，2017年开始缓慢回升（图2）。

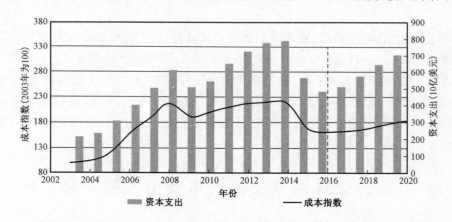

图2 油气上游资本支出统计与预测

数据来源：IHS公司

2. 石油公司收入及利润大幅缩减

持续低油价对石油行业带来了巨大的冲击，石油公司收入普遍减少35%以上，利润减少65%以上，现金流告急。全球80%的油气商出现亏损，最新的美国500强企业当中，亏损榜前十名几乎全部被石油公司所包揽，致使石油公司进行新投资、扩大产量的意愿下降，并且部分重大上游项目被取消或推迟。

（二）全球工程技术服务受到巨大冲击

石油工程技术服务涵盖物探、测井、钻井、完井、压裂及井下作业、海洋石油工程等,涉及的技术和装备众多,参与的公司也多。2015 年,全球工程技术服务市场规模再现负增长,随着 2014 年下半年油价下跌,国际石油公司开始调整投资计划,对工程技术服务市场的影响在 2015 年显现。

石油公司在取消或推迟一些重大项目的同时,要求油田服务公司降低服务价格,这对油田服务收入造成了双重打击。据统计,全球 95% 的油田服务公司出现亏损,油田服务公司裁员数量占到了全球油气行业累计裁员总数的 80%。此外,油田服务公司普遍股价暴跌、信用降级,融资困难且成本加大,雪上加霜。

1. 工程技术服务市场投资大幅减少,资本支出下降

与石油公司相比,低油价对工程技术服务行业的冲击更大,油田服务公司出现严重亏损。与 2014 年相比,2015 年全球油气勘探开发投资大幅减少,下降了 25% 以上,直接导致 2015 年全球石油工程技术服务业资本支出骤降。据巴克莱银行估计,2015 年工程服务市场规模为 3364.92 亿美元,下降 25%,其中钻井与完井服务市场是下降幅度最大的板块,降幅为 26%。

Spears & Associates 公司 2015 年 12 月报告估计,2015 年全球钻完井支出从 2014 年的 3912 亿美元减至 2668 亿美元,下降 31.8%。2014 年物探技术服务市场价值规模约为 153 亿美元,比上年减少 6%。2015 年市场规模大幅缩减,降幅达 25% 左右。

2. 作业工作量锐减导致作业装备大量闲置

2015 年,全球石油工程技术服务业作业工作量持续锐减。据 Spears 公司 2015 年 6 月报告预测❶,2015 年全球钻井数将从 2014 年的 10.4 万口减至 7.38 万口,下降约 29%。与此同时,2015 年全球钻井进尺将从 2014 年的 2.65×10^8 m 减至 1.9×10^8 m,减少 26%。2015 年 6 月,全球陆上物探队伍数量减至 387 支,比 2014 年同期的 439 支减少了 52 支。2015 年 6 月,全球海上物探队伍数量也有明显减少。

据美国贝克休斯公司统计,美国 2015 年 7 月旋转钻机数量为 866 台,比 2014 年 12 月的 1882 台下降了 54%。主要受美国市场的拖累,2015 年 7 月国际在用旋转钻机数量为 2167 台(不含中国陆上、俄罗斯和中亚),比 2014 年 12 月的 3570 台下降了 39%(图 3)。

由于全球可动用的钻机数并没有出现大的回落,但在用旋转钻机数目锐减,因此全球钻机利用率大幅下降,大量钻机闲置。全球海上钻机的利用率从 2014 年 6 月的约 82% 降至 2015 年 6 月的约 67%(图 4)。

3. 公司经营陷入困境导致融资更加困难

由于陆上钻井工作量锐减和钻机日费下降,2015 年五大国际陆上钻井承包商经营收入均有不同程度的下降,收入总计 82 亿美元,同比下降 22.9%(图 5)。五大国际海上钻井承包商总的经营收入为 215.6 亿美元,同比仅下降 13%,其中 Noble 公司的经营收入还略有增长

---

❶ 没有 2015 年的真实数据,因此仍沿用当时的预测数据。

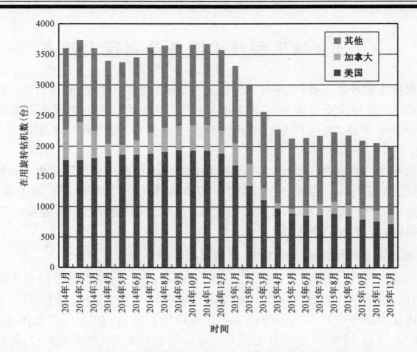

图3 2014—2015 年国际在用旋转钻机月度统计(不含中国陆上、俄罗斯和中亚)

数据来源:美国贝克休斯公司

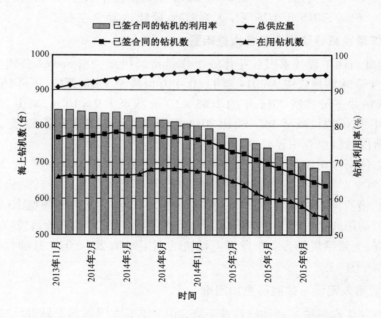

图4 2013 年 11 月—2015 年 10 月全球海上钻机数量和利用率

数据来源:"Offshore Magazine",2015 年 12 月

(图6)。按经营收入排名,Transocean 公司继续稳居全球第一大海上钻井承包商位置,其次仍为 Seadrill 公司。

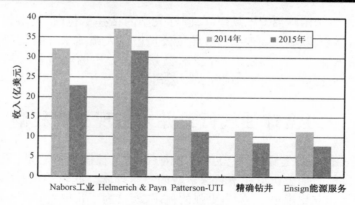

图5　2015年五大国际陆上钻井承包商经营收入对比
数据来源:各公司2015年季报

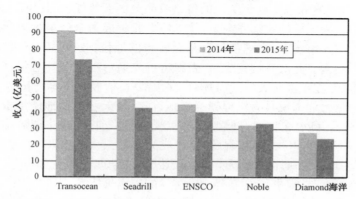

图6　2015年五大国际海上钻井承包商经营收入对比
数据来源:各公司2015年季报

2015年,四大国际油田服务公司总的净利润为 – 25.51 亿美元,除斯伦贝谢公司盈利
20.72 亿美元以外,其余3 家均出现亏损,贝克休斯亏损19.67 亿美元,威德福亏损19.85 亿美
元,哈里伯顿公司亏损6.71 亿美元(图7)。

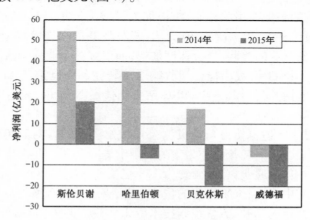

图7　2015年四大国际油田服务公司净利润对比
数据来源:各公司2015年季报

自 2014 年 6 月下旬国际油价下跌以来,国际大型的钻井承包商、技术服务公司和装备制造公司的股价持续暴跌,跌幅达 50% 以上,导致公司市值大幅缩水,融资变得更加困难,经营风险增加。因市场萎缩,2015 年石油工程技术服务业内公司的经营收入都有不同程度的减少,但市场集中度相应提高,越来越向国际大型公司集中。

(三)全球油气行业并未出现并购狂潮

2015 年,本轮油价下跌之后,石油公司纷纷削减投资,控制投资总量,全球油气并购市场并没有出现并购狂潮,石油公司也在不断探索新的经营理念。此轮并购有别于上一轮石油巨头的并购,不是为了成立规模更大、实力更强的公司,而是为了获得更好的经济效益。

1. 壳牌并购英国 BG 公司加速布局能源转型

2015 年 4 月,壳牌宣布以 700 亿美元的价格收购英国天然气集团(BG)公司,这是过去 10 年能源并购市场上较为罕见的大宗并购案,并将催生壳牌成为全球最大液化天然气公司。在快速增长的液化天然气市场上,壳牌占据着举足轻重的地位,收购 BG 公司,将进一步增强其在天然气市场的影响力。此次并购完成后,壳牌将首先通过出售非核心资产,减轻债务压力;同时还将缩减成本,专注于液化天然气(LNG)、深水油气,以及化工等增长型业务领域。

这起并购对油气行业来说具有里程碑意义。首先,是天然气的地位更重要。两家公司都是 LNG 重要的生产商,随着全球对气候变化的重视,天然气将在未来能源结构中发挥越来越重要的作用。壳牌完成对 BG 公司并购后,已经成为全球最大的 LNG 公司,LNG 生产实力显著加强,业务遍布全球。壳牌未来将逐步强化天然气、清洁能源等方面业务。此外,壳牌还将帮助发展碳捕集与埋存技术,并继续支持政府主导的碳定价体系。其次,深水石油开采也是一大重点。海洋石油开发是壳牌和 BG 公司优先考虑的合作领域,两家公司将重点开发在巴西的资产。

2. 全球油田服务行业加快整合

自 2014 年 6 月以来,国际油价已下跌约 60%,迫使油气生产商不断收缩勘探活动,能源生产商业务规模削减,油田服务需求也同步下降,直接影响到油田服务企业。包括斯伦贝谢公司、哈里伯顿公司在内的多数油田服务商,纷纷加入了裁员大军,仅 2015 年,斯伦贝谢已经宣布两次裁员,其全球员工从 12 万人降至 10 万人,裁员使其员工规模减少了约 16.7%。同时,低油价也促使油田服务行业的并购、整合速度加快,油田服务企业并购活动活跃。通用电气收购了水下设备服务商 Advantec,威德福公司收购了旋转控制头制造商 Elite 能源公司,斯伦贝谢公司连续并购了陆上钻井公司 Eurasia、PDC 钻头制造商 Novatec、岩石分析的 FIT 公司以及水下装备制造商卡麦隆。

油价下跌、竞争对手压迫也使得斯伦贝谢公司做出了新的应对。2015 年 8 月,斯伦贝谢斥资 148 亿美元收购了以水下装备业务为主的美国卡麦隆公司。此次交易规模约为 127 亿美元,再加上截至 6 月 30 日流通股,总金额约为 148 亿美元。斯伦贝谢公司首席执行官帕尔·吉布斯贾德在一份声明中指出,未来行业的技术突破,将通过整合斯伦贝谢公司综合油藏管理技术以及卡麦隆国际公司的钻井、流量控制技术等来实现。此外,吉布斯贾德还认为,此次并购卡麦隆国际公司将有利于斯伦贝谢削减成本,精简供应链。

二、油气勘探开发理论与技术创新发展

虽然在油价低迷的新常态背景下石油行业面临严峻的挑战,但是勘探技术向综合化、数字化、可视化、实时化、定量化方向发展的趋势始终不变,例如,充分利用客观环境资料的地质建模法、多维的储层模型、精确的资源评价技术及资源风险评估等方法和技术。

2015年,国外油气田开发活动频繁,不断涌现了大批新技术,但是低油价给油气开发带来了一定程度的影响,产量增速有所放缓。多家研究机构和公司都在致力于研发能够提高致密油采收率的技术,无限级压裂技术和重复压裂技术已推广应用,为破解储层改造难题起到积极的推动作用。

(一)石油勘探技术向综合化、数字化、可视化、实时化、定量化方向发展

1. 地质建模法

地质建模法为利用沉积历史拟合方法建立的高精度多维储层预测模型。这是一种历史拟合与沉积初始信息相结合,从客观环境中获取信息以还原地下真实沉积相的储层建模方法。沉积初始信息指的是沉积参数信息,是可以定量描述河道宽度、厚度等地质体属性及其之间关系的地质信息,利用露头分析、沉积环境模拟和地球物理推演等方式获得。该方法加强了对沉积初始信息的研究与运用,在处理地质信息时,创新采用了自动化领域的技术——一类支持向量机(OC-SVM)建立了多维空间信息,可以准确得到三角洲和河口坝等地质体的宽度、长度、厚度、分布及河道曲流幅度等信息。通过对隐藏在古河道、断层褶皱和沉积相等地质要素的分析,清晰地了解储层空间展布及孔渗属性,提高储层模拟的精确度。在生成储层模型的多点计算(MPS)法中同样引入了地质参数,将建模过程中的不确定性降至最低。

储层微孔刻画技术——多尺度成像及建模法不仅适用于常规储层,而且还适用于致密储层和页岩储层。利用微型CT成像技术、二维扫描电镜成像、全自动能谱仪和三维聚焦离子束成像资料进行整合,可以得到岩石不同尺度范围的各种孔隙类型和纹理,从而刻画研究区各种尺度范围的岩石物理属性。流程中最重要的工序是利用两种层析成像方法反映空间属性,又称干/湿成像序列,即结合两种不同的微型CT技术,这两种成像技术选择的样品取自一处,但是状态不同,一种干燥清洁,另一种饱含X射线衰减液,这样可以在估算孔隙度时弥补分辨率不足的缺点。多尺度成像及建模法更精准地刻画了粒间孔、微孔、岩石颗粒的空间分布情况,并能准确地测量孔隙压力及孔隙内流体的相对渗透率等指标,为储层的精准描述提供路径,同时也为新老油田的勘探开发提供指导。

2. 资源评价技术

1) 整合页岩区带资源评价方法

甜点区的面积是页岩区带资源潜力评估的关键要素,它可以体现不同页岩潜力资源区之

间的差异，为资源评价、经济评估奠定基础。页岩圈闭分析过程有区域勘查、前景描述和资源开发3个阶段。在区域勘查阶段，以区域原始资料为基础，结合含油气系统模拟技术：（1）确定页岩层厚度、孔隙度、渗透率、烃源岩成熟度等参数，并以此划分页岩区带等级；（2）生成沉积史和构造演化史的地质剖面，获得断层的形成过程及走向方位；（3）模拟三维含油气系统及单井地震数据校正，确定岩石物理属性，完整的三维含油气系统模拟还可评价油气生成和剩余油气资源量。将页岩区带圈闭质量、充注条件、动力水平等生成连续型量化指标图，并叠合得到页岩层总质量图，设定相应的参数即可得到最小甜点区面积、最可能甜点区面积和最大的甜点区面积。将甜点面积与井密度资料、单井最终采收率资料、井成功率资料结合，可以计算区带内油气的资源量，进而为油气开采方案提供决策支持。

2）非常规资源三维模拟和风险等级划分技术

利用三维模拟技术可有效预测储层空间非均质分布模型，并划分其储层等级。该方法主要涉及确定圈闭质量、定量属性模拟、资产评价等重要步骤。三维测量校准模拟技术为精确量化预测储层空间演变提供资料。储层质量及完井质量由一系列限制条件确定，这些限制条件极其细致苛刻，有助于得到精确的储层空间分布模型，为各项工作的实施提供决策依据。研发的新软件确保整个钻井周期内资料快速、有效地分析。三维模拟和风险等级划分技术为油气区域评价和工程技术工作的开展提供了保障，而且可以量化评估过程中不确定性大小。井位、目的层选择、资源配置建立在多学科协作基础上，能够确保优化评估和设计结果的连续性。

3. 地球化学技术

美国加利福尼亚州生物标志物科技公司提出一种全新的技术——生物标志酸分析生物降解技术，确定生物降解对原油的影响。该技术通过分析油样中的生物标志酸，记录不同降解程度时这种酸的含量，从而定量鉴定原油的降解程度，这样不仅能提供多期充注的排烃史，还能反映随后不同阶段的生物降解过程及其对原油的影响作用。此外，该公司还发现沥青热解后，其中所含的生物标记物及金刚烷类物质会被释放，可用于确定已经历过强烈生物降解油的油源。这一发现克服了沥青中富含多种分子，但难以分析利用的棘手问题。新技术克服了传统工具生物标记物在排烃过程中经历生物降解致使变质或缺失，导致生物标记物作为鉴定工具可信度较低；减少了以金刚烷为工具时需要辅助采用的其他技术步骤。这项技术为盆地模拟开辟了新的方向。

（二）油气田开发领域涌现大批新技术

1. 提高采收率技术

随着开采年限的增加，常规原油产量不断下降，提高油气采收率技术一直是各国获得原油产量的主要途径。水驱是油田开发的主导技术，但注水的技术内涵和作用机理正在逐渐深化发展。赋予水驱除补充能量以外的其他功能，成为各大石油公司攻关的热点。三元复合驱油技术配套攻关和大规模矿场试验，取得了很好的应用效果，展示了良好的规模应用前景，使中国成为世界上唯一实现三元复合驱商业化应用的国家。基于CT扫描的三相相对渗透率实验平台及测试技术，解决了油气水三相饱和度同步精确识别、三相饱和度定量表征和不同饱和历程模拟三大问题,大大提升了室内评价实验对油气田开发的技术支撑能力。

2. 压裂技术

压裂作业后级数的多少是评价压裂作业成功与否的重要指标,为了进一步提高单井压裂级数,国外公司纷纷研发出各具特色的无限级分段压裂完井装置。无限级压裂技术可以实现一趟管柱多层压裂,可用于非常规油气藏的增产改造,也可作为油气井生产时分层开采及封堵底水的有效手段。重复压裂具有经济优势,被誉为提高现有非常规生产井最终可采储量(EUR)的最具前景的技术。CO_2干法加砂压裂技术具有"无水压裂"的特性,可消除储层水敏和水锁伤害,提高压裂改造效果,在低渗透、低压、水敏性储层开发中具有广阔的应用前景,成为水力压裂技术的有效补充。

3. 重油和油砂开采技术

注蒸汽稠油老区目前普遍存在采出程度低、油汽比低、吨油操作成本高、经济效益低下甚至亏损的问题,亟待探索大幅提高采收率和经济效益的开发方式。太阳能重油热采技术利用太阳能代替传统燃料来生产蒸汽,极大地降低了化石燃料的消耗,有着广泛的应用前景。近几年,中国石油开展了直井火驱关键技术攻关和矿场试验,实现了火驱工业化开发。直井火驱技术在新疆油田和辽河油田应用效果显著。相比火驱前,吨油操作成本降低30%以上。

4. 智能井技术

智能井通过安装井下设备、实施远程监控油井流量和油藏动态的系统,正在发展成为一种具有一定人工智能的智能化完井装置。该装置可以通过控制油层的流动特性来恢复油层能量,延迟地层水侵入采油层段,增加油气产量。MultiNode全电动智能井装置可远程监视和精确控制产层,管理水和天然气的突破,对高含水和高含气产层进行节流以改变油藏条件,平衡水平井段的生产,提高最终采收率。目前,该装置在中东浅海和陆上的两口井中进行了应用,取得了良好的效果。

5. 综合开发技术

大型生物碎屑灰岩油藏是中国石油海外油田开发遇到的新类型,整体优化部署及注水开发技术方面缺乏可借鉴的成熟经验。大型生物碎屑灰岩油藏开发技术揭示了水驱油机理,攻克了整体优化部署及注水开发难题,支撑了海外碳酸盐岩油藏高效开发。致密油有效勘探开发技术的应用取得了巨大的经济效益和社会效益,快速落实了 $10 \times 10^8 t$ 规模的致密油储量区,为长庆油田可持续发展提供了资源保障,建成致密油开发先导试验区,为致密油资源整体有效开发奠定了推广应用基础。

6. 人工举升技术

如何高效地排水采气是开发过程中的主要挑战。气井开采时,当气体流速低于临界携液流速时,地层水不断在井底聚集,造成井底压力升高,产气量下降,直至井被压死。采用毛细管柱注入系统,通过向生产管柱中注入化学添加剂,产生泡沫,降低静液柱压力,提高气体的举升效率。系统设计简单、易操作,不需要对采油树做出大的改动,适应性强,适用所有的生产井。该泡沫排水技术对其他常规气田及非常规气田开发具有较强的借鉴意义。

三、油气工程技术服务领域技术创新发展

2015 年受国际油价下跌的严重冲击,整个工程技术服务市场规模下降。石油公司尤其是技术服务公司面临生死存亡的巨大考验。为求生存,降本增效成为第一要务。除依靠管理创新之外,降本增效还必须依靠技术创新。在低油价下,石油公司更加注重现有高效实用的成熟技术和前沿技术的集成应用,同时并不排斥高精尖技术:一是因为它们的服务价格有大幅下降;二是因为它们确有明显的技术优势,有助于提效和降低综合成本。大力推广现有的降本增效技术,同时优选、探索和推广一批新的降本增效技术组合或技术方案;淘汰一批落后陈旧钻机,提升在用钻机的自动化水平;加快发展和推广应用旋转导向钻井系统;大力推广工厂化作业和一趟钻,简化井身结构,持续缩短钻井周期,降低钻完井成本;持续提升油气勘探开发领域的信息化、自动化水平,建立覆盖勘探开发产业链的大数据分析及决策优化系统。

(一)地球物理技术应用稳步发展

受低油价影响,2015 年地球物理行业受到巨大冲击,多家中小公司倒闭,整个行业并未出现颠覆性技术创新,地震数据采集技术围绕"两宽一高"持续推进,全波形反演与叠前深度偏移成像技术仍是业内关注焦点,软件系统不断朝着更加兼容的平台化发展,油藏地球物理技术应用稳步发展。

1. 地震数据采集技术

长期以来,降本增效地震数据采集技术是石油公司的总体需求,围绕降本增效发展了可控源高效采集、新一代单台震源独立工作模式(ISS)、多组滑动多套相隔一定距离同步采集(DSSS)高效扫描等技术。近两年,受油价影响,降本增效成为焦点,无缆节点采集市场不断扩大,也说明降本增效技术的需求不断增加。"两宽一高"地震数据采集技术一直是行业发展的重点,多家公司都完善低频可控源,低频可控震源的应用进一步推进。

受油价影响,海上地震数据采集作业量减少。物探公司裁撤低端地震勘探船。海上宽频采集及多客户采集服务是发展重点。国际海上地震数据采集业务减少,深海拖缆装备与技术没有太大的变化,海上拖缆采集仍围绕宽频、宽方位、大偏移距地震数据采集展开,海上同步可控震源采集应用效果显著。海底技术竞争明显,多家公司都在进行新型海底节点装备的研发。

2. 地震数据成像与解释技术

叠前偏移成像技术仍是研究重点,各种方法"百花齐放",Q 补偿叠前深度偏移(QPSDM)正处于工业化初期,弹性波逆时偏移处于研究阶段,尚未工业化最小平方偏移逐步进入实际数据试生产阶段;炮检距向量片(OVT)处理技术应用已经常态化;速度建模技术正在向全波形反演(FWI)方向发展,声波全波形反演实现商业化应用,并且针对全波形反演的阶梯跳跃问题提出多种方法。解释技术从叠后向叠前发展,叠后地震属性识别断层保持热度,叠前地震属性提取及分析是发展方向。

3. 地震数据处理解释软件系统

地震数据处理解释软件系统不断完善,并朝着平台化发展,大数据、云计算的发展推动地震数据处理解释软件朝着更加兼容的方向发展。多家公司升级了各种地震数据处理解释软件系统,地震数据处理解释朝着处理解释与油藏描述一体化发展。随着地震采集数据量呈几何级数增长,海量数据处理会导致异常庞大的计算量,并且上游技术逐渐向一体化方向发展,表现为多学科、多领域数据集成,对大数据处理系统需求迫切。中国石化地球物理研究院开发的大数据地震勘探软件平台π-Frame引起了业内的广泛关注。

4. 油藏地球物理技术

随着非常规资源开发的快速发展,利用地球物理方法进行油藏描述和油藏监测,支撑油气资源开发取得较好的效果,多家物探公司都在强化油藏地球物理业务,油藏地球物理和非常规资源成为行业的热点,并且市场份额不断扩大,推动勘探—开发—生产全程技术服务链不断完善。近两年,4D地震油藏监测、3D地震油藏动态描述、可控源电磁探测法(CSEM)油气检测、微地震监测、地震导向钻井技术、井下光纤声波分布式监测技术取得快速发展。

(二)测井技术应用取得多项新进展

1. 地层压力测试技术

近几年,地层压力测试技术不断创新,在地层流体、地层渗透率及连通性评价方面发挥了重要作用。2015年,贝克休斯公司推出的新型压力测试服务通过井下自动化操作和实时控制相结合,可提供可靠精确的压力数据,降低测试时间,首次测井即可提供关键的地层数据,获取压力剖面、流体界面及流动性信息,利于油藏工程师和岩石物理学家及时做出如何进行下一步作业的决策,以满足油气评价目标。新的压力测试服务适用于裸眼井、小井眼井以及高压环境和所有类型的地层。

2. 油气井封隔性评价技术

2015年,油气井封固性评价技术取得显著进步,威德福公司、贝克休斯公司和斯伦贝谢公司分别推出SecureView、Integrity eXplorer与Invizion Evaluation油气井封固性评价分析技术。新的技术系列或评价方法将声波与电磁测井技术相结合,能够有效检测并识别引发油气井封固性问题的根源,利于在各种井眼环境或混合水泥条件下评价水泥环的质量。新的油气井封固性评价技术通过精确、完整的水泥特性数据,能够快速做出有关层段长期封隔的决策,利于保护油气资产,最大限度减少不必要的油气井维修作业,降低非生产时间。

3. 随钻测井技术

在随钻测井技术发展中,从过去的随钻地质导向的概念进一步向深探测和地质测绘技术发展(如Geo-Mapping和Geosphere)。随钻测井探测深度可达到30m左右,这样,在随钻测井过程中,可以较为清楚地了解近旁地层的情况,更好地掌握地层的局部变化情况,大大提高储层钻遇率,并使井眼轨迹保持在储层以内,远离上下界面或底水。

随着非常规油气钻井数量的激增以及油气勘探开发不断向深层、复杂储层拓展,对经济可靠的水平井地层评价方法以及耐高温高压测井仪器的需求也在不断增强。2015 年,斯伦贝谢公司和哈里伯顿公司分别推出了低成本随钻伽马能谱测量,用于地质导向、地层界面探测、黏土分类及总有机碳(TOC)含量估算。Quasar 脉冲 MWD/LWD 系统可在高温高压条件下获取准确可靠的井眼方位、自然伽马、随钻压力 PWD、振动等数据,精确指导井眼钻进。

(三)钻井技术取得多项新进展

伴随着油价的持续走低,2015 年全球钻井业受到重挫:全球钻井数从 2014 年的 101249 口骤降至 68186 口,工作量近乎腰斩。钻井投资大幅缩减,钻井工作量骤然下降,陆上钻井承包收入较 2014 年下降 32%,海上钻井承包收入较 2014 年下降 22%。北美的非常规油气钻井受到较大影响,以巴奈特、鹰滩为代表的富油区带的钻井数降幅均超过 50%,以汉尼斯维尔、马塞勒斯为代表的富气区带钻井量减少 20% ~30%。在如此恶劣的外部环境下,水平井钻井仍表现得较为稳定,美国的水平井钻井工作量基本维持了 2014 年的水平,而加拿大的水平井钻井数较 2014 年末有了大幅增长,预示着该技术在全球油气钻井中正一步步代替直井,成为主流。持续的低油价并没有阻止技术创新的脚步,钻井行业在井下工具、钻井自动化、新方法与工艺等多个领域取得了技术突破,推动油气钻井技术的持续进步。

1. 钻井井下工具耐高温水平突破 200℃大关

在陶瓷材料的多芯片组件(MCM)、金属—金属密封、循环散热、井下电源等多项技术不断推进的基础上,井下工具的整体耐高温能力迈上新的台阶。2015 年 2 月,哈里伯顿推出了 Quasar 脉冲 MWD/LWD 系统,该系统可在高温高压条件下获取准确可靠的井眼方位、自然伽马、随钻压力、振动等数据,精确指导井眼钻进。其最高耐温 200℃,最大承载压力为 172MPa,可在恶劣环境下完成 MWD/LWD 作业,进入常规仪器无法进入的储层,且无须添加钻井液冷却或在井眼中等待仪器冷却。Quasar 脉冲 MWD/LWD 系统已在中东、亚太及北美非常规产区进行了广泛的测试,成功下井超过 50 多次,钻井总进尺近 90000ft❶,取得了很好的效果。2015 年 3 月,斯伦贝谢公司推出了业内首款耐温能力达到 200℃的旋转导向系统 PowerDrive ICE,并已在井下 200℃的环境下试验 1458h。

2. 钻井自动化系统和优化服务取得新突破

钻井自动化的实现需要地面自动化及井下自动化的相互协作,而井下自动化是其中的关键一环。在高速传输有缆钻杆的基础上,国民油井公司开发出钻井自动化系统和优化服务,使钻井自动控制更加精准,并大幅提高了钻井数据的分析能力,改善了钻井的实时决策水平。

钻井自动化系统和优化服务不仅是单独的传输系统或采集工具,而是集合高频井底数据采集工具、有缆钻杆高速传输网络、钻井分析与控制软件、可视化报告而形成的一整套自动化钻井系统。该系统不但能够在现场实时对钻井过程进行监测、分析和优化,还可以借助远程作业中心进行专家指导。该系统创造了多个第一:世界上第一个滑动钻井的闭环控制;世界上第一个每 2s 更新一次的高速井斜和工具面测量系统;世界上第一个高速实时钻井动态振动数据

---

❶ 1ft＝0. 3048m。

和实时环空压力测量系统。

中国石油在自动化钻井领域也取得系列突破:研制成功国产钻机管柱自动化处理系统,首次实现了由地面堆场到二层平台之间管柱输送、拆接、排放的机械化与自动化作业;研制成功 idriller 司钻控制系统,实现了司钻的集成化和远程化控制操作;创新形成了钻井动态优化与协同控制技术及配套钻井节能提速导航系统,经济地解决了深井难钻地层机速慢、复杂问题;自主研制成功液压全自动钻机,采用全新机械结构与电控模式,使钻机的自动化程度、技术经济与环保效益得到全面提升。

3. 连续管欠平衡钻井技术开辟老油田开发新思路

全球原油产量的 70% 依靠老油田挖潜,但老油田开发面临资源接替跟进迟缓,新增储量动用难度大,单井产量低,投资、产量、成本之间的矛盾加大等问题。迫切需要找到一系列优化成本、延长油田整体开采寿命的技术,利用工程技术手段尽可能增加油藏接触面积是其中的关键一环。连续管钻井系统小巧、灵活的特性使其在老油田开发中具有特别的优势,尤其适合进行老井加深和老井侧钻作业,可代替高成本的加密钻井和长水平段压裂等开发方案。

连续管钻井与欠平衡技术联合使用进一步发挥了连续管技术的优势,由于实现了连续的欠平衡钻井环境,使全过程欠平衡钻井成为可能,不仅提高了钻井效率,还有效地保护了储层。经过测算,与常规钻杆钻井相比,连续管欠平衡钻井(CT – UBD)技术可以降低综合成本 30% ~ 40%。随着连续管钻井模拟技术、定向底部钻具组合、大尺寸连续管制造等技术的成熟,连续管钻井将为老油田开发提供经济的解决方案。

4. 直接破岩领域基础创新不断

在低油价环境下,提高破岩效率成为最经济的钻井提速降本手段,近两年,国外在高效破岩技术领域开展了一些新的基础性研究工作。英国阿伯丁大学开展了共振钻井技术研究,突破性地在旋转钻井的过程中,利用轴向振动产生可调节的宽振幅冲击力在钻头和岩石之间产生共振,达到高效破岩的目的。贝克休斯公司则开展了钻头振动分析工具的研制和应用,通过安装在钻头接头上的失效检测装置,存储、鉴别并分析井下振动的类型及产生的原因,进行有效的钻头改进,实现大幅提高钻井速度的目的,该技术已经在美国 Pearsall 页岩区开展了成功的应用。

四、油气储运与炼化领域技术创新发展

2015年,石油价格低迷促使油气储运行业、炼油产业进入深度调整期,依靠技术进步和高效管理,油气储运行业在本轮技术创新的浪潮中得以快速发展。管材技术取得突破,管道管理和运行技术朝着智能化发展。炼油产业面临着生产能力过剩、油品结构调整、燃料质量升级、环保法规趋严的压力以及替代燃料发展等带来的多元化竞争等新形势。全球炼厂技术水平不断提高,向分子化、智能化方向发展;技术进展仍主要集中于清洁燃料生产和重油加工转化,具体表现在催化裂化、加氢处理等主流技术的工艺改进和催化剂性能升级等。世界石化工业进入低油价、产能过剩和安全环保日趋严格的新常态。目前高科技革命、新材料革命、信息革命和"绿色"革命是世界石化工业进一步发展的主要驱动力。石化工业正在向着技术先进、规模经济、产品优质、成本低廉、环境友好的方向发展。

(一)油气储运技术持续创新

1. 管材技术

随着油田的不断开发,管道已经形成纵横交错的网络,成为油田的生命线。然而用于注水、集输等埋地金属管道的腐蚀、结垢、使用周期短等问题却严重地制约了油田的发展,同时也带来了严重的安全和环境隐患。为了缓解这一现象,新型玻璃钢管、柔性复合管、钢骨架塑料复合管等一系列非金属管材开始在油田集输系统广泛应用,有效地解决了这些问题,为油田安全、快捷发展提供了强有力的保障。但是非金属管道在长输管道方面尚没有得到很好地应用,WNR公司非金属管创新性地进行现场生产安装,取得了技术性突破,但整体而言,管件、接头、压力等技术难题尚需进一步研究。

2. 管道焊接、监测检测及维抢修技术

远程监控是实现智能化储运的基础。在管道焊接、检测及维抢修方面,远程技术均取得了不少突破。例如,挪威国家石油公司开发的一种远程焊接系统,可在水下1000m环境工作,能够在超过潜水员辅助操作深度限制的深海进行管道焊接。非接触式管道通径检测器利用电磁感应定律,采用电涡流位移传感器,主体装有弹性密封部件,放入管道后,以管道输送的介质在其前后形成的压差为动力源,沿介质流动方向运动,以对管道进行检测。另外,相关的准标准在实践中不断地总结修正,例如欧洲管道研究小组(EPRG)对1996版《输送管道环焊缝缺陷评估准则》进行了审查修订,进一步扩展了应用范围,颁布了2015版《输送管道环焊缝缺陷评估准则》,以使新的标准可更好地满足行业要求。

3. 管道安全技术

近年来,管道安全一直是国家安全监管的重中之重,国内外的研究机构和公司都加强了管道安全的研究,且以智能化研究为主。例如2015年,Intermap技术公司发布了针对管道行业定制的自然灾害风险管理软件InsitePro,该软件目的是通过提供当前最新的自然灾害信息,对

高后果区的位置进行详细描述,为行业的决策制定、环境保护和法规实施提供支持。多种智能清管器得以研究和应用,有效地提升管道安全运行能力。中国石油也发布了管道沿线降水灾害监测评价平台,实现对管道降水灾害信息化、动态化的全寿命周期风险管理和预警预测,全面提升了水工保护设计水平及防治此类灾害能力。一系列的研究提高了管道完整性管理技术水平,可有效地预防重大管道事故的发生,是管道安全运行的重要保障。

4. 海洋管道技术

2015 年,模块化铺管系统(MPS)获得了英国专利授权,且该项新的浅海铺管技术在英国北海首次成功试用。采用易于安装和移除铺管组件的模块化标准船舶,取代了以往定制的铺管船进行水下铺管作业,极大地提高了铺管船的工程适用性,同时降低了水下铺管作业的施工费用。另一重要技术是由 One Subsea 公司、挪威国家石油公司和壳牌共同研发的多相压缩机是世界上第一台也是唯一的湿气压缩机,多相压缩机能够处理气体体积分数在 95% ~ 100% 范围内的高含液量流体,不会导致机械故障,而且由于其能够直接压缩没有经过任何预处理的井下流体,是海底油气处理的一个里程碑,并将极大地简化海底工艺系统,降低资本和成本支出,因而该技术获得 2015 年度世界海洋技术大会的"聚焦新技术奖"。

5. 管道防腐和运行技术

随着社会进步,管道与高压电、铁路的交集越来越多,阴极保护在控制管道外部腐蚀方面起着重要的作用。阴极保护电流在线检测工具有效解决了公共走廊管道拥挤、无法评估的外部干扰和在关键区域缺少检测点等问题的困扰。腐蚀图层的选择方法也由单目标向多目标发展。另外,五层聚丙烯热绝缘涂层系统的开发可有效地提高防腐性能。在管道运行技术方面,以 SmartFit,PipeManager 等一系列新的管道管理系列产品的发布为代表,预示着管道管理开始进入智能化阶段。

（二）石油炼制技术快速发展

1. 高辛烷值清洁汽油生产新工艺

生产低硫、低烯烃、低芳烃的清洁燃料已经成为当今世界炼油工业的发展主题。新气体技术合成公司研发的 Methaforming 一步法新工艺,能够在脱硫的同时联产氢气,并将石脑油和甲醇转化成为硫、苯含量较低的高辛烷值汽油调和组分。埃克森美孚和中国石化合作研发的新一代流化床甲醇制汽油工艺所产出的汽油,不含硫、铅,属于低烯烃的高清洁汽油。美国 CB&I 公司开发的 CDAlky 烷基化技术是硫酸烷基化工艺问世以来取得的重大进展,是一种可降低硫酸消耗的新型低温硫酸烷基化技术,生产非常理想的高辛烷值汽油调和组分烷基化油。

2. 超低硫柴油生产新技术

超低硫柴油(ULSD)因价格高、能效高、需求量大、清洁环保等特点,再加上柴油汽车使用逐渐普及,现已成为欧美几乎所有炼厂都要求最大化生产的油品。Axens 公司推出 HYK 700 系列催化剂成套技术,具有较好的抗氮性能、更宽的操作温度范围,可加工高苛刻度的原料,最大化生产满足质量指标的柴油产品。Criterion 公司研发的 Centera™ Sandwich 系列催化剂将 Co - Mo 型催化剂的直接脱硫活性高、氢耗低与 Ni - Mo 型催化剂脱氮活性高的特点结合起来,形成了 Co－Mo/Ni－Mo/Co－Mo 三段组合的催化剂体系,特别适用于原料苛刻度、氢气供应受限的超低硫柴油加氢装置。

3. 新型催化裂化工艺催化剂

虽然催化裂化技术较成熟,但是仍然面临着诸多挑战,比如渣油深度转化催化剂的开发等方面。Grace 公司成功推出了高活性的 MIDAS Gold 催化裂化催化剂,除活性提高外,该催化剂还具有较强的金属捕集能力,可以缓解原料中金属污染物的有害影响,且介孔氧化铝的数量增加,可在非常苛刻的催化裂化操作环境中实现渣油转化的最大化。BASF 公司利用硼基技术(BBT)研发的钝化镍渣油催化裂化催化剂 BoroCat,使生焦和产氢量减至最少,同时可以将更多的油浆转化为轻循环油,从而提高轻循环油收率。

4. 新型加氢裂化/加氢处理催化剂与级配新技术

围绕清洁汽柴油生产、重油高效转化、催化剂降成本、节能降耗以及调整炼油产品结构等方面,开发了一系列加氢工艺技术和催化剂。Criterion 催化剂公司推出了新型催化原料油加氢预处理催化剂,可以满足炼厂生产符合美国 Tier 3 标准超低硫汽油(小于 $10\mu g/g$)的需求。雅宝公司开发了催化剂系统设计技术 Stax,对加氢裂化预处理催化剂进行级配装填,延长装置运行周期,提高重质原料油加工量,以满足特定生产要求,显著增加了炼厂的利润。

5. 渣油加氢新技术

雪佛龙 CLG 公司研发的 LC－MAX 渣油加氢裂化技术、减压渣油悬浮床加氢裂化技术(VRSH)是现阶段渣油加氢的前沿技术。LC－MAX 工艺可加工更劣质的原料并提高转化率,可最大限度地转化沥青质,有效利用氢气,提高产品质量,生产符合欧 V 标准的柴油和适合于催化重整装置进料的重石脑油。VRSH 工艺不仅可以加工难转化易结焦的减压渣油,而且可以实现合理的长周期运转,沥青质的转化率接近并随着减压渣油转化率的提高而提高。

6. 炼油化工一体化新工艺

炼油化工一体化在合理灵活利用石油资源、提高石油化工公司的投资收益、增强企业的成本竞争力方面具有较大的优势。Axnes 公司推出的 EMTAM 工艺可以被无缝整合到该公司的 ParamaX® 成套技术中,对于目前原油—PX 联合装置而言,EMTAM ParamaX® 联合装置可以使炼油和芳烃联合装置的生产成本大幅降低,并能确保 PX 生产成本最低。

7. 炼厂制氢技术进展

目前,以烃类水蒸气转化法所得氢气产品依然是最主要的氢气来源,其产量所占比例在90%以上。Air Products 公司和 Technip 公司提出甲烷蒸汽重整制氢工艺(SMR),丁烷在一定条件下可以作为制氢的部分或全部原料,液化石油气或汽油可作为替代原料。此外,以减压渣油、沥青,特别是石油焦或煤为原料的部分氧化法(POX)制氢工艺正日益受到重视,其优势在于原料价格便宜、氢气成本低、环境友好等。

8. 生物炼制新技术

生物燃料一般指液体生物燃料,主要包括生物乙醇、生物丁醇、生物汽油、生物柴油和生物航空煤油(以下简称生物航煤)等。有效、合理生产生物燃料不仅可以缓解能源短缺,而且对于保护生态环境和减排温室气体具有重要现实意义。生物炼厂已悄然兴起,现阶段技术主要是以纤维素、藻类为原料的多产生物燃料技术,技术突破主要集中在提高转化率、收率和产品质量等方面。

（三）石油化工技术取得新进展

1. 化工基本原料

基本化工原料主要包括三烯(乙烯、丙烯、丁二烯)、三苯(苯、甲苯、二甲苯)、甲醇等原料,其中又以乙烯最为重要。由于石油资源日益短缺,非石油路线生产乙烯的新技术备受业内关注。目前,国内外正在探索或研究开发的非石油路线制取低碳烯烃的方法主要有:以天然气为原料,通过氧化偶联(OCM)法制取低碳烯烃技术以及无氧催化转化技术等;以天然气、煤或生物质为原料经由合成气通过费—托合成(直接法)或经由甲醇或二甲醚(间接法)制取低碳烯烃的技术等。其中,Siluria 公司已建成了甲烷直接生产乙烯试验装置(乙烯产能 365t/a),该公司成为世界上第一家实现将天然气直接工业化大规模转化为乙烯的企业;甲烷无氧催化转化技术是一项即将改变世界的新技术,一旦取得成功,将会对世界石化工业产生重大影响。

2. 合成树脂

在聚乙烯工艺技术领域,一直是多种工艺并存,各有所长。近年来,气相法由于流程短、投资较低等特点发展较快。随着聚乙烯新技术不断涌现,冷凝及超冷凝技术、不造粒技术、双峰技术等烯烃聚合新技术的开发极大促进了世界聚烯烃工业的发展。在全球聚丙烯生产工艺中,本体法工艺仍保持优势,约占48%;气相法工艺因其流程简单、单线生产能力大、投资省和增长迅速,约占36%;传统淤浆法比例正逐渐减少,约占16%。近年来,随着催化剂技术的进步和市场对新产品需求的不断增加,世界各大聚丙烯生产厂家除不断改进已经工业化的生产工艺外,还开发出了一些创新性的新生产工艺技术,目前主要有 Basell 公司开发的 Spherizone 工艺技术以及 Borealis 公司(北欧化工)开发的 Borstar 工艺。

3. 合成橡胶

合成橡胶是橡胶工业的重要原料,丁苯橡胶(SBR)仍为产耗量最大的合成橡胶胶种,溶聚丁苯橡胶(SSBR)成为发展重点,乳聚丁苯橡胶(ESBR)用量逐年减少;顺丁橡胶 BR 继续保持第二大品种的地位,稀土钕系顺丁橡胶(Nd‒BR)和锂系顺丁橡胶(Li‒BR)备受关注;乙丙橡胶是仅次于 SBR 和 BR 的第三大合成橡胶,在世界合成橡胶生产中占到12%左右。BR 新技术和三元乙丙橡胶新技术是目前备受关注的新技术。Nd‒BR 生产技术是目前世界合成橡胶界的研究热点,近年来的研发热点主要集中在催化体系和聚合工艺方面。

4. 绿色化工技术

绿色化工技术是指在绿色化学基础上开发的从源头上阻止环境污染的化工技术。这类技术最理想的是采用"原子经济"反应,即原料中的每一原子转化成产品,不产生任何废物和副产品,实现废物的"零排放",也不采用有毒有害的原料、催化剂和溶剂,并生产环境友好的产品。开发环保和低排放的化工生产工艺有助于实现节能减排和环境保护,绿色化学和化工工艺是先导原则和发展方向。其中,人工光合制氢新技术实现了利用太阳光分解水制氢气和氧气的反应,使"利用人工光合系统生产洁净太阳能燃料"的构想成为可能,其效率为世界最高水平。法国全球生物能源公司在德国建立了一个通过葡萄糖发酵生产聚合级异丁烯产品的中试装置，目前已经投产，该技术的成功验证了非石油路线生产异丁烯的可能性。美国 GTC 公司推出的 GT－G2A 技术是一种利用甲烷耦合合成方法将天然气转化成液体燃料的新技术，是目前该类商业化技术中碳效率最高的技术，在波动的天然气价格面前具有超强的经济适应性，可以较为方便地调整产品结构。

技术发展报告

一、石油地质勘探理论技术发展报告

2015 年,油价继续保持跌势,甚至 WTI 原油价格在年末跌破 30 美元/bbl,导致油气勘探开发投资结束了连续 6 年上涨的势头,出现大幅下降;全球油气探明储量增幅乏力,分别为 0.1% 和 0.4%;当前,深海仍是勘探开发的重要领域,但是挑战与机遇并存;针对非常规、深层等复杂油气藏的技术不断推陈出新,向着信息化、精细化、环保等方向不断发展。

(一)油气勘探新动向

1. 全球油气勘探开发投资 6 年来首次大幅下降

随着国际原油价格下跌,石油工业的投资将会逐步从高成本区流向低成本区,很多石油公司可能会减少资本支出。2015 年,受其影响,全球油气勘探开发投资出现自金融危机以来的首次大幅下降,投资总额约为 6194.26 亿美元,比 2014 年缩减 8.8%。若油价持续低位运行,则石油公司可能在未来将进一步削减投资。

表 1 展示了 2013—2015 年全球油气勘探开发投资的状况。北美市场是勘探开发投资的重点区域,投资额达到 1683.77 亿美元,同比下降 14.1%,占全球投资总额的 27%;亚太地区的投资额居第二位,约为 1057.35 亿美元,同比下降 6.0%;中东地区和非洲是 2015 年度内投资仍保持正增长的两个区域,投资额分别为 460 亿美元和 277.25 亿美元,增幅分别为 14.5% 和 5.5%;拉丁美洲和俄罗斯/独联体投资额小幅下降;北美独立石油公司投资额下降 23.9%,降幅最大。

表 1　2013—2015 年全球油气勘探开发投资状况

地区或公司	投资(亿美元)			2014 年较 2013 年变化(%)	2015 年较 2014 年变化(%)
	2013 年	2014 年	2015 年		
北美市场	1791.79	1960.88	1683.77	9.4	−14.1
国际市场	4629.66	4834.44	4510.49	4.4	−6.7%
大型跨国石油公司	1049.46	1048.13	946.4	−0.1	−9.7
北美独立石油公司	174.35	185.65	141.2	6.5	−23.9
其他公司	45.81	51.61	50.41	12.7	−2.3
中东地区	347.77	401.80	460	15.5	14.5
拉丁美洲	741.37	786.71	749.34	6.1	−4.7
俄罗斯/独联体	483.17	513.48	446.06	6.3	−13.1
欧洲	460.14	459.21	382.48	−0.2	−16.7
亚太地区	1085.3	1124.99	1057.35	3.7	−6.0
非洲	242.25	262.86	277.25	8.5	5.5
全球市场	6421.45	6795.31	6194.26	5.8	−8.8

2. 全球油气剩余探明储量略有增长

由于油价大幅下跌，美国《油气杂志》根据各国最新官方数据，对部分国家的油气储量加以校正后，发布 2015 年全球石油与天然气剩余探明储量数据（表 2、表 3）：石油剩余探明储量为 $2268.8 \times 10^8 t$，较 2014 年增长 0.1%，储采比为 58；天然气剩余探明储量为 $196.7 \times 10^{12} m^3$，较 2014 年增长 0.4%，储采比约为 58。石油输出国组织（欧佩克）油气储量基本稳定，石油储量为 $1652.1 \times 10^8 t$，占全球的 73%；天然气储量为 $95.1 \times 10^8 t$，占全球的 48%。

表 2　世界石油剩余探明储量、产量及储采比变化情况

年份	剩余探明储量		产量		储采比
	$10^8 t$	同比增长（%）	$10^8 t$	同比增长（%）	
2016	2268.8	0.1	39.1		58
2015	2268.4	0.5	38.1	1.8	59.5
2014	2256.8	0.6	37.5	0.3	60.2
2013	2243.6	7.5	37.3	1.5	60.1
2012	2086.6	3.6	36.8	1.3	56.7
2011	2013.2	8.5	36.3	2.4	55.4
2010	1855.0	0.9	35.5	−2.6	52.3
2009	1838.6	0.8	36.4	0.9	50.5
2008	1824.2	1.1	36.1	−0.7	50.6
2007	1804.7	1.9	36.3	0.4	49.7

注：统计时间截至当年 1 月 1 日。

表 3　世界天然气剩余探明储量、产量及储采比变化情况

年份	剩余探明储量		产量		储采比
	$10^{12} m^3$	同比增长（%）	$10^{12} m^3$	同比增长（%）	
2016	196.7	0.4			
2015	195.8	−0.3	3.5	1.5	57.6
2014	196.5	2.1	3.4	1.4	57.6
2013	192.4	0.7	3.4	13.1	57.3
2012	191.1	1.5	3.0	−6.6	64.3
2011	188.2	0.6	3.2	11.2	59.2
2010	187.2	5.7	2.9	−6.2	65.4
2009	177.1	1.1	3.1	6.6	58.1
2008	175.2	0.0	2.9	1.1	61.2
2007	175.1	1.2	2.8	1.8	61.9

注：统计时间截至当年 1 月 1 日。《油气杂志》通常在每年 3 月发布上年天然气产量数据，故 2016 年数据空缺。

2015 年,全球油气资源格局保持稳定,仍集中在中东、西半球、东欧和原苏联地区(图 1)。

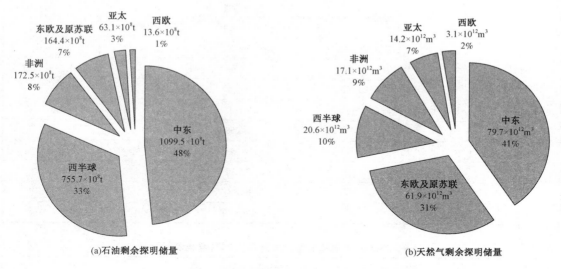

(a)石油剩余探明储量　　　　　　(b)天然气剩余探明储量

图 1　2015 年全球各地区石油、天然气剩余探明储量

2015 年西半球石油剩余探明储量为 $755.7 \times 10^8 t$,较 2014 年增长 0.6%;天然气剩余探明储量为 $20.6 \times 10^{12} m^3$,增长 3.9%。其中,美国油气剩余探明储量分别为 $54.7 \times 10^8 t$ 和 $10.4 \times 10^{12} m^3$,增幅均达到 8%,领跑全球。巴西石油剩余探明储量为 $22.2 \times 10^8 t$,增幅 4%;天然气剩余探明储量为 $4709 \times 10^8 m^3$,增幅 2.8%。此外,阿根廷也是西半球中油气剩余探明储量均为正增长的国家之一,分别为 1.1% 和 5.3%。

亚太地区石油剩余探明储量略有增长为 0.4%,天然气剩余探明储量增幅为 2.5%,其中中国和印度贡献最大。中国的石油剩余探明储量为 $34.4 \times 10^8 t$,增幅 1.9%;天然气剩余探明储量为 $4.9 \times 10^{12} m^3$,增幅为 6.1%,在世界储量排名中变化不大,分别为第 14 位和第 10 位;印度油气储量增幅分别为 0.1% 和 4.1%。

西欧油气剩余探明储量继续大幅下跌,跌幅分别为 6.3% 和 10.4%,剩余探明储量分别为 $13.6 \times 10^8 t$ 和 $3.1 \times 10^{12} m^3$。非洲、中东、东欧和原苏联油气剩余探明储量基本稳定。

2015 年世界主要国家或地区石油、天然气剩余探明储量见表 4 和表 5。

表 4　2015 年世界主要国家或地区石油剩余探明储量

序号	国家或地区	剩余探明储量($10^8 t$)	增幅(%)
1	委内瑞拉	410.89	0.53
2	沙特阿拉伯	365.18	0.30
3	加拿大	234.06	−0.95
4	伊朗	215.79	−0.17
5	伊拉克	195.98	−0.80
6	科威特	139.04	0
7	阿联酋	133.97	0

序号	国家或地区	剩余探明储量(10^8t)	增幅(%)
8	俄罗斯	109.59	0
9	利比亚	66.25	0
10	美国	54.66	8.47
11	尼日利亚	50.78	0
12	哈萨克斯坦	41.1	0
13	卡塔尔	34.58	0
14	中国	34.43	1.92
15	巴西	22.17	3.95
	欧佩克总计	1652.06	−0.01
	世界总计	2268.78	0.10

表5　2015年世界主要国家或地区天然气剩余探明储量

序号	国家或地区	剩余探明储量(10^{12}m³)	增幅(%)
1	俄罗斯	47.78	0
2	伊朗	34	0
3	卡塔尔	24.52	−0.61
4	美国	10.43	8.26
5	沙特阿拉伯	8.48	2.03
6	土库曼斯坦	7.5	0
7	阿联酋	6.09	0
8	委内瑞拉	5.61	0.64
9	尼日利亚	5.11	0
10	中国	4.94	6.11
11	阿尔及利亚	4.5	0
12	伊拉克	3.16	0
13	印度尼西亚	2.87	−1.78
14	莫桑比克	2.83	0
15	哈萨克斯坦	2.41	0
	欧佩克总计	95.07	0.1
	世界总计	196.68	0.44

3. 全球新发现大油气田地质特征显著

通过对近10年间全球新发现大油气田的地质条件进行梳理,发现这些大油气田在储层、盖层、圈闭及埋深方面特征明显。

(1)储层。大油气田主要储集在海相碳酸盐岩、湖相碳酸盐岩、碎屑岩和浊积岩4类储层中,储量占新发现油气总储量的一半以上,主要分布在中东和中亚;湖相碳酸盐岩储层主要分布在大西洋中段两侧的桑托斯盆地、坎波斯盆地和宽扎盆地;浊积岩储层多限于海上。

（2）盖层。蒸发岩、泥页岩和碳酸盐岩是3类主要的盖层岩性。以蒸发岩作为盖层的大油田虽然仅占总数量的20%,但是储量占到总储量的50%以上,碳酸盐岩储层与蒸发岩盖层有良好的对应关系;泥页岩是最普遍的盖层,可以封盖任何一类储层;致密碳酸盐岩为盖层的大油气田数量较少。

（3）圈闭。构造圈闭、地层圈闭和复合圈闭构成大油气田的主要圈闭类型。其中,复合圈闭所占个数和储量都较多,地层圈闭最少。

（4）埋深。通过对大油气田埋深的统计发现,86%的大油气田主要集中埋藏于1500～4600m之间。

4. 深水油气勘探机遇与挑战并存

为了满足全球油气需求,蕴藏丰富油气资源的深水领域成为勘探开发热点。近年来,海上大型深水油气藏勘探取得了巨大成功,发现不断。据统计,2013年和2014年的全球十大油气发现几乎90%来自海域,其中有14个位于深水,新增2P储量达$33 \times 10^8 t$油当量。

然而,海域油气勘探正面临着与陆地油气一样的困难——地质条件变差,水深变得更深,温度、压力变得更高,储层渗透率变得更低,油气分布于巨厚盐层之下等。这不仅给技术研究不断带来新挑战,也使勘探成本逐年攀升。自2014年油价开始暴跌,使得即使是运营非常出色的石油公司也需竭尽全力才能取得可接受的收益,加之地缘政治等不稳定因素变化难以预期,更增加了深水项目的复杂性和挑战。

（二）地质勘探理论技术新进展

1. 地球化学

在当今科技高速发展的大时代背景下,地球化学技术也在蓬勃发展,恢复排烃历史,量化生物降解程度,确定多源油气藏烃源岩的新技术方法大量问世,为精确建立油气成藏模式提供了重要依据。

鉴定油源使用的传统工具主要是生物标记物和金刚烷,但是排烃过程中必将经历生物降解作用,生物标记物会发生变化甚至缺失,因此生物标记物作为鉴定工具可信度较低;至于利用金刚烷进行油源对比,目前技术仍不够成熟,常常需要辅助其他技术方法。加利福尼亚州生物标记物科技公司提出一种全新的方法确定生物降解对原油的影响。分析油样中的生物标志酸,记录不同降解程度时这种酸的含量,从而定量鉴定原油的降解程度,这样不仅能提供多期充注的排烃史,还能反映随后不同阶段的生物降解过程及其对原油的影响作用。此外,该公司还发现沥青热解后,其中所含的生物标记物及金刚烷类物质会被释放,可用于确定已经历过强烈生物降解油的油源。这一发现克服了沥青中富含多种分子,但难以分析利用的棘手问题。同时,这项技术为盆地模拟开辟了新的方向。

国内学者集中对高过成熟烃源岩轻馏分进行收集与生烃潜力恢复,采用密封球磨、氮气吹扫、加热脱附、冷阱收集等技术,在线检测烃源岩中的轻组分,为油气资源潜力评价尤其是页岩油和页岩气勘探提供了科学依据,技术水平达到国际领先。

2. 资源评价

1）页岩油气区带资源评价方法

甜点区的面积是页岩区带资源潜力评估的关键要素，它可以体现不同页岩潜力资源区之间的差异，为资源评价、经济评估奠定基础。因此，从地质学角度客观确定甜点区的面积是页岩资源评价的重要任务。

页岩油气分析过程有区域勘查、前景描述和资源开发 3 个阶段。确定甜点区面积是区域勘查阶段的主要工作。斯伦贝谢公司的研究人员在美国石油地质学家协会（AAPG）国际会议上推出一项以确定甜点面积评价页岩区带资源潜力的新方法。在区域勘查阶段，以区域原始资料为基础，结合含油气系统模拟技术：（1）确定页岩层厚度、孔隙度、渗透率、烃源岩成熟度等参数，并以此划分页岩区带等级；（2）生成沉积史和构造演化史的地质剖面，获得断层的形成过程及走向方位；（3）模拟三维含油气系统及单井地震数据校正，确定岩石物理属性，完整的三维含油气系统模拟还可评价油气生成和剩余油气资源量。区域勘查阶段输出的参数可以表示页岩区带甜点质量、充注条件、动力水平等，技术人员将这些参数生成连续型量化指标图。这些指标图叠合得到页岩层总质量图，设定相应的参数即可得到最小甜点区面积、最可能甜点区面积和最大的甜点区面积。将甜点面积与井密度资料、单井最终采收率资料、井成功率资料结合，可以计算区带内油气的资源量，进而为油气开采方案提供决策支持。

2）非常规资源三维模拟和风险等级划分技术

在非常规油气资源广为人们重视的今天，非常规油气资源勘探开发技术仍然面临着许多等待攻克的难题。其中，非常规泥岩储层各向异性的性质是影响油气勘探开发活动的首要难点。储层质量和钻完井质量决定区域勘探的成功率，因此引出了两个非常规资源评价领域急需解决的问题：如何进行精确的非常规含油气系统描述，采取何种创新技术解决有效指导水力压裂方案制订与调整问题。此外，还应注意项目规模、资料采集等因素也会对沉积相模拟和风险等级评估的准确性产生影响。

斯伦贝谢公司针对以上难题，提出一种利用三维模拟技术有效预测储层空间非均质分布模型并划分其储层等级的新方法。该方法主要涉及确定"甜点"质量、定量属性模拟、资产评价等重要步骤。三维测量校准模拟技术为精确量化预测储层空间演变提供资料。储层质量及完井质量由一系列限制条件确定，这些限制条件极其细致苛刻，有助于得到精确的储层空间分布模型，为各项工作的实施提供决策依据。研发的新软件确保整个钻井周期内资料快速、有效地分析。三维模拟和风险等级划分技术为油气区域评价和工程技术工作的开展提供了保障，而且可以量化评估过程中不确定性大小。井位、目的层选择、资源配置建立在多学科协作基础上，能够确保优化评估和设计结果的连续性。

中国的科研院所在创新非常规资源评价方法中也取得了举足轻重的成果。中国盆地以陆相沉积为主，并经历多期成藏、多期构造改造，具有复杂的特性，国内专家经过不断的研究提出符合中国特色的非常规资源评价方法，如三维三相运聚模拟法、残留烃分部预测、分级资源丰度类比法、EUR 类比法、小面元法等。三维三相运聚模拟法创新建立了动态变网格体积模型，使实际情况更接近地质情况，采用全张量渗透率，突出了非均质性与主方向，采用非线性达西流模型，使该方法更适应于低渗透致密储层。小面元法创新地采用面元作为评价单元，降低了非均质性影响,对面元的评价参数和校正参数获得方法进行了改进,充分利用地质资料,提高预测精度。分级资源丰度类比法则创造性地按潜力和不同标准划分界限,合理求取相似系数。目前,中国非常规油气资源评价实现了分级评价,建立陆相资源分级标准和海相页岩分类标准,明确了非常规资源量,实现了较准确的有利区预测。

3. 地质建模

1)地质建模预测深海未钻井区孔隙压力的方法

深海是未来油气勘探的最有利领域之一,墨西哥湾、西非海域、茯苓盆地等深海地区已经获得重大发现。然而,深水环境及常与盐层伴生是该类油气藏勘探的难点。

有效降低勘探风险是深海油气勘探的重点研究项目。压力是预测钻探风险的关键参数,当压力窗,即裂缝压力与孔隙压力之差较小时,风险较大,不宜钻探。卡尔加里大学、杜伦大学和圣约翰大学的专家联合研究推出了精确模拟孔隙压力的建模法,以加拿大拉布拉多地区案例研究为主,同时研究了地中海东部盆地以及毛里塔尼亚、加纳和喀麦隆。以上地区应用这种新型地质建模法准确预测了孔隙压力,同时也预测了盐下油气藏的压力分布范围。因此,该地质建模法可以有效预测目的层风险等级,从而降低勘探风险,应用前景广阔。

2)利用沉积初始信息建立精确储层模型的方法

近期,Xodus 公司和赫瑞瓦特大学的专家本着从客观环境中获取信息以还原地下真实沉积相的原则,联合推出一种将历史拟合与沉积初始信息相结合的储层建模方法,这种方法建立的模型能够真实反映地下储层信息,比传统方法建立的储层模型精确度大大提高。

传统储层模拟的方法主要采用历史拟合法以生产数据为信息来源建立的,它采用的数据信息主要是储层属性,如孔隙度、渗透率及储层液体,而缺少对地质体的空间几何形态、构造和地层层序等地质参数的研究利用,通过这种方法建立的模型往往分辨率较低[图 2(c)和图 2(d)]。

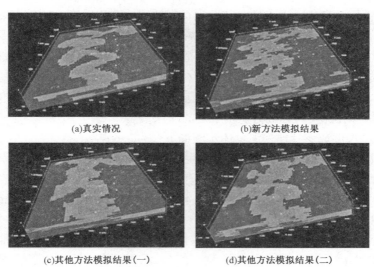

(a)真实情况   (b)新方法模拟结果

(c)其他方法模拟结果(一)   (d)其他方法模拟结果(二)

图 2　储层模拟结果对比

新方法克服了传统方法的缺点,加强了对沉积初始信息的研究与运用。沉积初始信息,即沉积参数信息,是可以定量描述河道宽度、厚度等地质体属性及其之间关系的地质信息。提高储层模拟的精确度需要清晰地了解储层空间展布及孔渗属性,而这些信息隐藏在古河道、断层褶皱和沉积相等地质要素中。即建立精确的储层模型需要利用露头分析、沉积环境模拟和地球物理推演等方式,获得沉积初始信息,模拟预测储层属性和空间展布情况,进而预测储层模型。在处理地质信息时,专家创新采用自动化领域的技术——一类支持向量机(OC-SVM)建立多维空间信息,可以准确地得到三角洲和河口坝等地质体的宽度、长度、厚度、分布及河道曲流幅度等信息。在生成储层模型的多点计算(MPS)法中同样引入了地质参数,将建模过程中的不确定性降至最低[图2(b)]。

3) 储层微孔刻画技术——多尺度成像及建模的方法

为了满足当前世界油气能源的巨大需求,各国的油气行业主要采取两大措施提高产量:一是老油田提高采收率,关停井复产等;二是勘探开发新井,尤其是开发非常规油气资源。但是,无论是上述哪种方法都面临着许多挑战,其中储层岩石物理属性是新老油气藏勘探开发过程中最基本、最重要的参数,是提高油气采收率方案制订的关键指标。岩石物理属性包括孔隙度、含水饱和度、渗透率等。对于常规油气圈闭而言,孔隙结构及连通性极其重要,是了解孔隙中流体流动状况和岩石颗粒吸附状况的根据;对于致密储层而言,岩石物理属性代表沉积及成岩作用对储集及其中流体属性的影响。

从储层中纳米孔隙被发现以来,微型CT、扫描电镜等微观实验仪器快速发展,不断更新换代。但是无论仪器性能如何提高,储层岩石的可视化范围和分辨率往往不能共同达到最优效果。例如,若只用三维聚焦离子束扫描电镜,虽能观测到极其细小的微孔,但是观测范围很小,通常只有 $10\mu m \times 10\mu m \times 10\mu m$;扫描电镜的观测范围大,但是不能分辨微小孔隙和有机质颗粒。

美国FEI公司的专家经过研究,提出了一种先进的多尺度成像及建模法,整套技术工序不仅适用于常规储层,而且还适用于致密储层和页岩储层。利用微型CT成像技术、二维扫描电镜成像、全自动能谱仪和三维聚焦离子束成像资料进行整合,可以得到岩石不同尺度范围的各种孔隙类型和纹理,从而刻画研究区各种尺度范围的岩石物理属性。流程中最重要的工序是利用两种层析成像方法反映空间属性,又称干/湿成像序列,即结合两种不同的微型CT技术,这两种成像技术选择的样品取自一处,但是状态不同,一种干燥清洁,另一种饱含X射线衰减液,这样可以在估算孔隙度时弥补分辨率不足的缺点。

FEI公司的多尺度成像及建模法具体步骤如下:

(1)采用不同分辨率的三维微型CT技术生成晶体的结构框架,为后续步骤中孔隙结构网格粗化提供基础。

(2)采用高分辨率扫描电镜和聚焦离子束FIBSEM成像技术描述二维和三维空间结构,以便对孔隙的充填及微孔结构做出详细描述。

(3)建立泥岩和微孔的体积模型为流体数据提供资料。根据扫描电镜/能谱分析和聚焦离子束成像,可得到微孔的三维结构资料、泥岩结构、沉积及成岩历史等数据,进而确定微观机构模型。

(4)通过上述每一个关键步骤获得的数据资料,配合基于体积平均法和达西定律的网格粗化法可计算岩石物理相和多相流体属性,进而提高预测的储层结构模型。

图3是利用多尺度成像及建模法得到的成果图。

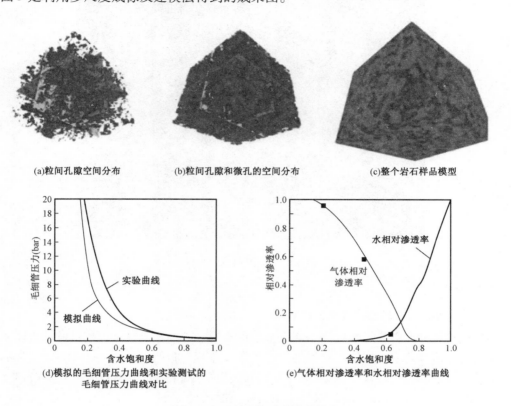

(a)粒间孔隙空间分布　　　(b)粒间孔隙和微孔的空间分布　　　(c)整个岩石样品模型

(d)模拟的毛细管压力曲线和实验测试的
毛细管压力曲线对比

(e)气体相对渗透率和水相对渗透率曲线

图3　多尺度成像及建模成果

多尺度成像及建模法更精准地刻画了粒间孔、微孔、岩石颗粒的空间分布情况,并能准确地测量孔隙压力及孔隙内流体的相对渗透率等指标,为储层的精准描述提供路径,同时也为新老油田的勘探开发提供指导。

4. 模拟软件平台

美国爱达荷国家实验室的专家经过4年的潜心研究,研发出一种面向目标的多场耦合模拟环境(Multiphysics Object Oriented Simulation Environment,MOOSE)的软件平台,获得"2014年度R&D100"大奖,并被誉为最特殊且最具创新性的产品兼技术。

MOOSE软件平台功能强大,近期新增加了增强型地热系统应用程序(FALCON),使该软件平台功能更加丰富。此前已经包括了二氧化碳封存、超导电性等应用程序。

MOOSE – FALCON模块可应用于非常规油气资源的研究。FALCON是能源部资助研究致密储层水力压裂的应用程序。该程序可以将储层中流体、化学物之间的反应、地质应力及它们之间的关系进行耦合,以了解其中一个因素是如何影响其他因素的。FALCON采用简单的数字化模型解决方程模拟的问题,没有数据遗失,使得到的结果真实准确(图4)。采用这种系统的方法可以清晰地看到地下水资源的状况;能对深层储层进行模拟;能在整盆地范围内计算优化用水量,使一切相关预测更快、更便捷、更准确。

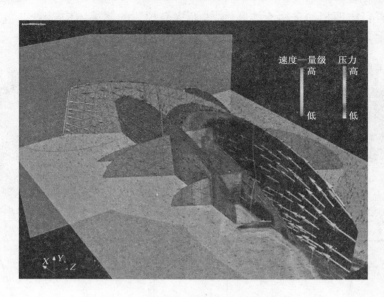

图 4   用 FALCON 识别裂缝的演化过程

5. 地质计算

1)处理地震异常提高勘探成功率的新方法

经处理的异常地震信号常被用于降低多目标预测带的勘探风险。先前贝叶斯方法是用来处理这些异常信号的主要方法。它提供了一个统计流程,进而评价多目标地震异常带的成功概率及资源前景。但是该方法存在一个问题,它假设每个目标预测区的地震异常指标之间是相互独立的,当预测目标较多时信噪比变化会被极度放大。

针对以上问题,斯伦贝谢公司的专家潜心研究,提出一种新型的基于贝叶斯风险校正的方法,该方法引入一个关键的参数可以获得不同地震异常之间的相关程度。基于贝叶斯风险校正的方法有许多优点:它使用一个严格的统计流程;确定如何提高勘探成功概率;甄别错误的异常;也适用于没有地震异常的地区。

在 Stabell 和 Langlie 的实际应用表明,使用基于贝叶斯风险校正的方法使成功率提高了21%。因此,该方法在预测成功概率中发挥着重要的作用。

2)计算礁滩体孔隙胶结程度的新方法

海域碳酸盐岩地层是未来海上油气勘探开发的主要方向。加深对碳酸盐岩储层的认识,准确计算储层含水饱和度是推动该类油气勘探的重要支柱。

斯伦贝谢公司和印度石油公司的专家以印度西海岸的孟买地区为例,通过联合研究认为,受碳酸盐岩,尤其是礁滩体强非均质性的影响,根据阿尔奇公式计算得到的孔隙胶结度(m)和含水饱和度(n)不能反映真实的值,若在计算公式中加入测井及岩心资料相关参数,获得的 m 值及 n 值是最真实的。影响碳酸盐岩孔隙度的主要因素是成岩作用,因此定量刻画胶结类型及胶结程度是确定 m 值的重要步骤。该方法旨在通过利用高分辨率微电阻率成像技术,结合岩石类型、压实作用影响及次生裂缝发育状况,获得 m 值,从而提高 n 值的计算准确性。

（三）地质勘探科技展望

未来几年内,应对油气市场中低油价的新常态,提高油气藏勘探认识、加大理论创新力度、加速勘探技术推出速度,是当前地质勘探领域的主要发展策略。

1. 勘探新理论、新技术快速发展势头不变

随着世界范围内的油气勘探工作不断深入,所发现油气田正经历着类型从简单到复杂,位置从陆地到海洋、荒漠、极地,深度从浅层到深层、超深层,储层渗透率从常规到低渗透、致密,资源从高丰度到低丰度,储量规模从大到小,勘探难度和风险加大,环保要求提高,勘探成本上升。因此,积极研究探讨勘探复杂油气藏及新类型油气藏,如非常规、深层、海洋、天然气水合物等油气类型的新理论、新方法、新技术,加深对地质构造特征、储层物性、油气生排烃过程、成藏模式等的认识,是应对低油价新常态的必然之路,是降本增效的必需方法,是促进中国石油地质学理论和勘探开发水平提高的关键。

2. 信息化使地质建模更加便捷、精准

目前,地质专家越来越注重从客观环境中获取基础信息,用以还原地下真实状态,建立精准的地质模型,了解油气藏属性。因此,信息资料的种类越来越多、数量越来越大,信息化有助于快速筛查有用信息,处理图表、运算数据,对庞大的数据群进行检测管理。

利用计算机收集、整理大量可用的资料,根据目标体系的特征编写简单的程序模型,进行后期地质校正,使地下信息清晰地展现在研究者面前,为后续工作的进行提供便利。如上文中提到的 MOOSE 软件平台,通过该软件可将研究目标以图件的方式展示,同时只需调节参数,即可反映出不同参数对研究目标影响的大小及其相互之间的影响。

3. 地球化学研究仍是石油地质研究不可或缺的重要工具

面对日益严峻的地质勘探形式,加深对研究目标的全面了解,建立完整、精确的认识体系是未来发展的主要方向。在地球化学领域,既要深化对常用地化指标的认识,充分拓展其应用范围,甚至可将其他领域的地化指标应用于石油地质研究中,如铼—锇同位素组对起初只应用于寻找固体矿物,后来通过加深认识,目前在页岩油气领域的研究中取得了一定效果;又要勇于尝试以前未曾重视的新物质研究,如金刚烷、生物标志酸,通过对这些新物质的详细研究发现,不仅能够丰富研究方法,还能为很多棘手难题提供解决途径。

4. 环保、经济将贯穿地质勘探全过程

低碳、环保和可持续发展不仅在全球范围得到重点关注,而且已经渗入石油行业的各个领域。在低油价的国际环境下,对于正在进行大规模勘探开发工作的油气田,如何环保、可持续、经济地发展已成为严峻的问题。

地质勘探阶段,地震勘探、取心及其他一些作业活动可能会导致地表植被破坏,进而破坏地表环境的热流系统及水文状况,导致河流水位降低,如在冻土地带,则可能导致冻土层深度下降,形成冰层,还可能导致水土流失。因此,在勘探工作的初期,就应对地质学家进行井型系统的生态知识培训,组织综合生态观测,对油井附近自然环境变化进行长期监测,制定与环保相关的方针政策。

原始地质资料的研究和编录不当,或对重要参数的评价失误,都将影响后期油气开发和工程的设计质量。但是,在地质勘探阶段投入过多的勘探工作量,既不经济也浪费时间。因此,应合理规划每一个地质程序的工作方案,实现高效勘探。

参 考 文 献

[1] 白国平,王文庸,徐艳.21世纪新发现大油气田油气地质特征与分布规律[J].世界石油工业,2015,22(5):39-43.

[2] Moldowan Mike,Denisevich Peter,Moldowan Shaun,et al. Novel Geochemical Technologies Reveal Everything You Wanted to Know About Heavy Oil[C]. American Association of Petroleum Geologists (AAPG),2014 - M1948088.

[3] Levy Thomas M,Matthews William,Brown Alan L. Play - level Identification of Sweet Spots:Integrated Shale Play Resource Assessment Methods[C]. American Association of Petroleum Geologists (AAPG),2014 - M1946575.

[4] Luneau Barbara,Belobraydic Matthew,Sitchler Jason,et al. Play - scale 3 - D Modeling and Novel Risk Ranking Concepts for Developing Unconventional Assets[C]. American Association of Petroleum Geologists (AAPG),2014 - 1948933.

[5] Green Sam,O'Connor Stephen,Cameron Deric,et al. Producing Pore Pressure Profiles Based on Theoretical Models in Un - drilled Deep - water Frontier Basins[C]. American Association of Petroleum Geologists (AAPG),2014 - 1950134.

[6] Martinelli G,Langlie E,Stabell C. Handling Seismic Anomalies in Multiple Segment Prospects - Explicit Modeling of Anomaly Indicator Correlation[R]. London:75th EAGE Conference & Exhibition incorporating SPE EUROPEC 2013,2013.

[7] Pattanaik Sambit,Parashar Sarvagya,Swain Saraswat,et al. Computation of High Resolution Variable 'm' for Heterogeneous Reefal Carbonate System:A Case Study from Western Offshore India[C]. American Association of Petroleum Geologists (AAPG),2014 - 1948511.

二、油气田开发技术发展报告

2015 年,低油价给油气开发带来了一定程度的影响,致密油的产量增速有所放缓。但是由于项目的持续性,中短期内对油气开发影响不大,大批新技术不断涌现。多家研究机构和公司都在致力于研发能够提高致密油采收率的技术,无限级压裂技术和重复压裂技术已推广应用,为破解储层改造难题起到积极的推动作用,重油和油砂开采技术、智能井技术、油藏数值模拟和人工举升技术均取得了新进展。

(一)油气田开发新动向

2015 年,国际油价不断下滑,油气产量受到了不同程度的影响。IHS 公司对全球最大的 7家一体化国际大石油公司[埃克森美孚、壳牌、英国石油(BP)、雪佛龙、道达尔、Statoil 和埃尼]进行研究,分析了低油价对国际大石油公司开发业务发展的影响。

1. 非常规油气资源在产量增长中的贡献不断增加

近些年,油气行业的新变化迫使国际大石油公司越来越多地参与和开发技术复杂度更高的油气类型,其中深水和超深水、非常规油气(主要是北美页岩资源)和油砂将是中期内新增产量的重要来源。

预计 2018 年前,7 家公司合计新增产量的近 50% 将来自这 3 个领域,其中深水占 32% 左右,非常规油气占 12%,油砂贡献最小,仅占 5% 左右。到 2018 年,预计深水产量在 7 家公司合计总产量中的占比将达 17%,油砂占 4%。与之相应,来自陆上和浅水的产量在总产量中的占比将逐渐下降。2003 年,陆上和浅水领域提供的产量在 7 家公司合计油气总产量中的占比为 87%,2013 年降至 77%,预计 2018 年和 2023 年将进一步下降到 70% 和 65%。

2. 美国致密油气产量增长在中期放缓

近年来,美国石油行业大规模的上游投资支撑了其原油产量的超预期增长,而随着国际油价的不断下挫,石油公司可能无法再像以前一样募集到巨额资金。低油价使美国致密油生产面临愈发严峻的考验。

美国致密油生产的盈亏平衡点相对较低,短期内油价下跌对页岩油气产量的影响不大。例如,2014 年美国新投产的致密油产量中,71% 来自盈亏平衡点在 80 美元/bbl 以下的井,47% 来自盈亏平衡点在 60 美元/bbl 以下的井。但是如果低油价继续持续,那么非常规产能受到的冲击将越来越大。

3. 深水项目受中短期低油价影响不大,但长期低油价将威胁其经济性

深水项目需要高油价保证经济性。当井口原油价格分别为 100 美元/bbl、80 美元/bbl 和 70 美元/bbl 时,无法达到盈亏平衡的深水项目在全球深水资产组合中的占比分别为 9%、18% 和 24%。安哥拉、挪威和美国墨西哥湾古近系的深水项目受低油价的影响最大。

支撑国际大石油公司中期增长的深水项目被推迟或取消的风险很小,因为 2018 年前 7 家公司的新增深水产量95%来自已经通过最终投资决定的项目。但是如果油价保持在70美元/bbl以下的低位，那么深水项目的长期发展可能受到影响，因为7家公司2019—2023年的深水产量增长规划中，44%的新增产量来自未获得最终投资决定的项目。

4.中短期内低油价对油砂业务的冲击不大，但持续低迷会影响长期发展

到2018年，油砂产量在国际大石油公司合计总产量中的占比预计为4%。埃克森美孚的油砂占比最高，预计到2018年其新增产量的17%来自油砂。其他公司在中期内，新增产量中油砂的占比都低于4%。

尽管油砂项目成本高，但是中短期内其产量增长不太可能受到当前低油价的影响。首先，已投产的油砂项目将保持生产，因为加拿大油砂的经营成本为20～46美元/bbl，只要油价高于该水平，在产的油砂项目不太可能被关闭。其次，支撑中期增长的油砂项目将继续推进，因为2018年前7家公司的新增油砂产量96%来自已通过最终投资决定的项目，而且这些项目多数是老项目扩建，与新建项目相比成本相对较低。但是如果低油价持续，那么，那些尚未获得最终投资决定的项目或者新建油砂项目可能被重审，从而影响油砂的长期发展。

（二）油气田开发技术新进展

2015年，国外油气田开发活动频繁，不断涌现了大批新技术，推动油气田开发向着高效节能、经济环保的方向发展。提高采收率技术依然是油气田开发中不变的主题，压裂技术向着无限级压裂和重复压裂的精准方向发展。

1.提高采收率技术

随着开采年限的增加，常规原油产量不断下降，提高油气采收率技术一直是各国获得原油产量的主要途径。

1）水驱提高采收率技术

水驱仍将是油田开发的主导技术，但注水的技术内涵和作用机理正在逐渐深化发展。赋予水驱除补充能量以外的其他功能，成为各大石油公司攻关的热点。

（1）低矿化度水驱技术。

低矿化度水驱、设计水驱、智能水驱等技术通过调整注入水的离子组成和矿化度，改变油藏岩石表面润湿性，从而提高原油采收率，无论在室内实验还是现场试验，都取得了显著效果。在现场应用方面，BP公司继北美阿拉斯加北坡的恩迪科特油田先导试验后，联合康菲、雪佛龙和壳牌在英国北海 Clair Ridge 油田启动了世界上第一个海上低矿化度水驱项目，利用海水净化装置将海水矿化度降低至300～2000mg/L并直接注入油藏，预计可使该油田增产4200×10^4bbl原油。科威特石油公司在世界第二大油田布尔甘油田开展低矿化度水驱试验，将矿化度从140000mg/L降低到5000mg/L，当含水饱和度降低5%时，每桶增加的成本仅为10美元。沙特阿美石油公司在 Kindom 碳酸盐岩油藏进行现场试验，结果显示在常规海水驱替后转智能水驱可提高水驱采收率7%～10%。中国石油离子匹配精细水驱技术，研发了针对长庆、吉林等油区低渗透油藏的水驱体系，室内评价提高采收率5%～15%，有望为中国大规模的低渗透油藏提高采收率提供新的技术手段。

　　与化学驱、热采等其他 EOR 技术相比,低矿化度水驱采油技术的驱替效果相当且具有简单有效、经济可行以及风险较低的特点,具有很大的应用潜力和推广空间。

　　(2)致密油水驱技术。

　　水驱用于常规原油开采已经有 70 多年的历史了,被视为最廉价、最高效的二次开采手段,得以广泛应用。然而对于致密油而言,水驱技术尚处在研究和先导试验阶段。北美多家公司都开展了致密油水驱先导实验,详见表 1。

表 1 致密油水驱先导试验及效果

公司	油田(区块)	试验规模	预期效果
Surge Energy	Bakken(Windfall)	12 口注入井,12 口生产井	预计可提高采收率 13% ~25%
Tundra Oil&Gas	Bakken(Sinclair)	60 口注入井	预计可提高采收率 13.5%
Gaffney Cline& Associates	Bakken		预计可将采收率提高至 30%
Crescent Point	Bakken(Viewfield)	50 口注入井,120 口生产井	预计可将采收率提高至 19% ~30%

　　由于致密油储层渗透率非常低,采用常规的直井水驱井网很难见效,需要非常近的注采井距才能见效(图 1)。水平井多段压裂技术大幅增加了井筒与油藏的接触面积,因此,水平井分段压裂后再进行水驱可以大幅改善致密油的水驱效果。多家公司的先导试验结果表明:与直井线性水驱相比,致密油水平井分段压裂后注水效率大幅提高,而且可以减少注采井数和地面设备。

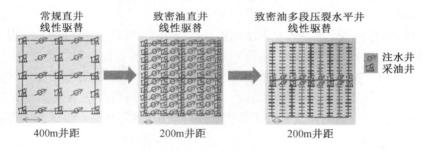

常规直井　　　致密油直井　　　致密油多段压裂水平井
线性驱替　　　线性驱替　　　　　线性驱替

400m 井距　　　200m 井距　　　200m 井距

图 1 致密油水驱井网设计

　　Crescent Point 能源公司在 Bakken 先后进行了 4 次水驱试验,初步结果显示水驱效果良好(图 2),预计可以将致密油采收率提高至 19% ~30%。该公司称水驱成功的关键是对注入井和生产井进行分段压裂。

　　(3)油藏精细分层注水技术。

　　保持特高含水油田高效开发是世界级难题,经过持续攻关,大庆油田特高含水期精细分层注水技术取得重大突破,成为油田精细挖潜的主要技术手段,为大庆油田持续稳产提供了有力的技术支撑,同时也为中国陆上其他高含水老油田的高效开发开辟了新途径,总体达到国际领先水平。

　　取得了 3 项重要技术创新:① 创新了以"低负荷、小卡距、小隔层"为核心的特高含水期精细分层注水技术,实现了 7 级以上精细分层注水,最高分注 11 层段,最小卡距由 6m 降至 0.7m,最小隔层由 1m 降至 0.5m;② 创新形成了配套电控测试工艺技术,验封、投捞及流量测

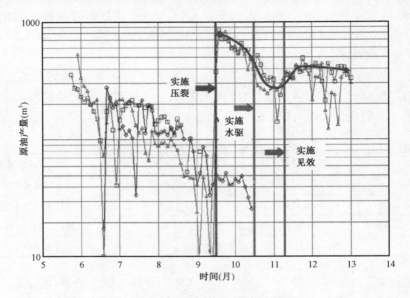

图 2　致密油水驱先导试验效果

试均由纯机械测试手段转向缆控一体化测试手段,测试工艺向电动化时代迈进,7 层段井测试时间由 6.8d 降至 3.8d;③ 创新形成了精细分层注水井及连通油井的"对应精细挖潜"指导思想,以注采井组为单元,实现井间液流有效控制,可全面指导各类储层精细挖潜,采收率可提高 0.5~1 个百分点。

特高含水期精细分层注水技术在大庆油田规模应用了 8361 口井,推动了大庆油田开发整体水平的提升,对油田水驱控制递减、提高产量起到了关键的支撑作用。目前,该技术已在中国石油全面推广,在吉林、辽河、大港、华北、长庆、新疆、塔里木、青海等油田推广应用 13293 口井,占中国石油天然气股份有限公司总分注井数的 36.1%,对各油田剩余储量有效挖潜动用起到了积极的促进作用,具有广泛的应用价值和推广应用前景,必将产生巨大的经济效益和社会效益。

2)化学驱提高采收率技术

(1)三元复合驱技术。

中国石油在大庆油田成功开展了三元复合驱油技术配套攻关和大规模矿场试验,取得了很好的应用效果,展示了良好的规模应用前景,形成了三元复合驱大幅度提高采收率技术系列和标准规范体系,使中国成为世界上唯一实现三元复合驱商业化应用的国家。

创新形成了六大技术系列:① 系列表面活性剂研制及生产技术,研发了烷基苯磺酸盐 4 项配套生产技术,建成了工业生产线,已应用 20×10^4t,研发了石油磺酸盐并已应用了 3×10^4t,表面活性剂实现了多元化和系列化;② 油藏工程方案设计技术,研发了数值模拟器,首创了油藏方案设计方法并规模实施;③ 全过程跟踪调控技术,确定了分阶段调控原则和主体措施的实施标准;④ 配注工艺技术,创新形成了"集中配制、分散注入"的"低压二元—高压二元"配注工艺,与原工艺相比面积减少 50%,投资降低 30%,建成调配站 58 座;⑤ 防垢举升工艺技术,揭示了油井结垢机理及特征,开发了专家实时诊断系统,研制并规模应用了系列耐垢泵和化学清防垢剂,检泵周期由试验阶段的 200d 提高至 350d;⑥ 采出液处理工艺技术,揭示了采出液难处理的机理,优化了原油脱水设备和处理剂,固化了采出液处理流程,改善了处理效果,降低了处理成本。

应用三元复合驱技术后,2014 年产油量突破 200×10^4 t,采收率在水驱基础上提高 20% 以上,突破了"双高"阶段常规技术的禁区,奠定了中国在此领域的国际领先地位。三元复合驱已成为大庆油田提高采收率的主体技术之一,可以实现"十三五"期间产油 2500×10^4 t 的目标,同时可成套输出到国内外同类油田,实现更大的经济效益和社会效益。

(2)聚合物纳米微球驱油技术。

传统的聚合物驱提高采收率方法主要通过增加驱替液黏度来降低驱替液和原油的流度比,比如往水中添加稠化剂,使注入水和油藏原油黏度接近,从而扩大波及体积、提高驱油效率。但是在艾伯塔北部的 Nipisi 地区,加拿大自然资源公司正在试验一种不一样的聚合物驱油技术,他们将一种名为纳米微球的微小颗粒注入油藏,这种聚合物纳米微球进入油藏后会堵塞注入水的自然流动通道,迫使注入水转向到达油藏未驱替部位,从而提高油藏注水中后期的原油采收率(图3)。

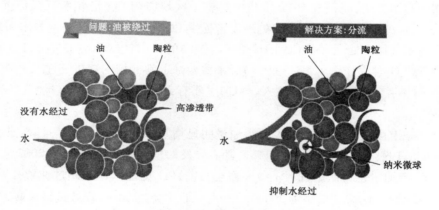

图 3　聚合物纳米微球提高采收率示意图

聚合物纳米微球提高采收率试验是加拿大自然资源公司目前运行的 5 项提高采收率试验之一。2013 年第四季度,该公司对 Nipisi 地区的油藏进行了聚合物纳米微球水驱测试,首先往油藏中注入几段纳米微球段塞,紧接着注入不掺添加剂的水,初始驱油效果较好。在 Nipisi 地区原油 API 重度达到 41°API,原油黏度为 4mPa·s,目前整体采收率已高达 39%,如果该项试验成功,预计原油采收率可提高 3%,多采出 21×10^4 bbl 原油,每多采出 1bbl 原油的花费大概 19 美元。虽然目前该试验初始生产效果较好,但是要想对这项技术进行全面的评价还需要 1 ~ 2 年的时间。如果这项测试成功,加拿大自然资源公司会将该技术转移应用到北海油气区,那里的油藏和 Nipisi 油藏性质很相似。另外,聚合物纳米微球除了应用到水驱中后期油藏外,还可应用于高矿化度油藏。

(3)致密油化学驱技术。

致密油具有低孔隙度、低渗透率、富含轻质油、含油饱和度高等特点,符合表面活性剂驱油条件。目前,一个重要的研究方向是向压裂液中添加驱油用表面活性剂。这种做法的技术经济优势在于:① 压裂措施本身会用到大量的水,因此在压裂液中加入表面活性剂水溶液容易操作;② 表面活性剂会从基质/微裂缝中捕集更多的原油,还可能提高裂缝的连通性;③ 压裂作业本身成本高昂,加入低浓度(0.1%)高效的表面活性剂不会对压裂总成本造成太大影响;④ 表面活性剂也可能起到促进返排的作用,而无须在压裂液中添加其他促返排活性剂。

ChemEOR 公司对 Bakken 致密油进行了表面活性剂驱室内实验。结果表明,在压裂液中加入表面活性剂能够深入 Bakken 岩石基质中并起到驱油作用,而且这种表面活性剂适合作为压裂液添加剂,不会与压裂液的其他组分反应而产生副作用。

3)气驱提高采收率技术

(1)CO_2 混相驱技术。

位于得克萨斯州西部的 North Cross 区块,油藏内部发育大量钙质填充的天然裂缝,1944年发现后依靠天然能量开采,直到 1964 年,部分区域开始回注伴生气补充地层能量进行二次采油。该区块有效孔隙度介于 9%～35% 之间,渗透率最小不到 1mD,最大可达 30mD,平均渗透率为 5mD,原油 API 重度为 44°API(温度为 60℉[1])。根据该区块储层高孔隙度、低渗透率、吸液能力差等特点及原油性质,为了更好地保持地层能量、提高采收率,西方石油公司没有采取最为常用的水驱方法,而是自 1972 年开始对整个区块应用 CO_2 混相驱开采原油。早期阶段,安装两个一级处理设备和一个二级处理设备提供 CO_2。一级处理设备主要用来制备 CO_2,二级处理设备主要用来处理含有 CO_2 的伴生气。纯净的伴生气(CO_2 含量小于 2.5%)和相对较纯的伴生气(CO_2 含量介于 2.5%～60%)经油藏西部上斜区域的伴生气注入井注入,CO_2 含量大于 60% 的伴生气经 CO_2 注入井注入。目前主要有 26 口生产井和 16 口注气井,单井控制面积 22acre[2]。

从生产动态上可以看出,CO_2 注入后产油量明显增加。1974—1976 年,日产量由 1450bbl增加到 2000bbl,1991 年,采收率达到 41%。随着开发的进行和地层的亏空,2003 年再次增加 CO_2 的注气量,产油量也再次增加(图4)。截至目前,CO_2 的注入体积超过油藏孔隙体积的 2倍,日产油 1300bbl,CO_2 采油效率为 30000ft^3/bbl,采收率超过 60%,预计最终采收率可以达到 69%。然而,如果仅仅依赖回注产出的天然气,预计采收率仅为 19%。

CO_2 混相驱在 North Cross 区块获得了极大成功,这与储层的流体性质和孔渗结构密切相关。流体性质为 CO_2 混相提供了条件,微孔隙网络大大提高了 CO_2 的驱替效率,最终提高了采收率。但是,随着大量伴生气产出,常常会由于吸热产生结蜡结冰、形成水合物等问题,给生产管柱和地面管线等带来了挑战,需要通过完善井下自动控制系统、增加热源、添加化学剂及优选管柱材料(如玻璃纤维)等手段解决这些问题。North Cross 区块的成功开发,对于其他能量不断衰竭的油气藏,提供了高效提高采收率的经验。

(2)致密油 CO_2 驱技术。

常规原油 CO_2 驱提高采收率是一项成熟技术,目前全球共有 141 个 CO_2 驱提高原油采收率项目,平均提高采收率为 15%～20%。CO_2 驱用于致密油开发尚处在研究与试验阶段。

---

[1] $1℉ = \frac{9}{5}(℃ + 32)$。

[2] $1acre = 4046.86m^2$。

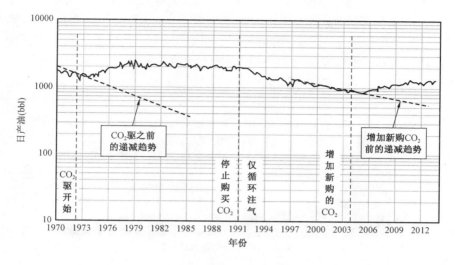

图 4 油井历史生产动态

2012 年,由北达科他州能源与环境研究中心(EERC)、大陆资源、Kinder Morgan、贝克休斯等公司和研究机构组成的技术联盟开始在 Bakken 进行 CO_2 驱油与埋存项目,致力于研究 CO_2 提高采收率技术在致密油中应用的可行性及潜力。项目第一阶段(2012—2014 年)主要采用油藏描述和室内数据模拟方法评估 CO_2 驱在致密油应用的可行性。室内实验结果表明,CO_2 能够驱替出 Bakken 页岩中 60% 的原油,数值模拟结果表明,致密油 CO_2 驱在技术上是可行的。目前该项目已进入第二阶段,计划用两年的时间进行现场技术验证,井网设计如图 5 所示。

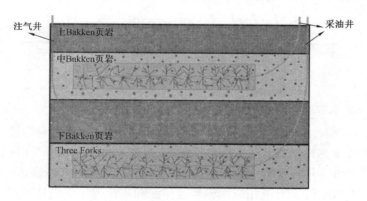

图 5 Bakken CO_2 驱先导试验井网设计

除了技术因素外,致密油 CO_2 驱面临的另一个挑战是气源问题。以北达科他州为例,该州所有的煤电厂每年产生 $3300 \times 10^4 t$ CO_2,即使 CO_2 捕集技术经济可行,也不足以为致密油提高采收率提供足够的气源。

(3)致密油天然气驱技术。

注天然气也是致密油提高采收率技术发展的方向之一,因为大多致密油产区可以获得丰富的气源,而且天然气在致密储层中的注入性明显优于水,作业成本又低于注 CO_2,注入的天然气还可以回收利用。加拿大 Lightstream 资源公司自 2008 年起开始研究注天然气提高致密油采收率技术,2011 年开始利用公司自产的天然气在 Bakken 进行先导试验,先后试验了 4 种井网的注气效果,其中按照从端部到跟部的注气井网(井网Ⅱ,1 口注气井,8 口采油井)已经初步见效,预计二次采收率可能达到 25%以上(图 6、图 7)。

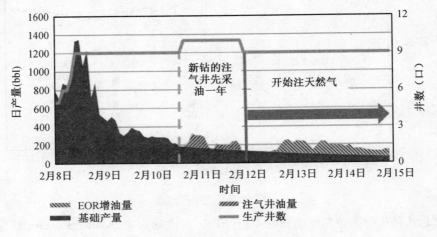

图 6　致密油注天然气先导试验效果

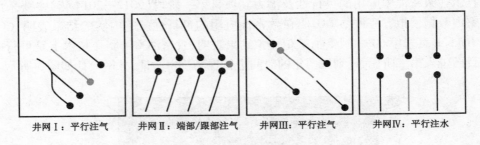

图 7　致密油注气井网图

4)三相相对渗透率实验平台及测试技术

中国石油通过持续技术攻关,自主研发出基于 CT 扫描的三相相对渗透率实验平台及测试技术,解决了油气水三相饱和度同步精确识别、三相饱和度定量表征、不同饱和历程模拟三大问题,大大提升了室内评价实验对油气田开发的技术支撑能力,总体达到国际先进水平。

取得的技术创新包括:针对三相流体饱和度在线同步精确识别的技术难题,建立了 CT 双能同步扫描方法,实现了三相流体饱和度的在线定量表征;通过扫描条件的优化、CT 增强剂的筛选和计算校正方法等方面的创新,大幅度提高了三相流体饱和度的测量精度,测量误差由 5%以上降到 1%以下;自主研制了适用于 CT 扫描的多种规格耐高压高温岩心夹持器、岩心定位装置、恒温加压装置,研发了国内首套岩石 CT 图像数据处理软件及集成化多相相对渗透率计算软件,形成的基于 CT 扫描的三相相对渗透率测试实验平台达到国际先进水平;针对油气水渗流和油田生产的实际情况,建立了模拟油藏实际流动过程的多饱和历程测试方法,消除了实验中末端效应的影响,成功获取了两种典型饱和历程下的三相相对渗透率曲线。

创新成果已成功应用于吉林二氧化碳驱试验、大庆多层砂岩油藏水驱规律评价、大庆聚合物驱后泡沫驱评价、新疆砾岩油藏剩余油分布、委内瑞拉泡沫油评价等科研生产项目,取得了良好的效果。

5)低渗透油藏与致密油藏物理模拟技术

面对低渗透、特低渗透油藏水驱采收率低,致密油藏储量动用率低等瓶颈问题,迫切需要进行渗流机理和开发方式研究。为此,中国石油通过5年攻关,研究形成了低渗透/致密油藏物理模拟技术,实现了物理模拟从微观到宏观、一维到三维的突破,从中高渗透油藏物理模拟向低渗透/致密油藏物理模拟的跨越,大大提升了低渗透/致密油藏开发物理模拟研究水平,整体达到国际领先水平。

核心技术创新包括:(1)自主研发了"天然露头大模型高压物理模拟实验系统",露头渗透率最低0.1mD,最大尺寸为0.5m×0.5m×0.3m,是国内外首套高压状态下可实现低渗透/致密大尺度岩心渗流场测试和渗流规律研究的物理模拟设备;(2)自主研发了"低渗多孔介质非线性渗流特征测试系统",创新了多级压力控制模块和全自动光电式微流量测试模块(精度为10^{-6}mL/min),实现了低渗透/致密岩心低压力梯度和微流量的精确测定,大幅度提高了非线性渗流曲线测试精度和测试效率;(3)建立了以"大模型"为代表的低渗透/致密油藏物理模拟技术,揭示了低渗透、特低渗透油藏有效驱动机理,刻画了剩余油分布特征,探索了致密油藏补充能量开采新方式,为提高低渗透/致密油藏储量动用率和采收率提供了技术支撑。

创新技术已成功应用于国家油气重大专项、中国石油物理模拟重大基础攻关课题、中国石油水驱和柴达木难采油田重大专项等科研和生产项目,取得了明显的效果,为"十三五"长庆油田和大庆油田等低渗透/致密油储量规模动用提供技术保障。

6)全自动岩心驱替系统

为了对EOR技术的效果进行评价,BP公司于2014年11月推出了世界上首套全自动岩心驱替装置,可以跟踪监测多种提高采收率技术在岩心中的驱油效果,从而可以评估其在油田应用中的潜力。BP公司上游技术负责人Ahmed Hashmi表示,该驱替装置可以极大地提高新技术的研发效率,及时利用新技术从油藏中采出更多的石油。

BP公司在英国拥有大型的岩心驱替实验室,驱油设备可以在接近真实储层的高压高温条件下对不同类型的岩心进行测试,从而对不同类型的油藏进行评价。全自动岩心驱替装置可以每周7d、每天24h不间断地进行驱油实验,使其在一年时间内完成的岩心驱替实验从数十次提高到数百次,大大提高了BP公司评估新EOR技术的能力,也将使新技术研发的时间成本降低50%以上。

全自动岩心驱替装置在LoSal EOR技术的研发过程中起到了重要的作用,在进行现场试验之前,该公司低矿化度水驱(LoSal)EOR技术团队已经利用全自动岩心驱替装置做过45次岩心驱替实验来验证该技术的效果。

2.压裂技术

1)无限级压裂技术

压裂作业后级数的多少是评价压裂作业成功与否的重要指标,为了进一步提高单井压裂级数,国外公司纷纷研发出各具特色的无限级分段压裂完井装置,主要包括NCS能源公司的

Multistage Unlimited 压裂装置、BJ 服务公司的 OptiPort 压裂工具、贝克休斯公司的 HCM 套管滑套、斯伦贝谢公司的 TAP 压裂完井装置和威德福公司的 ZoneSelect Monobore 分段压裂装置。

无限级压裂技术采用新型无级差套管滑套,根据油气藏产层情况确定滑套安放位置后,按照确定的深度将多个针对不同产层的滑套与套管一趟下入井内,然后实施常规固井,再依托配套工具依次打开各层滑套并分段压裂施工,以实现一趟管柱多层压裂。可用于非常规油气藏的增产改造,也可作为油气井生产时分层开采及封堵底水的有效手段。

(1)OptiPort 压裂工具。

BJ 公司的 OptiPort 压裂工具(图 8)主要包括套管滑套和井下工具组合(BHA)。一趟下入 BHA 管串后,不需重复上提下放管柱,可实现隔离产层、打开滑套和压裂作业等功能。滑套采用液压开启方式,外壳与本体之间形成液缸,内滑套在液压力驱动下滑动,开启滑套。BHA 主要包括接箍定位器、节流阀、锚定装置和封隔器,可实现压裂管串定位、锚定以及管串与套管环空封隔。

当 OptiPort 套管滑套随套管入井进行常规固井后,使用连续管将 BHA 工具送入井内;接箍定位器确定滑套所在位置,然后向连续管内加压,坐封封隔器,锚定装置坐挂,锚定 BHA 工具管串;再往连续管与套管环空内加压,开启滑套,并进行储层压裂改造。压裂结束后,停泵泄压,封隔器解封,锚定装置解挂,上提管柱,进行下一层压裂。

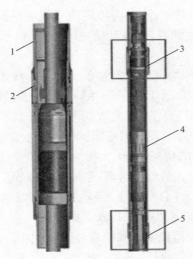

图 8　OptiPort 压裂工具

1—套管;2—套管滑套;
3—封隔器;4—锚定装置;
5—接箍定位器

OptiPort 压裂工具主要作业于北美地区,2009 年其在 Barnett 页岩气藏压裂一口井达到 48 段,创下当时的单井压裂级数纪录。该井水平段长 945m,滑套平均间距为 19m,压裂施工共持续 9d,泵注时间达到 101h,平均单级压裂时间为 2.1h,每级压裂排量达到 5.6m³/h,加砂量为 30t,每级施工压力为 40MPa 左右。单趟管柱总共压裂最多为 24 级,且每级压裂施工时均在短时间准确实现定位和打开滑套。截至目前,OptiPort 压裂工具已在北美地区施工超过 1000 口井,压裂级数超过 10000 级,为高效实现页岩气等非常规油气藏开发提供了宝贵的经验。

(2)HCM 套管滑套。

贝克休斯公司的 HCM 套管滑套主要由液控管线、内套及密封组件组成,如图 9 所示。内套上下两端设置有液缸,并分别与液控管线连接,将液控管线引至地面控制单元,从而按照储层改造要求或地层生产情况控制滑套打开、关闭。HCM 套管滑套的主要优势在于结构简单,无须下入特定工具对内套进行打开、关闭操作。当某一个滑套出现液控失效的异常状况时,滑套内套设计有台肩,可通过下入连续管工具与内套台肩配合进行滑套启闭补救施工。

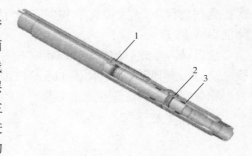

图 9　HCM 套管滑套

1—液控管线;2—内套;3—密封组件

滑套内套开关压差为 2～3MPa,活塞排液量约为 240mL,因此,滑套在井底能对地面的液压控制及时响应,确保滑套开关快捷、准确;滑套入井后过流面积达到 4200mm²,具有较好的过流性能,不会影响后期生产、排液。

HCM 套管滑套在欧洲北海油田进行了试验性应用。其中,一口大斜度井井斜 80°,井深 6600m,垂直段井深 2700m,滑套安装位置位于 4775m 和 5200m 处,并采用封隔器进行地层隔离。现场施工时,每级滑套通过液控管线连至地面液压站,地面远程控制滑套关闭不超过 5min,并在试井时反复进行了 5 次打开、关闭操作。同时,根据产层后期生产情况对滑套远程控制打开、关闭,有效防止因产层出现异常状况而导致全井报废的风险。该油田采用 HCM 套管滑套后大大节约了后期修井维护成本,同时产量也明显提高。通过对滑套进行控制,有效调节地层产能,延长油气井寿命,为油气井高产、稳产提供了保障。

(3)TAP 压裂装置。

斯伦贝谢公司的 TAP 完井多级分层压裂技术于 2006 年完成研发并投入市场,该压裂装置结构如图 10 所示,主要包括启动阀、中继阀、飞镖以及后期进行滑套关闭的连续管工具。TAP 阀主要由阀体、内滑套、活塞和 C 形环等组成。当上一级阀体的压力传导至活塞腔时,活塞下行挤压 C 形环,形成球座,以用于坐入井口投入的飞镖,隔离下部储层。启动阀和中继阀内无活塞和 C 形环,分别用于底层第 1 级滑套和压裂较厚储层。在油气井生产时,如遇产层出水等特殊情况,则可下入连续管开关工具将滑套关闭,以封堵底水。

内径3.75in❶　　　　　内径3.35in

图 10　TAP 压裂完井装置

当需要对多个薄油层进行增产改造时,需用金属导压管串接各压裂阀,因此,斯伦贝谢公司研制出一种特殊的管线卡紧装置,将导压管线固定于接箍上,与套管一起下入井内,可防止导压管磕碰损坏。同时,为降低固井顶替作业时水泥浆在工具内壁残留,避免影响滑套内套滑动性能,研制了大小胶碗组合的特殊固井胶塞,用于提高装置的可靠性。

目前,TAP 压裂完井装置仅适用于 200mm 以上井眼和 114.3mm 套管。受尺寸限制,TAP 阀现场应用时最大井斜不超过 68°,最大狗腿度为 25°/30m,滑套入井后间距大于 3m,因此,对油气藏厚度有一定要求。滑套整体耐压达到 70MPa,耐温 160℃。飞镖直径为 88.9mm,压裂结束后,飞镖返排至上层滑套球座下部,并形成过流通道,过流面积相当于 73mm 油管,因此,可有效确保后期排液、生产不会形成阻塞。

(4)ZoneSelect™ Monobore 分段压裂装置。

威德福公司的 ZoneSelect™ Monobore 分段压裂装置早期主要应用于北美地区,装置主要包括套管滑套和连续管开关工具(图 11)。套管滑套结构主要由主体和内滑套组成,设计了内滑

---

❶ 1in=25.4mm。

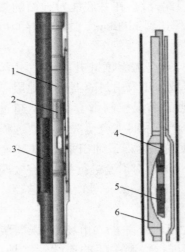

图 11　ZoneSelect™ Monobore
分段压裂系统

1—Monobore 套管滑套；2—内滑套；
3—保护层；4—HWB 开关工具；
5—锁块；6—工具腔

套向上开启和向下开启两种结构形式，且内滑套上带有锁定机构，防止其在开关位置发生移动影响密封性能。滑套主体泄流孔外侧覆盖有复合材质的保护层，可有效阻止固井施工时水泥浆和岩屑进入滑套内，影响滑套开关性能。此外，利用连续管将配套的开关工具下入井内滑套安装位置，通过井口开泵循环，工具产生节流压差，开关工具锁块外露，与内滑套台肩配合并锁紧，通过上提、下放管柱开启、关闭滑套。停泵后，锁块收回，开关工具与内滑套脱离即可提出管串。

ZoneSelect™ Monobore™ 套管滑套广泛用于水平井、大斜度井和直井，其耐压强度最高达到 134MPa，适用井下温度最高达到 163℃。连续管开关工具最大可配套使用的连续管为 60.3mm，确保油套环空过流面积和储层压裂效果。

上述几种无限级压裂设备各具特点，从滑套作用方式来说，斯伦贝谢公司、BJ 公司和贝克休斯公司的套管滑套采用液压开启方式，滑套打开、关闭动作响应迅速，有效避免机械打开可靠性难以保证的弊端；从滑套入井安全性来说，威德福公司和 BJ 公司的滑套结构简单，在管柱中各自独立，入井时按照常规操作随套管一并下入；从压裂施工工艺来说，斯伦贝谢公司和贝克休斯公司的工具应用于分段压裂时，工艺流程简单，无须下入其他管柱，无须多次起下管柱进行开关滑套操作，针对压裂级数较多的场合，有利于提高施工效率。

与常规固井后射孔压裂及裸眼多级滑套分段压裂技术相比，无限级压裂技术具有施工流程简单、费用低廉、压裂级数不受限制、管柱保持通径以及生产后期可对滑套选择性关闭等诸多优点，在现场应用中凸显出巨大的经济效益和技术优势。如今，无线级压裂技术已广泛应用于直井、水平井和智能井等领域，为破解储层改造难题起到了积极的推动作用。

2）重复压裂技术

水平井分段压裂技术成功推动了北美非常规油气的规模化开发，尽管水平段越来越长，压裂级数越来越多，支撑剂注入量越来越大，但油气井还是普遍表现出初期产量高、递减快、稳产产量低的特点。在低油价形势下，增加现有井的产能至关重要，相对钻新井而言，重复压裂具有经济优势，被誉为提高现有非常规生产井最终可采储量（EUR）的最具前景的技术。

哈里伯顿等服务公司针对非常规油藏推出了全新的重复压裂技术，取得了多项技术创新和显著的技术进展，主要包括：

（1）裂缝暂堵转向技术。新研制的可生物降解的暂堵剂，不仅可以有效封堵近井地带的裂缝和炮眼，改变裂缝起缝方向，还能通过封堵主裂缝实现缝内转向，在油气层中打开新的油气流通道（图 12）。

（2）精准压裂设计。集成应用通过测井、岩心分析等手段收集到的各种地层数据，在此基础上建立地质模型，优化压裂段位置和射孔簇的布局，最终达到避开非生产层段、精确选择射

图 12 AccessFrac 裂缝暂堵转向剂

孔和压裂位置的目的。

（3）分布式光纤传感器压裂实时监测技术。在重复压裂时利用连续油管拖动分布式光纤传感器，可以灵活地对原先没有安装监测装置的井进行压裂监测，从而获取裂缝起裂部位、延伸长度、裂缝高度等参数，帮助作业人员获得准确的井下参数，进而指导后续的储层改造作业。

水平井重复压裂技术已经在现场取得了良好的效果，经过重复压裂的井与钻新井相比，单井评估最终可采储量增加了80%，桶油成本降低了66%，非生产时间减少了33%，潜在的原油采收率提高幅度高达25%。水平井重复压裂技术可以降低非常规油气开发成本，提高资产盈利能力，应用前景广阔。

3）压裂桥塞技术

（1）新型可取式桥塞。

可取式桥塞形成于20世纪80年代，在油田勘探和开发中被广泛用于油水井分层压裂、分层酸化、分层试油施工时封堵下部井段。近年来，随着勘探开发领域不断向着高温高压地层及气藏推进，传统的可取式桥塞受制于密封材料性能的局限经常出现无法正常解封的问题。近期，Peak Well Systems 公司推出了新型的 SIMULTRA 可取式桥塞（图13）。该产品采用突破性的 MetaPlex 技术，极大地提高了作业的成功率。

MetaPlex 密封系统采用金属和橡胶的复合材料进行密封，与传统的可取式桥塞单纯采用橡胶材料相比，MetaPlex 密封系统不仅可以承受高温、高压、高流速以及化学腐蚀的考验，解封时密封部件还可以收缩至比膨胀前更小的尺寸，保证了每次解封后桥塞都能被顺利取回。该系统的密封性能达到了 ISO 14310 - V0 标准，为业内最高。

图 13 SIMULTRA 可取式桥塞

SIMULTRA 可取式桥塞有 $4\frac{1}{2}$ ~ 7in 多种尺寸可供选择，目前已进行的多次现场试验表明，该桥塞可以承受的最高温度为175℃,最高压力为7500psi❶。上述结果由 Peak Well Systems 公司最先进的测试设备完成,并由第三方认证机构挪威船级社给予认证。

(2)可完全降解桥塞。

斯伦贝谢公司推出了油气行业内首款可完全降解的桥塞射孔联作工具,在实施增产改造作业时,该工具使用可完全降解的压裂球和球座代替桥塞进行层位封隔,因而在压裂后无须磨铣作业,极大地降低了作业成本,提高了作业效率。

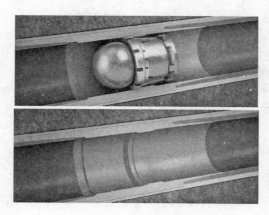

图14 可完全降解的球体和球座

如图14所示,该工具的核心组件是可以完全降解的压裂球和球座,当接触常规完井液时,球体和球座组件都可充分溶解,作业完后会形成全尺寸井眼,从而使油井更快投产,提高经济效益。同时,由于该工具不需要在压裂后进行磨铣作业,一方面不会产生桥塞碎屑而对地面设备产生影响;另一方面,可以到达更长的水平井段进行作业,从而最大限度地增加储层接触面积,提高最终采收率。此外,该工具还具有设计简单、制造成本低、适用范围广等优势。

该工具先是在实验室内进行了大量的材料降解试验,随后在美国多个非常规气藏进行了现场试验,并取得了较好的效果。在得克萨斯州的一个作业项目中,该工具在所有7口井的全部井段得以应用,作业过程中井筒最高温度达到320℉,水平段最长达8000ft,总的压裂段数超过135级,且所有压裂段都顺利实施。

4)压裂支撑剂技术

(1)树脂覆膜支撑剂。

美国翰森公司(Hexion)推出了新型可固化树脂覆膜支撑剂AquaBond(图15),该支撑剂采用 Stress Bond 技术,可以有效地控制支撑剂返吐、地层出砂并减少支撑剂嵌入地层,最终达到降低产水量、提高油气产量的效果。

图15 新型 AquaBond 支撑剂

---

❶ 1psi = 6894.759Pa。

水力压裂施工结束后的排液以及其后的生产过程中,常常出现支撑剂返吐和地层出砂现象。带到地面的支撑剂和地层砂常会侵蚀油嘴、阀门以及其他设备,同时,支撑剂返吐和出砂还导致裂缝的导流能力下降。新型的可固化树脂覆膜支撑剂采用 Stress Bond 技术,通过在基体上冷覆或热覆一层固体热固性树脂膜,使其在地层条件下互相黏结和固化,形成一个具有毛细管结构的过滤网,达到防止地层出砂、支撑剂返吐和减少支撑剂嵌入地层的效果。当油气和水同时与毛细管接触时,由于该支撑剂亲油疏水,油气迅速浸润毛细管壁,管中液面呈凹形,形成的弯曲液面产生的附加压力指向毛细管,有利于油气通过支撑剂形成的毛细管;而水不能浸润该支撑剂毛细管壁,管中液面呈凸形,形成的弯曲液面产生的附加压力背离毛细管,阻止水通过毛细管,从而实现促进油气渗透阻止水通过的功能。

该产品目前可提供的粒径有 20/40 目、30/50 目和 40/70 目等,根据不同的地层压力和温度,翰森公司还提供了不同类型的支撑剂,使其可以在特定的油藏条件下完成黏结和固化,扩大了支撑剂的使用范围。目前,该产品已在油田成功应用。

(2)自悬浮支撑剂。

在水力压裂过程中,为了防止支撑剂沉降,使其顺利到达预定位置,通常需要向压裂液中加入增黏剂、悬浮剂、降阻剂等添加剂,这不仅增加了压裂泵的功率输出,还会对地层造成伤害。Fairmount Santrol 公司推出的 Propel SSP 自悬浮支撑剂可使用清水作为压裂液,有效地降低了压裂成本,保护了储层,提高了产量。

Propel SSP 自悬浮支撑剂通过在传统的支撑剂表面附加一层厚度为 1~3μm 的水凝胶涂层制成,具有以下特点:

① 支撑剂的水凝胶涂层在充分水化后会膨胀(图 16),其有效相对密度可从 2.6 减小至 1.3,极大地提高了悬浮能力,减少了支撑剂的沉降。

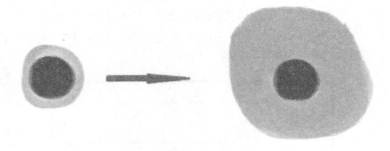

图 16　支撑剂水化后体积变大示意图

② 支撑剂浓度为 1~3lb[1]/gal[2] 时,上层清液的黏度仅为 5~35mPa·s。因此,使用较低黏度的液体甚至清水即可完成支撑剂的运送,减少了添加剂的用量以及压裂泵的功率输出。

③ 支撑剂较好的悬浮特性使其能够顺利到达裂缝深部,增强了裂缝的长度,支撑剂体积的增大使裂缝导流能力得以增强,最终可有效提高油气井产量。

Propel SSP 支撑剂自推出以来在 Escondido,Marcellus 和 Utica 等地区进行了矿场试验,取

[1] 1lb = 0.45359237kg。

[2] 1gal(英) = 4.546092dm³,1gal(美) = 3.785412dm³。

得了良好的效果。与传统的石英砂相比,该支撑剂平均可节约77%的添加剂、14%的泵送时间以及至少10%的压裂成本。最近在Bakken使用这种支撑剂,产量增加了39%。

5)压裂降阻剂技术

传统的压裂增产作业,由于降阻水的低黏度和低用量,降阻剂对地层的影响并未引起重视。然而,随着页岩气等非常规油气资源开发规模的日益扩大,水力压裂施工规模相应增加,降阻水得以大量使用。由于降阻剂分子链长、相对分子质量大,如果不能完全返排至地面,滞留在地层中吸附在岩石表面,将堵塞岩石孔隙,降低压裂后裂缝的导流能力,从而影响油气井产量。

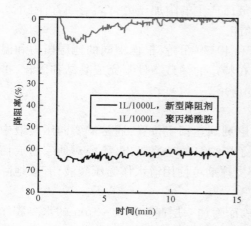

图17 新型降阻剂与聚丙烯酰胺降阻剂的
降阻效果对比图
(含盐度为120000mg/L)

为提高压裂液的返排效率,哈里伯顿公司研发了新型降阻剂。传统降阻剂的主要成分是聚丙烯酰胺,具有很好的热稳定性,300℃以下不会分解。与之相比,新型降阻剂不仅降阻效果好,而且具有独特的自收缩性质,当添加少量破胶剂时,通过分子的自收缩,室温下24h后其回转半径可由60nm缩小至10nm,可以顺利通过岩石孔隙,从而减少对地层和裂缝的伤害。新型降阻剂与聚丙烯酰胺的降阻效果如图17所示。从图17中可看出,新型降阻剂的降阻效果明显优于聚丙烯酰胺的降阻效果。

此外,与聚丙烯酰胺相比,新型降阻剂具有较强的温度敏感性,即随着温度的增加,黏度逐渐下降,并且该过程是不可逆的。二者在剪切速率为$40s^{-1}$条件下,黏度随时间的变化关系如图18所示,二者的黏度都随着温度的增加而下降,但是当温度稳定到150℉后,聚丙烯酰胺配制的降阻水黏度稳定在1.3mPa·s,而新型降阻剂配制的降阻水的黏度持续下降,最终稳定在0.4mPa·s,接近于该温度下水的黏度,因此返排效率大幅提高,减少了压裂液对储层和压裂后裂缝的伤害。

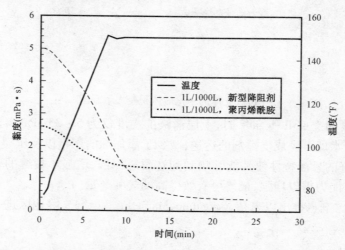

图18 新型降阻剂与聚丙烯酰胺降阻剂的流变性对比图[含盐度为12%(质量分数)]

2013 年第三季度,哈里伯顿公司在 Marcellus 页岩气田进行了现场试验,用清水及产出水(含盐度高达 250000mg/L)制备降阻水,对比了新型降阻剂和聚丙烯酰胺的降阻效果。结果表明,在同等泵注条件(泵速、支撑剂浓度等)下,采用新型降阻剂的施工压力比采用常规聚丙烯酰胺至少低 5% 左右,虽然有关产量的对比结果还需要采集更多的生产数据,但是压裂液返排效率已经成为非常规油气资源压裂增产的重要影响因素,受到了越来越多的关注。该新型降阻剂的成功应用将为页岩油气资源的大规模开发提供更有力的保障,促进压裂技术进一步发展。

6)CO_2 压裂技术

储层改造技术已经成为低渗透、超低渗透油气藏和致密油气藏等非常规油气藏有效开发的关键技术,水力压裂是目前储层改造技术的主体。由于其自身特点,水力压裂存在对水敏/水锁性储层伤害大、耗水量大、环保矛盾突出等缺陷。近年来,CO_2 压裂技术的发展和进步,使其有望成为解决这一问题的重要途径之一。

CO_2 压裂技术源于北美,已经从早期的 CO_2 增能伴注压裂和 CO_2 泡沫压裂发展到 CO_2 干法加砂压裂技术。CO_2 干法压裂技术的主要特点是用液态 CO_2 代替常规水基压裂液,技术难点是带压密闭条件下输砂、液态 CO_2 黏度改性和施工装备配套等。美国贝克休斯公司已经开发出成套技术与装备,现场应用 3000 余井次,在强水敏/水锁非常规油气藏中增产效果显著,同比单井产量提高 50% 以上。其中,美国 Devonian 页岩气藏采用 CO_2 加砂压裂改造后,9 个月后产量相当于氮气压裂井的 2 倍,相当于 CO_2 泡沫压裂井的 5 倍;美国泥盆系页岩 15 口压裂井进行对比试验,生产 37 个月后,用 CO_2 加砂处理井的单井产气量为 CO_2 泡沫处理井的 4 倍,为氮气处理井的 2 倍。中国川庆钻探与长庆油田等单位联合攻关,在 CO_2 密闭混砂装置与 CO_2 增黏技术上取得重要突破,2013 年 8 月长庆苏里格气田苏东 44 – 22 井先导试验取得成功,2014 年 8 月吉林油田在黑 + 79 – 31 – 45 井也进行了先导试验。

CO_2 干法加砂压裂技术具有“无水压裂”的特性,可消除储层水敏和水锁伤害,提高压裂改造效果,具有压裂液无残渣、有效保护储层和支撑裂缝、实现自主快速返排、大幅缩短返排周期、节约水资源等特点,有利于页岩气、煤层气吸附天然气的解吸,在低渗透、低压、水敏性储层开发中具有广阔的应用前景,成为水力压裂技术的有效补充。

3. 重油和油砂开采技术

1)阿拉斯加重质原油水平井开发技术

Nikaitchuq 油田位于阿拉斯加北坡外,由意大利油气巨头埃尼公司开发。储层为北东单斜构造,内部发育为北西—南东的正断层,埋深 3000 ~ 5000ft,油层厚度为 30 ~ 35ft,原油 API 重度为 16 ~ 19°API,黏度为 52 ~ 200mPa·s,预计储量为 2.2×10^8 bbl。自 2011 年开发以来,历经衰竭式开发和水驱开发两个阶段。2013 年 8 月,埃尼公司开始应用双分支水平井开发技术,取得了很好的增产效果。

水平井分支长度为 6000 ~ 10000ft,穿过两个含油砂体,增加分支后的日产油量提高了 1 倍左右。随后钻了 20 口生产井和 15 口注入井,采用排状井网和与之配套的温度测井、流入动态控制等完井技术。此外,对已钻水平井和 3 个新钻油井增加 8 个分支,如图 19 所示。

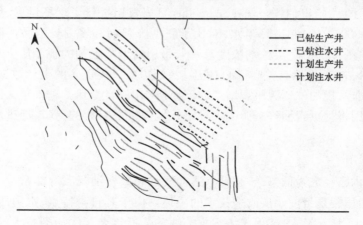

图19 开发井网布置图

截至 2014 年 5 月,共有 8 口生产井陆续投产,多分支水平井增产效果显著,与该项目实施前相比,油井总产油量增加了 84% 左右,而含水率并没有明显增加(图20、图21)。

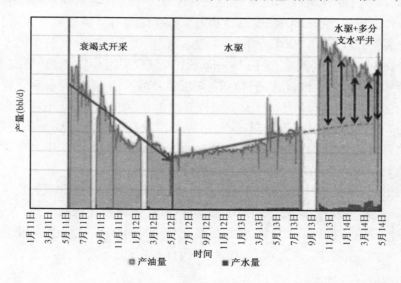

图20 某一口井的历史生产动态

Nikaitchuq 油田的开发经验表明,多分支水平井开发技术不仅极大增加了油藏接触面积,而且借助流入动态工具可以有效控制水的锥进,最终提高油井产油量和采收率,对于其他重质原油油藏的开发具有很好的借鉴意义。

2)太阳能稠油热采技术

阿曼石油开发公司联合玻点公司,2015 年正在建设世界上最大的太阳能集热工厂——Miraah,其峰值输出功率可达 1.021GW,产生的蒸汽将被用于阿曼南部 Amal 油田的稠油热采项目。

早在 2010 年,阿曼石油开发公司就与玻点公司在 Amal 油田建立了太阳能稠油热采的先导试验区,该试验区占地面积 0.017km²,太阳能集热装置最大功率为 7MW,每天可产生 50t 蒸

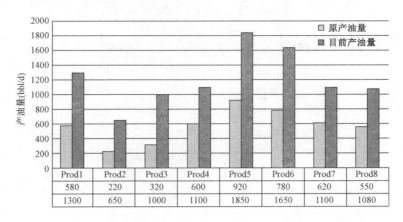

图 21　8 口水平分支井前后产量对比

	Prod1	Prod2	Prod3	Prod4	Prod5	Prod6	Prod7	Prod8
原产油量	580	220	320	600	920	780	620	550
目前产油量	1300	650	1000	1100	1850	1650	1100	1080

汽。本次新项目包括 36 组封闭槽式集热装置,占地面积近 $3km^2$(图 22),最大功率输出提高了 100 多倍,每天将产生 6000t 蒸汽,每年将节约燃气消耗 5.6×10^{12} Btu❶,减少碳排放超过 30×10^4t。该项目于 2015 年动工,2017 年投入使用。

图 22　Miraah 项目规划效果图

　　玻点公司董事长 Rod MacGregor 介绍说,油气行业即将成为太阳能利用领域的下一个重要市场。目前,蒸汽驱已经成为世界上应用最为广泛的提高采收率手段,但传统的蒸汽驱技术以消耗大量的燃料为代价,平均每生产 5bbl 原油将消耗 1bbl 等价的燃料,同时也会造成大量的碳排放。玻点公司的太阳能热采技术利用太阳能代替传统燃料来生产蒸汽,极大地降低了化石燃料的消耗,有着广泛的应用前景。阿曼石油开发公司总经理 Restucci 称,Miraah 项目的建设有望使阿曼成为世界太阳能稠油热采技术的中心,这将有利于阿曼更好地吸引外资,为本地人提供更多的就业机会;促进相关设备制造的本地化,从而为阿曼创造新的经济增长点。

　　3)直井火驱提高稠油采收率技术

　　中国石油注蒸汽稠油老区目前普遍存在采出程度低、油汽比低、吨油操作成本高、经济效

---

❶ 1Btu = 1055.056J。

益低下甚至亏损的问题,亟待探索大幅提高采收率和经济效益的开发方式。近几年,开展了直井火驱关键技术攻关和矿场试验,实现了火驱工业化开发。

创新形成了四大技术系列:(1)火驱室内研究与评价技术。研发了注空气高温氧化反应动力学、燃烧管实验、大型三维火驱物理模拟等系列实验方法,全面揭示了注蒸汽稠油老区直井井网火驱提高采收率机理;(2)直井火驱油藏工程优化设计技术。通过线性井网与面积井网组合、井间与层间合理接替,可实现注蒸汽基础上通过火驱再提高采收率20%以上;(3)矿场火线前缘调控与火驱动态管理技术。通过注采井间的联动控制,在注蒸汽稠油老区普遍存在次生水体和高含水饱和度渗流通道条件下,仍可实现火线相对均匀推进;(4)直井火驱关键配套工艺技术。通过研发大功率移动式点火器,解决了低油饱和度油藏高效点火问题,矿场点火成功率为100%。研发井下高温高压测试装置、高温高 CO_2 条件下防腐技术、产出流体监测与处理系统等,解决了地下燃烧动态监测、老井井筒及地面系统腐蚀防治、尾气达标排放等火驱工业化关键问题;同时形成了20余项火驱现场操作与生产技术标准。

直井火驱技术在新疆油田和辽河油田应用效果显著。截至2015年,新疆红浅火驱试验阶段的采出程度已经超过20%,先期投产火驱井组火驱阶段产量已经超过前期注蒸汽阶段产量,预计可在注蒸汽基础上提高采收率36%。辽河曙光油田、高升油田火驱应用超过120井组,2015年产量超过 $40 \times 10^4 t$。相比火驱前,吨油操作成本降低30%以上。该技术覆盖中国石油天然气股份有限公司稠油地质储量超过 $6 \times 10^8 t$,以提高采收率20%计,可提高可采储量 $1.2 \times 10^8 t$。

4. 智能井技术

智能井是通过安装井下设备,实施远程监控油井流量和油藏动态的系统,它将油井结构与完井方式合为一体,正在发展成为一种具有一定人工智能的智能化完井装置。该装置可以通过控制油层的流动特性来恢复油层能量,延迟地层水侵入采油层段,增加油气产量。

1) 贝克休斯公司全电动智能井装置

在油气井生产过程中,油井过早出现水气突破已成为制约水平井高效开发的技术难题。目前的解决方法主要包括流入控制设备(ICD)、井下液压控制设备以及滑套找水堵水技术等。流入控制设备(ICD)在长期开采后曾经达到的最佳配置效果会变差,水和气会沿井筒突破,导致其含水率变高、开采效果变差。井下液压控制设备需装配多条液压管线,因而在单个生产管柱上能装配的数量受到很大限制,进而制约了生产层的控制数量。滑套找水堵水技术需进行修井作业,费时费力且只是依靠打开和关闭滑套对产层进行控制,控制力有限,效果也不甚理想。

贝克休斯公司研制的 MultiNode 为业内首款可实现远程监测、精确控制产层水气突破的全电动智能井装置。该装置主要由地面控制器(SCU)及地下主动式流量控制器(AFCD)构成,具有以下特点:(1)地面控制器通过一根电缆便可以实现对最多27个地下流量控制器的供电和控制,极大地降低了成本;(2)阀门除具有开关作用外,还提供四级流量调节,可以灵活地控制地层流体的流量。关键部件由碳化钨构成,抗腐蚀能力强;(3)流量控制器配备电动装置,可以及时可靠地对控制器做出响应,同时具备自检能力,可以及时发现设备自身的潜在问题;(4)装置装配的 SCADA 接口可用于远程监视,可以随时随地完成对装置的控制。

MultiNode 全电动智能井装置可远程监视和精确控制产层,管理水和天然气的突破,对高含水和高含气产层进行节流以改变油藏条件,平衡水平井段的生产,提高最终采收率。目前,该装置在中东浅海和陆上的两口井中进行了应用,取得了良好的效果,还获得了 2015 年海洋石油技术大会(OTC)"聚焦新技术奖",应用前景非常广泛。

2)新一代流入控制设备

随着钻井技术的不断发展,水平井的长度越来越长,通过增加与油藏的接触面积增加产量。然而,随着水平段长度的不断增加,沿水平井的产能不均一性更加明显,严重时会导致水窜或水锥,使油相对渗透率大幅下降,不仅降低了油井产量,而且增加了滞留在油藏中原油的开采成本,进而降低了油气采收率。因而,水平井内通常需要下入流入控制设备,根据油井生产情况调整水平井的生产剖面,延缓水突破的时间,从而提高油气采收率。

沙特阿美石油公司研发了新一代流入控制设备,并在裸眼完井的水平井中进行了现场试验。新一代流入控制设备主要通过新型的模块化固定锚和通用型移位工具实现在地面上有选择性地打开或关闭井下流入控制设备,从而控制地层水的产出。新一代流入控制设备主要有产水自适应型流入控制工具和自动型流入控制工具(AICD)两种类型。产水自适应型工具借助筛管内的聚合物(如聚四氟乙烯)来控制基管孔眼尺寸的大小,调整相对渗透率,控制该水平段的流入动态,如当含水率超过 70% 时,可使孔眼关闭。自动型流入控制工具主要由流体选择部分、流动转向部分和限制流入部分组成,基于流体动力学使油井产能最大化,如图 23 所示。流体首先从侧面的进口流入,油的黏度相对较高,流动方向易发生改变,从而经分支孔道流向中心出口位置,由于流动距离短、压降小,因此流量大,从而限制了水的产出。

在地面选择性地打开或者关闭流入动态工具,还需要借助新一代的模块化固定工具和移位工具(图 24)。首先,系统利用电动机产生水动力打开固定锚。然后,线性驱动模块,经多次弹出或者收缩,产生移位工具所需的力,打开或者关闭控制阀。同时,线性驱动模块可以延伸 20in,通过测量其位移,验证移位后流动动态工具的有效性。固定锚的坐封速度、坐封力和位移以及线性驱动模块都由地面人员实时控制,确保工具的准确放置。

图 23 流入动态主动控制工具(自动型)

图 24 模块化固定工具 + 移位工具

沙特阿美石油公司某一裸眼水平井应用了该流入控制工具,通过在地面选择性地打开或关闭井下流入控制工具,产水量减少了近 50%,产油量增加了 200% 以上。同时,新一代流入控制工具易维护,能够最大限度地控制水的锥进,对水平井生产动态的控制提供了很好的保证,提高了波及体积和油井产量,进一步拓宽了水平井技术的应用。

5. 综合开发技术

1)大型碳酸盐岩油藏开发关键技术

大型生物碎屑灰岩油藏是中国石油海外油田开发遇到的新类型,整体优化部署及注水开发技术方面缺乏可借鉴的成熟经验。经过多年攻关,揭示了水驱油机理,攻克了整体优化部署及注水开发难题,支撑了海外碳酸盐岩油藏高效开发。

主要技术创新:(1)生物碎屑碳酸盐岩油藏描述与一体化三维建模技术,指导油田快速评价与滚动扩边,新增地质储量超过 1×10^8 t;(2)揭示生物碎屑碳酸盐岩水驱油机理与渗流规律,准确预测开发产量动态变化;(3)创新薄层碳酸盐岩油藏整体水平井注水和巨厚碳酸盐岩油藏分区分块差异注水开发技术,预计采收率比衰竭开发提高 15% ~20%;(4)创新"上产速度+投资规模+增量效益"的多目标协同优化技术,成功应用于艾哈代布和哈法亚项目,大大节约了建设投资。

碳酸盐岩油藏高效开发关键技术应用效果显著,技术推广应用至鲁迈拉和西古尔纳,助推伊拉克合作区 2015 年原油作业产量超过 6000×10^4 t,建成中国石油海外最大油气合作区。

2)致密油藏开发新技术

鄂尔多斯盆地致密油资源丰富,主要分布于与长 7 油页岩、长 6 深灰色泥岩相邻的储层中。经过 3 年多的艰苦攻关,中国石油创新形成了致密油有效勘探开发技术,为长庆油田实现油气当量 5000×10^4 t 持续稳产提供了强有力的技术支撑,为国内致密油资源开发起到了示范带头作用。

创新形成了致密油勘探开发关键技术系列和一批具有自主知识产权的产品、关键工具系列等有形化成果:(1)通过致密油成藏机理及主控因素研究,形成适合盆地致密油特征的储层甜点预测技术;(2)提出了陆相湖盆半深湖—深湖朵体加水道的重力流沉积模式,明确了致密油主要储集空间;(3)重构了致密油"三品质"测井评价参数体系,建立了以核磁共振+阵列声波+电成像+ECS 为核心的高精度数控—成像测井系列,针对盆地致密油分区差异性,建立了油层识别图版和下限标准,形成了致密油"三品质"测井定量评价方法;(4)研究了致密油体积压裂水平井开发特征,形成了长水平段五点井网注水开发技术政策;(5)通过三维井剖面设计及井身结构优化研究,形成了大偏移距三维水平井钻井技术;(6)通过致密砂岩大型物理模拟试验研究,形成以储层改造体积(SRV)最大化为目标的混合压裂设计方法,创新形成致密油水平井体积压裂工艺,实现了"十方排量、千方砂量、万方液量"体积压裂技术,水平段最长达2008m,最多压裂 24 段,每段 3~6 簇,排量达到 $15m^3/min$,液量达到 $2 \times 10^4 m^3$ 以上,关键技术指标达到国外技术水平;(7)体积压裂关键工具和材料全部实现自主生产,研发的防反溅喷射器和钢带式长胶筒封隔器单趟管柱压裂段数达到 12 段,$5\frac{1}{2}$in 套管 $\phi62mm$ 大通径快钻桥塞承压 70MPa,EM 滑溜水压裂液体系岩心伤害率降至 15%,减阻率达到 62%,回收利用率达80%,形成的致密油压裂液体系实现了国产化。

技术的应用取得了巨大的经济效益和社会效益,不仅快速落实了 10×10^8 t 规模的致密油储量区,为长庆油田可持续发展提供了资源保障;建成致密油开发先导试验区,为致密油资源整体有效开发奠定了推广应用基础。攻关形成的致密油勘探开发关键技术大幅降低了成本,为规模有效开发致密油资源提供了巨大的潜在经济效益。

3）砾岩油藏开发技术

中国石油持续不断地开展水驱调整、深部调驱、聚合物驱等提高采收率技术的探索和攻关。历时十余年，探索出了一条砾岩油藏大幅度提高采收率的有效途径，取得了一系列创新成果和应用实效，形成了具有自主知识产权的提高采收率技术系列，获得相关专家的高度评价。取得的进展如下。

（1）创建了以复模态孔隙结构地质成因、分布特征、驱油机理为核心的砾岩油藏认识和评价体系：研发了井震结合冲积扇内部岩石相预测技术，可识别 3 ～ 5m 单一岩石相储层，首次建立了克拉玛依冲积扇储层内部构型单元及隔夹层分布模式，研发了以细分岩性为主的测井水淹层判别方法，解释符合率由 70% 提高到 85% 以上，提出了砾岩储层微观剩余油定量评价方法。

（2）创立了砾岩油藏水驱精细调控技术体系：形成了"平面分区、纵向分层、井型互补、立体优化"的立体井网模式，以及"点弱面强、多级分注、有效控水、分区优化"的注水技术，平均水驱采收率提高 9 个百分点；研发了适合复模态孔隙结构分级调整的新型调驱配方体系，Ⅲ类砾岩油藏调驱在水驱基础上进一步提高采收率 4 个百分点。

（3）首创了砾岩油藏聚合物驱技术：建立了不同砾岩孔喉结构与聚合物相对分子质量的匹配关系，形成了砾岩油藏聚合物驱个性化方案设计和动态调整技术；形成了适合强非均质油藏的实时调剖＋聚合物驱组合提效技术；研发了低剪切、高效率注入工艺技术。Ⅰ类砾岩油藏实现水驱后聚合物驱提高采收率 9 个百分点。

该项目形成的水驱调整、深部调驱、聚合物驱等研究及现场试验成果，总体达到国际先进水平，其中砾岩油藏深部调驱技术和聚合物驱技术达到国际领先水平。截至 2013 年底，克拉玛依砾岩油藏水驱调整完钻新井 2429 口，新建产能 $193.03 \times 10^4 t$，平均单井日产油由调整前的 2.1t 提高到 3.8t。本项目 2011—2013 年累计增油 $308.6 \times 10^4 t$，净现值 37.10 亿元。本成果应用前景广阔，水驱提高采收率技术可覆盖砾岩油藏 $7.8 \times 10^8 t$ 地质储量，深部调驱提高采收率技术可覆盖砾岩油藏 $0.9 \times 10^8 t$ 地质储量，聚合物驱提高采收率技术可覆盖砾岩油藏 $1.14 \times 10^8 t$ 地质储量，新技术应用预计共新增可采储量 $8409 \times 10^4 t$，对油田上产、稳产现实意义重大。

4）分区模型优化评价方法

田吉兹油田是天然裂缝性碳酸盐岩油藏，属于构造型圈闭。该油田发现于 1979 年，1991年投入开发，1993 年由雪佛龙（田吉兹）公司开发。2007 年，为减缓地层衰竭、提高油气采收率，在中心平台区域开始注入酸气提高采收率，由于平台区域天然裂缝相对不发育，气驱效果较好。目前计划开采田吉兹油藏的斜坡区域属于裂缝发育带，如何通过油藏模拟优化评价IOR/EOR 技术，显得十分重要。然而，以往的裂缝性油藏模型只能模拟一个五点法井网的区域，由于模拟区域小，难以对斜坡区域裂缝性油藏的特征进行详细准确的描述。为解决这一难题，雪佛龙公司推出了分区模型优化评价方法。

对于裂缝性油藏，需要基于油藏特征建立双孔双渗的数值模型和状态方程，同时考虑天然裂缝、边界流、复杂生产制度和井的数目等，优化评价得到的结果才不失一般性。雪佛龙（田

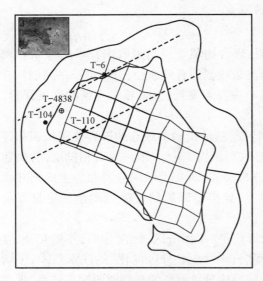

图 25　田吉兹油田区域图

吉兹）公司利用 INTESECT 模拟器，建立分区优化模型，在考虑裂缝性油藏特性的基础上扩大了模拟范围，为优选评价 IOR/EOR 技术提供了便利。该模型对 1/6 的油藏区域面积进行模拟，包括 2 个五点法酸气注入井网和中心平台区域的 7 个未来酸气增产项目，共 127 口井。这些井可分为 2 组，第一组包括 62 口生产井和 8 口注入井，第二组包括 57 口要钻的加密井，如图 25 所示。

　　该模型具有以下特点：（1）模型没有自然边界，通过在区域边界上建立拟注入井和生产井，保持该区域与整个油藏之间的物质守恒。即拟注入井注入含有石油组分的气体，模拟边界的流动；拟生产井根据边界的分布位置，设定不同的油井效率因子（边井为 50%，角井为 25%），根据边界的内部物质守恒计算油藏流体的流动效率。

（2）对于加密井数目的确定，规定当井口压力条件不能满足时，该加密井关井。同时，不断地增加加密井的数目，直到产油量低于经济下限。油田的最佳井数量根据分区模型与油田全区域模型的比例，呈比例增加。（3）计算时间方面，分区模型的模拟时间少于 8h，而全区域模型的计算时间需要几天，甚至 2 周。

　　总的来说，分区模型扩大了参与模拟的油藏区域，通过在区域边界上建立拟注入井和生产井，将模拟区域与整个油藏联系起来；通过模拟注烃气驱，克服了边界条件不易保持的困难；油藏全区域模型的加密井井底压力与区域模型中的井底压力保持一致，增加了模拟结果的可信度。虽然该分区模型是针对田吉兹油藏建立的，但是对于裂缝型油藏模拟有很多的启示，尤其是边界条件的模拟、分区模型的合理性验证方法等，对于其他油藏应用具有借鉴意义。

　　5）老油田增产方案

　　马来西亚基纳巴卢油田距离沙巴西—西北海岸 55km，水深约 54m。1987 年 7 月，马来西亚国家石油公司选择壳牌（沙巴）公司作为该油田的作业者，与其签订了 25 年的产量分成合同。1995 年启动油田开发项目，1997 年投产。1998 年 12 月，最高日产量超过 40000bbl，生产历史如图 26 所示。2012 年 12 月，马来西亚国家石油公司与壳牌（沙巴）公司的产量分成合同到期，最终选择了塔利斯曼（马来西亚）公司作为新的作业者，与马来西亚国家石油勘探私人有限公司（简称国油勘探私人有限公司）合作，在接下来的 20 年内继续开发该油田。截至 2012 年底，该油田共有 20 口生产井，日产油 7000bbl。

　　基纳巴卢油田含有多个产层且非均质性强，将其划分为 5 个油藏。目前，油田面对油藏能量不足、油井出砂、含水率高等挑战，如何签订石油合同且制订出合理的开发计划，对于进一步提高油田产量显得尤为重要。塔利斯曼（马来西亚）公司从 3 个方面入手实现该油田的增产，如图 27 所示。第一，在 2012—2014 年，对关键性生产处理设备进行维护，提高除砂设备的处理能力及地面管道输送能力。同时，钻加密井。2014 年第一季度钻 3 口加密井，将原油日产量提高至 10000bbl，如图 28 所示。第二季度和第三季度继续钻新的加密井，到年末时，计划将

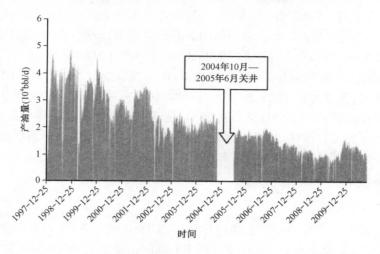

图 26　基纳巴卢油田生产历史

原油日产量提高至 15000bbl，天然气日产量为 $3100 \times 10^4 ft^3$。第二，建造井口槽平台和中央油气处理设备。即增加 20 个井口槽和除砂设备，目标产油量为 20000bbl/d，天然气产量为 $5800 \times 10^4 ft^3/d$。第三，与国油勘探私人有限公司合作，共享现有的基础设施，且共同投资新建未来的基础设施。不仅提高了作业效率和基础设施利用率，而且降低了成本。

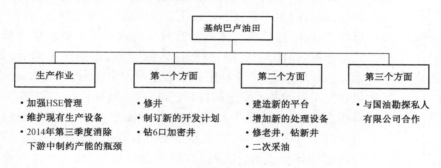

图 27　基纳巴卢油田开发策略

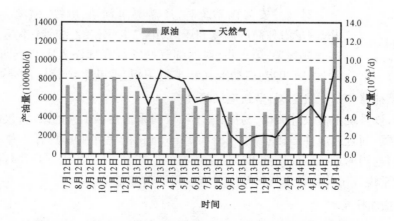

图 28　基纳巴卢油田生产动态（2012 年 6 月—2014 年 6 月）

此外,2013 年 8 月,塔利斯曼(马来西亚)公司与马来西亚国家石油公司成立了督导委员会,监督和建议一系列的生产活动。从目前的油井产量可知,按照合同和开发计划,第一阶段取得了成功,油井产量由项目初期的 7000bbl/d,增加至 12000bbl/d 以上,预计将增加至 20000bbl/d。基纳巴卢油田作为一个成熟的油田,面对油藏能量不足、油井出砂、高含水及地面处理设备等挑战,签订了合理的石油合同,不仅顺利地实现了资产移交,而且提高了原油产量。一个优秀的作业者和一个合理的石油合同,是基纳巴卢油田获得成功的两个重要因素。该项目顺利实施下的运营策略,对其他油田项目由于生产分成合同到期而引起的作业者更换及油田增产、管理等问题,具有很好的现实意义。

6. 人工举升技术

1)井下泡沫排水技术

道达尔印度尼西亚公司(TEPI)的坦博拉气田和 Tunu 气田,85% 的生产井仅贡献 50% 左右的产量,如何高效率地排水采气是开发过程中面临的主要挑战。气井开采时,当气体流速低于临界携液流速时,地层水不断在井底聚集,造成井底压力升高,产气量下降,直至井被压死。截至目前,TEPI 主要采取定期燃烧的方式排液,不仅作业风险高,污染环境,而且有效期短暂,增产十分有限。其他常规的排采技术,如柱塞气举、地面压缩机、速度管柱及气举技术,由于经济性和违反公司标准等原因,都不适用。

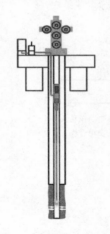

图 29　毛细管柱注入系统示意图

2014 年,TEPI 尝试采用毛细管柱注入系统,该系统由威德福公司研发,通过向生产管柱中注入化学添加剂(如表面活性剂)产生泡沫,降低静液柱压力,提高气体的举升效率。该系统主要由威德福公司插入式悬挂器、连接头、毛细管柱、注入阀、浮动止回阀等构成,如图 29 所示。工作原理为:当管柱中的压力达到预定值时,安装在威德福插入式悬挂器里面的井下安全阀打开,管柱压力转而作用在顶部注入阀上,随着压力的增加,顶部注入阀开启,化学添加剂从毛细管柱注入,底部注入阀的压力逐渐增加,达到预设压力后开启,添加剂进入生产管柱中,与地层流体形成泡沫,降低井筒内静液柱压力,从而改善排水采气的效果。

对气井安装该系统时,还需要鹅颈架、电缆、钢丝等。第一步,通井,测量沿井筒的温度和压力;第二步,安装毛细管柱防喷器、电缆防喷器和鹅颈架;第三步,对毛细管柱安装底部注入阀和止回阀,下入目标深度;第四步,启动卡瓦和半封闸板,剪断毛细管柱,拆除鹅颈架;第五步,电缆安装悬挂器和井下安全阀,坐封毛细管柱。

综上可知,该系统不但设计简单,易操作,不需要对采油树做出大的改动,仅需要增加地面化学剂注入装置,而且适应性强,坦博拉气田和 Tunu 气田的完井工具具有 7 种不同的井下安全阀螺纹类型,通用的悬挂器使该技术适用于所有的生产井。同时,该工具易打捞。该泡沫排水技术对其他常规气田及非常规气田开发具有较强的借鉴意义。

2)玻璃钢抽油杆技术

Jone Crane 公司近期推出了新一代玻璃钢抽油杆——200 系列,可以帮助石油生产商增加产量、改善负荷强度、降低举升费用。这项技术特别适合当前低油价形势下,石油生产商提高现有井的生产效率,同时降低资本支出和运营成本。

新一代玻璃钢抽油杆具有更强的适应性,特别是在具有挑战性的生产井环境中。耐腐蚀性强,平均工作负荷可以比其他替代品至少高出 25%;承载性能强,可以一次性拉出比其他同等系统高出 30% 的载荷。不易卡泵,缩短非计划停机时间,节约成本。还可以更快速、更便利地起出由于连接销等终端接头部位出现可预见磨损的抽油杆串,来减缓玻璃钢抽油杆的破裂和卡紧开裂。

John Crane 公司为全球能源服务客户和其他制造行业提供工程服务和产品,其设计、制造和服务的一系列产品,包括机械密封、联轴器、轴承、过滤系统和人工举升设备。John Crane 公司共有员工约 6900 人,在 50 个国家有 230 多个销售和服务机构,2014 年的营业收入达到 15 亿美元。

(三)油气田开发技术展望

近年来,油气田开发技术日新月异,涌现出了一大批关键技术,有效地推动了全球油气田开发行业的发展。未来的油气发展仍将围绕老油田挖潜和压裂改造等主体技术,非常规油气资源开发技术变得越来越重要,在以下几个方面将有新的突破。

1. 提高采收率技术依然占据主导地位

采收率是衡量油田开发水平高低的一个重要指标,提高采收率是油气田开发永恒的主题,随着油气田开采年限的增加,常规原油产量不断下降,提高油气采收率技术一直是各国获得更多原油产量的主要途径。致密油提高采收率技术快速发展,致密油水驱、天然气驱、CO_2驱、化学驱及低矿化度水驱技术的进步,将是致密油进一步开发挖潜的有力武器。聚合物纳米微球驱油技术,将纳米微球的微小颗粒注入油藏,堵塞注入水的自然流动通道,迫使注入水转向到达油藏未驱替部位,提高油藏注水中后期的原油采收率。

2. 重复压裂和无限级压裂技术是压裂新方向

水平井分段压裂技术成功推动了北美非常规油气的规模化开发,尽管水平段越来越长,压裂级数越来越多,支撑剂注入量越来越大,但油气井还是普遍表现出初期产量高、递减快、稳产产量低的特点。在低油价形势下,增加现有井的产能至关重要,相对钻新井而言,重复压裂具有经济优势,可以降低非常规油气开发成本,提高资产盈利能力,被誉为提高现有非常规生产井最终可采储量(EUR)最具前景的技术。无限级压裂技术采用新型无级差套管滑套,随套管下入井内后实施常规固井,再依托配套工具依次打开各层滑套并进行分段压裂施工,可以实现一趟管柱无限级压裂,打破压裂级数限制,多家公司纷纷对该技术投入大力度研发,前景广阔。

3. 非传统类型油气资源开发技术越来越重要

油气行业的新变化迫使国际大石油公司越来越多地参与和开发技术复杂度更高的油气类型,其中非常规油气和油砂将是中期内新增产量的重要来源,相应的开发技术变得愈发重要。太阳能重油热采技术正在快速发展,正在建设世界上最大的太阳能集热工厂,峰值输出功率高达 1GW,这是经济、环保开采重油的重要发展方向。多分支水平井重油开发技术可以极大增加油藏接触面积,有效控制水的锥进,最终提高油井产油量和采收率,对于其他重质原油油藏的开发具有很好的借鉴意义。

4. 智能井技术前景广阔

在油气井生产过程中,油井过早出现水气突破已成为制约水平井高效开发的技术难题。智能井技术通过安装可实施远程监控油井流量和油藏动态的井下设备,将油井结构与完井方式合为一体,正在发展成为一种具有一定人工智能的智能化完井设备。全电动智能井装置可远程监视和精确控制产层,管理水和天然气的突破,对高含水和高含气产层进行节流以改变油藏条件,平衡水平井段的生产,提高最终采收率,应用前景广阔。

三、地球物理技术发展报告

2015年,国际油价持续下跌给地球物理市场带来巨大挑战。市场规模大幅缩水,地震勘探工作量减少,队伍闲置,主要物探公司营业收入下降。技术进步主要表现在:装备的不断完善、软件平台的升级以及技术应用新进展。提高作业效率,降低作业成本,改善复杂构造成像是地球物理行业的首要发展目标。地球物理技术发展进入大数据时代,基于大数据、云计算的地球物理数据处理平台问世。

(一)地球物理领域新动向

1. 国外地球物理技术服务市场规模大幅缩水

2015年受低油价影响,国外地震技术服务市场进入"严冬",市场规模大幅缩水,主要物探公司收入大幅下跌。据 Spears 公司2015年4月的数据统计结果,2015年地震勘探装备及技术服务市场规模约为115.09亿美元,相比2014年的153.45亿美元,降幅约达25%(图1)。不仅市场规模大幅缩水,国外多家物探技术服务公司的收入也大幅减少,严重亏损。2015年可统计的主要物探公司总收入约为71.32亿美元,比2014年104.23亿美元下降了32%;行业整体严重亏损,部分公司净亏损的绝对值已经超过收入的半数;主营深海业务的 Dolphin 宣布破产。

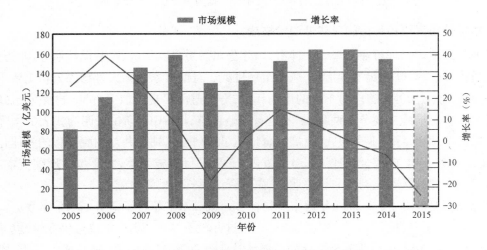

图1　国外地震勘探装备与服务市场规模

2. 地震勘探工作量减少

石油公司上游投资减少,延迟了部分上游项目的启动,导致物探业务量减少。2015年6月,全球在用物探队伍共462支,比2014年6月减少72支,并且主要为陆上项目(图2)。全球陆上物探队伍数量 387 支,比 2014 年 439 支减少了 52 支,海上物探队伍同比减少 20 支。项目减少造成人员、设备的大量闲置,严重制约了公司盈利能力。

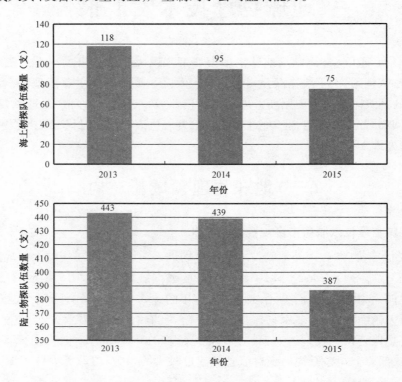

图 2　近两年物探队伍数量统计(统计数据为每年 6 月工作队伍数量)

3. 物探公司采取各种措施应对低油价挑战

低油价给地球物理行业带来巨大冲击,国外公司纷纷采取裁员、裁减低端业务、业务重组、延迟项目投标、战略联合等各种措施,应对市场挑战。目前多家国际大型物探公司主要采用了转型、重组产业结构等措施应对不利的市场环境,努力避免出现类似 Dolphin 物探公司破产倒闭的局面。应对措施主要分为两种:一是进行战略调整,以 CGG、斯伦贝谢为代表的国际大公司努力发展全球化、综合业务模式,发展综合地质、地球物理、钻完井与油藏工程的一体化业务模式,重组业务结构,向综合性地学服务商发展;二是进行措施调整,主要包括压缩资本支出、削减运营成本、削减债务、剥离非核心业务、向轻资产模式转型等措施。

在此轮行业低谷下,从 2014 年起主要物探公司裁员水平超过了 25% ,2015 年裁员幅度最大的是 CGG 公司,裁员 3707 人,幅度达 38% ,但这并没有结束,2016 年裁员仍在继续(表 1)。此外,CGG 公司 2015 年的业务整合计划主要涉及业务重组、减少投资、削减成本支出、资产清理和债务管理五部分。首先,海上三维地震勘探船队从 2014 年底的 13 艘减少到 11 艘,并且将陆上地震数据采集和航空测量减少 40% 。其次减少投资。再次,进行低端资产清理,继 2014 年将北美陆上地震数据采集业务卖给 Geokinecs 公司后,又将永久油藏监测装备卖给 Alcatel 公司。

表1　近两年主要物探公司裁员状况

物探公司	员工总数（人）			裁员总数（人）	下降比率（%）
	2013年	2014年	2015年		
CGG	9688	8540	5981	3707	38
Geospace	1333	1149	978	355	27
TGS	912	943	670	273	29
ION	1072	879	800	272	25
Polarcus	550	605	448	157	26
EMGS	289	311	239	72	23

（二）地球物理技术新进展

2015年，地球物理技术发展缓步前进。尽管未出现颠覆性技术，但是，随着油气勘探开发投资逐渐向着深水、偏远地区、难以进入的地区延伸，当前主流地球物理技术不断朝着降本增效的方向发展，以满足石油公司的需求，应对当前市场的巨大挑战：地震数据采集系统的灵活性越来越高，满足日益复杂的地质及油藏勘探目标；"两宽一高"地震数据采集技术应用不断进步，扫描技术及低频可控震源等配套技术不断完善；新的处理方法及不断完善的软件系统、数据处理工作流程增强数据处理、解释能力；地球物理技术向全周期服务延伸，基于油藏监测的地球物理技术稳步发展。

1. 陆上地震数据采集技术

近两年，"两宽一高"地震数据采集技术持续推进应用，取得突飞猛进的发展。2015年，CGG公司推出了"CleanSweep"扫描技术和新型可控震源（Nomad 90Neo）。可控震源已经成为陆上地震数据采集的主流，地震勘探装备制造商持续在研发实时采集道数越来越多的仪器，使得陆上高效采集能力成倍增加。新一代百万道地震数据采集系统将推动陆上地震勘探技术取得革命性进展，节点仪器因其具有简单、方便、环保等特点，越来越受到用户欢迎，总体用量呈逐年上升态势。

1）CleanSweep™扫描技术

近两年，主要物探技术服务公司都在宣传宽频的理念和应用结果。2015年推出清洁扫描技术（CleanSweep™），用于陆上宽频地震数据采集。该技术在一个标准参考信号上应用一个从野外测量提取的抗畸变信号来实现激发出的力信号无谐波（8Hz以下），从而得到接近期望的参考信号。清洁扫描技术通过交付高保真、低频、无谐波噪声的高信噪比信号，激发宽频陆上地震数据采集的全部潜能，将推动陆上宽频地震数据采集的进一步发展。

清洁扫描技术是针对陆上宽频地震数据采集开发的新一代扫描技术，在扫描期间去除谐波噪声。全频带都具有最高的信噪比。由于谐波噪声具有宽频特征，如果不加以处理会污染整个频谱。清洁扫描技术在扫描时去除谐波干扰，因此整个频谱的信噪比都有所改善（图3）。在交替扫描采集和滑动扫描采集时采用清洁扫描技术同样具有潜在优势。在交替扫描（flip -

flop)模式下,清洁扫描技术能够避免地滚波、谐波干扰等谐波污染;在滑动扫描模式下,清洁扫描技术通过减少下一炮的谐波污染,能够进一步提高信噪比。

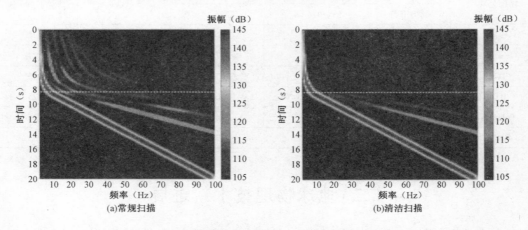

(a)常规扫描　　　　　　　　(b)清洁扫描

图3　常规扫描和清洁扫描平均时频振幅谱对比

2) 低频可控震源

过去10年,出力水平为 6×10^4 lbf 的可控震源是地震勘探市场的主流产品。近两年,高密度、宽方位、宽频("两宽一高")地震勘探已成为陆上3D地震勘探的主流技术。出力水平为 8×10^4 lbf 的可控震源成为满足"两宽一高"地震勘探的重要装备。

图4　Nomad 90Neo 宽频可控震源

Sercel 公司的 Nomad 90Neo 新型超重量级宽频可控震源主要完善了在宽频采集、稳定性、HSE 等方面的性能(图4),联合508采集系统和 QuiteSeis 超低噪检波器,已用于中东的几个项目中,其提供的高品质数据,因其更完善的适用性、灵活性,得到用户的高度认可。Nomad 90Neo 加长了重锤最大行程,增加了重锤的质量,同时还增加了液压压力,使其更适合激发出高品质低频地震信号,完善了宽频采集性能。出力峰值可达 9×10^4 lbf,采用超硬的基板,基板硬度相当于常规可控震源的4倍,有效提高了高频信号的保真度。Nomad 90Neo 配备了智能电源管理(IPM)系统,可以有效减少燃料消耗,节省能耗15%左右,从而减少尾气排放,并降低噪声,提升了环保要求。此外,Nomad 90Neo 降低了重心,减小了震源的整体体积,与出力 6.2×10^4 lbf 的震源大小相当,从而提高了地表崎岖作业环境的安全性,以及可操作性和灵活性。

中国石油东方地球物理公司的 LFV3 低频可控震源在实际应用中完成 1.5Hz 低频地震数据采集,成为目前全球领先产品。

3) 创新3D地震数据采集设计方法

Global 地球物理公司提出了一种创新的3D地震数据采集设计方法,这种方法采集网格不同于常规的 3D 地震数据采集相对匀称的设计方式,而是根据工区的障碍物分布位置或者工区已有道路的位置,非对称优化炮检点位置,最大限度地提高照明度和覆盖次数,这种方法已经在巴西、哥伦比亚、俄亥俄州等地区获得成功。实例表明,这种方法结合 AutoSeis 节点采集系统,可有效减少作业时间和对环境的影响,降低采集成本。目前,Global 地球物理公司已将这种方法申请了专利。

2. 海洋地震数据采集技术

2015 年,受低油价影响,国际海上地震数据采集业务减少,深海拖缆装备与技术没有太大新的变化,海上拖缆采集仍围绕宽频、宽方位、大偏移距地震数据采集展开,海上同步可控震源采集应用效果显著。海底技术竞争明显,多家公司在进行新型海底节点装备的研发,目前已经有 5 家公司涉足海底节点装备的研发与制造,强化了海上节点设备的竞争态势。

1)海上同步震源采集应用取得新进展

同步震源采集技术在陆地地震勘探中已经实现规模化应用,但是在海洋地震勘探中的应用非常少。近两年,海洋同步震源采集技术应用不断推进。最近,在阿布扎比海上的一个项目中,为获得多次覆盖、宽方位、大偏移距数据,利用同步震源采集技术进行了三维四分量海底电缆(OBC)地震数据采集,有效提高了地震勘探效率。

由于浅水环境中海上生产设施较多,因此阿布扎比海上通常进行 OBC 地震数据采集。但是这项技术比较耗时,成本较高。与单震源作业相比,两个或多个震源同时作业能有效提高作业效率,并且在同样的作业时间内获得更多的数据。但是,多个震源同时激发,相互之间会产生干扰。为了解决这个难题,在阿布扎比 OBC 项目中,联合采用了远距离同步震源激发(DS3)和多震源同步装置(MSS)布设管理技术。MSS 布设管理技术,主要是管理多个震源,使其交替激发,保证每个震源在时间上和空间上相对独立,尽量减少震源之间的相互干扰。

同步震源 3D 地震数据采集正交观测系统,即炮点线与接收线相互垂直。勘探区域被分成 4 个区块,其中两个区块采用 DS3 技术和双震源作业,另外两个区块用 DS3 + MSS 技术和 4 个震源作业。对于采用 MSS 布设管理技术的区域,利用炮点高频振动减少震源间的相互干扰。采用 DS3 技术的采集效率可达到每天 12000 个采样点,而采用了 DS3 + MSS 技术的采集效率可达每天 25000 个采样点,远远超过该区域常规 OBC 采集效率(最高每天 7000 个采样点),采集效率显著提升。图 5 为采用 MSS 布设管理技术的地震数据图,在接收线上,地震数据产生相干噪声,在炮点线上产生了随机噪声。利用高频振动,不同区域的相干噪声不同,有利于在数据处理中有效压制噪声。

在进行地震数据采集的同时,在船上进行了叠前时间偏移成像,并分析了均方根振幅图。结果显示,采用 DS3 技术和 MSS 布设管理技术进行地震数据采集几乎不产生采集脚印,数据质量非常好,充分说明了海洋同步震源采集技术的应用效果。

2)GeoTag 水下定位解决方案

2015 年,Sercel 公司推出 GeoTag 海底地震数据采集声波定位解决方案(图 6),用来精确定位海底电缆、海底节点、过渡区电缆系统等几乎所有类型的海底采集设备。GeoTag 配有目前市场上最小的异频雷达收发机,采用特殊的设计方式允许快速维护电缆、更换电池,提高作业效率。GeoTag 系统可以同时布置 10000 个声学定位装置。

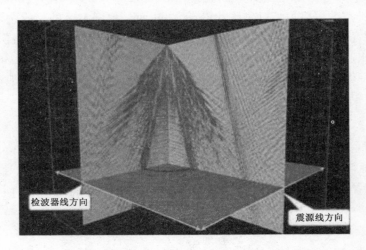

图5 采用了 MSS 布设管理技术的正交观测系统地震图

图6 GeoTag 水下定位系统

3)RightFLOW 采集处理一体化解决方案

Polarcus 公司推出一套名为 RightFLOW 的采集处理一体化解决方案,能够无缝地整合并加速地震数据采集与数据处理工作流程中的每一步,从初始勘探设计,到最终交付解释结果,贯穿整个流程,并可针对任何地质环境制订相应的流程。其交付的全新数据处理结果可以构成不同的方式,包括复杂的船载质量控制、快速船载 3D 数据处理、精确的多波段噪声衰减、速度分析、规则化及时间/深度成像等,能够满足各类客户的需求。Right-FLOW 方案硬件采用的是英特尔公司的Xeon 处理器和 Xeon Phi 协同处理器,软件采用的是 DUG 公司的专有软件 DUG Insight,其强大的软件、硬件功能,可根据项目需求选择先进的数据处理工作流程,2015 年初已经完成了首次商业应用,从完成最后一炮数据采集时间算起,在不到 24d 的时间内,在船上完成了 1750km^2 的 3D 宽频叠前时间偏移数据处理,而叠前偏移成像仅用了 18h。商业化应用后,Polarcus 公司进一步攻关,于近期完成了 1800km^2 的宽频 3D 数据的处理,用时仅 8d。RightFLOW 方案实施的基础是利用技术的进步推动复杂的地震数据处理工作能够在采集船上实现。

4)新型海底节点采集装备

与有线仪器相比,节点系统采集成本优势愈发明显,无论是海上还是陆上,节点仪器市场份额逐年上升,几乎每年都有新的海底节点仪器推出。

2015 年,挪威新兴地震勘探设备制造商 inApril 公司介绍了新开发的海底节点采集系统 Venator,该系统与目前市场上的节点系统不同之处,在于它从节点布置到数据管理实施一体化设计,可大幅提高作业效率和安全性,有效降低采集成本。Venator 节点系统(图 7)采用方形结构可提供更多的空间存放电池,且便于快速稳定地收放节点,据测试可在以 3n mile❶/h 以上速度行驶的地震勘探船上部署和回收 10000 个以上节点,并自动进行数据管理。节点适用于 3000m 以上水深作业,可在水中持续使用 100d,节点具有内置的雷达收发机,可实时监控节点工作状态。从性价比来说,Venator 系统与常规拖缆采集系统相比有很大竞争力。目前 Venator 系统正处于测试阶段。

图 7 Venator 海底地震数据采集系统

3. 地震数据处理解释技术

随着计算机技术的快速进步,叠前深度偏移建模技术向着高效率、高精度方向发展,以网格层析、全波形反演为代表的深度偏移建模技术发展迅速,宽频/全方位处理仍然是技术热点。在解释方面,三维可视化环境下的解释工作成为主流,各家解释软件都以三维可视化环境为主,实现多种信息综合显示。

1) 偏移成像技术方法不断发展

目前,工业化应用的叠前深度偏移方法主要有克希霍夫偏移、束偏移、单程波动方程偏移、逆时偏移(RTM)方法,在不同地区取得显著的应用效果。但是由于采集的数据存在振幅衰减、信号较弱、分辨率低等问题,各种偏移方法都有一定的局限性:束偏移计算效率高,偏移噪声小,但是无法满足盐下、逆掩推覆体下成像;常规 RTM 技术能够对陡倾角复杂构造成像,但受采集数据质量约束,很难实现保幅成像。近两年,最小二乘偏移方法研究不断深入,斯坦福大学、得克萨斯大学、阿卜杜拉国王科技大学、同济大学等国内外高校及科研机构开展了大量理论研究,CGG、TGS、Shell 等公司也进行了大量的研究与测试。在 2015 年美国勘探地球物理学家协会(SEG)年会上,就偏移成像技术专题共发布了 12 场专题分会,发表近 100 篇相关论文。针对束偏移、最小二乘偏移、Q 补偿偏移、各向异性偏移分别举行专题研讨。

各向异性偏移成像应用取得新进展。垂直对称轴横向同性(VTI)介质、斜轴横向同性(TTI)介质及正交晶格介质的逆时偏移成像技术逐渐推广应用。束偏移技术研究取得多项新进展,自适应聚焦束偏移、高斯束偏移、基于 GPU 的并行束偏移等方法取得新进展。

Q 补偿偏移技术已经成熟应用。国外一些公司已经开发了相应的软件产品,但是目前只提供服务。得克萨斯大学奥斯汀分校提出一种稳定的黏弹性介质衰减补偿算法,并进行了应用。PGS 公司提出一种伪分析(PA)逆时偏移方法,通过外推插值补偿黏弹性介质中振幅损失,通过利用较大的计算网格与时间步长,但是不影响时间域和空间域的计算精度。对北海区域的双传感器数据采集结果进行成像,成像分辨率显著提高。

最小二乘偏移成像方法逐渐进入试应用阶段。TGS 公司采用最小二乘逆时偏移方法

---

❶ 1n mile = 1852m(只用于航行)。

（LSRTM）解决常规逆时偏移方法中频带限制问题的实用方案，并分别用合成数据和实际2D地震数据验证了该方法的适用性。这套方案利用单程波动方程偏移（WEM）方法对去除鬼波的海洋数据生成一个高频深度成像；然后，将这个高频成像作为初始模型进行宽频LSRTM成像，加强了复杂构造成像中的低频成分，并保持初始WEM成像的高频成分。同时，校正了WEM成像中由于宽方位角近似产生的陡倾角错位；最后，输出的成像结果不仅包含高频和高分辨率地层，还清晰显示了复杂构造及地质边界。用这种方法对巴西海上2D原始地震数据进行成像，经过几次迭代计算，生成VTI LSRTM成像。如图8所示，LSRTM成像清晰显示了构造中的陡倾角断层，并且拓宽了振幅谱。

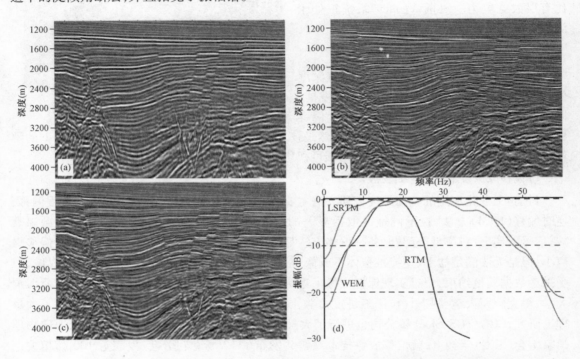

图8　巴西海上2D数据RTM、WEM和LSRTM成像结果及对应归一化振幅谱对比图

CGG公司提出一种最小二乘阻抗微扰估算方法，即用互相关最小二乘逆时偏移（CLSRTM）估算阻抗微扰，不仅改善由于照明不足和采集脚印引起的成像不清晰等问题，并且波阻抗能够直接指示岩石物理属性，有助于油藏描述。利用北海实际生产数据对这种方法进行了验证。对CLSRTM成像进行阻抗微扰计算，经过2次迭代计算后，波阻抗输出结果与常规RTM波阻抗输出结果对比，照明进一步改善，陡倾角盐翼边界清晰成像（图9）。

2）全波形反演方法研究与应用不断取得新进展

全波形反演技术是地球物理领域一个新的研究热点，近年来得到了快速的发展，在某些海上实际资料的应用中得到了优于现有其他速度建模方法的结果。陆上地震资料全波形反演的应用还受到种种限制，随着地震数据采集技术水平的不断提高，全波场、宽频带、炮—检对等观测手段的实现，以及预处理保真技术的发展，陆上全波形反演的应用将逐步走向实用化。FWI

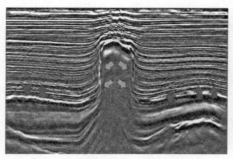

(a)常规RTM阻抗输出　　　　　　　　　　(b)2次迭代LPIPE后的阻抗输出

图9　常规 RTM 阻抗输出与 2 次迭代 LSIPE 后的阻抗输出结果对比

反演的根本问题在于地震波场与反演参数之间的非线性性,在于实测地震波场的概率特征并不完全符合高斯分布,在于地震波正演不能很好地模拟实测波场,在于反射波振幅不只受速度改变的影响。有业界专家认为,分步骤、分尺度反演方法和反演策略以及多种手段的有效联合是实现陆上地震资料全波形反演的有效途径。在不久的将来,全波形反演基本思想和方法一定会对弹性参数反演、多参数反演、建模高精度成像以及储层参数估计与储层描述产生积极而又深远的影响。全波形反演技术作为业界一项关键热点技术,引起了各大服务公司、石油公司的高度关注,研发全波形反演技术对提供公司核心竞争力具有重大作用。

近两年来,全波形反演技术理论研究不断发展,并成为油气行业的热门话题之一。多家公司都在进行全波形反演的研究与试验,随着计算机计算能力的不断提高,以及大偏移距、宽频采集技术的发展,声波全波形反演在实际中得以应用,尤其是深水地震数据的全波形反演应用,已经取得显著效果。已经有许多实例证明,全波形反演利用地震波场的全部信息,能够获得质量好的高分辨率速度模型,改进成像质量,用于精细地质解释。

全波形反演已经成功用于海上数据建立高分辨率速度模型。但是陆上声波全波形反演由于缺少强面波与转换波模拟、相位频散、近地表风化层失真等问题,一直存在巨大挑战。2015年,全波形反演在陆上和浅水地震数据中的应用也取得一些进展。CGG 公司介绍了一套声波全波形反演工作流程在陆上炸药震源勘探中的应用。

这套综合工作流程主要有两个步骤:一是估算震源子波并解决空间多变的个体波形;二是补偿声波全波形限制。全波形反演需要震源函数,对陆上可控震源,震源子波估算通常基于可控源扫描信息,对于炸药震源,通常用初至波的共偏移距叠加或者解决关于震源函数不适合的非线性反演问题估算震源子波函数。CGG 公司采用了地表一致性反褶积方法估算震源子波。

利用这套工作流程,CGG 公司在得克萨斯东南炸药数据中进行了应用,利用全波形反演得出的速度模型,成像结果获得了很大提升,如图 10 所示。从图 10 中可以看出,利用全波形反演生成的速度模型,浅层偏移剖面同相轴的连续性有所提高,构造纹理更加清晰。

随着计算方法的不断进步,全波形反演方法应用领域也在不断拓展。目前,声波全波形反演已经在海上数据中取得显著的应用效果,尽管陆上地震数据全波形反演还面临一系列挑战,但是应用潜力巨大。此外,全波形反演计算量庞大,如果提高全波形反演计算效率也是今后一个重点攻关方向。

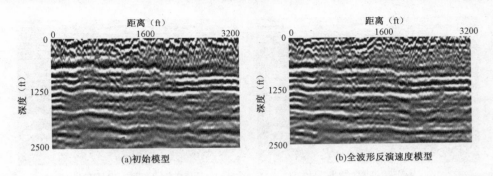

图10 利用初始模型获得的浅层偏移剖面与利用全波形反演速度模型获得的浅层偏移剖面

3)软件系统朝着平台化、扩大兼容性发展

2015年,多家公司对软件产品更新升级,推出了一系列解释软件产品,这些软件产品的可兼容性更强,并朝着平台化发展。

CGG公司升级三款解释产品,推出了Jason9.0、HRS10.0和Insight Earth® 3.0新版软件。Jason9.0增加了方位角各相异性反演、核磁共振测井解释、孔隙压力分析和声波测井解释等重要功能,能更有效地分析岩石孔隙度、束缚水饱和度等属性,从而提高油藏描述和储层预测的解释精度。并且还引入了一个新的集成平台,能够融合CGG公司大部分地学类软件,也包括一些重要的第三方软件,完善了多学科协作功能,并简化了工作流程。HRS10.0升级了原有的应用模块,同时还开发了RockSI和GeoSI两个全新的模块。RockSI是一个交互工具,通过岩石弹性模型分析岩石物性和地震数据之间的关系。GeoSI模块主要是进行叠前和叠后随机反演,生成多个结果,用于不确定性分析,同时还能够交付高分辨率岩性及其他岩石属性体。HRS10.0扩大了解释与存储系统的范围,并且提升了深部测井与地震联合反演性能,加强了解决深部地质体问题的能力。Insight Earth® 3.0有四大改进:充分利用了工作站或笔记本电脑的海量数据计算能力,能显著提高解释速度;能自动分析地震数据并解释;新版软件的成果数据可以在任何一个其他的地震解释软件中运行;新增PaleoSpark、FaultFractureSpark等多项关键技术。新增的"脚印消除"专利技术是Insight Earth整个工作流程中非常关键的一步,它可从海量地震数据中快速有效地消除采集脚印,提高资料品质。"自动跟踪"技术可以在二维或三维地震资料中自动追踪水平层位、断层、膏盐层、峡谷或其他地质特征。

帕拉代姆公司推出Paradigm 15软件产品,增加了消除鬼波、宽频、全方位地震成像、高保真可视化、三维地层建模等功能。通过这次升级,Paradigm 15将支持多学科跨领域的协同作业,并支持第三方软件扩展。另外,Paradigm 15改进了Echos逆时偏移技术、多分量处理技术、横波分裂技术、宽频处理技术、全方位角成像技术、各向异性速度建模、定量地震解释技术QSI,也增加了两个地震处理工具包。

dGB公司的OpendTect 6.0版软件产品在用户友好性和易用性方面都有了很大改善:完全改进了2D数据体浏览方式,并改进了二维地震资料解释工作流程,以及断层解释工作流程;增加了全新的3D地层追踪功能,提高了数据处理速度,并且数据体展示颜色更为丰富;新增了一个断层分析插件,采用新研究的3D地层数据体算法,提供了一个新的断层属性分析和边缘保护平滑过滤器,可有效提高解释精度。此外,OpendTect 系统提高了交互性能和可兼容性,能够与 Petrel 软件进行无缝衔接。

Ikon Science 公司推出软件 RokDoc 6.3 版,新版本增加了一些新模块,改进了一些特色功能。RokDoc 6.3 可以处理大型数据体和更复杂的数据类型,包括多分量地震数据、成像测井、井数据等,用户也可以轻松地自定义工作流程和通过 Python 插件进行软件扩展。

Rock Solid Images 公司推出了一个使用数值方法分析地震属性和岩石物理性质之间关系的工具软件(MARS),可以有效地通过实际测量数据或测井建模数据估算地震属性和目标体岩石物理性质。目前,常见的分析地震属性和岩石物理性质关系的方法主要是利用岩石物理模版或交会图,MARS 软件的推出为业界提供了一个定量研究地震属性和目标体岩石物理参数关系的工具。

DGI 公司推出 CoViz4D 8.0 版,新版本可快速系统分析油藏模拟、生产、4D 地震数据等油藏动态数据,新版本还增加了一个特色的 4D 岩土力学分析功能,此功能可基于油藏压实快速进行覆岩变形特征描述。此模块充分利用了 CPU 和 GPU 资源,对非常大的储层模型也只需要几分钟的运算时间,与常规的有限元建模相比可大大降低成本。

贝克休斯公司推出了地质和油藏建模软件 JewelSuite 6。此软件系统与 Shell 合作开发,可用于优化现有的地下模型、地质力学模型及油藏模拟工作流程,能方便地建立和更新地下地质模型,并和 CMG 的数值模拟器及 Eclipse 无缝连接,从而帮助用户降低成本、减小风险提高产量,获得油藏的更多价值。

4)大数据地球物理数据管理平台问世

随着全球油气资源勘探程度的不断加深,待开发的资源类型越来越复杂,为降低勘探风险和勘探成本,石油公司对地震数据的精度要求也越来越高,一方面是高密度、高效可控震源、多波多分量等地震勘探方法的应用越来越多,使得采集数据量呈几何级数增长,目前某些区块采集的地震数据都以 TB 计,有些甚至开始向 PB 规模发展,海量数据处理会导致异常庞大的计算量;另一方面,上游技术逐渐向一体化方向发展,表现为多学科、多领域数据集成。目前,常规处理解释软件已经适应不了未来的发展需求。

中国石化地球物理研究院开发了作为大数据时代的地震勘探软件平台——π – Frame,其一经展出就成为 2015 年 SEG 年会的最大亮点。其技术特色可以概括为规模、速度、共享、智能、集成和开放 6 个词。这些特点决定了 π – Frame 平台可以满足当前与未来地震勘探技术发展的需求,支撑单点高密度地震、多源地震、微地震实时监控等地震数据采集技术进步带来的海量地震数据管理,平台具备管理 100PB 级别以上规模地震数据的能力,支撑地震数据成像与叠前反演等技术进步带来的大规模并行计算,在大规模计算系统支持下有效缩短地震数据处理的周期,从而可以促进地球物理新技术的快速生产化和广泛应用,满足复杂地表、复杂构造、复杂油气藏勘探开发对地球物理技术的需求。另外,π – Frame 平台的功能设计也不局限于地震数据的处理和解释,未来还能够很好地扩展到包括钻井、测井等在内的石油工程等众多技术领域。

π – Frame 平台采用了大量的开源技术,包括 Linux 操作系统、Qt 图形界面开发工具、

OpenSceneGraph 三维可视化开发工具、Hadoop 大数据处理技术平台、JSON 数据交换格式、Eclipse集成开发环境、Ganglia 集群资源监控工具等。开源技术的应用,既充分、免费利用了全球软件研发精英的技术成果,又保证了π – Frame 平台的长期稳定发展不依赖于任何一家软硬件厂商。π – Frame 平台以开放理念指导其平台的设计、研发与未来的发展,旨在构建一个基于云服务的地球物理技术研究、软件开发与应用平台,提供一站式的开发服务和一体化的应用服务;进而形成开放的地震专业软件社区,实现集技术交流、成果分享、需求发布和技术交易于一体的用户互动,最终建立基于价值分享与共赢发展理念的石油物探软件生态系统。

4. 地球物理油藏监测技术

近年来,地球物理油藏技术应用向油田开发领域延伸,地球物理油藏监测技术逐步发展,4D 地震、微地震油藏监测及井下光纤监测技术取得新进展。利用地球物理技术进行油藏描述,可以用于辅助指导钻井方案设计和油藏开发。在中东碳酸盐岩油藏利用 3D 地震数据再处理,进行油藏精细描述,以及北海、黑海利用地球物理技术进行油藏描述研究取得进展。

1)4D 地震技术仍是油藏监测重点

在加拿大 Peace River 重油开采油田安装了时移地震采集系统 SeisMovie,进行油藏动态监测,记录油藏压力、流体饱和度和温度随时间的动态变化,调整开发方案,制订了改善驱替效果的措施等。文莱海上 M 油田利用时移地震有效判断油藏的驱动类型,解决了长期以来有关 M 油田时移地震异常现象的猜测。

2)微地震监测技术震源机制研究不断深入

美国微地震公司开发了一种自动矩张量反演方法,能够快速计算矩张量,用于实时分析焦点机制,从而解决了以往焦点机制估算过于简单、震源机制类型受到限制,以及无法实时分析震源机制的问题。实际上,矩张量是微地震震源机制的数学表达方式,其估算过程面临着诸多挑战:首先就是必须充分采样微地震波前,用于绘制信号的相位和振幅分布;其次,必须提取直达微地震波 P 波振幅,用于确定相位和振幅的空间分布,这个过程非常耗时,且易出现错误;再次,矩张量各分量的解都不稳定,且不唯一。新开发的自动矩张量反演方法,通过自动计算程序利用互相关技术逐点确定每个微地震信号的相对幅值和相位,不同于以往线性反演方法推导的震源函数,不再需要手工拾取 P 波直达波振幅,所计算的焦点机制的解是唯一的。利用自动矩张量反演能够更加精确地描述裂缝展布,对震源类型进行更细致的归类。自动矩张量反演能够在压裂过程中的各个阶段提供实时分析结果,并对重复压裂进行优化,预测压裂过程中的地质灾害,提高实时决策能力。

3)分布式声波传感器采集高精度 VSP 数据进行油藏监测

分布式声波传感器数据采集是一项较为前沿的井中地震数据采集技术,主要用于井中垂直地震剖面(VSP)、微地震等数据采集,进行油藏监测。近两年,分布式声波传感器在地球物理领域的应用快速发展,利用光纤分布式传感器进行 VSP 数据采集,用于动态油藏监测取得良好效果。在水力压裂时,用光纤 DAS 进行微地震监测,由于 DAS 技术具有宽频及较大的动态范围能力,能够精确测量低频地震信号;DAS – VSP 资料在油藏监测及永久油藏监测中应用越来越广泛。

光纤分布式声音感应(DAS)系统主要有以下优势:(1)由于光线较细,DAS 系统在水平井或细井筒布设不受限制;(2)相对检波器来说,光纤成本比较低,易于布设,并且可以跟其他光纤传感系统一同布设(如 DTS、DPS);(3)与检波器不同,DAS 系统能够获得完整的垂直覆盖,数据连续性更强;(4)DAS 系统是非介入式的,能够用于探井、生产井及监测井中,不会耽误生产。尽管光纤 DAS 系统还存在信噪比、横向敏感性较低等问题,但是具有良好的应用前景。图 11 显示了 DAS 技术的应用领域及前景。

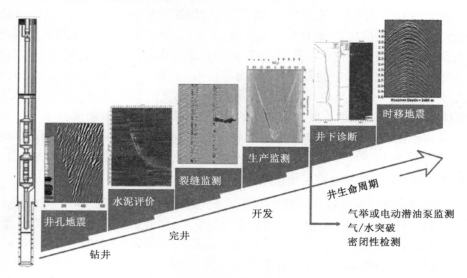

图 11　DAS 检测技术应用领域及前景

DAS – VSP 在国外油藏监测中已有很多应用实例:壳牌于 2009 年进行了分布式声波 VSP 数据采集试验。2015 年,壳牌在文莱油田同时进行了井中分布式声波传感器数据采集和地面数据采集,用于速度建模和成像。结果表明,分布式声波传感器采集的数据提高了速度模型精度,改进了成像质量,减少了地下不确定性,同时是一项较为经济的技术。2014 年 9 月,道达尔公司在法国 Rousse – 1 测试井进行了 DAS – VSP 采集研究,四家技术服务商在相似的采集条件下进行了数据采集。将 DAS 数据结果与 2011 年常规采集结果进行对比,数据质量明显改善。同时也看到,DAS 数据采集在深度标定和信号处理方面还存在一定的局限性,深度标定精度与现场采集过程和处理工作流程有关。

4)地震实时导向技术提高钻井成功率

实施水平井及体积压裂是有效动用致密油气资源、实现规模上产的有效开发方式。但现有的钻井、测井、地震、地质资料都不能单独解决水平井设计和地质导向精度等问题。地震导向技术能够加强多专业融合,帮助钻井部门快速做出决策,决定井眼轨迹、下套管位置和钻井液密度等,从而降低钻井风险。

近两年,中国石油开展的以地震为主的地震导向水平井技术在实际应用中取得了较好的效果,实钻成果表明,在复杂构造中利用地震导向能够动态预测地层倾角及断层展布,实现钻井轨迹动态调整,降低钻井风险和钻井成本。碎屑岩砂体中利用地震导向能够预测地层岩性和物性变化,提高储层钻遇率。地震导向水平井技术具有多专业一体化服务能力,能够增强工程技术国际竞争力,具有巨大的应用前景。

(三)地球物理技术展望

随着油气勘探开发领域向"低、深、海、非"延伸,物探作业对象的地表地质条件和自然环境日趋复杂,石油公司对物探技术要求越来越高。总体来讲,以高精度叠前深度偏移成像技术为核心的"两宽一高"(宽方位、宽频带、高密度)地震勘探技术仍是主流。地震勘探装备仍将朝着百万道、无缆化、便携化、智能化的方向发展,无缆、全数字、百万道是地震采集系统发展的重要方向;高密度、超高密度数据采集,海量数据快速处理质量控制,深度域成像和建模,多学科一体化协同综合研究是未来的发展趋势;物探技术"大数据"时代已来临,加速向精细、实时、综合化发展,综合一体化地球物理技术服务是行业发展的必然趋势。根据2015年EAGE年会和SEG年会,在当前低油价成为新常态的环境下,降本增效成为物探行业一个重要的话题,降本增效物探技术、环境友好型装备与技术,以及与钻井、油藏工程相结合的3D地震油藏描述技术是今后几年的发展重点。总体来讲,地球物理技术主要朝着以下几个方向发展。

1. 高效低成本陆上地震数据采集技术

长期以来,降本增效地震数据采集技术是石油公司的总体需求,围绕降本增效发展了可控源高效采集,新一代ISS、DSSS高效扫描等技术,近两年无缆节点采集市场不断扩大,也说明降本增效技术的需求不断增加。为了满足降本增效的需求,并保证数据品质和成像效果,压缩感知地震数据采样以及分布式组合震源方法是今后的一个重要发展方向。压缩感知地震数据采样方法以远低于Nyquist频率的采样数据恢复为一定精度要求的完整数据,为地震数据的高效、稀疏采集方法提供了理论基础,可以大幅度提高采集效率,降低勘探成本。此外,用分布式组合震源取代复杂局部宽频震源排列,可极大提高生产效率。分布式组合震源(DSA)是指将不同类型的低频震源和高频震源混合配置,采用单频或窄带震源,轻便化易于实现;采用宽频检波器保证数据质量;震源、检波器的随机分布,提高了效率,同时降低了采集成本。

2. 环境友好型海洋地震勘探装备与勘探方法

深水油气资源是油气勘探的重点区域,近两年海洋地震勘探装备的发展围绕环境友好、保护海洋生物成为一个重要发展方向。未来海上地震勘探装备技术有以下几点发展方向:首先是大能量、小压力的环保气枪震源。与现在的常规气枪震源相比,未来海上震源应产生的压力小得多,但是能量大得多,低气压震源能有效降低发射噪声,并提高地震资料频带范围,降低对海洋生物的影响。其次,采用旋转传感器代替目前海上采集的普通水检。旋转传感器是一种新型的测量方法,可提供完整的全部自由度的地震记录,并能测量全波场。另外,使用无人驾驶的微型地震采集船代替目前的地震采集船。采用无人驾驶地震采集船(图12)可大大削减采集成本,提高作业效率,有可能使得宽方位和长偏移距数据采集成为海上地震数据采集主流方式。

3. 高效计算的全波形反演方法

全波形反演技术能够完善速度模型,从而改善复杂构造成像质量,为区域深部构造成像、岩性参数反演及精细地质解释提供有力支撑,已经在海上地震勘探数据中得以成功应用,但由于其计算量大、算法不稳定等因素,给实际应用带来了许多困难,一直未能广泛投入商业化应

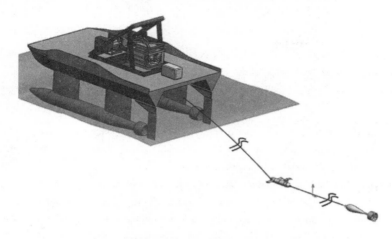

图 12　无人驾驶地震采集船

用。全波形反演方法具有明显优势,但是计算量巨大。要管理全波形反演的计算成本,最关键的是要注意潜在的非线性优化程序的细节。通过对各种波形反演方法进行测试,目前,类牛顿方法在各种情景下表现出极佳的计算性能。普林斯顿大学 Ryan Modrak 等对全波形反演拟牛顿算法、非线性共轭梯度法、截断牛顿法和高斯牛顿法等进行了对比分析,认为非线性共轭梯度法效率较低、稳定性较差,截断牛顿法和高斯牛顿法反演结果可能不如非线性共轭梯度法,但是优于拟牛顿算法,且成本比拟牛顿算法要少得多,未来截断牛顿法有可能取代拟牛顿算法作为大规模全波形地震反演方法的首要选择。

4. 快速保幅叠前深度偏移方法

偏移技术仍是当前乃至今后地震数据处理研究的重点。得克萨斯大学奥斯汀分校地球科学学院的 Sergey Fomel 指出,时间偏移处理在地震数据处理中非常重要,尽管时间偏移技术在盐下等复杂构造方面具有一定的局限性,但是对许多其他区域来说,仍是一项可靠的技术,这项技术在今后仍有很大的发展空间。近年来,在时深转换、波动方程时间偏移方面取得很大进步,这些进步也促使时间偏移成像技术能够打破一些常规局限性,在提高精度、稳定性和效率等方面取得重大进展。随着计算机技术的不断进步,以及最小二乘等各种偏移方法的深入研究,不断缩短成像周期、提高成像质量是叠前深度偏移技术今后的发展重点。随着勘探难度的增加,复杂构造成像处理的数据量也越来越大。大型地震数据处理中心的计算机集群规模不断扩大,这为依赖高性能计算机的各向异性逆时偏移、声波和弹性波全波形反演等研发与应用提供了强有力的支撑。高性能计算机技术推动软件系统向着多学科、一体化的方向发展,数据处理与成像技术朝着弹性波、全波场成像发展。

5. 支撑生产的油藏描述与油藏监测技术

随着非常规资源开发的快速发展,利用地球物理方法进行油藏描述和油藏监测,支撑油气资源开发取得较好的效果,多家物探公司都在强化油藏地球物理业务,推动勘探—开发—生产全程技术服务链不断完善。近两年,CSEM 进行油气检测、微地震监测、光纤分布式声波监测技术都已进入实用阶段,井中光纤分布式声波检波器已用于 VSP 数据采集和压裂监测,多家公司可提供 DAS VSP 数据采集技术服务,地面三分量光纤分布式声波检波器很快会投入生产。光纤分布式声波监测技术是一项革命性的新技术,可以实现高效超高密度地面/井中地震数据采集,大大降低生产成本,并且发挥其高效超高密度地震数据采集优势,未来将部分替代常规地震波监测技术,产生规模经济效益,具有巨大的应用潜力。

参 考 文 献

[1] Sam Zandong Sun, Huan Liu, Xuekai Sun, et al. Full – azimuth orthorhombic migration and its application to a complex carbonate reservoir[C]. 85th Annual International Meeting , 2015SEG: 5009 – 5013. Expanded Abstracts. http://dx. doi. org/10. 1190/segam2014 – 0297. 1.

[2] Junzhe Sun, Tieyuan Zhu. Stable attenuation compensation in reverse time migration[C]. 85th Annual International Meeting, 2015SEG: 3942 – 3947. http://dx. doi. org/10. 1190/segam2015 – 5888552. 1.

[3] Joseph Reilly. Broadband technology: History and remaining challenges from an end – user perspective[C]. 85th Annual International Meeting , 2015SEG: 4812 – 4816. http://dx. doi. org/10. 1190/segam 2015 – 6026461. 1.

[4] Michel Verliac, Vladislav Lesnikov, Coline Euriat. The Rousse – 1 DAS VSP experiment – Observations and comparisons from various opticalacquisition systems[C]. 85th Annual International Meeting, 2015 SEG: 5534 – 5538. http://dx. doi. org/10. 1190/segam2015 – 5886544. 1.

[5] La Follett J, Wyker B, Hemink G, Evaluation of fiber – optic cables for use in Distributed Acoustic Sensing: commercially availablecables and novel cable designs[C]. 84th Annual International Meeting, 2014 SEG: 5009 – 5013. http://dx. doi. org/10. 1190/segam2014 – 0297. 1.

[6] Jiawei Mei, Qianqian Tong. A practical acoustic full waveform inversion workflow applied to a 3D land dynamite survey[C]. 85th Annual International Meeting, 2015 SEG: 1220 – 1224. http://dx. doi. org/10. 1190/segam2015 – 5850377. 1.

[7] Shuki Ronen. The road ahead for the seismic value chain offshore[C]. 85th Annual International Meeting, 2015SEG: 4801 – 44805. http://dx. doi. org/10. 1190/segam2015 – 5922349. 1.

[8] Andrey Bakulin, Michael Jervis, Daniele Colombo et al. Bring geophysics closer to the reservoir: A new paradigm in reservoir characterization and monitoring [C]. 85th Annual International Meeting, 2015SEG: 4822 – 4826. http://dx. doi. org/10. 1190/segam2015 – 5849607. 1.

[9] Robert G Clapp. Seismic processing and the computer revolution(s)[C]. 85th Annual International Meeting, 2015SEG: 4832 – 4837. http://dx. doi. org/10. 1190/segam2015 – 5871173. 1.

[10] Ryan Modrak, Jeroen Tromp. Computational efficiency of full – waveform inversion algorithms[C]. 85th Annual International Meeting, 2015SEG: 4838 – 4842. http://dx. doi. org/10. 1190/segam2015 – 5916175. 1.

四、测井技术发展报告

过去 1 年,原油价格的大幅下跌对测井技术服务市场产生了重大影响,2015 年斯伦贝谢等各大服务公司的测井技术服务收入急剧下降,与 2014 年相比下降了 26% 。

与此同时,测井技术处于相对平稳的发展态势,有十几种新型或改进型仪器推出。2015 年,斯伦贝谢等公司推出了新一代核磁共振测井仪器、新型地层压力测试服务、新型井眼完整性评价、油藏监测脉冲中子测井仪器、小直径随钻声波测井仪器、低成本随钻伽马能谱传感器等。新仪器的推出利于改善地层评价及地质导向,提高作业效率。新一代随钻测井技术在优化各向异性页岩油气藏的完井设计和复杂储层油气层钻遇率方面发挥了非常重要的作用。

(一)测井技术服务市场形势

1. 测井技术服务市场规模降幅创历史新高

据 Spears & Associates 公司 2015 年 10 月发布的油田市场报告,2014 年测井技术服务市场规模创历史新高,达到 185.4 亿美元。然而,受始于 2014 年油价大幅下跌的影响,2015 年测井技术服务市场规模大幅减少,降幅创历史之最,为 26%(表 1)。其中,电缆测井降幅达 28%(表 2),为历史最大降幅;随钻测井下降幅度与 2009 年相当,达 16%(表 3)。在测井服务市场总体规模大幅下降的同时,斯伦贝谢等四大服务公司的市场占比小幅增加,从 2014 年的 75%增加到 79% 。由此可见,在恶劣的市场环境下,大型服务公司的适应能力更强。

表 1 2006—2015 年测井技术服务市场规模

年份	2006	2007	2008	2009	2010	2011	2012	2013	2014	2015
电缆测井市场规模(亿元)	84.1	101.0	119.7	89.3	101.8	117.5	132.1	142.5	152.3	108.9
随钻测井市场规模(亿元)	12.8	16.5	20.0	16.8	19.1	23.1	26.0	30.0	33.1	27.9
总额(亿元)	96.9	117.5	139.7	106.1	120.9	140.6	158.1	172.5	185.4	136.8
增幅(%)	22	21	19	−24	14	16	12	9	7	−26

表 2 2006—2015 年电缆测井市场规模变化

年份	2006	2007	2008	2009	2010	2011	2012	2013	2014	2015
市场规模(亿元)	84.1	101.0	119.7	89.3	101.8	117.5	132.1	142.5	152.3	108.9
增幅(%)	20	19	17	−25	14	15	12	8	7	−28

表 3 2006—2015 年随钻测井市场规模变化

年份	2006	2007	2008	2009	2010	2011	2012	2013	2014	2015
市场规模(亿元)	12.8	16.5	20.0	16.8	19.1	23.1	26.0	30.0	33.1	27.9
增幅(%)	35	29	21	−16	14	21	13	15	10	−16

2. 随钻测井市场规模在测井市场总规模中的占比创历史新高

10年来，随钻测井技术服务市场规模快速增长，从2006年的12.8亿美元增加到2015年的27.9亿美元，增幅达118%，同期电缆测井市场规模增幅仅为30%，如图1所示。与此同时，随钻测井在测井服务市场总规模中的比例不断提升，从2006年的13%增加到2015年的21%。值得注意的是，与电缆测井市场相比，随钻测井市场受油井下跌的影响相对要小。

表4 随钻测井市场规模在测井市场总规模中的占比

年份	2006	2007	2008	2009	2010	2011	2012	2013	2014	2015
测井服务市场规模（亿元）	96.9	116.5	139.7	106.1	120.9	140.6	158.1	172.5	185.4	135.8
随钻测井市场规模（亿元）	12.8	16.5	20.0	16.8	19.1	23.1	26.0	30.0	33.1	27.9
随钻测井占比（%）	13	14	14	16	16	16	16	17	18	21

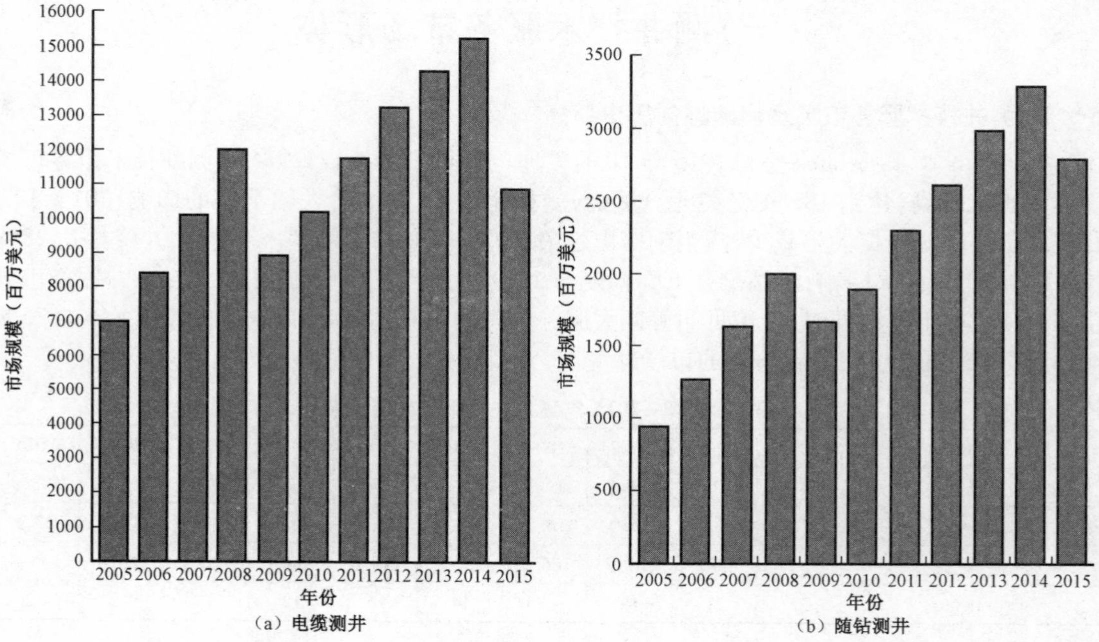

图1 2005—2015年电缆测井和随钻测井技术服务市场变化情况

（二）测井技术新进展

近期，电缆测井技术并未出现重大的技术突破，处于平稳发展阶段，技术进步主要体现在对现有测井仪器和服务的升级改造及逐步完善，更好地服务于油气勘探和开发。

1. 电缆测井技术

2015年，斯伦贝谢等公司推出了新一代核磁共振测井仪器、新型地层压力测试服务、新型海绵衬管取心系统及连续管实时选择性射孔系统等新技术和服务，有助于更好地完成非常规油气藏及重油油藏的流体评价,高温及小井眼环境下的地层测试。

1)新一代核磁共振测井仪器

核磁共振(NMR)测井是唯一能够在特定条件下估算可产油气体积的测井方法。非常规油气藏对 NMR 测井提出了新的需求,即在纳米级孔隙中测量快速弛豫流体组分。为满足这种需求,斯伦贝谢公司推出了新一代 NMR 仪器。

新 NMR 仪器在硬件、固件和脉冲序列设计方面进行了创新,其固件工作速度是前一代仪器的 20 倍,利于快速采集高信噪比数据。此外,仪器采用了先进的电子元件(能够应对等待时间更短的脉冲序列)以及新的脉冲序列,极大地改善了短 T1 和 T2 组分的测量灵敏度,在可接受的测井速度下不仅可以完成连续的 T1 和 T2 测量,还大幅提高了孔隙度测量精度。仪器工作频率为 2MHz,是前一代连续测量 T1 和 T2 仪器的 2 倍,具有更高的信噪比,提高了对孔隙流体 T1/T2 反差的灵敏度。为满足非常规油气藏地层评价的需求,对 4 个脉冲序列参数(回波间隔、等待时间、回波数和重复次数)进行优化。首先,回波间隔是决定 T2 组分分辨率、孔隙度灵敏度和信噪比的基本参数,短回波间隔可以满足短 T2 组分测量和提高信噪比的需要。其次,短 T1 组分测量分辨率需要的等待时间比前一代电缆仪器短得多。同时,至少一个测量具有足够长的等待时间,以确保在非页岩层段达到充分极化。再次,因页岩储层的孔隙度低,测量的信噪比也低,特别是短等待时间测量,需要多次重复测量以提高信噪比。每次测量的回波数要与等待时间相当,即短等待时间测量需要更少的回波数量。最后,为满足测井速度的需要,在选择这些参数时需进行综合考虑。除标准 T2 测井模式之外,新仪器还具有短 T1 和长 T1 测井模式。最短回波间隔 0.2ms,有利于提高 T2 的分辨率。

重油油藏的现场实例说明,T1 和 T2 测量可以用于区分油和水,并估算含油百分比。T1 和 T2 测量,结合其他测井(如介电测井、能谱测井和核测井)可以用于非常规和重油油藏的全面孔隙流体分析。

2)新型地层压力测试

近期,贝克休斯公司推出了新型地层压力测试服务。新型压力测试服务通过井下自动化操作和实时控制相结合,可提供可靠精确的压力数据,缩短测试时间,可提供关键的地层数据,获取压力剖面、流体界面及流动性信息,利于油藏工程师和岩石物理学家及时做出如何进行下一步作业的决策,以满足油气评价目标。

新型地层压力测试服务采用自适应软件,通过智能平台,在井下自动完成各项作业,优化仪器控制和测试参数,最少地面人工干预,降低手动测试造成的数据不一致性和不精确性。在初始降压期间,实时确定后续降压的优化参数,提高数据精度和效率。通过适应首次压降测试的地层响应,实时确定后续压降特性,优化压力测量,提高数据精度和作业效率。该项服务适应遇到的地层响应,通过优化作业程序降低人为误差和缩短测试时间,测试参数和压降控制自动设定,测试工作量降至最低。与其他电缆地层评价和岩石物理服务相结合,缩短评价时间,节省占井时间和成本。此外,智能平台的电气性能降低了系统故障风险,高精度压力计可采集业界最精准的压力数据。智能平台自动完成压力测量、分析和流度数据的计算。新的压力测试服务适用于裸眼井、小井眼井以及高压环境和所有类型的地层。

3)新型海绵衬管取心系统

传统取心技术易受压力变化影响,在取心过程中通常会造成岩心中的流体流失,为解决这一问题,引入了海绵取心技术,该技术在岩心周围包裹一种亲油性的特殊海绵材料,可防止流体流失,利于进行实验分析。过去20多年中,海绵取心技术在油气领域得到广泛应用,但与此同时,这项技术也面临着海绵包裹程度、流体运移、钻井液污染、岩心堵塞及海绵损坏等诸多问题。

聚氨酯海绵
外岩心筒
海绵防护网
内岩心筒
活塞组件

图2　新型海绵衬管取心系统示意图

近期,贝克休斯公司推出新型海绵衬管取心系统(图2),该系统使用亲油性更强的海绵,其内径为 $3\frac{1}{2}$ in,最大岩心封装长度为30ft,系统的井下最大承载温度和压力分别为190℃和15000psi。在取心作业前,通过利用配备的特殊真空泵和密封系统,事先将海绵用盐水进行预饱和,这样可避免流体运移,提升实验分析的准确性。另外,通过采用定制的取心钻头和衬管,使偏心率最小化,确保岩心顺利进入岩心筒,同时减小了流体侵入量。系统配备的泡沫强化网带、激光切割铝制衬管和压力补偿活塞等装置大大提高了取心效率,保证了获取岩心的质量。

在美国新墨西哥州,利用新型海绵衬管取心系统开展取心作业,取心期间采用了特殊的低漏失、低侵入取心液和预置起钻策略,成功获取290ft岩心,不仅最大限度地降低了气体膨胀和流体运移,还实现了10.4ft/h的机械钻速和96.7%的取心率,取得了良好的应用效果,验证了系统的有效性和可靠性。

4) 连续管实时选择性射孔系统

目前,还无法用连续管一次下井在不连续层段完成多次射孔,ACTive OPtiFIRE连续管实时选择性射孔系统的推出改变了这种状况。ACTive OPtiFIRE系统通过光纤实时遥测进行深度对比、点火选择和效果验证,能够在不同深度上重复完成射孔,并指示每次射孔点火和液压控制情况,所有这些工作都在一次下井完成,提高了作业效率,降低了作业成本,加速了油气开发进程。

ACTive OPtiFIRE系统(图3)准许根据需要配备射孔器,从下到上点火,重复次数多达10次。该项新技术不需要投球或压力脉冲点火,降低了射孔风险。对于低压井或欠压实储层,可以在欠平衡状态下完成射孔作业。

实验室和现场测试证实了该系统的性能和可靠性。在实验室测试中,在175℃条件下ACTive OPtiFIRE系统成功地完成了40多次点火模拟。在墨西哥和马来西亚陆上及海上极具挑战的环境下,完成了10余次现场测试。

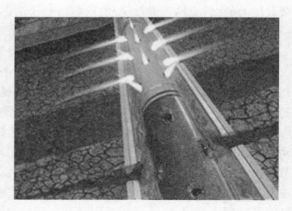

图3　ACTive OPtiFIRE系统示意图

在墨西哥,作业者需要在一个层段重复射孔,在不关井情况下用常规方法是无法完成射孔的,而用 ACTive OPtiFIRE 系统一次下井即完成了射孔作业,射孔时间缩短了 75%。在不增加其他设备的情况下,井眼清洁和投产一次完成,提高了作业效率。另外,拉丁美洲 Brownfield 油田在经历了数十年的开采之后,面临着经济和作业挑战,为减缓产量下滑,计划射开新油层,并在一个重要油层重新射孔。为了防止生产推迟和地层伤害,需完成负压射孔。用该系统射孔之后,产量提高了 18%,射孔弹引爆时间缩短了 75%。

2. 套管井测井

2015 年,油气井封固性评价技术进步显著,威德福等公司推出了 SecureView、Integrity eXplorer 和 Invizion Evaluation 油气井封固性评价技术。另外,哈里伯顿公司推出了新型油藏监测脉冲中子仪器。

1)RMT - 3D 新型油藏监测脉冲中子仪

哈里伯顿公司最近研发完成的新型油藏监测脉冲中子仪 RMT - 3D,采用俘获截面、碳氧比和含气饱和度 3 种独立的测量方式监测油藏的油气水饱和度。传统的油藏监测仪器通常仅采用一种或两种测量方式,在一定程度上降低了监测结果的准确性。RMT - 3D 仪器可通过一次下井获取准确的油藏数据,不仅利于饱和度计算,也有效缩短了非生产时间和降低了下井次数。

RMT - 3D 仪器总长 15.3ft,最大外径 2.125in,可适应井下管柱内径 2.375 ~ 16in,耐温耐压分别达到 325 ℉(163℃)和 15000psi(103.4MPa),主要可提供油气水饱和度评价、驱油/提高采收率监测、自然伽马能谱测量、套管井孔隙度、砾石充填评价及水流速率和方向判断等服务。

在老油田开发过程中,通常采用水驱、蒸汽驱或二氧化碳驱等方法提高采收率,其间需要准确监测地层含油饱和度的变化情况。RMT - 3D 仪器能够在混合地层水或矿化度未知的情况下准确测量油气水饱和度,进而帮助识别和确定产油气层。

在常规和非常规储层中,仪器可以提供详细的孔隙度、矿物、岩性以及水、油和气饱和度信息,利于油气开采和油藏管理。

目前,RMT - 3D 仪器已在 Permian 盆地得到成功应用,该地区开发井主要采用二氧化碳驱来提高采收率,利用 RMT - 3D 仪器一次下井成功获取了饱和度信息和其他地层参数,有效节约了生产时间和成本,取得了良好的应用效果。

2)油气井封固性评价技术

随着油气勘探开发越来越向更深、更复杂储层推进,油气井封固性所面临的挑战也越发严峻,识别并减轻因油气井封固性降低所带来的风险面临巨大挑战。为了应对这种挑战,威德福公司、贝克休斯公司和斯伦贝谢公司分别推出了 SecureView、Integrity eXplorer 和 Invizion Evaluation 油气井封固性评价技术。

(1)SecureView 油气井封固性评价技术。

在 2015 年第 46 届海洋石油技术会议(OTC)上,威德福公司推出了新型高分辨率套管井电缆测井评价系列技术 SecureView,该系列技术可为快速准确识别潜在井眼风险提供有力保障,防止出现生产效率降低等情况。

  SecureView 系列技术主要由 4 项新型油气井封固性诊断技术构成,包括 UltraView 超声波检测技术、BondView 水泥胶结评价技术、FluxView 漏磁检测技术及 CalView 高分辨率井径测量技术等,通过利用这些技术可有效地检测识别引发油气井封固性问题的根源所在,单程完成多项测量的能力也利于作业者获取准确可靠的井眼完整性综合信息,做出正确的应对决策,进而提高经济效益和生产效率。

  目前,SecureView 系列技术已成功完成现场试验,并取得良好效果。在得克萨斯州南部的一口非常规油气井中,作业方注意到压裂后套管接箍出现异常,整体上提了数英尺。利用 SecureView 系列技术对该井储层段的油气井封固性进行测量评价后发现套管已开裂,并确定了裂缝位置和开裂程度,而后作业方在上产前对异常区域进行了妥善处理,避免了潜在事故,有效节约了生产成本和作业时间。

  (2)Integrity eXplorer 油气井封固性评价技术。

  贝克休斯公司近期推出的新型井封固性评价技术采用电磁—声波测量方法,能够在径向上探测水泥胶结的变化,在任何井眼环境或混合水泥条件下评价水泥环的质量。

  新的油气井封固性评价技术能够在更宽的水泥浆密度范围内(低至 7lb/gal)精确测量水泥环状况,适于对污染水泥、轻质水泥和泡沫水泥进行水泥环评价。测量传感器安装在滑板上(图4),仪器的中等偏心对测量结果影响不大,确保测量的准确性,适于在大曲率井中使用。此外,由于采用滑板,传感器紧贴套管壁,此仪器可以在气井和含气钻井液井眼中完成测量,无须为油气井封固性评价测井而专门向井眼中添加液体。在储气库中,需要周期性地对气井进行封固性评价测井,采用这种技术进行测井可以不必为测井而专门压井,大大节省了作业时间和成本。一次测量即可完成微环空探测和水泥质量评价。探测微环空时,无须向套管加压,节省了作业时间和成本。

图 4　水泥完整性评价仪器示意图

  该项技术非常适于当今极具挑战井眼环境下评价油气井封固性,除可用于受污染、轻质和泡沫水泥评价之外,还可用于使用改性水泥的深水井、大曲率井眼、天然气井或二氧化碳井内进行测井。

  这种新的油气井封固性评价技术能够提供精确、完整的水泥特性数据,有助于快速做出有关层段长期封隔的决策,利于保护油气资产,最大限度减少不必要的油气井维修作业,降低非生产时间。

（3）Invizion Evaluation 油气井封固性分析技术。

注水泥是完井作业的重要环节,层段隔离的关键因素之一是注水泥,预防持续的套管压力和环空流动可以减轻井控风险。Invizion Evaluation 技术用于提高增产作业成功率,优化生产,在注水泥期间成功隔离层段;该技术进行相关数据分析、完成声波测井;评价钻井地面参数、地层岩石性质、水泥胶结状况;对相关数据进行分析,提供真实的声波测井结果,预测水泥返高。Invizion Evaluation 技术利用一个工作流程对所有可用的裸眼井或 LWD 地层评价测井资料、地面测量值及水泥数据进行相关对比分析,辅助建井和完井决策。通过综合数据分析,结合液压数据和水泥胶结评价声波测井资料,在48h 内生成成果报告,预测水泥顶部,识别潜在的、在注水泥期间可能发生的层段隔离问题及原因。注水泥之后进行声波测井,对预测模拟结果进行验证,以确保无遗漏问题,层段隔离获得成功。结果可以在相同或类似地区未来的钻井中加以利用。

该技术进行了广泛的现场测试,包括墨西哥湾和阿拉斯加、科罗拉多和 Eagle Ford 等非常规油气井。在阿拉斯加的一个实例中,通过 Invizion Evaluation 技术和封隔扫描水泥评价技术共节省 15h 的等待及作业时间。通过该项服务,在注水泥后27h 即进行了测井作业,通常需要在注水泥42~72h 之后才能测井。

3. 随钻测井

为了适应小井眼、高温高压作业和降低作业成本的需要,哈里伯顿等公司推出了新型小直径随钻声波测井仪、Quasar 脉冲 MWD/LWD 系统和低成本随钻伽马能谱测量仪器,随钻测井技术在提高油藏钻遇率和优化完井设计中发挥了更加重要的作用。中国石油研制成功了随钻电阻率成像测井仪器,进一步缩小了随钻测井技术与国外先进水平的差距。

1）新型小直径方位声波和超声波 LWD 仪器

哈里伯顿公司推出了新型小直径（4¾in）XBATSM 方位声波和超声波 LWD 仪器,使其随钻声波测井系列更加齐全,能够在直径 5¾~36in 的井中完成测井作业。

XBAT LWD 是哈里伯顿公司的第三代 LWD 声波测井仪器,可以在各种地层中完成精确的声波测量,传感器和电子元件对钻井噪声的敏感度更低,具有更宽的频率响应和更高的信噪比,即便在嘈杂的钻井环境和不利的井眼状况下也能提高测量精度。XBAT 仪器结合了多阵列方位声波速度测量和多轴超声波间隙（仪器与井壁间距）测量,提高了确定岩石性质的能力。

通过 XBAT 数据分析,可以选择最佳钻井液窗口,优化钻井过程,提供井眼稳定性分析结果;提供有价值的井位设计数据,包括随钻时—深地震对比与实时合成地震图;与其他 LWD 仪器一起探测气体,确定岩石力学、复杂岩性和孔隙度,从而降低钻井成本和风险。

XBAT 仪器已经在世界各地完成 500 多次测量,测量井段总长度达 90×10^4 ft,在各种地层中提供了精确的测量结果。在西非一口深水井中,用 XBAT 仪器在 12¼in 井眼中获取实时横波和纵波数据,完成了地质力学模型标定,优化钻井液密度并保持井眼稳定,顺利完成钻井、下套管及完井设备的安装作业。下套管时,无须洗井,节省了深水钻井时间,降低了作业的不确定性。此外,在北海、中东、亚太和墨西哥湾等极具挑战性环境进行了广泛的测试。

2）高温高压 MWD/LWD 系统

随着油气勘探开发不断向深层、复杂储层拓展,整个行业面临越来越多的高温高压问题,很多区块的井眼温度接近200℃或更高,地层压力超过140MPa,这给钻井、测井、测试及后续安全生产等工作带来巨大的挑战。为应对这一挑战,哈里伯顿公司推出了Quasar脉冲MWD/LWD系统,该系统可在高温高压条件下获取准确可靠的井眼方位、自然伽马、随钻压力、振动等数据,精确指导井眼钻进。

Quasar脉冲MWD/LWD系统包括4.75in和6.75in两款型号,可适应最大井径为9.875in,最高耐温392℉(200℃),最大承载压力为25000psi(172MPa),可在恶劣环境下完成MWD/LWD作业,进入常规仪器无法进入的储层,且无须添加钻井液冷却器或在井眼中等待仪器冷却,这大大节约了钻井时间,提高了作业效率。

近期,在美国Haynesville页岩区块,作业人员计划钻一长水平井段,但由于目标储层处于高温环境,最高温度达到363℉(约184℃),即使使用钻井液冷却器进行冷却处理,常规仪器仍无法承受目标储层的高温。利用Quasar脉冲MWD/LWD系统进行作业,顺利完成总深度22595ft(垂直井段10072ft)的井眼钻进,为作业方大约节省20.9万美元,并缩短了作业时间,降低了钻井风险。此外,该井钻穿的含气层段是该区普通井的近2倍,因此可以大大提高单井产量并减少油田开发需要的钻井数量。

目前,Quasar脉冲MWD/LWD系统已在中东、亚太及北美非常规产区进行了广泛的测试,成功下井超过50多次,钻井总进尺近90000ft,取得了良好的应用效果。通过实现高温高压环境下的MWD/LWD作业,不仅为勘探开发提供了准确的地层数据,同时也对降低钻井成本和优化生产具有非常重要的作用。

3)VisiTrak随钻测井与地质导向服务

在复杂的地层中,优化井眼轨迹面临着重大挑战。这种情况下,如果仅依靠地震及导眼中的测井数据,很难准确确定油藏顶部和底部的边界,不仅会增加非生产时间,还可能无法钻至最佳油气层,也无法获取最佳的开采效果。VisiTrak地质导向服务通过非定向及方位深探测电阻率测量,实时探测油藏结构和地层边界,优化井眼轨迹,提高油气采收率。

VisiTrak服务由地质导向模拟软件、多分量实时反演模拟软件及先进的三维可视化软件等几个关键部分组成。综合随钻测井模拟软件与3D地层模型结合,利于模型的快速更新、复杂地质情形的全面解释及实时导向决策。随钻电阻率测量采用两个频率(20kHz和50kHz),对于每个频率,都可提供相位差和衰减电阻率测量及8个方位测量(4个信号强度和4个方向)。通过这些测量可以完成全方位的井眼探测,并显示油藏结构及30m范围内的地层界面。

VisiTrak集成了钻前模拟建模、随钻测井、独有的可视化软件和精确的油藏导向,利于优化井眼位置。通过提高复杂地质情况的解释能力可简化钻前规划,能够在不钻探井的情况下精确建立钻前模型,并使井深结构设计变得更为容易。在钻井过程中,超长距离的随钻测井数据通过确认相邻地层边界和角度来实现距井筒30m以内各个方向复杂油藏结构的实时可视化。

最近,贝克休斯公司在巴西深海一系列边界不清的河道砂段的水平井钻井期间采用了VisiTrak技术。在3340ft水平段的钻进过程中,通过VisiTrak随钻测井服务,使井眼精确地钻过了单一的含油河道砂层。井眼钻遇净砂层总计2838ft,相当于整个目标层的75%。

4)低成本随钻伽马能谱测量

过去10年,随着非常规油气钻井数量的激增,对经济可靠的水平井地层评价方法的需求也在不断增强。以往,为了降低钻井成本,多数水平井钻井只使用随钻伽马射线测量,不利于优化井眼轨迹及钻后地层评价。为了改变这种状况,斯伦贝谢公司推出了低成本随钻伽马能谱测量,用于地质导向、地层界面探测、黏土分类及总有机碳(TOC)含量估算。

新型随钻伽马能谱探测器将伽马能谱测量组合到随钻测量钻铤中,无须在井底组合(BHA)中增加钻铤,利于提高系统可靠性,减小测量点距钻头的距离。在伽马能谱测量中,采用较大的碘化钠探测器,具有更高的计数率和能谱分辨率,确保测量质量和电缆伽马能谱测量相当。此外,通过降低伽马传感器外部钻铤壁的厚度,可确保测量具有非常好的统计精度。能谱处理采用了全谱分析,与 3 窗口处理方法相比,提高测量精度两个数量级。

图 5 为伽马能谱探测器截面,新型探测器适用于 4¾in 和 6¾in 钻铤。根据作业对仪器结构的需要,可以使用一个或两个伽马探测器。每个能谱探测器由 1.75in×6in 碘化钠晶体、光电倍增管和电子元件组成。记录的伽马能谱具有 128 道,涵盖伽马能量高至 3.3MeV。钻井时可以采用两种测量模式,快测模式采样间隔为 10s,慢测模式采样间隔为 20s。为增强伽马能谱测量在地质导向中的应用,可以用方位伽马探测器替换一个能谱探测器,同时完成方位和能谱伽马测量。方位伽马探测器和伽马能谱探测器的尺寸相同,便于两种探测器互换。这种设计无须在 BHA 中增加钻铤,提供了可靠的低成本地层评价方法,这在非常规钻井中尤为重要。

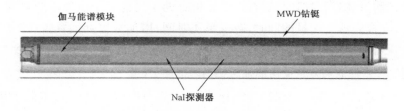

图 5 伽马能谱探测器截面

随钻伽马能谱测量经过了广泛的实验室实验和现场测试。测井实例显示,模块式 MWD 伽马能谱测量和电缆伽马能谱测量具有良好的一致性。

5)新一代 LWD 测井技术优化各向异性页岩油气藏的完井设计

一直以来,非常规页岩油气开采重点关注水平钻井和水力压裂,忽视了水平井段岩石物理和地质力学性质变化对完井设计及产量的影响。常规随钻测井只能将井眼导向"目标层",近年来随钻测井技术进步使得人们能够通过非常规储层评价来优化完井设计,提高油气产量,业界已经开始关注用随钻测井资料进行非常规储层评价,通过随钻伽马能谱和方位声波测井技术提供目标层的岩石物理和地质力学性质,优化压裂设计。

伽马能谱测井能够直接测量铀、钍和钾的含量,指示储层中总有机碳(TOC)含量及岩石脆度,并将井眼导入泥质含量低且富含油气的"甜点"。声波测井测量岩石的纵波和横波速度,用于计算影响裂缝延伸的岩石力学性质,优化压裂设计。通过随钻伽马能谱和方位声波测井技术,可以综合考虑岩石物理和地质力学因素,优化完井设计,降低布缝的不确定性。

非常规完井设计已经从大段压裂演变到小段压裂,从概率上说,增加了类似性质层段分为一组的可能性。通过随钻伽马能谱和方位声波测井,能够综合评价储层质量(体积、孔隙度、渗透率、TOC、干酪根和含水饱和度)及岩石质量(泥质体积、各向异性、脆度、闭合应力及岩石强度),根据岩石物理和岩石力学性质划分压裂层段,优化水力压裂作业(图6)。图6下部浅灰色代表常规几何完井设计结果(15级),深灰色为优化的完井设计结果(11级)。

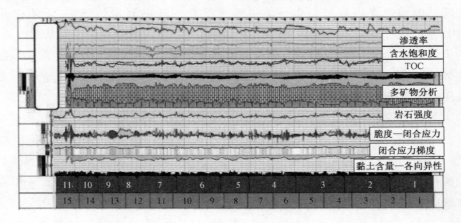

图6　地质力学和岩石物理分析结果及优化的完井设计

先进的随钻测量和岩石物理与岩石力学分析有助于研究每个压裂段产量的差别,优化未来的完井设计,在提高油气产量的同时,减少泵注时间,增加支撑剂铺置量。了解非常规储层水平井段的变化可以提供有价值的储量估算值,推动压裂设计从几何设计转变为优化设计。

6)随钻测绘技术使北海复杂储层的油层钻遇率提高1倍

北海薄砂岩储层的边界呈现出高度不稳定性,砂岩厚度(2~15m)常常低于常规地震勘探的分辨率,评价难度非常大,很难准确确定储层边界及油水界面。常规地质导向和储层评价方法面临巨大挑战,相比之下,新型油藏随钻测绘技术能够大大提高这种复杂环境下水平井地质导向及储层评价精度,提高油层钻遇率。

丹麦石油DOND勘探生产公司是北海丹麦水域NiniEast油田的作业公司,计划在该油田钻两口水平井和一口注水井。在钻水平井过程中要求采集足够的信息,以加深对复杂储层的了解。相邻NiniMain油田的储层情况与该油田类似,因油层很薄,且边界变化无法预测,采用常规成像资料实施地质导向遇到的主要问题是油层钻遇率不足50%。为提高油层钻遇率,在NiniEast油田需要使水平井段处于Kolga储层顶部并与油水界面保持足够距离。常规井眼成像分析的相对倾角和构造方位不足以反映复杂储层的整体几何形态。一种解决办法是采用实时地层界面绘制技术——GeoSphere。该技术采用低频信号发射器和新的数学反演方法,提高了调节发射器和接收器间距的能力,使得探测深度达30m,大约为现有其他地层界面绘制技术的6倍。

尽管Kolga储层的顶部形态非常复杂,并存在油层突然消失的情况,有的储层突然消失约10m,如图7所示。通过采用GeoSphere技术,DOND勘探生产公司的两口水平井的储层钻遇率从不到50%提高到平均97%,使得每口井的产量翻一番,测试后日产油8000bbl。因油层钻遇率高,无须侧钻,两口井的成本均在预算之内。

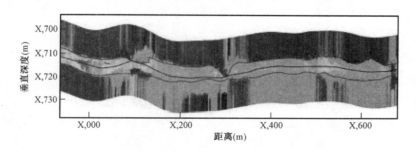

图7　随钻测绘技术绘制的完整的储层截面图

　　该项技术极大地增强了对复杂储层结构和非均质性的了解,有助于细化已有的油藏模型,降低不确定性,提高油田的长期管理能力。

（三）测井技术发展展望

　　多年来,测井技术处于平稳发展时期,测井技术发展趋势并未改变。总体上说,地面测井系统向综合化、标准化和网络化方向发展;井下仪器将向小型化、微型化、集成化、阵列化、多参数、高温高压、高可靠、高精度、高分辨率、深探测、前视等方向发展。2015年,测井技术发展呈现出以下几个特点。

1. 非常规地层评价仍是测井界关注的重点

　　近年来,为了应对非常规油气勘探开发的需要,推出了多种适于非常规地层评价的测井仪器及地层评价软件,如高分辨率电缆成像测井仪器、Petrel Shale 软件等。这类测井仪器及评价软件的推出,有效解决了非常规地层的油气评价问题,并有助于优化钻井和完井计划。此外,有关非常规地层评价方面的文献数量也在不断增加,2015年职业测井分析家协会(SPWLA)年会发表的论文中有23篇属非常规地层评价,仅比常规地层评价少4篇。

2. 地层压力测试技术不断完善

　　近几年,地层压力测试技术不断创新,在地层流体、地层渗透率及连通性评价方面发挥了重要作用。自密封 Saturn 3D 探头技术实现了井眼周围地层中真正的三维环形流体流动,大大减少了获取有代表性的地层流体样品以及挑战性环境下的井下流体分析(DFA)所需时间。高温型地层采样与测试仪器(MDT – Forte – HT)提高了模块式动态地层测试器的可靠性、效率和实用性,同时降低了作业风险。新型压力测试服务通过井下自动化操作和实时控制相结合,可提供可靠精确的压力数据,降低测试时间,首次测井即可提供关键的地层数据,获取压力剖面、流体界面及流动性信息,利于油藏工程师和岩石物理学家及时做出如何进行下一步作业的决策,以满足油气评价目标。

3. 油气井封隔性评价技术进步显著

　　2015年,油气井封固性评价技术进步显著,威德福公司、贝克休斯公司和斯伦贝谢公司分别推出 SecureView、Integrity eXplorer 与 Invizion Evaluation 油气井封固性评价分析技术。新的技术系列或评价方法将声波与电磁测井技术相结合,能够有效检测并识别引发油气井封固性问题的根源,利于在各种井眼环境或混合水泥条件下评价水泥环的质量,做出正确的应对决策,进而提高经济效益和生产效率。

4. 随钻测井更加注重低成本和高温高压等仪器的研发

在随钻测井技术发展中,从过去的随钻地质导向的概念进一步向深探测和地质测绘技术发展(如 Geo - Mapping 和 Geosphere)。随钻测井探测深度可达到 30m 左右,这样,在随钻测井过程中,可以较为清楚地了解近旁地层的情况,更好地掌握地层的局部变化情况,大大提高了储层钻遇率,并使井眼轨迹保持在储层以内,远离上下界面或底水。

随着非常规油气钻井数量的激增以及油气勘探开发不断向深层、复杂储层拓展,对经济可靠的水平井地层评价方法以及耐高温高压测井仪器的需求也在不断增强。2015 年,斯伦贝谢公司和哈里伯顿公司分别推出了低成本随钻伽马能谱测量仪器,用于地质导向、地层界面探测、黏土分类及总有机碳(TOC)含量估算。Quasar 脉冲 MWD/LWD 系统可在高温高压条件下获取准确可靠的井眼方位、自然伽马、随钻压力、振动等数据,精确指导井眼钻进。

参 考 文 献

[1] Shale L, Radford S, Uhlenberg T, et al. New Sponge Liner Coring System Records Step – Change Improvement in Core Acquisition and Accurate Fluid Recovery[R]. SPE 167705,2014.

[2] Claudia Amorocho. Optimizing completion design in anisotropic shale reservoirs using a new generation of LWD azimuthal technologies[J]. World Oil,2015(1):81 –87.

[3] Uche Ezioba. Mapping – while – drilling technology doubles net pay in complex North Sea reservoir[J]. World oil,2015(1):77 –79.

[4] Xu Libai. Spectral Gamma Ray Measurements While Drilling[C]. SPWLA56[th]Annual Logging Symposium,2015.

[5] Vivek Anand. New Generation NMR Tool for Robust, Continuous T1 dand T2 Measurements [C]. 56th SPWLA,2015.

[6] Jianxing Chen, Larry Jacobson, Weijun Guo. A New Cased – Hole 2⅛in. Multi – Detector Pulsed – Neutron Tool: Theory And Characterization[C]. 56[th]SPWLA,2015.

五、钻井技术发展报告

2015 年,全球钻井市场面临严峻挑战,钻井投资大幅缩减、钻井工作量骤然下降,在用钻机数、钻机利用率、钻井进尺均出现大幅下滑,油田服务企业并购继续。低油价促使钻井技术强化创新研发,在钻头、井下工具、钻井液等多个领域出现了更加节能降本的创新技术。

(一)钻井领域新动向

1. 钻井承包收入锐减

随着油价的持续低迷,2015 年全球勘探生产支出较 2014 年大降 2500 亿美元,降幅达到 23%,油田服务面临前所未有的寒冬,钻井承包收入遭遇大幅下降,其中陆上钻井承包收入较 2014 年下降 32%,海上钻井承包收入较 2014 年下降 22%(图 1)。

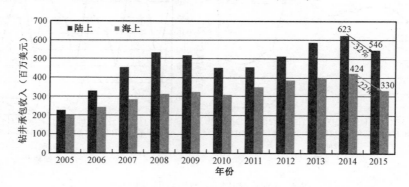

图 1　2005—2015 年全球陆海钻井承包收入

2. 钻井工作量出现断崖式下跌

2015 年,受低油价的影响,全球钻井数急剧下降,从 2014 年的 101249 口下降到 68186 口,降幅达 33%(图 2),在用钻机数从 2014 年的 3551 台下降到 2320 台,降幅 34%。北美地区降幅较大,其中美国钻井数和在用钻机数分别较 2014 年下降了 21% 和 53%,加拿大则下降了 51% 和 48%。北美的非常规油气钻井受到较大影响,以巴奈特、鹰滩为代表的富油区带的钻井数降幅均超过 50%,以汉尼斯维尔、马塞勒斯为代表的富气区带钻井量减少 20% ~ 30%。但北美地区的钻机日费仅出现 5% 以内的微跌。

3. 水平井钻井有回升趋势

水平井技术的大规模应用是北美非常规资源得以有效开发的关键因素之一,这一成功经验正在被全球其他国家研究、学习和应用。在钻井工作量锐减的 2015 年,美国的水平井钻井工作量基本维持了 2014 年的水平,而加拿大的水平井钻井数更是较 2014 年末有了大幅增长(图 3)。可以预期,这种革命性的钻井技术必将在未来的钻井业务中逐渐增大份额。

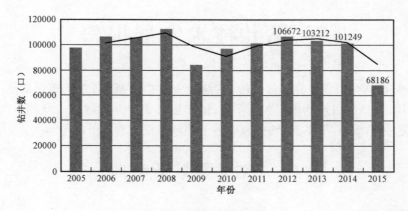

图2　2005—2015年全球钻井数

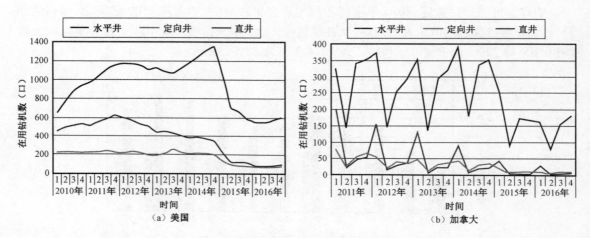

（a）美国　　　　　　　　　　　　　　　　　（b）加拿大

图3　2000—2014年全球在用钻机数统计

资料来源：BHI，Spears

4. 油田服务市场并购、合作愈加活跃

继2014年哈里伯顿公司宣布收购贝克休斯公司之后，2015年的油田服务市场并购、合作更加活跃。通用电气收购了水下设备服务商Advantec，威德福收购了旋转控制头制造商Elite Energy。众多的收并购中，以斯伦贝谢动作最为频繁：1月，收购了陆上钻井公司Eurasia部分股份；7月，收购了PDC钻头制造商Novatec；8月，收购了岩石分析的FIT公司；11月，收购了知名装备制造商卡麦隆；12月，与钻机制造商Bauer共同建立合资公司。由此展示出斯伦贝谢渴望保持行业全球第一地位以及全产业链发展的决心。

（二）钻井技术新进展

低油价下，油气钻井技术越来越向着低成本、高可靠性、高安全性方向发展。2015年，在钻头、井下工具、钻井液等领域推出了一批新技术、新产品、新工具。

1. 钻头技术

钻头对提升钻井速度具有关键作用,成为各大制造商研发的重点领域之一。切削齿的分布是提高钻头切削性能、机械钻速、可控性和耐用性的关键,同时也是钻头技术改进的重点。近年来,钻头技术的改进主要集中在两个层面:一是通过改善的模型增加对钻头在特定地层作用机理的理解,从而使定制钻头和特定功能钻头得到更快发展;二是在建立模型时引入更多高级的算法,明确钻头与地层之间相互作用的模式,提出特定的整体解决方案。虽然每家公司都采取了不同的方式对钻头进行改进,但都在提高钻头性能方面取得了进步。以下将总结 2015 年各大主要钻头制造商推出的钻头新产品,梳理在该技术领域取得的进步。

1)微取心钻头

微取心钻头的作用是在钻头中心形成岩心,然后由钻头中心将岩心切断,使其随岩屑返至地面,获得的微小岩心不仅可以作为岩屑进行岩屑录井分析,还能够用于矿物质和岩石力学性能分析。两年前,Tercel 公司发布了第一代微取心 PDC 钻头,当时的设计主要针对如何提供达到要求的微岩心,以满足高精确度地质评估的要求。随着技术的成熟,该公司开始将设计重点转移到通过特定的切削结构来提高机械钻速上来。2014 年底,经过对钻头剖面、PDC 切削齿和水力参数的重新设计,以及对钻头外径、取心腔室和微取心剪切流程的优化,Tercel 公司发布了新一代微取心钻头。

新一代微取心钻头将切削齿分布在钻头外部,在钻头中心没有切削齿,钻头中部有一个圆柱形的腔室起到微取心的作用,在圆柱形腔室的后部有一个剪切齿,将微岩心剪断,从钻头上部排出,并通过钻井液循环到井口进行评估。

在 2014 年夏天,这一新钻头已经在南得克萨斯州的 3 口水平井中获得应用,与之相邻的 5 口井并未使用该钻头,这些井的造斜点基本位于井深 85000ft 左右,造斜率为 10°/100ft ~ 14°/100ft,井总深接近 165000ft。在 8¾in 井段,邻井 PDC 钻头的机械钻速为 72ft/h,而微取心钻头平均机械钻速达到 92ft/h,是 PDC 钻头的 1.3 倍。除了鹰滩油田外,该钻头还在北达科他州的巴肯页岩、印度尼西亚的 Tunu 油田和英国北海应用。

2)Kymera FSR 复合钻头

Kymera 钻头的推出是 PDC—牙轮复合钻头首次成功实现商业化的标志。2011 年,贝克休斯公司推出第一代 Kymera 钻头,主要应用于硬岩和夹层地层,在美国、加拿大、沙特阿拉伯和中国的应用都取得了很好的效果。2014 年,贝克休斯公司发布了其第二代商用复合钻头 Kymera FSR,主要针对软地层和碳酸盐岩地层。新的钻头设计主要是优化了牙轮和 PDC 切削结构,这一新结构与第一代结构相比,提升了钻头在低钻压下钻进的能力,同时可以达到更高的机械钻速。优化的设计使钻头钻进碳酸盐岩地层的性能提高了 50% ~ 100%。

在鹰滩页岩项目中,选用第二代复合钻头在 3 口井中钻穿 Austin Chalk 地层和 Anacacho 地层。该地层以前使用的 PDC 钻头会引起扭矩的极大波动,需要两只钻头才能钻穿这一层段,同时,高扭矩的波动还会导致钻压降低,限制机械钻速。使用新钻头后,连续钻穿 3 个层段,每个层段长度约为 800ft,3 口井的平均总深度为 12600ft,第一口井 22h 钻穿,平均机械钻速为 36ft/h;第二口井 17h 钻穿,平均机械钻速为 46ft/h;第三口井平均机械钻速为 41ft/h。每一个 Kymera FSR 复合钻头起出井后仍然保持非常好的状态,单位进尺成本至少下降了 36%,

三趟钻共节省了 50 多万美元。

3）固定刀翼 PDC 钻头

哈里伯顿公司的 GeoTech 固定刀翼 PDC 钻头针对硬质研磨性地层而设计，适用于难钻地层的钻井作业。与传统的切削结构相比，该钻头将一部分切削结构设计在钻头面的后部，因此有一部分切削结构会比另一部分切削结构切削更多的岩石，在非常柔软的地层可能不需要使用所有的切削结构，而在稍后切入的更加坚硬、更具研磨性的地层，则需要其余的金刚石发挥作用。通过优化可以将钻头切削结构的作用进行处理，一部分切削能力强，而另一部分切削能力稍弱，通过调整作业参数，充分发挥钻头各个部分的作用。

哈里伯顿公司在钻头设计中特别注重应用高级模拟研究，引进了具有最新算法和模型的 IBitS3D 设计软件，与哈里伯顿的钻头—岩石相互作用模型配合使用，能够模拟更加真实的地层环境以及钻头与地层之间的相互作用。高级模拟能够帮助优化钻头切削结构，或者通过改变钻头材料，最终达到提高机械钻速或者增加进尺的目的。

在北海地区，单只 GeoTech 钻头用于 12¼ in 井段钻井，钻头钻穿了总长 8254ft 的 7 套地层，钻头平均机械钻速达到 93ft/h，节省了至少 11h 的钻井时间，钻头的磨损程度较邻井更低。

4）Pexus 复合钻头

在顶部为碎屑岩石、底部为软砂岩和页岩的地层钻井，如何选择钻头非常困难，顶部岩石会对 PDC 钻头造成严重破坏，在底部使用牙轮钻头会导致钻井效率下降。为了解决这一问题，Shear 钻头公司 2014 年推出了 Pexus 复合钻头，该钻头拥有两级切削结构，第一级为可旋转的硬质合金切削齿，材质类似于牙轮钻头的硬质合金齿，安装凸出于钻头面，主要作用是，在上部地层钻穿碎屑岩井段时，起到第二级切削结构的目的。第二级切削结构主要为 PDC 切削齿，在钻穿最初层段以后，这些内部的 PDC 切削齿将会发挥作用，钻穿软夹层。

2015 年 3 月，Pexus 钻头用于钻穿加拿大 Fort McMurray 油田一个非常浅的 450m 增斜段，定向段有一部分碎屑岩，钻头平均机械钻速达到 164ft/h。与邻井钻井情况相比，机械钻速较牙轮钻头提高 30%，较 PDC 钻头提高 66%，钻头起出后状态依然良好。

5）剪切帽保护 PDC 切削齿

严重的地层膨胀或者缩径会导致套管难以下至设计井深，这是钻井过程中经常遇到的问题，为了解决这一问题，石油公司采用套管钻井的方式，钻达套管下入深度以后直接固井。然而，为了进行下一井段的钻井，必须要钻穿套管钻井使用的钻头和浮鞋。为了钻穿 PDC 套管钻头，石油公司通常采用两种方式：一种方式是先采用专门的牙轮钻头钻穿原钻头，然后更换 PDC 钻头，进行下一井段的钻进；另一种方式是直接使用一个新的 PDC 钻头钻穿，并使用该钻头继续进行下一井段的钻进。这两种方式都有一定的问题，第一种方式会增加额外的起下钻更换钻头时间，第二种方式会对 PDC 钻头的切削齿伤害较大。

使用 PDC 钻头钻穿套管钻头时会受到冲击载荷的影响，PDC 钻头要钻穿套管鞋、封隔塞、水泥、浮阀以及套管鞋外部的金属层，这些钻头设计用来钻穿地层，而不是设计用来钻穿这些材料，因此当使用钻头钻这些材料时，会对钻头造成伤害。为了在钻穿这些材料时保护 PDC 切削齿，Varel 公司开发出硬质合金钨材料的 CuttPro 剪切帽，用于保护 PDC 切削齿的外部结构。这些切削帽可以添加到任何标准的 PDC 钻头设计上，因此可以选择最适合下部地层的钻头,将剪切帽加到 PDC 切削齿的外部,钻穿套管钻头时保护 PDC 钻头切削齿,进入地层以后则变回标准的 PDC 钻头。

在 2014 年 8 月的油田实验中,CuttPro 剪切帽用于加蓬 DIGA 油田 12¼in PDC 钻头中,装备了剪切帽的钻头,钻穿作业花费了 3h,平均机械钻速为 40ft/h;而邻井平均花费 5.4h,平均机械钻速为 31ft/h。

6)StingBlade 锥齿钻头

与传统的圆柱形 PDC 切削齿相比,锥齿金刚石结构使用 StingBlade 圆锥形 PDC 切削齿,这种切削齿能够对地层提供一个应力更加集中的应力点,借助翻耕和剪切机理,能够更加高效地实现对高压缩强度地层的钻进。锥齿部件除了独特的剖面结构外,还有一个加厚的金刚石层,用以改善冲击强度,确保钻头能够钻得更快更深。StingBlade 锥齿钻头(图 4)独特的切削结构,可以提供更加集中的应力,提高进尺和机械钻速,1000 多次下钻作业的实践表明,钻井进尺和机械钻速取得了突破性进展,分别增加 55% 和 30%。

更加集中的载荷能够实现更优的工具面角控制,更加高效地提供钻压,能量能够更加高效地从切削齿传递到地层,StingBlade 钻头的圆锥形齿设计,可以将扭矩和工具面角的波动程度降低,确保实现定向目标,并且更快钻完定向井段。使用该钻头能够降低钻头和井底钻具组合(BHA)的振动,提高整体钻井效率,延长 BHA 的使用寿命。

图 4　StingBlade 锥齿钻头

斯伦贝谢公司借助 IDEAS 设计平台进行整个钻井系统的模拟,从钻台到井底的钻头,包括钻头—岩石相互作用,工程师能够在更加真实的环境下评估钻头性能,优化金刚石部件的安放位置。斯伦贝谢公司 2014 年第二季度在得克萨斯 Cameron 油田进行现场试验,StingBlade 钻头和常规 PDC 钻头分别在两口相距小于 50ft 的井内使用,采用相同的钻机、底部钻具组合(BHA)和作业参数钻穿 800ft,地层包括石灰岩、砂岩、页岩和压缩强度超过 15000psi 的高度压缩地层夹层。安装在钻头上的钻井动态测井设备显示,与常规 PDC 钻头相比,StingBlade 锥齿钻头引起的横向振动减少 53%,轴向振动减少 37%。

StingBlade 锥齿钻头目前已经在 27 个国家成功应用,在 2014 年第三季度澳大利亚的一个海上项目中,石油公司在 12½in 的直井段选择该钻头,钻遇压缩性强、软硬交错的地层,以往的钻井经验显示,会对 PDC 钻头造成非常严重的伤害。为了提高钻头的耐受性和机械钻速,使用两个 StingBlade 锥齿钻头,第一个钻头钻了 1516m,平均机械钻速为 11m/h,与该地区邻井纪录相比,进尺增加了 97%,第二个钻头钻达设计井深,平均机械钻速为 16m/h,总共节省了 5d 的钻井时间。

2. 井下耐高温钻井工具

随着油气勘探开发不断向深层、复杂储层拓展,整个行业面临越来越多的高温高压问题,很多区块的井眼温度接近200℃或更高,地层压力超过140MPa,给钻井、测井、测试及后续安全生产等工作带来巨大挑战。钻井井下工具的耐温耐压性能提升成为许多大石油公司和油田服务公司的研发重点。

1)超高温旋转导向系统

斯伦贝谢公司在2015年钻井承包商年会上推出了新的耐高温旋转导向系统PowerDrive ICE,首次把井下工具的耐温能力提升至200℃。

目前,市场上的旋转导向工具(RSS)平均耐温能力普遍在150℃左右,耐温最高的哈里伯顿 Geo – Pilot SOLAR 系列可达175℃。为了进一步提高工具耐温水平,斯伦贝谢公司从2010年开始研究如何将陶瓷材料电子器件用于井下工具制造,本次推出的 PowerDrive ICE 主要采用了2000年以后快速发展起来的 MCM – C 陶瓷多芯片组件技术(图5)。该技术具有尺寸小、高速、高性能、高可靠性的特点,耐温能力比传统方法有明显提升。辅助提升耐温能力的技术还包括:对机电液一体化的启动装置进行了一体化设计,在密封中使用金属密封替代橡胶密封。这些措施能够直接应对井下高温的挑战,无须另外采用井底循环冷却液等方式进行散热,使工具的工作效率得到大幅提高。

在提高仪器测量性能方面,通过在旋转导向工具上加装方位伽马短节,实现了更准确的地质导向控制。

目前,ICE RSS 已经在200℃的环境下试验了1458h,在墨西哥湾浅水地层温度超过165℃、地层压力超过15000psi的环境下,成功完成方位角变化从77°到57°的3D井的导向,并使机械钻速增加16%,节约了9d钻井时间,省了共计135万美元的钻井费用。

2)高温高压 MWD/LWD 系统

2015年2月,哈里伯顿公司推出了 Quasar 脉冲 MWD/LWD 系统(图6),该系统可在高温高压条件下获取准确可靠的井眼方位、自然伽马、随钻压力、振动等数据,精确指导井眼钻进。

图5 采用了 MCM – C 技术的耐高温芯片

图6 Quasar 脉冲 MWD/LWD 系统示意图

Quasar 脉冲 MWD/LWD 系统包括 4.75in 和 6.75in 两款型号,可适应最大井径 9.875in,最高耐温 392℉(200℃),最大承载压力为 25000psi(172MPa),可在恶劣环境下完成 MWD/LWD 作业,进入常规仪器无法进入的储层,且无须添加钻井液冷却或在井眼中等待仪器冷却,这大大节约了钻井时间,提高了作业效率。

在美国汉尼斯维尔页岩区块,作业人员计划钻一长水平井段,但由于目标储层处于高温环境,最高温度达到 363℉(184℃),即使使用钻井液进行冷却处理,常规仪器仍无法承受目标层的高温。利用 Quasar 脉冲 MWD/LWD 系统进行作业,顺利完成总深度 22595ft(垂直井段 10072ft)的井眼钻进,为作业方大约节省 20.9 万美元,并缩短了作业时间,降低了钻井风险。此外,该井钻穿的含气层段是该区普通井的近 2 倍,因此可以大大提高单井产量,并减少油田开发需要的钻井数量。

目前,Quasar 脉冲 MWD/LWD 系统已在中东、亚太及北美非常规产区进行了广泛的测试,成功下井超过 50 多次,钻井总进尺近 90000ft,取得了良好的应用效果。通过实现高温高压环境下的 MWD/LWD 作业,不仅为勘探开发提供了准确的地层数据,也在降低钻井成本和优化生产中发挥了重要作用。

3. 钻井液技术进展

钻井液对于提高钻井速度和质量、延长钻头和井下工具的使用寿命、保护油气藏具有重要作用。近年来,尽管钻井液服务公司仍然将研究的重点放在提高钻井液稳定性方面,但随着石油价格的下降,钻井液成本正在逐渐成为一个越来越关键的研究重点。许多公司通过引入创新的水基钻井液技术进行成本管理,同时也在提高现有钻井液耐高温能力和增强钻井液的环保性能方面开展了大量的研究工作。近两年,国外钻井液在降低成本、提高性能及环境保护方面开展研发,涌现出一批新型钻井液体系。

1) 恒流变钻井液体系

2015 年夏天,贝克休斯公司提出了其最新的钻井液体系——NSURE。该油基或聚合物基逆乳化钻井液体系能够在 40 ~ 275℉下提供稳定的流变性。这种被称为恒流变体系的钻井液,可以在钻井液的设计阶段,根据应用环境设定流变性目标,其良好的环境适应性和灵活性,可以通过调整设计,应用于全球各个区域。很多情况下,基质油决定钻井液的成本,这意味着在不同的市场需要使用不同类型的基质油,以达到适应成本的目标。该系统在不同的温度和压力条件下进行测试,针对每一种配方的污染物,包括海水、水泥等。由于具有很强的可调节性,该钻井液可称为一款具有广泛适应能力的钻井液(图 7),除了最初设计用于挪威北海,能够满足最严苛的环境条件外,在英国北海、墨西哥湾、西非和南亚海上也同样具有较强的适应性。

2) 水基钻井液

水基钻井液的环境适应性好,成本更低,许多公司期望借助水基钻井液在环保和成本上的优势,使其获得更多的应用。在过去的几年里,随着技术的进步,水基钻井液和油基钻井液的性能差异正在逐渐缩小。

2015 年夏天,M-I SWACO 公司计划引进一种新的高性能水基钻井液,用于陆上非常规大斜度井钻井。该类型井钻井过程中遇到的挑战是斜井段的摩阻和扭矩,石油公司希望能够

图7　具有广泛环境适应能力的 NSURE 钻井液

在提高机械钻速的同时维持井壁稳定。M－I SWACO 公司为其设计了一种新型的定制水基钻井液,可以实现该目标。这种水基钻井液体系使用特定的化学添加剂,重点解决了地层可钻性和井壁稳定性问题。该体系目前仍然处于现场试验阶段。

中国石油推进了页岩气水基钻井液研发,自主研制出高性能水基钻井液(CQH－M1),该钻井液体系采用聚酯＋多元醇复合井壁密封技术,实现及时封堵和长效封堵;采用多种表面活性剂协同＋磺基聚酯润滑技术,实现低摩擦系数;采用多种表面活性剂协同＋磺基聚酯润滑技术,实现低摩擦系数。钻井液抑制性、润滑性、封堵性达到油基钻井液水平。高温高压滤失量小于 5mL,达到国际先进水平。目前,CQH－M1 钻井液已在长宁 H13、H5、威 204H11 和威204H6 平台应用 9 井次。替代了油基钻井液,解决了油基钻屑处置难题,降低了环境风险,且固井无须单独配制隔离液,减少废液排放。其中,长宁 H13－3 井顺利钻完水平段 1500m,创造了水平段进尺、水基钻井液浸泡时间、单日进尺等多项纪录。单位进尺较同地区采用油基钻井液的井提高 36%,且未发生任何事故复杂。该钻井液在威远区块首次应用,创下井深5250m、井温最高 130℃、造斜段和水平段最长 2238m 等多项纪录。

3)纳米钻井液

纳米钻井液是近年来众多公司重点研发的技术。以 M－I SWACO 公司和沙特阿美石油公司为首。M－I SWACO 公司研究向钻井液中加入纳米添加剂的方法,通过物理阻塞孔隙的机理提高页岩稳定性,但目前业界尚未广泛采用这种方法。M－I SWACO 公司已经投入超过5 年的时间进行纳米科技和纳米添加剂的研究。然而,针对纳米材料对安全和环保的影响还有很多错误的概念,阻碍了业界对纳米材料的选择。M－I SWACO 公司使用的所有纳米材料都经过 HSE 严格测试,有些纳米材料已经在商业领域使用多年。

沙特阿美石油公司也在进行纳米技术研究。2014 年,沙特阿美石油公司的 EXPEC 高级研究中心发起一个勘探开发项目,以研究纳米材料对无固相逆乳化钻井液(IEF)中重晶石沉降所产生的影响。无固相逆乳化钻井液能够提供较高的机械钻速,并对污染有较高的耐受性,但是该类型钻井液不具有最好的流变性,而且会导致重晶石沉降。通常情况下,通过添加低密度固相(LGS)来提高流变性,但这些固相会提高塑性黏度,从而引起当量循环密度(ECD)增加。沙特阿美石油公司在实验室模拟红海和沙特阿拉伯陆上非常规井钻井的温度和压力条件,配制出不同密度的油基钻井液,按温度从 150 到 300 ℉,压力从 1000psi 到 10000psi 进行分类,将钻井液在不锈钢混合杯中进行混合,并以 11500r/min 的速度搅拌,然后在高温高压条件下静置 16h,混合杯放置时,保持垂直和呈 45°倾角。静置结束后,测试流变性、沉降系数和顶部油的分离情况。

除此之外,向钻井液中加入污染物,例如人造的钻井岩屑、海水以及石灰等,以检验加入纳米材料后 IEF 配方的耐受性。研究得出,纳米材料能够降低重晶石沉降,能够在高温高压条件下提供恒定的流变性,而在出现污染物的情况下仍然具有非常可靠的悬浮能力。

4)定制钻井液

由于地下环境相差迥异,工程方案千差万别,定制钻井液也是各公司业务的重要组成部分。目前市场面临的一个挑战是钻井液如何在保证基本性能的前提下,提高环保性能。哈里伯顿公司通过其 Baroid 产品线进行钻井液的定制,帮助油田实现产量最大化和非生产时间最小化的目标。正在开发的是一种使用生物可降解内相取代盐的不含盐、不含黏土的逆乳胶钻井液,该钻井液名为 BaraPure。使用后,岩屑可以在井场处理,满足了环保要求,并消除了钻井液对地下水和对地表河流潜在的污染。目前,该钻井液处于早期商业化阶段。

Newpark 钻井液公司的工作重点正在向深水钻井领域倾斜,主要是解决盐的腐蚀和在较大的温差范围内钻井液性能如何保持稳定。为了解决这些问题,Newpark 钻井液公司最近开展了系列深水项目,包含研发新的深水钻井液体系——Kronos。该聚合物基转化乳胶体系在 2015 年 OTC 大会上发布。深水钻井在起下钻、防喷测试和测井过程中,钻井液有较长的静止时间,Kronos 提供这些作业过程中更优的静态稳定性,同时能够在 40~250 ℉ 之间维持稳定的流变性。在 10000ft 深的海底温度,接近 0℃ 已经非常具有挑战性,在泥线以下 30000ft,温度可能会达到 350~400 ℉,在进行钻井液配方设计的时候必须要考虑到环境温度的大范围变化。

体系开发过程中,Newpark 钻井液公司确定核心的化学材料,同时为专业化的定制留出空间,产品能够实现在不同条件下根据具体条件进行调整。未来,公司预期在同一口井中可以根据不同的井下情况实现分段定制钻井液,石油公司可以在钻井的每一段选择最优的解决方案,定制化的解决方案将会优化钻井流程,并降低非生产时间。

5)中空玻璃泡钻井液添加剂

2015 年 9 月 30 日,3M 公司推出了一款代号为 HGS4K28 的玻璃泡产品(图 8),该产品可作为添加剂有效降低钻完井液密度,从而减少在严重枯竭及漏失地层钻完井作业时的滤失、井漏及地层伤害等问题,保持油井完整性,提高油气井的生产能力。

HGS4K28 是经加工而成的中空玻璃球体,该产品经过特殊配制,具有较高的强度质量比,能在严苛的井下条件保持较强的耐受性;同时,HGS4K28 玻璃泡具有非常出色的批次间稳定性,可以有效控制配制钻完井液在深部地层的密度。另外,该产品可以与传统的搅拌和泵送设备配合使用,无需额外人员或专门培训,降低了钻完井液的配制成本。

在 2015 年,3M 公司推出了另一款强度更高的 HGS19K46 玻璃泡产品,通过这两款产

图 8　HGS4K28 玻璃泡产品

品的搭配使用,可以满足大部分客户对于钻完井液的配制需求,从而简化客户供应链以及采购单。

4. 钻井新技术、新工具

技术创新能够帮助服务公司实现利润最大化,在低油价情况下尤为如此。过去,欠平衡钻井、控压钻井(MPD)等技术创新为降低成本做出了很大的贡献,因此,在低油价环境下,不断创新研发新的油气钻井技术是业界共同努力的目标。

1)共振钻井技术

在低油价环境下,提高破岩效率成为最经济的钻井提速降本手段,近两年,国外在高效破岩技术领域开展了一些新的基础性研究工作。

英国阿伯丁大学是这一领域的先驱。为了进一步提高钻井速度,该校开展了共振钻井技术研究(图9)。该技术是在旋转钻井的过程中,利用轴向振动产生可调节的宽振幅冲击力。振动产生于钻头后方,由压电换能器或 MS 振动器激发,在钻头和岩石之间产生共振,达到高效破岩的目的。该技术可以用于各种类型的钻井环境,其共振频率和振幅可以根据实际情况进行调整,从而形成一个稳定的破裂带,使岩石更容易受到外力的破坏。该技术尤其适用于硬

图 9　阿伯丁大学的共振钻井试验台

岩,可以减少硬质岩石中 40% 的钻井时间,显著降低钻压,减少钻头磨损,并延长单只钻头进尺。

该项目已经由英国政府立项并通过了商业化评估。目前,阿伯丁大学正在寻求与工业界合作制造样机,并开展现场应用试验。

2) 钻头振动分析工具

钻井提速涉及设备、工具、软件、人员、管理、流程等各个方面,而基于钻井数据的分析和改进是其中最为基础但不容忽略的一环,对于提速降本意义重大。贝克休斯公司在北美 Pearsall 页岩的实践有力地证明了这一点。

Pearsall 页岩储层是在南得克萨斯地区发现的另一个非常规资源储层,从地质上而言,该储层位于鹰滩页岩层以下的白垩系,从地理上来看,延伸范围很广,从靠近墨西哥的 Maverick 一直延伸到圣安东尼奥东南部的 Karnes。为进行有效开发,须在上部坚硬的碳酸盐岩地层进行垂直钻井,在 Pearsall 层进行水平井段钻进。为到达目的层 Pearsall 页岩,需要二开钻穿 3 组不同的硬质碳酸盐岩地层,垂直段较长,在钻进过程中,遇到井下振动多发、钻井效率低,甚至钻头损坏的情况,且无法使用 PDC 钻头实施钻进。

为解决这些问题,贝克休斯公司开发了一种钻头振动分析工具——MultiSense,存储、鉴别并分析井下振动的类型及产生的原因,进行有效的钻头改进,最终大幅提高了钻井速度。实际上,MultiSense 是一个钻井失效检测工具,一般安装在钻头接头内(图 10),以获取最真实的钻头动态失效数据,也可安装在接头处或钻柱中的任何位置。工具内的加速器能够测量轴向、横向和扭转振动,该工具可以识别钻进过程中的钻头失效情况,如卡钻、跳钻以及钻头空转等,同时,还安装了数个加速器用于测量转速。该模块以背景模式和特殊模式两种完全不同的模式进行数据记录。背景模式计算并记录加速度计上的普遍均化

钻头振动工具

钻头

图 10 MultiSense 钻头振动工具安装于钻头中的位置

数值,而不记录最大值和最小值。出现的高频峰值数据则通过特殊模式,以一定的间隔进行存储记录。

Pearsall 页岩区的钻井设计通常采用三段式井身结构,一开钻 14¾in 井眼至 1200m 左右,井眼保持垂直,下 10¾in 套管。二开采用 9⅞in 钻头钻进,钻穿 Georgetown、McKnight、Edwards 和 GlenRose 4 组地层,钻至 3200m 左右,保证井眼垂直,下 7⅝in 技术套管。生产井段采用 6¾in 的钻头进行定向和水平井段的钻进,最终井深 4700m 左右。此前的地质资料显示,在 9⅞in 井段为 Georgetown 石灰岩地层,岩石无侧限抗压强度(UCS)平均值接近 15000psi;下部 Edwards 地层也为石灰岩地层,无侧限抗压强度更高,范围为 15000～20000psi,再下部的 McKnigh 地层岩性为石灰岩和硬石膏岩,UCS 平均值接近 20000psi;最下部的 Glenn Rose 地层由较厚的石灰岩组成,UCS 范围为 18000～20000psi。较高的 UCS 使钻速较慢,钻头的寿命也较短。

为了进行钻前分析,在钻开发井前先钻了一口注水井。该井垂直段井眼直径为 12¼in,深 2564m,钻井过程中使用了 5 只钻头,持续 287h 才完钻。下井的钻头都安装了 MultiSence 模块,钻头起出后,对其所记录的振动数据进行下载,并与相应时间的地面钻井数据相结合进行

分析。分析结果显示,井下振动致使钻头出现冲击损坏,导致机械钻速下降,而黏滑是致使BHA出现井下振动的主因。因此,钻井公司采用了3个主要措施进行改进:一是重新设计了套管柱,将井眼尺寸从 12¼in 减小到 9⅞in;二是对 BHA 进行优化,使用井下动力钻具+PDC钻头的组合来消除黏滑振动;三是采用改进设计的 PDC 钻头,使不同地层钻井效率最大化。

改进后,钻 A 井和 B 井,钻井周期得到大幅缩减。其中,B 井将机械钻速提高了37%,钻至相同井深所用的时间比此前的注水井节省209.5h(图11)。

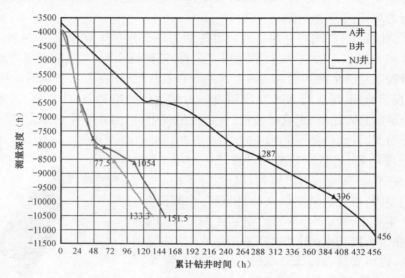

图 11 开发井 A、B 与注水井的钻井周期对比

在 Pearsall 页岩应用 MultiSense 钻头振动工具,使承包商能够更加清楚地认识井底钻头的动态特征,更清楚地确定井下失效,通过对扭转和轴向振动数据的分析,结合地面钻井数据进行钻井方案修正,有效助力钻井提速。

3)适用于海上工厂化钻井的导管固井技术

在导管架平台的钻井过程中,将下导管也纳入工厂化作业工序中成为一种趋势。然而,在水泥候凝期间,钻机因为要保持导管的位置、承受导管的重力而不能移动,限制了在这个阶段进行工厂化作业。

为此,Claxton 工程服务公司推出了一种导管固井支持系统 CCSS(图12),该系统可以在导管候凝期间帮助钻机悬持导管,使钻机能够快速移动到下一井槽进行导管作业。据测算,应用CCSS 可为每口井节约 12~18h 的导管候凝时间。

CCSS 系统主要具备两大功能,即起重和夹钳。其夹钳装置易于张开和闭合,闭合时能够承受 135~160t 的质量。管径可调,能够悬持 24~30in 的导管。此外,该装置设计巧妙,在底部安装有小脚轮,两个钻工就可以推动其就位,省去了吊车的使用。该装置占地面积小,起重装置可以实现垂直起落,而液压柱塞的运动也十分迅速。

2012 年,该产品已经在挪威 Ekofish 项目中成功应用,近年在北海的其他项目中也受到肯定,由于缩短了钻井周期,为每个项目节约了 100 万美元以上的相关费用。

图 12　Claxton 工程服务公司的导管固井支持系统

4）基于有缆钻杆的全闭环自动化系统

钻井自动化的实现需要地面自动化及井下自动化的相互协作,而井下自动化是其中的关键一环。在高速传输有缆钻杆的基础上,国民油井公司开发出钻井自动化系统和优化服务,使钻井自动控制更加精准,并大幅提高了钻井数据的分析能力,改善了钻井的实时决策水平。

钻井自动化系统和优化服务不仅是单独的传输系统或采集工具,而是集合高频井底数据采集工具、有缆钻杆高速传输网络、钻井分析与控制软件、可视化报告而形成的一整套自动化钻井系统。该系统不但能够在现场实时对钻井过程进行监测、分析和优化,还可以借助远程作业中心进行专家指导。该系统创造了多个第一:世界上第一个滑动钻井的闭环控制;世界上第一个每 2s 更新的高速井斜和工具面测量;世界上第一个高速实时钻井动态振动数据和实时环空压力测量。

该项服务在鹰滩页岩区块应用全套系统,机械钻速大幅提高,钻头寿命有效延长,5 口井节约总钻井时间 43%,节省成本超过 80 万美元。该技术获得 2015 年美国 E&P 大奖。

5）无隔水管钻井技术

在深水钻井中,隔水管的使用增加了钻井成本和操作时间,无隔水管钻井(RMR)一直是攻关的方向。主流的无隔水管钻井是利用海底泵进行钻井液的分离与回收,再泵送回海面,从而建立一个完整的钻井液循环,由此取消了隔水管的使用。自 2003 年起,该技术推出并开始现场应用,虽然目前已经在 220 口井的钻井作业中进行了应用,但由于存在许多技术细节问题需要改进,一直没有得到大规模推广应用。

2012 年,雪佛龙公司建造第一座双梯度钻井船推进了该技术的发展,2014 年底,由 Enhanced 钻井公司研发的无隔水管钻井液回收系统及钻屑传输系统与一家挪威作业公司签署了为期 4 年的服务合同,约定应用 Enhanced 钻井公司的 RMR 技术及设备在水深 890m 处进行钻井作业,这是 RMR 技术目前在挪威大陆架地区最深的钻井应用。

RMR 技术(图 13)能够在顶部井眼实现无隔水管的钻井液循环,从而实现了钻井液的重复利用,同时还能使整个钻井流程更安全、高效,也减少了钻屑、钻井液、黏土等废弃物的排放。该公司认为,这将加速 RMR 技术推向大规模应用的进程。

图 13　Enhanced 钻井公司的 RMR 海底模块示意图

(三)钻井技术展望

技术创新能够帮助服务公司实现利润最大化,在低油价情况下尤为如此。以往的技术创新,例如 MPD 技术和旋转导向系统等为降低钻井成本做出了巨大的贡献,同样钻 1000ft 井的时间可以从过去的 10d 减少到现在的 1d,创新技术的应用使钻井性能得到显著改善。因此,未来的技术创新,将更加专注于生产实践的需求,更加巧妙地将新技术应用于生产实践,钻井技术创新将在以下几个方面获得突破。

1. 大数据推动钻井工业信息化发展

数字时代已经实现了近乎无缝的信息链接,钻井业也在努力转变,比如 BP 公司正在开发的 Well Advisor Program(井顾问计划),就是实时监控并提供井场数据,再把这些数据变为信息,最终将这些信息变为实现深入分析、提供专家建议的工具。目前已经完成注水泥辅助控制、压力测试辅助控制、钻井流程辅助控制等功能的开发与试验,而钻速优化、钻井操作、起下钻和完井的辅助控制正在建设中。解决了过去数十年以来信息获取与信息应用不对称的问题,将信息实时发送给直接决策者,使有关于井身建设的作业决策最优化。虽然数字时代实现了全球数十亿人口的无缝互联,但钻井行业仍需努力,尽快将这一优势转化为真正的经营价值。

2. 高温高压井的瓶颈技术不断获得突破

油气勘探开发正在向着高温高压深层等更加恶劣的环境发展。在这一领域的研发一直是石油公司、服务公司乃至制造商获得技术优势的手段。特别是在低油价环境下,作为成本压缩空间最大的领域,深层油气勘探开发更加受到业界创新研发的重视,一批高温高压井的关键技术已经或即将获得突破:斯伦贝谢公司最新研发的耐高温旋转导向系统——PoweDrive ICE,首次把井下工具的耐温能力提升到200℃;哈里伯顿公司推出的 Quasar MWD/LWD 系统,可以在184℃的高温下获取准确可靠的井眼方位、自然伽马、随钻压力、振动等数据,精确制导井眼钻进;BP公司开展的多学科尖端技术研发项目——"20K计划",通过多项技术的研发,实现深水高温高压油藏钻井、完井、生产及修井作业压力从15ksi向20ksi的跨越。这些新技术、新工具的推出,必将引领和促进高温高压钻井整体技术水平的不断提升,有力推动深层油气勘探开发业务的健康持续发展。

3. 深水油气技术依然是石油公司重点研发方向

深水项目虽然初始投资大、周期长,但普遍产量高、内部收益率高,更易受到大公司的青睐。因此,尽管油价下降,一些地区和公司的深水投资不减反增:2015年墨西哥湾的深水投资有所增长;雪佛龙公司在总投资削减13%的情况下,仍然计划向深水投资35亿美元;墨菲、赫氏等公司更是在降低总投资的同时,增加了对深水的投资。在这样的背景下,石油公司继续将深水技术作为研发重点稳步向前推进,除了BP公司的"20K计划"之外,雪佛龙公司研发多年的无隔水管钻井技术、Enhanced钻井公司研发的无隔水管钻井液回收系统及钻屑传输系统也取得了突破性进展,未来的深水钻井作业将向着更安全、更高效、更节能、更环保的方向发展。

4. 多分支水平井将在非常规油气开发中发挥更大作用

水平井技术的推广应用带来美国非常规油气资源开发的一场革命。多分支水平井在水平井的基础上增加了油藏接触面积,已经在美国的巴肯、鹰滩,加拿大的Cardium等致密油产区得到推广,并取得了很好的效果。斯伦贝谢、贝克休斯、哈里伯顿等公司具有多年分支水平井工具开发、技术应用的实践经验,取得了钻完井成本节约40%、产量提高25%的良好效果。这些成功的技术和经验,在当前低油价新常态下更具推广意义。多分支水平井包括减少井场面积、压缩基建成本、节约钻完井费用、实现不同产层同时开发等一系列技术优势,必将在未来的非常规油气开发中发挥更大的作用。

参 考 文 献

[1] Bruce Beaubouef. Gulf E&P remains active despite falling oil prices[J]. Offshore Magazine,2015(1).

[2] Offshore Staff. Price squeeze will impact deepwater Africa ambitions, analyst claims[J]. Offshore Magazine, 2015(1).

[3] 吕建中,郭晓霞,杨金华. 深水油气勘探开发技术发展现状与趋势[J]. 石油钻采工艺,37(1):1-6.

六、油气储运技术发展报告

自 2014 年下半年开始,国际市场供应过剩危机凸显,原油价格持续大幅度走低,至 2015 年 12 月初,原油阶段性尝试反弹皆以失败告终。其中,WTI 及布伦特全年期货价格未突破 70 美元/bbl,下半年油价水平更是长时间处于 50 美元/bbl 下方,甚至跌破 40 美元/bbl。石油价格低迷迫使能源行业重新洗牌,在此深度调整期内,油气储运建设领域速度小幅下降,与此同时,技术进步是油气企业降低成本、实现石油工业持续发展的最后希望,依靠技术进步和高效管理实现低成本可持续发展,正逐步成为全球油气工业发展的共识,油气储运相关技术在本轮技术创新的浪潮中得以快速发展。

(一)油气储运领域新动向

1. 管道建设稳步小幅下降,北美和亚太地区是管道建设的重点区域

纵观近 5 年"Pipeline and Gas Journal"发布的管道建设数据,世界范围内油气管道建设稳步小幅下降,北美和亚太地区一直是管道建设的重点区域,如图 1 所示。2015 年,全世界在建和计划建设管道共计 161117km,如图 2 所示。其中,处于计划和设计阶段的管道 92056km,开工建设中的管道 69061km。统计数据将全球划分为七大区域,其中北美地区 54954km,拉丁美洲和加勒比地区 13401km,非洲 11289km,亚太地区 50449km,原苏联和东欧 20329km,中东 8008km,西欧和欧盟 2685km。

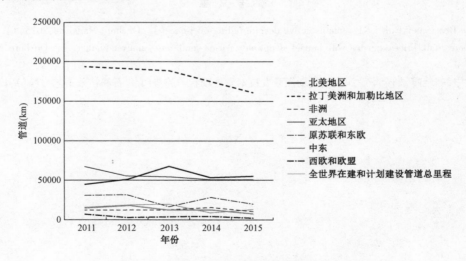

图 1　2011—2015 年世界管道建设情况

北美地区管道建设的热点依然是 TransCanada 公司推迟了多年的 Keystone XL 管道。其他管道建设项目主要集中在页岩领域,例如 Sunoco Logistics Partners 计划投资 25 亿美元修建

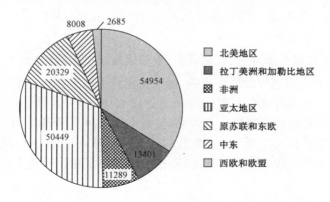

图 2　2015 年世界管道建设情况（单位：km）

Mariner East 2 管道,大西洋海岸管道公司(Atlantic Coast Pipeline,LLC)计划修建一条长 885km 的原油管道。Williams 公司的 Western Marcellus 管道项目将 Marcellus 和 Utica 西部地区的天然气送往密西西比和宾夕法尼亚,输量将超过 $2800 \times 10^4 m^3/d$,计划于 2018 年建成。Lone Star 公司计划建设一条长 857km、直径为 609～761mm 的天然气凝析液管道,起始于 Permian 盆地,止于得克萨斯州的 Mont Belvieu,并将目前已有的西得克萨斯 305mm 天然气凝析液管道转为输送原油和凝析油。新管道和旧管道的改造项目共计将投资 150 万～180 万美元,2016 年已投入使用。加拿大 TransCanada 公司正着手 Energy East 项目,该项目将把该公司一条现有的 3000km 天然气管道转换为原油管道,并新建 1400km 的新管道,Energy East 项目的输量为 $15 \times 10^4 t/d$,计划于 2017 年底投入使用。TransCanada 公司还将与 Brion 能源公司共同在艾伯塔北部开发 Grand Rapids 原油管道项目,该管道长 461km,预计耗资 30 亿美元,将 Fort McMurray 西北部地区油砂产出的石油输送至埃德蒙顿地区,初始阶段已于 2016 年建成。为了将 Montney 地区的凝析油和天然气凝析液输往用户市场,Pembina 公司计划新建一条长 595km 的管道,直径为 305mm,输量为 11925m³/d,该项目计划于 2017 年投产。

　　亚洲经济发展迅猛,美国能源信息署(EIA)预计亚洲经济合作与发展组织)(简称经合组织)国家的液体燃料消费的年增长量为 2.6%,非经合组织国家的液体燃料消费年增长量为 3.9%,中国占了该增长量的 43%。总体来说,东南亚地区的原油产量保持平稳甚至有所下滑,而消费有所增加,东南亚国家正在寻求新的资源以满足国内需求。同时中国计划提高天然气消费,从目前占一次能源消费 3% 提高至 2020 年的 10%,因此天然气需求将大幅度增长。南海地区蕴藏丰富的天然气资源,该地区的天然气开发有望加大力度,对管道的需求进一步增加。中国西气东输三线正在建设之中,长 7378km,包括 1 条主干线、8 条支线、3 个天然气储气库和 1 个 LNG 应急调峰站,管道途经 10 个省,输量为 $300 \times 10^8 m^3/a$。此外,中国石油正在为 Reliance Industries Ltd. 建设从印度中部到达印度北部的 302km 长的天然气管道。在印度,Gujarat State Petronet Ltd. (GSPL)与 Engineers India Ltd. 签署了管道建设合同,将修建 3 条天然气管道,总长度达 4000km。第一条管道(1585km)从 Mallavaram 至 Bhilwada,第二条管道(1650km)从 Mehsana 至 Ghatinda,第三条管道(75km)从 Bhatinda 至 Jammu – Srinagar。这 3 条管道总输送能力为 $7600 \times 10^4 m^3/d$,计划于 2017 年建设完成。

　　总体来看,虽然全球管道建设速度小幅下降,但随着对能源需求的发展以及环境生态的要求,对管道的需求,尤其是对天然气管道的需求依旧强劲,未来几年的管道建设仍将保持快速发展势头。

2. 中国长输管道建设稳步推进,区域管道、联络线建设进展顺利

2015年,中国天然气管道建设稳步推进,多项在建管道取得积极进展。输气干线、支干线合计建设约2700km。在国内没有大型管道开工建设的情况下,区域管道、联络线继续推进。据不完全统计,全年主要区域管道投运十多条,包括中缅天然气管道昆明东支线、广东省天然气管网二期工程、中国石化大牛地气田至东胜的输气管道等。与此同时,川气东送管道与西气东输二线实现互联,多条区域支线也互相连通,极大地延伸了中国天然气市场覆盖范围,增强了供应安全。

3. 海洋油气储运技术持续进步

由于海洋石油开采具有投资大、周期长的特点,因而在本轮低油价周期的开始,海上项目受到的冲击并不大,深水油气储运技术持续进步并取得多项突破性成果。例如,随着科技的不断进步,油气混输技术已经从以往的实验阶段逐步应用到实践中,并在实践的过程中不断完善。近年油气混输两项关键技术已经应用到了实际中:一是长距离管道混输技术。挪威已经逐步将水下多相流技术实现工业化,从而实现了水下多相流开采。二是海底混输增压技术。在墨西哥湾的石油开采中,由One Subsea公司、挪威国家石油公司和壳牌共同研发的多相压缩机是世界上第一台也是唯一的湿气压缩机,在没有上游油气分离设施或者防喘振系统的情况下,可对未处理的井下流体进行压缩,极大地简化了海底系统操作工艺,有效降低了资本和成本支出,是海底油气处理的一个里程碑。

4. 降本增效节能技术在低油价时期尤为重要

低油价时期,从投资的角度,借助于大数据分析以及信息化处理等技术支持,投资组合更加优化。在减少投资的情况下,对于已有基础设施最为重要的就是在维持正常稳定运行的情况下进行节能降耗。企业节能降耗有工艺技术进步、结构调整和管理创新3种主要方式。三者在节能降耗中所占的比例分别为50%,30%和20%。技术进步是节能降耗最重要的措施,其贡献率可占降耗总量的半壁江山。例如,在运输环节以天然气、蒸汽、煤焦油等替代燃料原油。对燃油加热炉安装了脱硫除尘装置,直接减少碳化物、硫化物等固体废物的排放,可大大降低二氧化碳及有害物质的排放。因而低油价以来,降本增效节能技术日益受到重视,取得多项突破。

（二）油气储运技术新进展

2015年,油气储运行业在储存和运输领域均取得了多项科研成果,对推动储运科技的发展具有重要的促进作用。

1. 管材技术进展

近年来,油气行业各个领域通过采用新的材料,或解决技术难题,或成功降低成本。在油气储运领域,非金属管道已经成功应用于油气集输领域,成功解决了腐蚀问题,长输管道行业也在进行试验性应用,不久的将来或许会开启管道行业的新时代。

1) 现场经济高效制造玻璃纤维管道的装置

随着全球油气资源开发不断面对极端地形环境,油气输送行业对于管道技术性能的要求也越发严格,传统钢质管道已经无法满足某些铺设环境及输送工艺对油气管道的要求,高性能新材料开始在油气管道领域应用,例如具有诸多优点的玻璃纤维管道,越来越多地受到管道生产商的青睐。

一种新近开发出被认为是革命性进步的玻璃纤维管道生产线——WNR 装置,已经获得专利,所生产的玻璃纤维管道与传统管道相比,具有更高的经济性与安装效率(图3)。WNR 生产线制造出来的管道产品没有任何接头,避免了由此引起的泄漏问题,同时不需要焊接及法兰连接等其他连接方式,从根本上避免了管道接头处的腐蚀问题。由于无需法兰,玻璃纤维管道在施工中不需要额外扩充管沟的尺寸,极大地减少了挖掘工作量,这一优势在坚硬的岩石施工环境下显得尤为重要。另外,美国环境保护署(EPA)更看重这种玻璃纤维管道可以减少管道铺设对施工机具和人力的需求。由于管沟宽度只需传统管道的 50%,土地回填和植被恢复的工作量也大大减少。

图3　WNR 生产过程示例

玻璃纤维管道的管径和壁厚可以根据用户要求进行定制,WNR 生产线可在 6min 内生产长 36m、直径为 1500mm 的管道。玻璃纤维管道内壁非常光滑,可以减少管道运行过程中的输送阻力,从而降低对泵功率的要求。另外,截断阀部位、收发球装置、T 形接口、弯管等管件都可以直接生产。玻璃纤维管道可用于输送油品或天然气,可满足油气管道输送过程中的压力与温度要求。WNR 生产线甚至可以运送到施工现场,现场生产无接头管道用于直接铺设。WNR 生产线研发过程中,机械和化学工程师团队经过反复试验,修正管材成型过程中的化学反应,确保管材可在 2min 之内快速固化,并能够保证其结构的完整性。其他性能方面,WNR 生产线专门的管道内壁防污设计可防止乙醇、钻井液造成的污染,使得管道内壁甚至可以达到食品级清洁要求。另外,管道外壁还采取了防火,甚至防弹等级的处理。玻璃纤维管道的另一项优点是可以在管道生产过程中,将光纤或其他的通信电缆集成在管壁中,同时不会降低管道强度。这个功能同样具有环保方面的优点,如管道沿线不再需要电线杆,减少了管道遭受雷击的风险,减少了火灾、高压电线断落等隐患。

WNR 生产线已经通过了德普华检测中心(STS)的测试,符合澳大利亚、新西兰、美国及国际标准,可以满足油气输送过程中的多种压力要求,在油气产业、水利、农业、矿业及相关产业拥有巨大的潜力。

2)极端地形条件下铺设 FlexSteel 复合管材有效降低成本

英国 FlexSteel 公司开发的柔性缠绕式 FlexSteel 管材成功应用于宾维吉尼亚公司(Penn Virginia Corporation)的 Maple 天然气管道工程。该管道铺设在崎岖坚硬的 Marcellus 页岩地质环境(图4),FlexSteel 优良的柔韧性和耐用性,为管道施工方案要求的直接铺设方式提供了经济高效的解决方案。

图4　管道施工现场地形情况与铺设情况

FlexSteel 管材是一种缠绕式复合材质管道,FlexSteel 管材采用内外双层高物理性能防腐材料与金属缠绕式中间加固层相结合的方式,具备极高的结构完整性。在耐久性方面,Flex-Steel 柔性管材符合 API 17J 标准要求,具备防擦伤、耐老化、耐潮湿性能,同时还具有优良的延展性,可承受循环载荷。在铺设安装方面,FlexSteel 安装简单迅速,相比传统管线钢铺设过程节约了 50% 的安装时间和安装费用,并可在无需任何额外支撑和固定设施的情况下直接铺设于极端地形表面。在操作和维护方面,FlexSteel 优秀的耐腐蚀性能几乎完全避免了管道运行期间的防腐费用,相比钢质管道拥有更小的摩擦阻力。目前,FlexSteel 管材的产品尺寸范围为 50 ~ 203mm,最大操作压力为 19.5MPa(3000psi),适用于石油和天然气管道,Flex-Steel 管材结构如图5所示。

高强度防腐保护层

绕卷式金属加固层

防腐内层

图5　FlexSteel 管材结构示意图

Maple 天然气管道工程铺设位置位于西弗吉尼亚州贝克利市附近的阿巴拉契亚山脉,管道全长 10.7km,管径为 152mm。由于阿巴拉契亚山脉可占用的管道路由非常有限,而且管道沿线的海拔高度在 152 ~ 304m 的范围内存在频繁大幅度波动,给传统钢质管道铺设方式带来了极大的工程难度。出于经济性和技术性的考虑,选择了无需额外支撑和固定管墩的 FlexSteel 管道。

宾维吉尼亚公司选择直接铺设的安装方式,使得 FlexSteel 新型高强度柔性管道成为最佳的选择。FlexSteel 通过采用高密度聚乙烯和钢材非黏结式结合的方式,使管道可以承受极高的内压力和轴向拉力。管道的铺设方式简便易行,管段之间的连接方式选用正中线对接嵌套组件进行对接,通过专业的锻造工具现场锻造完成。对接处具有可靠的密封压力,能够承受管道张力,消除了内径的间隙,防止水渗透。本次管道工程的施工水平实现了以下几个方面的突破:(1)管道施工的时间处于隆冬时节,全线 10.7km 的管道仅在 3 周内完成施工;(2)相比在夏季进行传统管线钢铺设过程节约了 50% 的安装时间和安装费用;(3)施工工程仅需要管道施工方提供极少的设备;(4)管道全线仅存在 30 个管段对接点,极大地减少了施工工程量,降低了管道运行期间的失效概率。

3)热塑性复合管技术

针对金属管道与 PE、PVC 等纯塑料管道的局限性,复合管既克服了金属管和塑料管各自不足,又融合了两者优点,大大拓宽了非金属管道的应用领域,成为管材发展的热点和趋势。当今世界先进的工业国家,如美国、俄罗斯、加拿大、英国、瑞典、日本等发达国家都在积极研制和推广复合管,复合管的应用数量与日俱增。其中,美国复合管年增长率为 10%,日本大口径供水管道中复合管占 25%,英国管道总长度中复合管占 25%,瑞典使用复合管已占管道总长度的 40%。

热塑性复合管是连续纤维增强热塑性的柔性管道。该复合管坚固,重量轻,为可绕式复合管,且无腐蚀。最初,基于来自壳牌的需求,Airborne 油气公司于 1999 年开始进行复合连续油管的研究工作,该公司将重点集中于原材料的研发,而不是使用现有的材料。如今,该公司已成为行业内热塑性塑料复合管的领先制造商。目前 Airborne 油气公司生产的热塑性复合管内径范围为 1.5 ~ 7in。另外,还提供完整的系统、终端配件、张紧装置、卷绕工具和其他设备。热塑性复合管技术是 2015 年度亚洲海洋技术大会的"聚焦新技术奖"的 5 个获奖项目之一。

中国塑料管产量位居世界第一,在塑料通用管道领域技术已经相当成熟,竞争非常激烈。增强热塑性塑料复合管在油气管道领域日益凸显优势。主要特征是管壁由 3 层组成(图 6),一般内层是耐腐蚀、耐磨损的聚烯烃内管(目前以 PE 居多);中间层为增强材料层,可以用高强度的各种合成纤维(如芳纶)、无机纤维(比如玻璃纤维、玄武岩纤维)、钢丝等先制成增强带或者直接使用钢带,通过缠绕来增强;外层一般是用聚烯烃(目前以 PE 居多)的功能保护层(如加抗划痕、抗静电、阻燃等),以满足不同的应用要求。

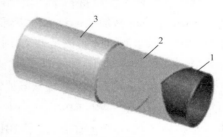

图 6　增强型热塑性复合管结构图
1—内管;2—增强层;3—外层

在油气输送领域的应用,基本可以分成 3 个方面:一是小直径高压柔性管道(5 ~ 25MPa)用于油田注水等。小直径高压柔性管道用于替代目前油田注水使用的钢管和玻璃钢管,因其耐腐蚀性好,并且以盘卷形式供应方便铺设,所以取代的优势非常明显,在这个领域国内目前只有"长春高祥"和"海王星海上工程公司"少数企业的钢带缠绕增强塑料管道(RTP)可以达到"既耐高压又有柔性"的要求。这个市场竞争对手少,产品利润率较高;但是生产技术复杂,进入油田需要办理入网许可。二是小直径中压柔性管道(1.6 ~ 5MPa)用于油田和矿山输水、输气、输浆,工程和市政抢险或者临时铺设的管道。直径100 ~ 200mm,盘卷管。小直径中压柔性管道用于替代目前油田和矿山使用的钢管和玻璃钢管,因其耐腐蚀性好,可以盘卷供应,方便铺设(尤其在沙漠、海滩等环境中),如果性能可靠、价格合理能够逐步推广使用。三是大口径长输管道,目前尚没有应用实例,但是市场潜力巨大,亟待相关技术突破。

2. 油气管道焊接技术进展

随着油气管道向着大口径、高压力、高强度的方向发展，对焊接技术提出了新的要求，相应的新标准制定并出台，远程焊接技术成为近年的研究热点。

1）遥控焊接系统

挪威国家石油公司开发了一种远程焊接系统，该系统可在水下 1000m 环境工作，能够在超过潜水员辅助操作深度限制的深海进行管道焊接，而目前潜水员辅助操作仅能到达 180m 海深。

新研发的远程高压焊接系统主要用于海底管道修复，涵盖了直径 762～1067mm 的管道。不同于潜水员在管道末端进行对接焊操作，远程系统能够进行包括管道本体与预焊接套筒的安装，在管道两端进行法兰连接，并用角焊把它们焊接在一起。

远程焊接系统主要包括一个装载模块、一个电力控制模块（POCO）和一个焊接工具模块。装载模块的作用是在管道和线轴对齐之前使设备降落在管道上。然后装载模块会使设备充满焊接气体（氩气）并进行除湿。电力控制模块携带着焊接工具，着陆在装载模块上。装载模块与电力控制模块之间的一种特殊密封设计保障了焊接工具向装载模块的干式转移。当焊接工具到达指定位置后，管道和套管在焊接操作开始之前进行预热。

在经过了大量的系统和子系统测试后（例如，工厂验收测试、集成测试、焊接可靠性测试和浅水测试），最后进行了深水测试。这种测试是验证系统和设备在离岸条件下可否正常完成焊接工作。深水测试进行了两次，分别是在 400m 海深的 Nedstrandsfjorden 区域和 1000m 海深的 Sognefjorden 区域。两种深度下都在装载模块内完成了预安装管轴的焊接，所有的测试都是成功的。深水测试的完成是整个项目成功的里程碑。远程遥控焊接系统的应用未来将会不断拓展，其应用范围将向更深的深度、更小的管道及其他管材的方向发展。

2）2015 版《输送管道环焊缝缺陷评估准则》颁布

欧洲管道研究小组（EPRG）对 1996 版《输送管道环焊缝缺陷评估准则》进行了审查修订，进一步扩展了其应用范围，颁布了 2015 版《输送管道环焊缝缺陷评估准则》（以下简称《准则》）。

2015 版《准则》可用于评估 X80 钢级、缺陷尺寸大于 3mm 的管道。《准则》给出了一种新的交互式缺陷评估标准，适用于 EPRG 材料和性能要求的环焊缝共平面缺陷。此外，也给出了管材和焊接金属测试要求。《准则》规定了保守的允许缺陷尺寸，这些缺陷尺寸已经过弯曲的宽厚板试样（CWP）的测试数据充分验证。该准则具有简单、透明的特点，用户无须具有断裂力学的丰富经验即可应用。

与 1996 版相同，2015 版《准则》是基于文献综述、充足的实验室测试项目和实验数据以及已被行业接受的适用性方法制定的。该《准则》同样也分为三级结构：第一级为可以接受的缺陷程度（焊接工艺优良），第二级和第三级是缺陷限制级（适于特定目标）。现行焊接标准的应用会导致完全不同的缺陷限制，但 EPRG 评估准则通过综合技术对比，提供了统一的可接受水平和缺陷限制水平。

《准则》中列出了第一、第二、第三级的应用要求。需要注意的是，修改后的第二级缺陷深度规定有所变化，不再固定在 3mm。2015 版《准则》可应用于新建管道的焊缝评估。但如果使用该《准则》评估现有管道的性能时,可利用的数据有限,则应采用专家建议。

在 2015 版《准则》中,总结了焊缝几何形状的可接受程度,包括焊帽、根剖面、凹面和咬边缺陷,列出了平面缺陷和非平面缺陷的可接受程度,并且指出应该谨慎使用非平面缺陷的限制,以确保任何非平面缺陷的存在不会掩盖其他更严重的缺陷。在任何情况下出现大量非平面缺陷,则表明焊接工艺过程控制不当,有必要采取补救措施。该《准则》中还给出了交互和累积准则,根凹面不包括在累积计算中,除非它造成了焊缝厚度小于管道壁厚。

3. 油气管道安全技术进展

管道安全近年日益受到重视,尤其是国内"11·22"事故后,管道安全隐患的治理和管道安全得到重视,相关技术取得突破。

1)自然灾害风险管理软件

2015 年,Intermap 技术公司发布了针对管道行业定制的自然灾害风险管理软件 InsitePro,该软件主要针对北美地区的危险液体管道运营商开发,目的是通过提供当前最新的自然灾害信息,对高后果区的位置进行详细描述,为行业的决策制定、环境保护和法规实施提供支持。美国管道和危险品安全管理局(PHMSA)曾于 2000 年发布过生态和饮用水高后果区的信息,后来由于资金等问题没有对此信息及时地进行更新。而管道行业尽管有责任把环境变化信息加入他们的完整性管理程序,但是缺乏维护这些复杂数据库的手段,而 InsitePro 软件的发布解决了这些问题,并且在今后能够对敏感资源地区的数据及时进行更新,方便了行业应用。

2)智能清管器降低管道风险

2015 年 6 月,美国太阳石油管道公司(Sunoco)发表了近年来该公司应用智能清管器以减少管道运行风险的工程经验。该公司对俄克拉何马州北部的一条长 61km、管径 203mm 的轻质低硫成品油管道进行检测,发现很多位置存在高风险管壁缺陷。Sunoco 决定利用新型在线智能清管器,判断这些位置是否为穿孔缺陷。2011 年 10 月,该管道通过配备 GPS 模块的漏磁检测仪进行了内检测工作。通过检测发现管道内部腐蚀情况比之前预想的严重得多,发现了很多内部金属腐蚀缺陷。针对这种情况,Sunoco 于 2012 年开展了管道封堵和换管计划,并进行了首轮的管道更换作业。第二次管道封堵计划于 2015 年实施。借助这次管道更换作业机会,Sunoco 对智能清管器腐蚀点检测的准确性以及泄漏危险点的分析定位的能力进行了验证。

Sunoco 依照 Pure Technology's 的模拟泄漏原则在管道上制造了两个模拟泄漏点。现场检测结果显示,智能清管器精确地检测出了两个泄漏点的位置。数据质量没有受到周围任何噪声和环境因素的不利影响。智能清管器的最小泄漏检测阈值为 0.03gal/min(相当于 0.136L/min),被证实可完全适用于管道。

智能清管器技术是一项基于声学的技术,可在 102mm 以上管径的压力管道中检测与泄漏相关的声学异常活动。设备单元由铝合金芯片、仪表和温度传感器组成。其中,铝合金芯片包括电源、电气元件;仪表包括声学传感器、三轴加速度传感器、三轴磁力计、GPS 同步超声波发射器。智能清管器依照不同的管径尺寸,选择不同的包裹材料。对于直径 406mm 以上管道,铝芯密封采用泡沫保护外壳。对于直径为 102~406mm 的管道,铝芯密封采用聚氨酯涂层。泡沫外壳和聚氨酯涂层可帮助减少存在于管道中的低频率环境噪声。

数据分析期间可疑泄漏若被识别,智能清管器的位置数据就会判定出它的位置。智能清管器的位置数据通过加速度传感器数据上的速度变化剖面图和对应位置的时间数据计算实现,当智能清管器通过安装在地上标志物的定位器时,会形成不连续的记录点。智能传感器数据通过这些点绘制成最佳拟合曲线,为泄漏位置报告提供了泄漏点的精确距离和时间。

3)管道沿线降水灾害监测评价平台

为了减缓强降水所引发的地质灾害或次生灾害对管道产生的风险,中国石油管道科技研究中心开展了"油气管道地质灾害的防护关键技术"研究,实现对管道降水灾害信息化、动态化的全寿命周期风险管理和预警预测,全面提升了水工保护设计水平及防治此类灾害能力。通过综合比选,研究人员最终选取兰成渝管线蒲坝河与忠武管线榔坪河作为管道洪水灾害自动监测及远程预警示范点。

依托示范工程,管道科技研究中心建立了水情预警系统中心站,开发了管道洪水灾害信息管理及评价预警预报平台。通过建立由遥测传感器、通信设备、水文遥测仪、太阳能光板和蓄电池组等组成的遥测站,解决了偏远山区河岸监测预警难题。采用翻斗式雨量计和水位传感器进行雨量和水位监测。设计建立了基于全球移动通信系统(GSM)的数据通信系统,传感器与采集器之间利用有线传输,采集器和中心站之间利用无线通信技术。

该系统可以实现灾害点信息管理、统计分析、风险评价、远程预警、洪水预报等功能,为管道洪水灾害风险管理工作提供了信息平台、管理平台和技术平台。系统基于 B/S(浏览器/服务器)结构开发,采用 Oracle 数据环境,实现与完整性管理系统(PIS)的无障碍集成。

4. 油气管道检测、监测技术进展

油气管道的检测和监测技术是保障管道安全运行的重要因素,相关的新技术层出不穷。

图7 Smith Meter® Ultra 8c 液体超声波流量计

1)适用于高黏流体的新型高精度超声波流量计

FMC 计量技术公司发布了该公司最先进的液体流量计量技术,即 Smith Meter® Ultra 8c 液体超声波流量计(图7)。新推出的 Ultra 8c 液体超声波流量计采用了更先进的变送器和计量路径,从而使其精确度更高,与标准的计量范围相比,该型号流量计的极限负荷比为 15:1,线性度提高到 ±0.12%,从而使得该流量计可以适用于高黏原油的计量交接。

Ultra 8c 液体超声波流量计运用了最先进的诊断技术,设备自身携带的存储器可以记录历史数据,还配备有基于网络的操作界面,可以通过触摸屏进行操作,因此该流量计是具有远程监控、数据存储、自诊断功能的智能化网络控制系统。Ultra 8c 采用等径孔道设计,使用时不需要进行流量调节。Ultra 8c 装备了新型电子产品和内置诊断模块,能够满足泄漏监测、计量交接及其他高精确度要求的应用场合。

Ultra 8c 的性能测试是在 FMC 计量技术公司位于美国伊利市的流体研究和测试中心进行的,之后又在 ISO/IEC 认证测试中心进行了认证,该中心是目前世界上能够模拟流动条件范围最广的测试中心。测试结果显示,Ultra 8c 的计量准确度达到了产品技术参数的最佳性能,即便是对于流动性最差的高黏度流体,也能够达到很好的计量效果。

2)非接触式管道通径检测器

非接触式管道通径检测器(图 8)利用电磁感应定律,采用电涡流位移传感器,主体装有弹性密封部件(皮碗或密封盘),放入管道后,以管道输送的介质在其前后形成的压差为动力源,沿介质流动方向运动。同时,以单片机为核心的数据采集存储单元将检测环检测到的管道内部相关数据和里程轮及间隔标记管内外低频通信数据记录到大容量的存储器中。数据采集存储单元和检测环等电路由检测器所携带的电池舱内的高能电池供电。检测器在管道内运行完成后取出。用便携式电脑通过检测器的数据接口读取检测器的存储器中的数据。用专用软件处理所读取的数据,给出直观的图形。其主要结构如图 8 所示。

图 8 非接触式管道通径检测器结构图
1—动力皮碗;2—传感器仓;3—涡流检测环;4—万向节;5—支撑皮碗;
6—计算机仓;7—支撑轮;8—电池仓;9—里程轮

动力皮碗是管道内电涡流非接触多通道通径检测器的动力源,保证管道内输送的介质在其前后形成压差,沿介质流动方向运动;传感器仓放置多通道电涡流传感器的电路处理元件(前置器),该器件给电涡流传感器供电,并接收传感器中的线圈发生磁场变化产生的磁信号,通过阻抗变化转成的电信号,从而输出检测数据;涡流检测环固定多通道的电涡流传感器;万向节保证前后两节不发生相互周向旋转,但支持轴向 90° 弯曲,且进行密封设计,保证在连接处液体不进入电子元器件仓;支撑皮碗保护涡流检测环,以免碰撞涡流检测环;计算机仓处理多通道的电涡流信号、里程轮信号及定位器信号;支撑轮消除管道内电涡流非接触多通道通径检测器的自重影响,保证其中轴线与管道中轴线尽量重合,以免偏心造成测量误差;电池仓放置锂电池及定位器,锂电池给前置器仓、计算机仓、定位器、里程轮上的传感器供电,定位器发射高频信号,与地面接收仪器共同锁定管道内电涡流非接触多通道通径检测器在地下运动的位置;里程轮周向布置 3 个,通过对 3 个里程轮转速的正态分布均值演变,寻找期望值及误差范围。通径检测器主要技术指标见表 1。

表 1 通径检测器主要技术指标

指标名称	指标说明
探测能力	1mm 以上径向变形
理想速度	小于 2m/s
识别特征	阀门、三通、法兰、旁通、焊缝、变径短节
定位精度	轴向:±1%最近参考点

全部数据分析验证表明，管道内电涡流检测环非接触检测器具有高准确率、高稳定性、高分辨率的特点，能对管道附属设备进行识别，包括阀门、三通、法兰、旁通、焊缝、变径短节；能够给出管道凹陷、变形的百分比；不受管道内积蜡和鳞片的影响；可装捷联式惯性制导系统，形成管线地理信息系统（GIS）；管线环向 100% 覆盖；开放式接口可与其他内检测技术集成。该设计仍处于实验室阶段，虽然做了部分拉伸试验，进行了性能验证，但缺乏实际工况下高温、高压、介质干扰波动对整体结构的影响数据，在推向市场前仍需解决许多问题。

5. 油气管道维抢修技术进展

油气管道的失效给财产和安全造成极大损害，维抢修技术对于降低危害极为重要，尤其是海底管道，一旦破坏可能对环境造成不可逆转的损害，经过多年研究和实践，多项管道维抢修技术得以研发和应用。

1）柔性软管换管技术在管道修复中的应用

Raedlinger Primus 公司创新性地研发出了一种经济的非开挖换管技术，该技术具有灵活性、便携性，修复材料重量轻、壁厚薄且具有钢管材料的强度。

该柔性软管可以输送不同的流体，例如饮用水、天然气、原油、盐水、煤油等，甚至可用于含磨料组分的流体。柔性软管的标称直径范围为 150～500mm，并能承受高达 6.2MPa 的压力。

柔性软管是 3 层结构，最内层是为特殊流体输送而量身定制的。中间层由一种无缝芳族聚酰胺织物组成。不管输送何种流体，最外层都由抗磨损聚乙烯制成，其作用是在安装施工过程中保护中间层。专门开发的连接接头可将软管通过焊接或者法兰连接到主管道上，实现软管与主管道之间的防拉式连接，如图 9 所示。

图 9　管道连接示意图

该软管柔韧性良好，弯曲最大角度达 45°，单根管安装长度可达 2000m，施工缺陷很少，从而可节省维护费用和维修时间。此外，因为施工现场只需要一个小型机械，一次可以运输长达 4500m 的软管，运输费用较低。该修复软管的使用寿命可达 50 年以上。

2）管道修复中应用冷冻封堵技术

管道工程修复等施工过程中，承包商和维护人员长期面临着所修复的管道充满液体且无法有效排干的问题。

HFT® 公司是一家全球性的气体焊接净化技术领军企业，在管道焊缝净化系统、焊缝净化监测技术等领域拥有先进的设计和制造经验。该公司生产的 Accu-Freeze® 管道冷冻系统就可以解决上述问题，它能够利用液氮在修复区域的任何一侧控制管道表面的温度，以可控的方式建立一个冰堵，使其与其他部分隔离，以便修复工作可以在不必排干整个系统的情况下进行。

Accu-Freeze® 管道冷冻系统是一个包覆有专门设计的绝缘保护套的铜制套筒，使用时将其套在管道上，并使用专利技术将液氮注入其中，从而降低管体温度，形成冰堵。此外，还需要使管道内的水或液体处于静止状态，并且在修复区域上游即将封冻区域设置特别的隔热护套。

冰堵一旦形成,即可在不排空或者不关闭整个系统的情况下进行维护和修复。受控的保护套并不会膨胀到此区域外部,并且不会产生足以影响管道整体完整性的压力。该系统可以使用在300mm管径的管道上,最大可承受13.8MPa的压力。

获得专利的Accu – Freeze®系统的首要优势就是使用液氮增加了冷冻能力,并通过冷冻程序控制整个管壁温度的能力。自动化液氮注入操作可以减轻操作员的工作负担并且减少液氮的消耗总量,以此减少运营成本。Accu – Freeze®也可以实现自动化操作,这样可以使应用人员避免暴露在内部"热"核区域。Accu – Freeze®技术也能够冷冻大口径管道,并且控制整个冷冻过程,如有必要还可以遥控操作。

3)高压管道封堵器

石油天然气化工企业经常需要在非停输状态下对管道局部进行维抢修作业,因此需要适用于高压环境下的管道封堵器来保障安全。STATS Group公司的Tecno Plug™封堵器是专门为高压操作环境而设计的管道封堵工具,具有自动防故障的双重密封结构以及气压调节功能。这种双重密封封堵器可远程或手动操作,采用铰链式连接且自带清管功能。

Tecno Plug™封堵器能在维修工作之前对双层密封间的环形空间进行密封性能测试,密封性测试可以达到110%的最大潜在隔离压力。通过验证环形空间是否具有可靠的密封性能,来确保封堵器的密封效果。封堵器安装完毕后,弹性密封卷与管道内表面高度贴合,避免管壁腐蚀等缺陷影响密封性能,同时对管道进行环向加固,以保证在老化管道上应用时的密封性能和零泄漏标准。封堵器出口处能根据需要监测下游压力。

Tecno Plug™封堵器的故障保护设计采用加载在密封环上的压差来为锁定器和密封圈提供能量,形成所谓的自我保护功能。当压差不低于自我保护临界值时,封堵器就能自我提供能量,不受紧急控制系统约束。一旦压差低于自我保护临界值,封堵器由液压系统来维持隔离功能。Tecno Plug™封堵器被液压回路激活后,能够锁定先导式止回阀、手动隔离阀和自动防故障电磁阀,防止封堵失效。如果需要,止回阀控制回路可以独立控制。另外,如果液压控制系统受损,封堵器可通过锥形锁环提供两次应急锁定,锁环与管壁的接触面积为100%。以上特性可以确保Tecno Plug™封堵器可为管道维抢作业提供可靠的安全完整性保障,直至管道运行恢复正常。

Tecno Plug™封堵器是一款可以远程控制且带清管功能的无线操作的管道隔离工具。远程控制系统提供了高度的灵活性,且不需要清管器牵引及检修孔。信息传递和Tecno Plug™封堵器的定位采用极低频的无线电控制系统完成。机载液压动力装置提供必要的驱动和控制功能。远程控制系统和通信系统采用了相互独立的模块,确保了设备运行的可靠性。

6. 海洋油气管道技术进展

海洋油气开采在未来很长时间内将成为重要的油气产地,相应的油气输送技术也得以发展。

1)模块化水下铺管新方法

最近,英国Cortez水下产品与技术服务公司研发的模块化铺管系统(MPS)获得了英国专利授权,此项新的浅海铺管技术在英国北海首次成功试用。

Cortez MPS采用易于安装和移除铺管组件的模块化标准船舶,取代了以往定制的铺管船进行水下铺管作业(图10),极大地提高了铺管船的工程适用性,同时降低了水下铺管作业的施工费用。MPS采用美国国民油井华高Tuboscope管道公司开发的Zap-Lok机械连接方法,焊接速度快于普通焊接方法。Zap-Lok管道连接系统能很好地保护管道内涂层的完整性,不需要安装接头补口,提高了焊接效率和质量。

图10 MPS示意图

MPS可用于铺设API Spec 5L的直管,直径为50～406mm(X65-B管材),水下深度为100～150m。该系统也适用于混凝土外保护层的管径为254～304mm的管道。其单次水下作业的管道长度取决于船舶大小,一些新的大型动力定位2代(DP2)船舶能容纳长20km、直径为254mm的管道(类似于现代卷筒铺管船)。而更小更轻便的DP2多功能支援船(MSVs)单次水下作业能容纳长10～12km、直径为254mm的管道。当需要长距离铺设管道时,具有MPS系统的主船舶能立即卸下管道,从海岸补给管道,继续完成需要的铺设流程。在浅水区或者类似环境,MPS既可以部署成动力定位船也可以作为锚定船舶。该系统脱离船舶时无需起重机,从而增加了船型的可选性,而且MPS采用的均是标准化模块,既便于拆卸与装配,又能节约成本。

2)全球首个海底湿气压缩机站

由One Subsea公司、挪威国家石油公司和壳牌共同研发的多相压缩机是世界上第一台也是唯一的湿气压缩机,如图11所示,该技术获得2015年度世界海洋技术大会的"聚焦新技术奖"。

多相压缩机在没有上游油气分离设施或者防喘振系统的情况下,可对未处理的井下流体进行压缩,极大地简化了海底系统操作工艺,由于其设计紧凑坚稳,用来安装海底增压泵的轻型船可方便地同时对其进行安装。

湿天然气压缩机站由一个420t的防护结构、两个5MW机组和所有必要的上层设备的供电和控制系统组成,共计650t。多相压缩机能够处理气体体积分数为95%～100%的高含液量流体,不会导致机械故障,而且由于其能够直接压缩没有经过任何预处理的井下流体,是海底油气处理的一个里程碑,并将极大地简化海底工艺系统,降低资本和成本支出。

多相压缩机主要用于提高采收率,以较低的成本有效提高海底气田的回接距离。世界上

图 11　多相压缩机

第一台湿气压缩机部署在挪威国家石油公司位于北海的 Gullfaks 油田,离 Gullfaks C 平台大约 15km 的地方并于 2015 年投产。挪威国家石油公司预计采用湿气压缩机后,采收率提高,将增加 2200×10^4 bbl 油当量。

7. 防腐技术进展

对于全球管道运营商来说,不论是从投资的角度,还是从公众安全和环境保护的角度,维护油气管道的完整性都是最为关切的任务。

1) CPCM 管道阴极保护电流内检测器技术

阴极保护(Cathodic Protection,CP)在控制管道外部腐蚀方面起着重要的作用。目前,大多数管道运营商仍旧采用管地电位调查来监测阴极保护效果,这种方法的评估质量仍旧受到管线是否可以访问、公共走廊管道拥挤、无法评估的外部干扰和在关键区域缺少检测点等问题的困扰。

长期以来,尽管防腐专家一直致力于开发能够测量阴极保护电流的智能清管器或者内检测器,然而,受当时技术水平的限制难以解决相关的实践和技术问题,这些尝试均没有成功,直到壳牌、贝克休斯管道管理公司和美国运输部克服了技术挑战,联合开发出阴极保护电流在线检测工具 CPCM(Cathodic Protection Current Measurement),如图 12 所示。

图 12　CPCM 内检测器

CPCM 技术直接测量管道中的阴极保护电流,其基本原理是:在管道流体中行进的内检测器前后端设置与管壁电性接触的端点,通过高分辨率电压计连续测量两端的电压降或者接触端的电势差,依据欧姆定律获得管中电流,同时测量数据以内检测器里程计的位置信息为参照进行存储,最终结果以图形化的方式显示管道沿线的管中电流方向和量级。实际的内检测过程中，与管壁接触的部分配置有旋转钢丝刷或者旋转刀片来削减接触端的噪声，甚至采用水银电极或者滑环电极进一步消除内检测运动过程中产生的噪声。CPCM 技术具有如下优点：（1）CPCM 能够快速精确地确定连续施加在管道上的电流密度以及电流流入/流出的位置和幅度。除了电流测试外，还能提供像连接、短接、整流器电流扩布以及涂层质量等有价值的信息。（2）CPCM 技术不受管道外部条件的影响，不论管道在水中、建筑物下或者多条管道共用的管廊带内都同等有效。（3）因为直接在管道中测量阴极保护电流，CPCM 技术不受 IR 降的影响。（4）CPCM 技术容易检测到杂散电流。因为电流数据能清楚地显示诸如来自公共设施、电力线、直流电车或者其他 CP 系统的有害电流的确切位置、强度和方向。（5）CPCM 不需要 CP 系统中断，检测时间短，能降低人员的劳动强度。

现场应用：例如被检管道为原油管道，直径为 610mm，长 54.7km。测试识别出 3 处阴极保护电流源，总计为管道提供 29.5A 电流；发现两处管道与其他结构的"短接"造成 8.2A 电流的流出，只剩下 21.3A 电流保护管道。最大的短接流出电流为 7.9A，致使 1.646km 管道几乎没有阴极保护电流。

被检管道为位于墨西哥湾的海上平台原油管道，直径为 508mm，长 180km。管道于 1970年建设，已有的 CP 系统（手镯状阳极）已经运行到了设计寿命。2008 年，深水（DeepWater）腐蚀服务公司设计了由牺牲阳极构成的阴极保护更新系统，总计 53 组。2009 年，贝克休斯公司采用 CPCM 技术花了 11d 时间完成了全部 180km 管道的阴极保护系统检测，有效识别出 48 处阴极保护电流源。这 48 个阴极保护电流源给管道提供了 31.4A 的保护电流，6 个短接点从管道吸取 4.1A 电流，所有短接点均在水下管道接头处。

CPCM 技术是一种全新的管道阴极保护检测技术，为管道运营商提供了比传统阴极保护检测技术更具优势的阴极保护监测手段，特别是该技术解决了管道处于难以访问地段的检测难题。CPCM 内检测已经通过原型机测试，目前已经投入商业应用。

2）基于多目标的管道涂层选择方法研究

防腐涂层系统是管道外防腐技术中最重要的环节。市场上可供选择的防腐涂层供应商非常多，所提供的涂层产品更是多种多样，但这些涂层产品提供的性能参数非常有限。依照涂层供应商单方面提供的涂层产品性能信息，在实际应用过程中，由于应用环境参数与涂层产品设计的理想环境不一致，或者用户对于涂层性能特点的了解存在偏差，往往使得涂层产品难以发挥预期的性能效果。因此对于管道运营商来说，防腐涂层的选择往往是争议存在的焦点。

虽然目前用于验证防腐涂层性能的检测方法众多，但是行业内还没有通用的防腐涂层测试协议和验收标准，基于实验室的测试方法通常复杂昂贵，且难以准确模拟出现场的应用环境。虽然业内的第三方独立专家给出了许多选择涂层产品的推荐方法，但由于这些专家的背景和经验不同，提出的建议往往出现很大的分歧，甚至相互冲突。

Enbridge 公司最新的研究中，提出了一种具有革新性的防腐涂层选择方法。这种方法制定了一套在环境专家协助下完成的材料关键属性系统分析法，并建立评估决策技术。优先顺序的建立基于标准的层次结构，由用户公司的防腐涂层专家、相关利益方和第三方独立专家组成的技术团队进行涂层性能分析判断。a – AHP 确定性层次分析法（Deterministic Analytic Hierarchy Process）对涂层产品成对分组后进行分析比较，确定涂层产品的优选序列，最终实现选择的最优化。随后，通过实验对比选结果中优选出的少量涂层产品进行验证。此外，优选出的少量涂层产品还要定期进行实验室检定以确保分析结果的同比一致性。该方法还提出了 p - AHP 概率性层次分析法,虽然尚未广泛地应用于管道工业,但是其基于系统的定量分析法对于改善传统防腐涂层选择方法具有相当大的潜力。

3)新版管道腐蚀模拟软件

2015 年 6 月,专门服务于全球能源行业完整性技术支持领域的伍德集团 Intetech(WGI),与伍德集团肯尼(WGK)流动保障公司,联合开发出一款先进的新型管道腐蚀模拟集成软件包 "Maestro",该程序由 ECE 工业软件驱动。

Maestro 集成软件包基于 WGI 现有的 ECE 工业软件进行运算,WGI 的 ECE 软件是一款针对管道腐蚀速率定量评估的工业设计辅助工具。当 ECE 软件集成了 Maestro 后,原有的腐蚀计算过程将增加基于流体力学原理的管内介质流通性对腐蚀速率的影响分析,生成管道腐蚀情况的基本轮廓。

通过 Maestro 软件对流体动力学模拟软件提供的数据进行分析,可以得出管道高危险点和相关的操作风险信息。这些信息将帮助用户更快地对管道进行有效的完整性管理决策。这种先进的工程技术方法对管道企业的经济性具有重要意义。

两个成熟软件产品的结合,为管道腐蚀控制提供了一种新的强有力的解决方案。该软件能够对管道的腐蚀情况进行直观具体的描绘,并基于腐蚀控制评估情况生成对应管道完整性管理决策建议,是管道防腐控制技术在整个管道流动保障技术领域的一项新突破。

4)5 层聚丙烯热绝缘涂层系统 Wetisokote®

截至 2013 年,Socotherm 公司的涂层产品已经覆盖了 500 多个管道用户的 4000 多条管道,分布在墨西哥湾、北海、巴西、非洲西部、东南亚以及拉丁美洲几乎所有的管道项目中。Socotherm公司积累了丰富的水下管道项目经验,其开发的 5 层聚丙烯热绝缘涂层系统 Wetisokote®适用于浅水、深水以及深于 3000m 的超深水环境下的管道绝热保温需求。应用该涂层的管道最高操作温度可达 150℃,适用于卷筒、S - lay 和 J - lay 的管道铺设。Wetisokote®不同的涂层材料分别具有绝热、防腐和机械防护功能(图 13)。其中,内部第一层熔结环氧树脂(FBE)底漆紧贴钢管表面,用以抵抗化学损伤,并提高电阻率以防止涂层阴极剥离;第二层聚丙烯共聚物胶黏剂主要起黏合作用;第三层固体聚丙烯用以保证整个 3 层防腐涂层系统的完整性;第四层固体聚丙烯主要起绝缘作用,其厚度取决于实际应用所需的绝缘水平;最后一层固体聚丙烯共聚物为涂层提供老化稳定、机械保护、抵抗紫外线和抗磨损等功能。其主要生产工艺如图 14 所示。

图 13　Wetisokote®结构示意图

该产品主要分为 5LPP 泡沫型、5LPP 合成型和 5LSPP 型 3 种型号。5LPP 泡沫型适用于水深 500m 以下浅水的立管或者管道,由于在挤压聚丙烯的过程中采用吹泡剂使涂层具有很多微小气泡,增加了绝热性,因而该涂层具有良好的保温性能。5LPP 合成型可用于水深 3000m 以下任意直径的深水管道,其在原来良好保温性能的基础上,制作过程中加入了空心玻璃微

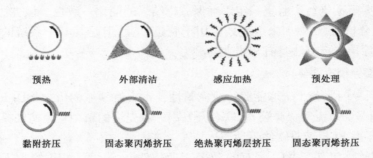

预热　　　　　外部清洁　　　　感应加热　　　　预处理

黏附挤压　　固态聚丙烯挤压　绝热聚丙烯层挤压　固态聚丙烯挤压

图 14　Wetisokote®生产工艺

珠,通过降低涂层的导热性以提高其保温性能。5LSPP 型适用于水深超过 3000m 的超深水管道涂层,由于其采用了多通道系统,根据不同的通道达到不同的厚度要求,以满足不同水深的绝热要求。

8. 运行技术进展

1）SmartFit 多管段优化软件

OMS（Optical Metrology Services）公司是一家专门为全球油气行业提供管道计量产品和服务的公司,其总部设在英国。该公司的 SmartFit 管段组装优化软件是一套在海底管道铺设之前进行管段预处理及组装焊接管理的系统。该系统能够确保管沟焊接和铺设之前管段的精准连接,从而提高管道适应海下环境的能力,该系统获得了 2015 年 Queen's 创新奖。

OMS 为了适应石油和天然气行业需求变化,于 2015 年开发了最新版的 SmartFit 软件。由于最新设计的铺管船不再只针对单个管段,而是能够运输和/或焊接多个管段（两段、三段或四段）,管段可以在陆地上进行部分焊接,从而减少了铺管船上管段焊接所花费的时间,大大降低了雇用船只的成本和项目风险。

新版 SmartFit 软件更直观、操作更简便,能够提供管端的 2D/3D 图像,不仅减少了操作失误,而且缩短了管道敷设过程中焊缝切口和管道焊接的必要工时,能够给最终客户或管道承包商带来经济效益。SmartFit 还为操作员、分析师及管道承包商提供报告格式更改功能,可以直接生成结果和统计报表,生成不同格式包括微软 Word、Excel、.csv 文件的图像/图形报告以及更详细的技术报告。SmartFit 系统重量轻、精度高,运行速度快,易于携带。该系统已广泛应用于各种管道铺设船。

在 OMS 将 SmartFit 引入石油和天然气工业之前,每 15 管段中平均有 1 个管段组装会出现问题。使用 SmartFit 后,这样的问题鲜有发生。

2）PipelineManager 系统发布 4.0 版本

PipelineManager®软件是一套基于最先进的建模技术,并经现场验证的管道仿真平台。它为实施高级的管道应用提供了完善的模拟环境,其中包括泄漏监测和定位、批次跟踪、自动预测、设施规划、人员培训及商业环境支持等高级应用。该软件由英国 ESI 能源集团（Energy Solutions International）开发,通过与 SCADA/DCS 系统的接口来传输管道流量、压力及温度测量值,从而为特定的管道模型进行基础建模。

PipelineManager 为液体和气体管道提供业界最先进和成熟的"控制室"应用,通过降低运营成本、优化管输量、提高管道完整性监测来提高管道盈利水平。无论是泄漏检测、定位，还是库存和产能管理，都可以通过 PipelineManager 提供的所有应用来进行定量描述。

为了在当今的市场上进行有效竞争，管道运营商需要充分利用已掌握的信息。而 PipelineManager 的瞬态模型就可以全面地提供管道当前状态。该软件可以对未来事件和预警信息进行自动通知，并且可以在整个管网的不同位置计算其可用寿命。它还支持预测性的"如果"场景、精确产品跟踪以及快速决策等功能。PipelineManager 还具有模拟训练功能，为在危机反应和应急管理中建立信心和能力提供全面和实际的培训环境。此应用程序是操作鉴定过程中的重要组成部分。

PipelineManager 可进行管道的实时监测，具有各种跟踪功能、配备预测和回放应用程序，并能够进行详细的训练模拟，从而提供安全、高效的管道操作。PipelineManager 提供行业内最直观的图形用户界面。用户可以轻易找到所需要的数据，而且设计了直观的用户终端屏幕，以一种易于理解的方式呈现所有重要数据。PipelineManager 的模块化设计可以满足未来需求的增加，例如泄漏检测模块，可以根据需要添加一个预测模型或模拟训练器。为管道、截止阀、止回阀、供油、输油、储罐、调节阀、加热器、冷却器、离心式和往复式压缩机、泵、控制系统逻辑等提供详细的模型，作为全面解决方案的一部分。

3）新的管道管理系列产品

英国阿特莫斯公司是一家专门从事管道泄漏检测的技术公司。阿特莫斯公司在管道泄漏检测领域拥有一系列可靠的产品。在 40 个国家超过 400 条管线上应用了其泄漏检测系统，管线长度为 2～1740km，管径为 13～2032mm（0.5～80in），输送介质包括原油、天然气、水、一氧化碳、氯气、乙烯、丙烯、液化石油气（LPG）等。这些泄漏检测产品主要包括基于统计学原理的泄漏检测系统、基于稀疏波的泄漏检测系统、管道防盗检测系统、多相流管道泄漏检测系统和机场输油泵泄漏检测系统。

该公司在 2015 年 6 月 23—25 日举办的莫斯科国际石油天然气展览上，发布了新的管道管理方案，并展出了相应的新产品。此次发布的方案都是经整合后的模块化方案，便于客户使用。其中包括：

（1）Atmos SIM 液体和气体管道模拟仿真软件，包括离线软件和在线软件，其用户界面友好，可以准确地对液体和气体进行水力学仿真。其中，SIM 离线软件支持管网的设计分析，SIM 在线软件包括追踪和预报系统，能够实现管网实时状态模拟，可以让管道操作员了解到没有仪表监测区域的管线状况，从而协助他们管理管线。Atmos SIM 离线和在线软件可以使用同样的配置文件，这样就大大降低了操作人员的工作强度，且便于维护。SIM 离线软件可以使用 SIM 在线储存的管道状态，作为初始状态用于现实场景分析和紧急事件研究。

（2）阿特莫斯公司开发了一个利用 Atmos SIM 仿真软件的气体管理系统模块 Atmos GMS。这是一款基于 Web 的管理工具，可以使公司通过其网络系统管理购买、销售和传输过程中的商务信息，并追踪合同进程。随着气体管道的所有权从单一的生产者转为包括多重客户端的输送组织，精确追踪和查询不同气体批次的能力已经成为管道管理至关重要的一点。而 Atmos GMS 就可以简化这一复杂的任务。

（3）阿特莫斯公司还拥有一款出色的管道操作人员培训软件——Atmos Trainer。该软件允许操作者通过模拟运行一条虚拟管线，做出操作决策，这样就不需要承担损坏管线或其他设备的风险。

在此次展览会上，该公司还展示和介绍了他们近期更新和升级的检测工具与技术，例如，用于泄漏和盗油检测的便携式数据记录器、流体静力检测器、以电池为基础的 Odin 防盗探测方案以及用于分析上述产品所检测到的数据的防盗网络。

（三）油气储运技术展望

近年来，虽然油价低迷，但科技创新和进步仍是降低成本的有效手段，油气储运专业相关技术快速发展，油气储运的范围也在不断地被拓展，油气储运技术开发迎来前所未有的发展机遇。

1. 新型管材或将引发油气储运行业重大技术变革

大口径、高压力、高钢级的大输量管道技术目前依旧是管道行业的主体方向，但与此同时，必须关注非金属管材、柔性管等新技术的发展。非金属管材在油气田地面集输工程中已经得到相对广泛的应用，取得了良好的效果。目前，世界上非金属管材发展迅速，已经有少量企业可以大批量生产大口径长输管道，相关的管件设备生产技术也日趋成熟，并开始尝试应用，随着技术的成熟，非金属管道有可能会引发管道行业的重大技术变革。另外，在恶劣环境下采用柔性管等可以更好地克服困难，保证管道安全运行，因而管材的技术创新在未来几年应充分得到重视。

2. 天然气水合物储能技术值得关注

天然气水合物是近年的技术热点之一，除了自然界的天然气水合物作为重要能源形式之外，还可以利用其储气能力为储运行业所用。天然气水合物储运是利用天然气水合物的储气能力，将天然气利用一定的工艺制成固态的水合物，然后再把天然气水合物运送到储气站，在储气站气化成天然气供用户使用。天然气水合物技术的应用研究经过几十年的发展，形成一门基于天然气水合物形成和分解且具有重要工业前景的技术，它在天然气储存和运输等领域得到广泛应用，且部分技术已实现小型工业化。在储气、作为汽车的替代燃料、混合输送以及处理有害物质方面具有广泛的可应用价值，在储运领域，既可以利用起来储气，也可以用来调峰，是未来值得关注的技术之一。

3. 互联网＋、大数据等新兴技术开始渗透进油气储运领域

油气储运产业链条从井口到终端用户，产生庞大的数据群，目前因受到技术限制，企业范围内对数据的获取难度较大，通常数据管理和维护成本很高。另外，对于信息的分析和挖掘工作尚处于起步阶段。一些研究机构和企业开始尝试性地在油气储运行业进行互联网＋和大数据等新技术的应用。例如，GE 通用电气公司和埃森哲公司宣布推出的管道业界首个智能管道解决方案，即一套工业网络产品，帮助客户做出更加快速有效的管道运营决策，进而提高管道运行安全性。该产品成功搭载于哥伦比亚管道集团（CPG）长达 24140km 的洲际天然气管道网络。智能管道的解决方案是推向市场的第一个管道行业解决方案。挖掘生产经营活动过程中产生的大数据，使其更好地为行业所应用是油气储运行业智能发展的趋势之一。

参 考 文 献

［1］Rim Tubb. 2011 worldwide pipeline construction report［J］. Pipeline & Gas Journal,2011(1):24 – 27.

［2］Rim Tubb. 2012 worldwide pipeline construction report［J］. Pipeline & Gas Journal,2012(1):21 – 22.

［3］Rim Tubb. 2013 worldwide pipeline construction report［J］. Pipeline & Gas Journal,2013(1):26 – 29.

［4］Rim Tubb. 2014 worldwide pipeline construction report［J］. Pipeline & Gas Journal,2014(4):31 – 33.

［5］Rim Tubb. 2015 worldwide pipeline construction report［J］. Pipeline & Gas Journal,2015(3):26 – 29.

［6］孙贤胜,连建家,钱兴坤,等. 2015 年国内外油气行业发展报告［M］. 北京:石油工业出版社,2015:224 – 234.

七、石油炼制技术发展报告

当前世界经济复苏疲弱,炼油工业面临着生产能力过剩、油品结构调整、燃料质量升级、环保法规趋严的压力以及替代燃料发展等带来的多元化竞争等新形势。在诸多因素的共同影响下,全球炼油行业的发展出现了产业格局持续调整、产业集中度进一步提高、加工原料趋向劣质化等动向;全球炼厂技术水平不断提高,向分子化、智能化方向发展;技术进展仍主要集中于清洁燃料生产和重油加工转化,具体表现在催化裂化、加氢处理等主流技术的工艺改进和催化剂性能升级等。

(一)石油炼制领域发展新动向

2015年,全球炼油产业进入深刻调整阶段,以沙特阿拉伯为代表的中东等石油资源国产业发展明显加快,优势逐渐增强,美国通过大规模开发页岩气实施"能源独立",进而推进"制造业回归"战略,国际竞争格局不断重构和演化。与此同时,油品需求结构的变化和更为严格的产品标准也在强力地推动着炼油技术创新以及新技术应用。

1. 全球炼油业陷入产能过剩困境,产业格局持续调整

1)世界炼油能力持续增长,炼厂规模不断扩大

近年来,全球炼油能力不断增长。世界炼油能力变化情况如图1所示,到2015年底,全球总炼油能力由2000年的 40.62×10^8 t/a 提高到 48.30×10^8 t/a,世界炼厂总数为645家,世界炼厂平均规模由2000年的 547×10^4 t/a 提高至2015年的 749×10^4 t/a。虽然自2011年以来,全球已经关闭了总炼油能力约 350×10^4 bbl/d 的炼油装置,但炼油业仍然处在产能过剩的困境中。

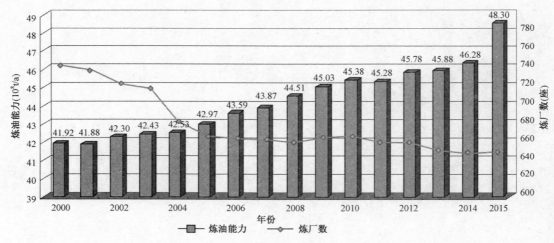

图1 世界炼油能力变化情况

2) 世界炼油格局发生变化,产业重心继续东移

近年来,亚太地区炼油能力的快速增长使得世界炼油重心加速东移,世界炼油格局明显分化。2015 年,亚太地区占世界炼油总能力的份额已由 1991 年的 17.6% 上升到 34.7%,远超北美地区的 20.7% 和欧洲地区的 15.7%,如图 2 所示。目前,中国、印度,包括中东地区在内,炼油能力仍有进一步提高之势,未来亚太地区将继续引领全球炼油能力增长,该地区在世界炼油产业中的地位和影响将日益突出。

图 2　世界炼油能力区域分布图

亚太地区炼油工业强势发展的主要动力来自该地区石油需求的强劲增长。虽然该地区仍将维持全球需求增长中心的地位,但是需求增速将明显放缓。2000—2013 年,需求年均增速达 2.8%;2014—2020 年,需求年均增速预计为 2.1%。石油需求增幅减小主要是受到中国经济增长放缓、马来西亚和印度石油产品价格放松管制、能源效率提高以及石油替代产品应用增加等因素影响。

2. 加氢裂化/加氢处理催化剂拉动炼油催化剂需求增长

从全球的视角来看,催化剂的需求主要依靠 3 个因素拉动:一是石油炼制产品汽油、柴油、航空煤油等之间的需求变化;二是超低硫燃油标准的环保法规更加严格,提高燃油效率和降低船用燃料油含硫量的需求更加迫切;三是提高原料油的加工灵活性。鉴于上述 3 个因素,加氢过程(加氢裂化/加氢处理)催化剂在中短期起着拉动炼油催化剂市场增长的角色,加氢过程催化剂需求将年均增长 6.2%,2016 年达到 34 亿美元。埃克森美孚公司认为,美国页岩气增产得到的大量廉价氢气也将促进催化剂公司大力开发加氢处理催化剂,通过提高芳烃饱和、加氢脱氮和加氢脱硫活性,实现最大限度加氢,提高中间馏分质量。此外,脱蜡催化剂也是目前催化剂公司的研发重点,通过提高催化剂的异构化活性达到提高馏分油和润滑油基础油收率与质量的目的。

3. 重质油加工和高标准清洁燃料生产的需求推动氢气用量上升

目前,全球炼厂氢气需求年增幅超过 4%,制氢在炼油过程中的重要性逐渐凸显。一座配备了渣油加氢装置的 1000×10^4 t/a 炼厂消耗的氢气约为原油加工量的 1%,而不配置渣油加

氢装置的炼厂约为 0.7%。2004—2014 年,全球炼厂加氢处理装置的加工能力增长了 8%,加氢裂化装置的加工能力增长了 26%,加氢装置的总能力增加 448×10^4 bbl/d,目前占原油加工能力比例约 57%,加氢装置氢气需求增加 $1.07 \times 10^8 m^3$/d(假设加氢处理和加氢裂化的平均氢耗分别为 19.6 m^3/bbl 和 35.56 m^3/bbl)。

随着劣质重质原油供应量和炼厂加工量的上升,必然导致加工重质原油的炼厂采用更高标准的加氢装置,以达到脱除杂质、降低残渣产量和硫氮含量、多产清洁产品的目标。此外,超重原油和油砂沥青等非常规重油还需要经过现场改质后才能成为适合炼厂加工的原料。这些加工过程以加氢过程为主,对氢气的需求提出了数量更多和品质更高的要求。以目前来自炼厂内部的氢气供应(包括装置副产氢气、炼厂气回收氢气、现有的炼厂制氢装置)将难以满足未来的氢气增长需求。

从全球来看,日本和美国炼厂加氢能力相对原油蒸馏能力的比例最高,日本炼厂的加氢能力占原油蒸馏能力的比例达到 108%,美国则达到 90%;加拿大、西欧等发达国家的炼厂加氢能力占原油蒸馏能力的比例也达到较高水平,均超过 80%。中国炼厂加氢能力仅占原油蒸馏能力的 46%,与发达国家和地区的差距较大,也不及世界平均水平。未来,随着中国炼厂加工的劣质重质原油比例进一步提高,以及清洁燃料标准的升级,炼厂装置结构将继续调整,加氢能力和加氢装置比例还将上升。

4. 炼厂技术创新和操作优化取得新进展

世界炼油行业经过 150 多年的发展,已形成完整的技术体系,能为当今世界 600 多个炼厂提供各种原油加工解决方案。近年来,炼厂大型化和装置规模化的发展趋势对炼厂整体技术水平和运营管理的要求正在迅速提高,为了充分发挥规模效益,有效利用资源,必须从总体上合理布局装置结构,采用先进技术,提高经济效益。因此,围绕扩大资源、降低成本、生产清洁化和实现本质安全等方面,全球炼油技术在重质/劣质原油加工、减压渣油高效转化、炼油化工一体化、清洁燃料生产、生物替代燃料等方面取得持续发展。

1) 炼油行业已进入分子管理时代

炼厂规模逐渐扩大、装置结构日益复杂,对原料的有效利用和产品质量要求也更加严格。因此,将先进的制造模式与网络技术、云计算等数据处理技术相融合的信息化管控技术在炼厂生产经营管理中的应用越来越广泛,智能化、数字化炼厂已成为炼油行业发展方向,炼厂已经进入分子管理时代。

炼厂分子管理突破了传统炼油技术对原油馏分的粗放认知和加工,从体现原油特征和价值的分子层次上深入认识和加工利用原油,通过从分子水平分析原油组成,精准预测产品性质,精细设计加工过程,合理配置加工流程,优化工艺操作,充分利用原料中每一种或者每一类分子的特点,将其转化成所需要的产物分子,并尽可能减少副产物的产生,使每一个石油分子的价值最大化,使炼厂真正实现"全处理、无残渣"的理想目标。尤其是随着现代网络技术、大数据处理技术、精细分析检测技术的突飞猛进,分子管理正在从概念、理论走向成熟。"分子管理"的关键技术包括分子指纹识别技术(含油品分析和分子表征)、分子组成层面的工艺模拟技术,以及基于前两者的实时过程控制和优化技术等。其中,埃克森美孚公司提出结构导向集总(SOL)方法用于油品分子表征技术,估算其分子组成,并利用该方法建立了催化裂化、催化石脑油加氢脱硫、润滑油加氢裂化、再精制、溶剂抽提、溶剂脱蜡和催化脱蜡等过程的结构导向集总动力学模型。在此基础之上,将油品分子表征技术、集总反应动力学模型与计划优化系统、生产调度及实时优化系统相结合构建炼厂整体优化模型,对炼油过程进行整体优化。实现从分子水平上认识、加工和管理石油资源,实现对石油加工过程的极致精细化管理,使石油资源物尽其用,加工过程消耗最低。埃克森美孚公司的分子管理技术已成功应用于多个炼厂,进行产品产率和性质预测、原料优化配置、加工方案调优等,埃克森美孚公司下游业务每年获益超过 7.5 亿美元。

面对原油资源的劣质化和日益严格的环保要求等多元化挑战,通过优化炼油生产,实现精细化加工,以最小的成本生产合格的产品,已成为全球炼油企业的共识。分子管理技术的出现恰恰契合了这一理念,随着分析技术、信息技术等相关领域研究的进一步深入,分子管理技术在石油炼制行业的全面应用也将不再遥远。

2) 催化裂化仍然是最重要的炼油装置

催化裂化装置以原料适应性宽、重油转化率高、轻质油收率高、产品方案灵活、操作压力低与投资低等特点,承担着汽油生产的主要任务,同时兼顾生产柴油和低碳烯烃。目前,全球范围内的催化裂化加工能力达到 7.17×10^8 t/a,仍是炼厂最重要的蜡油加工和重油转化装置。

近年来,国外催化裂化工艺的进步主要集中在多产柴油和/或丙烯以及针对劣质原油加工等方面。代表性技术包括壳牌公司多产柴油和丙烯的 MILOS 工艺,Axens 公司多产丙烯的 Pe-troRiser 工艺,UOP 公司多产丙烯的 RxPro 工艺,新日本石油公司(JX)和沙特阿拉伯法赫德国石油矿业大学(KFUPM)的下行式多产丙烯的 HS – FCC 工艺,KBR 公司以石脑油为原料增产丙烯的 K – COT 工艺以及 UOP 公司对重质原油和油砂沥青油进行催化改质的 CCU 工艺等。中国在催化裂化工艺技术层面后来居上,由中国石化自主研发的 DCC(催化裂解)、MIP(多产异构烷烃的催化裂化工艺),以及中国石油自主研发的 LDR 催化裂化高辛烷值汽油系列催化剂、LCC 增产丙烯系列催化剂及助剂等一系列具有一定影响力的催化原始创新技术,标志着中国催化裂化技术整体已处于世界领先水平。此外,世界各大公司围绕催化裂化工艺,不断研发新型催化剂,从而达到调整汽柴油产品结构、提高液体产品收率、减少焦炭生成等目的。

3) 加氢裂化/加氢处理技术及催化剂助力清洁燃料生产

随着清洁油品质量标准的逐渐趋严和加工原油质量日趋重劣质化,加氢裂化、加氢处理等加氢技术因具有原料加工范围宽、产品质量好、轻质产品收率高等优点成为炼厂实现油品质量升级和原油高效利用的关键核心技术,技术创新主要围绕工艺技术的改进和各种催化剂的升级换代来开展。

目前,UOP 公司、雪佛龙公司、壳牌和 Axens 公司是加氢裂化成套技术的主要供应商。全球采用 UOP 技术的加氢裂化装置超过 150 套,采用雪佛龙公司技术的装置超过 100 套。近年来,加氢裂化工艺的主要技术进展体现在 4 个方面:(1)利用液相连续反应区的加氢裂化方案,能够以较小的反应器容积获得较高的单程转化率;(2)新型的吸附工艺,能够提高进入加氢裂化装置的加氢裂化尾油(HVGO)质量;(3)能够调整加氢处理装置苛刻度以提高超低硫汽油(ULSG)辛烷值和超低硫柴油(ULSD)质量的加氢处理/加氢裂化工艺;(4)催化柴油(LCO)加氢转化生产高品质汽油和芳烃的技术正在受到更多关注,UOP 的 Unicracking 技术及

LCO－X技术是该研发领域的代表性技术。此外，中国石化石油化工科学研究院研发的LTAG技术将催化裂化柴油通过选择性加氢再选择性催化裂化转化为高辛烷值汽油或芳烃，目前已经通过中国石化的鉴定并计划在旗下20余家炼厂推广。在当前中国的经济态势下，利用该项技术合理压减柴汽比具有重要的经济意义。

4）渣油加氢和延迟焦化技术是劣质重油加工的关键技术

随着原油劣质化、重质化趋势加剧，原油加工难度增大，同时环保法规趋向更为严格，重油的高效加工和充分利用已成为全球炼油业关注的焦点，作为重油加工主要技术的渣油加氢工艺，其应用日益增多，主要包括渣油加氢裂化、固定床加氢处理等，总加工能力约为 $13 \times 10^8 t/a$，未来还将大幅增长。

近年来，固定床渣油加氢技术研发的重点是如何延长装置运行周期和加工更劣质原料。典型的固定床加氢工艺技术主要有RDS/VRDS工艺、Resid HDS工艺、RCD Unibon工艺、Resid Fining工艺等。与此同时，沸腾床渣油加氢技术正在逐步成熟，国内外有22套已建和在建的渣油沸腾床加氢裂化装置，主要采用LC－Fining工艺和H－Oil工艺。此外，还有一些渣油加氢裂化工艺正处于开发或完善过程，典型技术有VCC、EST、HDHPLUS、Uniflex、LC－MAX和VRSH等。值得注意的是，为了更大限度提高轻油收率，渣油加工组合技术正在迅速发展，例如溶剂脱沥青—脱沥青油（DAO）催化裂化—脱油沥青（DOA）气化组合工艺、渣油加氢—催化裂化双向组合工艺（RICP）等。

此外，延迟焦化也是国内外劣质重油加工的重要手段之一。全球现有的焦化装置中，延迟焦化技术占78%，流化焦化技术占8%，灵活焦化和其他技术占14%。在延迟焦化技术上占领先地位的美国 ConocoPhillips 公司、Foster Wheeler 公司、UOP公司和Lummus公司，分别开发了延迟焦化与其他装置集成的组合工艺、提高石油焦价值的组合工艺、延迟焦化石油焦的质量和结构控制技术，同时改进焦化塔进料结构、焦化加热炉设计，延长了装置运转周期。近年来，随着对焦化装置污染问题的重视，20世纪70年代在日本实现首次工业应用的埃克森美孚灵活焦化技术开始重新引起业界的兴趣。

（二）石油炼制技术新进展

环保和节能是近年来国外炼油技术发展的主要推动力。一方面，为控制汽车尾气污染，以脱硫为标志的清洁油品生产技术在发达国家已经基本完成开发和应用，低硫、超低硫油品已先后在部分发达国家和地区开始应用；另一方面，随着各国对炼厂污染物排放控制日趋严格，世界各大炼油技术公司围绕清洁生产，积极开发新的工艺和催化剂，对温室气体减排的要求也促进了炼油技术公司对二氧化碳减排技术的进一步关注，管理二氧化碳的能力成为炼油公司的核心竞争力之一，炼油工业的减排重点将是提高能效、实现低碳排放。此外，世界原油质量正趋于劣质化、重质化，提高石油使用效率，将重油转化为高附加值的轻质产品，已经成为炼油工业的生命线。因此，重油深加工，努力提高轻质油品收率将是炼油技术发展的又一趋势。2015年，石油炼制领域涌现了大批的新工艺，推动炼油行业向着高效节能、经济环保的方向发展，本部分重点对2015年石油炼制领域的新技术进行介绍。

1. 高辛烷值清洁汽油生产新工艺

为了适应更加严格的排放法规和产品标准要求,满足市场对清洁油品的需求,燃料清洁化已经成为一种不可逆转的世界性潮流。生产低硫、低烯烃、低芳烃的清洁燃料,进而减少有害物质的排放已经成为当今世界炼油工业的发展主题,部分发达国家和地区燃料清洁化进程已近尾声,正致力于燃料的"零排放"和生产过程清洁化。图3为世界主要地区汽油硫含量升级对比图。

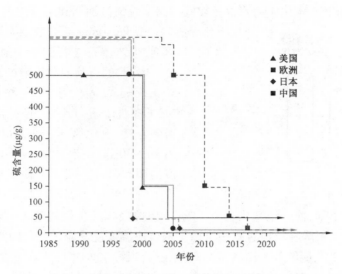

图3　世界主要地区汽油硫含量升级对比图

用于商品交易的清洁汽油需要经过调和工艺,美国、欧洲和日本等地的汽油池组成比较均匀合理,中国汽油池以催化汽油为主,高辛烷值组分较少,汽油池优化空间很大,如图4所示。

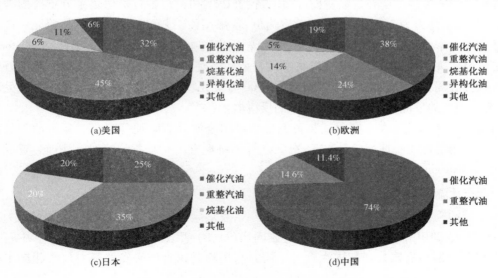

图4　美国、欧洲、日本和中国汽油池组成对比

催化裂化汽油的硫和烯烃含量高,是汽油池中硫和烯烃的主要来源;重整汽油、烷基化汽油和异构化汽油辛烷值高,几乎不含硫和烯烃,是理想的汽油调和组分;MTBE及催化轻汽油醚化产物TAME和HXME都是理想的高辛烷值调和组分。因此,国内外各大公司纷纷研发生产高辛烷值清洁汽油的新工艺。

1)低成本生产高辛烷值汽油的新工艺

新气体技术合成公司(NGTS)研发的Methaforming一步法新工艺,能够在脱硫的同时联产氢气,并将石脑油和甲醇转化成为苯含量较低的高辛烷值汽油调和组分。

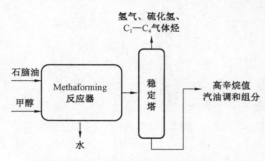

图5 Methaforming工艺流程示意图

Methaforming新工艺使用一种专用沸石催化剂,工艺流程与石脑油加氢相似。该工艺以35~180℃的石脑油和甲醇(25%)为原料,进入Methaforming固定床反应器后,在10atm❶和370℃条件下进行反应,经稳定塔分离后,可以得到氢气、硫化氢、C_1—C_4气体烃,以及硫含量为10~30μg/g、苯含量小于1.3%的高辛烷值汽油调和组分。图5是该工艺的流程示意图。甲醇阶段性注入固定床反应器,在强烈的放热反应中脱水释放出甲基,使苯烷基化生产甲苯,正构烷烃和环烷烃转化为芳烃,在强烈的吸热反应中释放出氢气。甲醇在反应过程中可以平衡反应温度使反应优化。与常规催化重整工艺不同,Methaforming工艺能够处理硫含量为500μg/g的原料油,并且能够实现90%脱硫率。此外,烯烃和二烯烃的存在对催化剂寿命影响不大,催化剂活性可以通过原位再生,运转周期通常是一个月;为了连续运行,需要设置两个反应器和再生装置。

Methaforming一步法新工艺能够替代石脑油脱硫、催化重整、异构化和脱苯工艺。因此,可以降低1/3成本。对于新建装置而言,装置投资成本和正常运行费用是十分重要的考量指标;以一套加工能力为2×10^4bbl/d的装置为例,若采用该工艺可以节省2.4亿美元。该工艺的产品收率和辛烷值与异构化和连续重整相当,比半再生式重整高得多。因此,Methaforming工艺可以替代现有半再生重整装置提高产品收率和辛烷值。当装置改造成本为1500万美元时,通过提高产品收率所带来的年效益约为8000万美元。改造主要是针对石脑油加氢处理装置,需要将现有的反应器更换成两个较大的反应器。

目前,NGTS公司已在3套中试装置上分别利用全馏分石脑油、液化气、凝析油和裂解汽油进行了5年的性能验证试验。NGTS公司还计划将现有的一套石脑油加氢处理装置低成本改造为Methaforming工业示范装置。

2)新一代流化床甲醇制汽油工艺

为了节约资源,降低产品成本,转变增长方式,发展延伸甲醇的下游产品,国内外大力发展甲醇3M技术,即甲醇制乙烯(MTO)、甲醇制丙烯(MTP)、甲醇制汽油(MTG)技术。中石化炼化工程(集团)股份有限公司和埃克森美孚研究与工程公司合作研发的新一代流化床甲醇制

❶ 1atm = 101325Pa。

汽油工艺试验装置,已经在中石化炼化工程(集团)股份有限公司位于河南洛阳的技术研发中心内建成,并开展了试验研究。

甲醇制汽油工艺主要包括固定床工艺和流化床工艺。图6为流化床甲醇制汽油工艺流程示意图。原料甲醇和水,首先经过原料调配器进行混合,然后经过预热器的加热汽化进入流化床反应器。在原料氮气的吹扫下,粉末状催化剂在反应器内呈现上下翻腾且循环流动的状态,生成的反应产物先通过过滤器与催化剂分离,再经过外冷却器的热量交换后,汽油组分冷凝存留到储油罐中,C₅以下的气体组分则可以返回流化床反应器内,这样可以提高汽油组分的收率。甲醇制汽油工艺属于强放热反应,而流化床反应器具有传热、传质效果好,升降温时温度分布稳定,汽油品质高,催化剂性质恒定以及投资低等优点,与固定床技术相比,新型流化床甲醇制汽油的工业化技术,大幅降低了建设投资和运行成本,极大地提高了能源利用效率。此外,流化床甲醇制汽油工艺采用粉末状催化剂,具有更大的比表面积,能够充分地与原料蒸汽接触,从而提高反应速率和反应深度。流化床工艺的另外一个特点就是具备灵活的再生方式。在工业生产中,要想达到连续生产的要求,一般会使用多个固定床反应器,使其轮流工作,分别再生,这样不仅会占用大量的空间,还会使设备的运营成本上升,能耗增加;流化床甲醇制汽油工艺具有独立的再生器,新鲜催化剂不断加入反应器,积碳的催化剂进入再生器,反应产生的热量可以用于再生过程,充分利用产能资源。

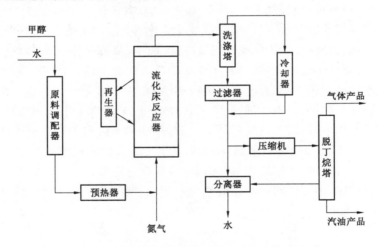

图6　流化床甲醇制汽油工艺流程示意图

甲醇制汽油工艺的关键是采用具有特定结构的晶体硅铝酸盐分子筛 ZSM – 5 型催化剂。该催化剂不仅使甲醇转化汽油工艺具有高选择性,而且能保证汽油品质优良,辛烷值一般在95 以上。流化床甲醇制汽油工艺所产出的汽油,不含硫、铅,属于低烯烃的高清洁汽油,不仅能缓解石油资源的短缺,还可以促进资源的有效利用。

3) 低温硫酸法 CDAlky 烷基化工艺

清洁汽油质量升级的关键是合理的汽油调和组分比例,其中烷基化油是非常理想的高辛烷值汽油调和组分。目前,烷基化技术主要包括氢氟酸烷基化和硫酸烷基化。氢氟酸烷基化存在安全隐患,硫酸烷基化存在酸耗高以及酸渣环保处理等问题,因此技术改进主要集中在提高安全环保型和降低酸耗等方面。此外，烷基化反应的关键是如何使不互溶的酸和液态烃之间实现有效接触，并保证较低的反应温度以利于生成所需要的高辛烷值异辛烷，同时抑制副反应（如叠合、歧化、裂化和生成不稳定的硫酸酯类）。传统硫酸烷基化工艺是利用直接机械搅拌实现液相之间的传质接触，由于酸相黏度高，生产过程中需要控制旋转混合器内温度不低于7℃。由于旋转叶轮产生的剪切力使非常小的液滴严重乳化，导致液态烃与硫酸分离过程中伴有"夹带"问题，因而需要碱洗和水洗等后处理工序。

美国 CB&I 公司开发了低温硫酸法 CDAlky 烷基化技术生产高辛烷值汽油。CDAlky 烷基化工艺是 CB&I 公司在得克萨斯州 Pasadena 研发中心开发的，示范装置的运转时间超过 5×10^4 h，示范装置的烷基化油产能为 3～4bbl/d。第一套工业装置建在山东省东营市，神驰化工 5000bbl/d 装置于 2013 年 5 月投产。该装置已安全运转两年左右，生产的烷基化油质量很好，满足或超过所有的工艺保证值，辛烷值通常超过 98。2014 年又有两套 CDAlky 烷基化装置在中国投产，其中一套是钦州天恒石化产能为 5000bbl/d 烷基化装置，另一套是宁波海越的 15000bbl/d 烷基化装置。除这 3 套装置已在生产外，还有两套工业装置在进行设计，其中一套 15000bbl/d 装置在进行初步设计，另一套 5000bbl/d 装置在进行施工设计。

CDAlky 烷基化工艺是硫酸烷基化工艺问世以来取得的重大进展。CDAlky 是一种可降低硫酸消耗的新型低温硫酸烷基化技术，其核心在于传质效应可得到大幅度改善的立式反应器系统。该系统采用一种不需搅拌的 CDAlky 烷基化反应器，可使反应在较低的温度下运行，显著改善了硫酸催化剂性能，并提高了高辛烷值油品收率，降低了酸耗，同时还省去了传统工艺中的碱洗或水洗过程，流程更为简单，降低了总投资成本，提高了操作可靠性。此外，CDAlky 还采用了干式工艺，不产生腐蚀问题，节省了维护费用。综上所述，CDAlky 烷基化技术与传统硫酸法烷基化技术的区别主要有以下几点：（1）CDAlky 采用单台立式静态反应器，传统法采用多台卧式动态搅拌反应器，前者占地面积小、传质好；（2）CDAlky 工艺将反应温度从传统工艺的 7～8℃降到 0℃以下，在较低反应温度下，目标产物异辛烷的选择性提高，副产物更少，酸耗低；（3）CDAlky 工艺容易将烃类与硫酸分离，省去了传统工艺的碱洗或水洗步骤；（4）CDAlky 工艺不需要搅拌混合和水洗，工艺流程更加简单，装置投资降低，操作可靠性提高；（5）CDAlky 工艺既可用于新建装置，也可以对现有硫酸法烷基化和氢氟酸法烷基化装置进行改造后利用。

4）炼厂级丙烯烷基化工艺

目前，北美地区页岩气产量持续增长，随之伴生的天然气凝析液（NGL）产量也与日俱增，这导致北美地区乙烯装置的原材料发生了显著的改变，由原来的石脑油转变成乙烷。这一变化直接导致乙烯单元的副产品——丙烯产量的大幅下降。为了缓解丙烯的短缺，大量的丙烷脱氢装置已经或即将开工。此外，NGL 产量的增加也使异丁烷的供给充足，若与炼厂级丙烯进行烷基化反应，可能会给炼厂带来可观的经济效益。Wood Group Mustang 公司研发了炼厂级丙烯的烷基化工艺，将炼厂催化裂化和焦化装置所产的大量丙烯作为原料，与异丁烷混合进行烷基化反应，生产具有高附加值的汽油调和组分——烷基化油。

传统的炼化企业通常将催化裂化和焦化装置所产的丙烯提纯，作为石化原料生产聚丙烯、异丙基苯、异丙醇、丙烯腈、环氧丙烷和环氧氯丙烷等。Wood Group Mustang 公司提出，将来自催化裂化、延迟焦化装置的液态烃（液化石油气）经过一系列的脱硫、碱洗、分馏之后，将大量的丙烯与异丁烷在硫酸催化剂的作用下进行烷基化反应。反应产物进入反应产物分馏系统，蒸馏塔顶分出的轻烷基化油经冷凝冷却后,一部分作塔顶回流,另一部分经碱洗和水洗送出装置作为汽油的高辛烷值组分;塔底物料为重烷基化油,经冷却后送出装置,可作为农用柴油的调和组分、催化裂化原料或无臭油漆溶剂油原料等。

Wood Group Mustang 公司选取了一套 10000bbl/d 的传统硫酸法烷基化装置作为基准,并对装置进行了技术改造,分别考察两种工况:(1)掺炼加工 1500bbl/d 炼厂级丙烯;(2)掺炼加工 1000bbl/d 聚合级丙烯。第一种工况下可以增产 1903bbl/d 烷基化油,需要增加一条进料系统,提高制冷机制冷能力,增加第二级冷却接触器,并采用处理量更大的新脱丁烷塔;第二种工况下可以增产 1796bbl/d 烷基化油,同样需要增加一条进料系统,提高制冷机制冷能力,增加第二级冷却接触器,但不需要建设新的脱丁烷塔。Wood Group Mustang 公司计算分析了内部收益率(IRR)等技术经济指标。他们认为,在现有的丁烯烷基化装置基础上进行适度改造,采用炼厂级丙烯作为原料,烷基化的产量可以提高 10%。然而,经济效益很大程度上取决于不断变化的原料和产品价格,如果烷基化油价格增长 10%,内部收益率(IRR)的增幅几乎翻倍;如果丙烯原料的价格增长 10%,内部收益率(IRR)将锐减 50%。虽然有多重不确定因素,但是烷基化工艺具备能提供高品质、高辛烷值的汽油调和组分的优势。因此,利用丙烯作为原料来增大烷基化工艺产能的技术路线,必将吸引一些炼厂的目光。

5)汽油调和优化新工艺

油品调和是炼厂油品出厂前的最后工序,通过调和可以使出厂油品达到质量标准要求。先进的油品调和技术对于炼厂提高经济效益至关重要。对于美国中型炼厂而言,通过优化的油品调和技术,每年至少可以增加收入 2000 万美元。

Valero 能源公司开发了汽油在线单一调和最优化系统(On - line single blend optimization system,SBO)。该系统包括多次调和计划、调和产品性质控制、调和配方比例控制、调和分析子系统 4 个模块。

多次调和计划:SBO 系统以多周期、多次调和的标准建立调和方案,建立方案之后再传送给 SBO 系统的调和产品性质控制装置。

调和产品性质控制:调和装置进行在线调和产品性质控制和优化,从而尽可能降低调和损失及费用,同时满足所有指标要求和装置限制条件。该模块采用 Honeywell 公司的 OpenBPC 模块进行调和产品性质控制,OpenBPC 模块是 Honeywell 公司的模型基础产品性能控制和优化程序,可以有效地使调和成分达到要求的产品性质规格,同时优化调和组分组成。

调和配方比例控制:该模块可以确保汽油组分按照调和产品性质控制模块所决定的配方进行调和。该模块采用 Honeywell 公司的 Experion 调和控制器(EBC)控制配比。EBC 是 Honeywell 公司采用 Experion 模型建立的控制汽油、馏分油、燃料油、原油、沥青和化工产品的串联调和。EBC 通过控制调和程序中的泵和流量控制器来控制各油品调和比例,确保被调和的产品符合配方各项指标的要求。

调和分析子系统:Valero 公司开发了自主知识产权的成套汽油调和优化分析子系统,称为 VGBOP。VGBOP 拥有工业界最佳的样品分析、样品预处理、在线调和采样、复合抽样、样本回收等优势,这些优势促成了混合优化器的有效使用。

SBO 系统应用于 Valero 能源公司的 Houston 炼厂和 McKee 炼厂均取得了很好效果,通过优化调和组分,使成品油的物性参数尽可能接近产品指标,而不是偏离过大,从而以最小的成本生产满足指标要求的汽油产品。

2. 超低硫柴油生产新技术

受欧美环保要求、油品市场价格及供需关系、能源效率等影响,超低硫柴油(ULSD)因价格高、能效高、需求量大、清洁环保等特点,再加上柴油汽车使用逐渐普及,超低硫柴油现已成为欧美几乎所有炼厂都要求最大化生产的油品,图7展示了美国1979—2015年汽柴油价格变化趋势。

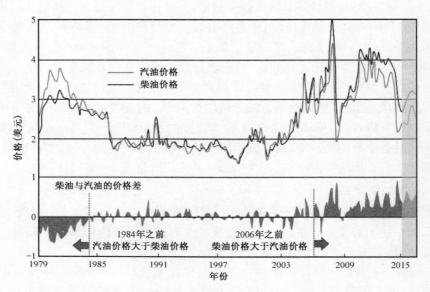

图7 1979—2015年美国汽柴油价格变化趋势

1) HYK 700 系列催化剂成套技术

为了应对油品质量升级和油品结构调整,Axens 公司推出 HYK 700 系列催化剂成套技术,该技术具有较好的抗氮性能、更宽的操作温度范围,可加工高苛刻度的原料,开工过程简单,不需要催化剂的钝化过程,并且可以通过中试实验来得到最优化的催化剂匹配。以下介绍两例 HYK 系列催化剂的工业应用情况。

实例1:荷兰 Zeeland 炼厂的单段循环式加氢裂化装置,处理能力为77000bbl/d,390℃以上原料转化率要求在90%~95%之间,最大化生产欧Ⅴ柴油,未转化油用作Ⅲ类润滑油基础油。在采用 HYK700 系列高抗氮性能加氢裂化催化剂后,裂化段对原料中氮含量的要求由50μg/g 放宽至100μg/g,使得装置在一个催化剂单程寿命周期内累计原料加工能力提高了22%,同时柴油收率不变,产品质量达到目标要求。

实例2:法国 Normandie 炼厂的加氢裂化装置,处理能力为68000bbl/d,375℃以上原料转化率要求在80%~85%之间,最大化生产欧Ⅴ柴油。装置在采用 HYK700 系列催化剂后,可加工原料苛刻度增高:原料密度由0.908g/cm³提高到0.921g/cm³,95%馏出温度从534℃升到564℃,硫含量由1.4%提高到1.9%;反应末期的床层最高平均温度(WABT)可由原来的410℃提高到435℃;柴油产品收率保持不变,产品各项质量指标达到目标要求。

2）Centera™ Sandwich 系列催化剂

Criterion 公司研发的 Centera™ Sandwich 系列催化剂将 Co－Mo 型催化剂的直接脱硫活性高、氢耗低与 Ni－Mo 型催化剂脱氮活性高的特点结合起来，形成了 CoMo/NiMo/CoMo 三段组合的催化剂体系，特别适用于原料苛刻度、氢气供应受限的超低硫柴油加氢装置。Alon 炼厂的柴油加氢装置通过在 2010 年应用第一代 Centera™ Sandwich 催化剂，在操作压力为 4.8MPa、空速为 0.83h^{-1} 的条件下加工直馏柴油和催化裂化轻循环油（LCO 占原料的 25%），使装置的操作周期从 9 个月延长到 12 个月，同时使原料 LCO 的 D－86 曲线 90% 馏出温度从原来的 627℉提高到 650～655℉，实现了最大化生产硫含量为 8～10μg/g 的超低硫柴油，而氢耗仅增加了 5%。2014 年，该超低硫柴油加氢装置应用了由 DC－2635 CoMo 催化剂和 DN－3636 NiMo 组合而成的第二代 Centera™ Sandwich 催化剂体系，进一步提高了催化剂活性，运行初期反应温度比第一代催化剂降低了 8～10℉，并可加工更重质的原料，实现了全厂最大化生产低硫柴油的目标。

3. 新型催化裂化工艺催化剂

发展重油深度转化、增加轻质油品仍将是 21 世纪炼油行业的重大发展战略。催化裂化装置作为炼厂中主要的汽油、柴油、液化石油气和丙烯生产装置，虽然经过几十年的发展，技术已经成熟，但是仍然面临着诸多挑战，比如，渣油深度转化催化剂的开发、节能环保的要求、汽柴油需求比例的变化等，围绕这些新变化、新要求，国内外积极研发了多项新型催化裂化工艺技术及催化剂。

1）渣油深度转化的 MIDAS Gold 催化裂化催化剂

Grace 公司成功推出了高活性的 MIDAS Gold 催化裂化催化剂，除活性提高外，该催化剂还具有较强的金属捕集能力，可以缓解原料中金属污染物的有害影响，且介孔氧化铝的数量增加，可在非常苛刻的催化裂化操作环境中实现渣油转化的最大化。MIDAS 是一种沸石/基质比中等的催化剂，已在北美约 50% 催化裂化装置和全球 120 多座炼厂的催化裂化装置中成功应用。该催化剂重渣油加工能力强，还可加工加氢处理程度苛刻的轻原料油和来自页岩油的劣质原料，通过三步渣油转化机理进行裂化。催化剂的设计使导致生焦的热因素和催化因素降至最小。这样的性能使渣油能够深度转化，与起始原料无关。

在开发 MIDAS Gold 催化剂的过程中，Grace 公司解决了两个难题：一是在 MIDAS Gold 催化剂中使用大量重油裂化能力强的氧化铝，二是在催化剂基质中使用捕集镍的一水软铝石氧化铝，成功地生产了改进孔分布的催化剂，并生产出了抗磨性好（低磨损指数）的催化剂。这样生产出的 MIDAS Gold 催化剂中既有促进重渣油原料分子裂化的 10～60nm 的中孔，也有改变基质结构的 60nm 以上的大孔。最终结果是 MIDAS Gold 催化剂提高了焦炭和气体选择性，使渣油能够深度转化。

Grace 公司与 A 和 B 两家炼厂合作，得到了 MIDAS Gold 催化剂在催化裂化装置中工业应用的结果。炼厂 A 的催化裂化装置加工机会原油的混合渣油，用 MIDAS Gold 催化剂抑制镍和钒以及非常规金属。与对比催化剂相比，用 MIDAS Gold 催化剂使塔底油减少，液体产品增加，干气减少，在原料油质量变化很大的情况下，提高高价值产品产量。在原料和操作条件不变的情况下，MIDAS Gold 催化剂大孔多，能捕集更多的金属，塔底油收率减少 12%，在平衡催化剂中金属含量相当的情况下产氢量减少 20% 左右。炼厂 B 的催化裂化装置加工重渣油的情况表明,用 MIDAS Gold 催化剂,目的产品收率提高,焦炭和气体选择性没有恶化。在原料油和操作条件不变的情况下,塔底油收率下降 15% 。

2)利用硼基技术研发的 Borocat 催化裂化催化剂

BASF 公司利用硼基技术(BBT)研发的能钝化镍的渣油催化裂化催化剂已完成第一次工业应用。硼基技术是将硼添加到催化剂中的专用无机基质上,可以达到提高催化剂容镍性能的目的。该技术将专用无机基质与催化剂的孔结构性质相结合,在加工渣油原料时能使扩散限制程度降至最低,使生焦和产氢量减至最少,同时可以将更多的油浆转化为轻循环油,从而提高轻循环油收率。

该催化剂被命名为 Borocat,设计目的是为了在加工重渣油原料时能实现最大转化率。该款催化剂的首次工业应用是在瑞士 Tomoil 公司 Collombey 炼厂的渣油催化裂化装置上进行的,原料油为 100% 常压渣油[API 度为 20.7 °API,康氏残炭为 4% ~6%(质量分数),镍钒总量大于 5000μg/g]。在新型催化剂工业应用之前,该装置选用的是锑钝化镍,巴斯夫公司的 Fortress 作为渣油催化裂化主催化剂,并添加了 ZSM-5 助剂以提高装置的轻烯烃收率。换用 Borocat 催化剂之后,该装置催化剂用量由 2.7kg/t 原料降至 2.5kg/t 原料。此外,在提升管出口温度降低 4℃ 的情况下,转化率提高至 79%(质量分数),氢气产量由 0.18%(质量分数)下降到 0.13% ~0.14%(质量分数),焦炭产率与剂油比之比(Delta Coke)降低约 25% ,再生器密相床层温度降低 25℃ ,干气减少 0.5%(质量分数),油浆产率由 11%(质量分数)降至 8%(质量分数),轻循环油产率由 11.5%(质量分数)提高至 12.5%(质量分数),突显了 Borocat 催化剂提高塔底油转化率的能力。

4. 新型加氢裂化/加氢处理催化剂与级配新技术

世界范围内石油资源新增探明储量逐年下降,如何高效利用石油资源,将重质油高效转化成轻质油品成为炼油业当前面临的主要挑战之一;随着环保要求日趋严格,如何应对油品质量升级步伐,是炼油业当前面临的又一重大挑战。此外,伴随着世界经济结构调整,市场对油品需求的结构不断发生着变化,因此合理调整产品结构以维持利润空间是炼油业必须面对的挑战。应对上述挑战的关键是技术进步,而加氢技术是核心。近年来,国内外各大炼油厂商,以降本增效为目标,围绕清洁汽柴油生产、重油高效转化、催化剂降成本、节能降耗以及调整炼油产品结构开展研发工作,开发了一系列加氢工艺技术和催化剂。

1)大幅降低汽油硫含量的新型加氢预处理催化剂

Criterion 催化剂公司推出了新型催化原料油加氢预处理催化剂,可以满足炼厂生产符合美国 Tier 3 标准超低硫汽油(硫含量低于 10μg/g)的需求;Tier 3 标准已于 2017 年 1 月正式实施。

催化原料油加氢预处理对于优化催化裂化装置的性能具有重要意义。催化原料油脱硫可以改进催化裂化产品质量,脱氮和脱金属可以改善催化裂化催化剂性能并减少催化剂用量;催化原料油加氢预处理还可以减少多环芳烃含量,能提高催化裂化转化率。此前,Criterion 公司生产的催化原料油加氢预处理催化剂 Ascent DN-3551 镍钼催化剂和 DC-2551 钴钼催化剂,可以使炼厂生产满足 Tier 2 标准的低硫汽油(硫含量低于 30μg/g);此番推出的新一代催化原料油加氢预处理 Centera DN – 3651 镍钼催化剂和 DC – 2650 钴钼催化剂,具有较强活性,可以大幅降低汽油硫含量。表 1 为 Criterion 公司生产的几代催化原料油加氢预处理催化剂的活性对比。

表 1　Criterion 公司催化原料油加氢预处理镍钼催化剂的活性对比

项目	镍钼催化剂 I	镍钼催化剂 II	镍钼催化剂 III	DN – 3551	DN – 3651
RVA HDS[①]	85	100	112	139	167
RVA HDN[②]	91	100	104	109	130

① 加氢脱硫相对体积活性。
② 加氢脱氮相对体积活性。

Centera DC – 2650 钴钼催化剂通常与 Centera DN – 3651 镍钼催化剂一起使用,特别是用于压力较低的装置,从而优化加氢脱硫和加氢脱氮性能。这两种新型催化剂可以直接用于现有的加氢预处理装置,在相同的操作条件和较少投资的情况下生产符合 Tier 3 标准要求的超低硫汽油产品。表 2 列出了催化原料油加氢处理装置换用 Centera 催化剂后的性能指标数据。由表 2 可见,换用新型催化剂之后,不仅催化汽油的含硫量大幅降低,催化裂化转化率也得到了提高。

表 2　催化原料油加氢预处理装置换用催化剂前后的性能数据

性能指标	生产符合 Tier 2 标准的汽油	生产符合 Tier 3 标准的汽油
加氢预处理装置[①]		
催化剂	Ascent 系列	Centera 系列
压力(psig)	1000	1000
液时空速(h^{-1})	1	1
运转周期(月)	36	26
产品含硫量(μg/g)	1000	300
产品含氮量(μg/g)	1000	500
氢耗(ft^3/bbl)	500	600
催化裂化装置		
原料油转化率[%(体积分数)]	基准	基准 +2.3
催化汽油含硫量(μg/g)	100	25

① 原料油 API 度为 20 °API,硫含量为 2.0%(质量分数),氮含量为 2000μg/g。

Tier 3 标准对硫含量要求苛刻,因此提高催化原料油加氢预处理苛刻度、提高脱硫脱氮深度、提高芳烃饱和度是降低催化汽油硫含量并保持装置合理运转周期的关键;选用先进的催化剂可以提高产品质量并实现盈利最大化。目前,美国已有几家炼油厂商选用 Criterion 公司的新型催化剂,生产低硫催化汽油以满足调和过程的要求,从而产出符合 Tier 3 标准的超低硫汽油。

2)加氢裂化预处理催化剂的级配新技术

雅宝公司开发了催化剂系统设计技术 Stax,对加氢裂化预处理催化剂进行级配装填,以满足特定生产要求。传统的催化剂系统设计是把加氢预处理催化剂分为两部分:在反应器顶层装填低活性级配的催化剂和脱金属催化剂;在反应器其余部分装填高活性加氢处理催化剂。然而,这样的传统催化剂装填设计会产生如下两种结果:一是高活性加氢处理催化剂的顶部比底部更多地与重质原料油馏分接触,容易造成催化剂较快失活;二是不能独立控制产品的含硫量和含氮量,很难兼顾催化剂活性、脱硫率、脱氮率、氢耗和运转周期等。

表3是雅宝公司加氢裂化预处理催化剂的型号和性能。雅宝公司的加氢裂化预处理催化剂有8个型号,每一型号都有两种不同形状和颗粒大小的催化剂,可以满足炼厂在活性、稳定性、氢耗和压降等方面的要求。

表3 雅宝公司加氢裂化预处理催化剂的型号和性能

型号	性能和用途
KFR 22	对于重质原料油的加工稳定性最好;脱金属、沥青质和康氏残炭
KF 851	稳定性很好;氢耗最低
KF 861 Stars	稳定性好;加氢脱氮活性好
KF 905	稳定性很好;直接脱硫的活性最好;氢耗最低
KF 848 Stars	稳定性好;加氢脱氮活性高
KF 860 Stars	对于减压瓦斯油的加工稳定性很好;加氢脱氮活性高
KF 868 Stars	稳定性好;加氢脱氮活性很好;脱氮、脱芳烃
Nebula 20	加氢脱氮、芳烃饱和活性极好

Stax技术的解决方案是让反应器中的每一层催化剂都与不同质量的原料油接触,因此每一层发生的反应都不一样。预处理催化剂在反应器中一般分为4层,如图8所示,具体层数以及每层的高度和位置取决于原料油的物化性质。

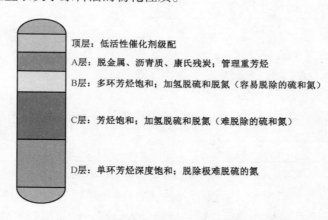

顶层:低活性催化剂级配
A层:脱金属、沥青质、康氏残炭;管理重芳烃
B层:多环芳烃饱和;加氢脱硫和脱氮(容易脱除的硫和氮)
C层:芳烃饱和;加氢脱硫和脱氮(难脱除的硫和氮)
D层:单环芳烃深度饱和;脱除极难脱硫的氮

图8 Stax加氢裂化预处理催化剂级配技术

通常情况下,A层仅用于加工重质原料油,例如沥青质含量超过500μg/g或者干点超过650℃的原料油。雅宝公司推荐选用KFR 22催化剂,既可以加氢脱金属,也可以脱沥青质和康氏残炭。对于B层而言,多环芳烃(四环及以上)被强烈吸附进活性中心并转化为焦炭,需要用特定孔大小分布和结构组成的催化剂,且需要较好的加氢脱硫和加氢脱氮活性,雅宝公司推荐了4种催化剂,分别是KF 860 Stars、KF 851和KF 861 Stars。C层一般是对应传统加氢裂

化预处理装置的加氢脱硫和脱氮功能,雅宝公司推荐,为了提高活性,这层可选用 KF 851、KF 861 Stars、KF 848 Stars 和 KF 868 Stars。D 层含氮量通常低于 $100\mu g/g$,极难脱除的氮化物将出现在该层,雅宝公司推荐 D 层选用高活性加氢脱氮催化剂,如 KF 848 Stars 和 KF 868 Stars,或者可以选用活性最高的 Nebula 20,该款催化剂的加氢脱氮活性是其他常规催化剂的两倍。

在装置受限于氢耗的情况下,雅宝公司推荐采用调整催化剂活性分布的方法,将活性非常高的催化剂如 KF 868 Stars 装在 C 层,因为该层的原料油含氮量相对较高,单环芳烃加氢不会太多,选用 KF 868 Stars 可以提供大部分所需的加氢脱氮活性,没有氢耗损失;然后将活性较低的催化剂如 KF 851 或 KF 861 Stars 装在 D 层以提供降低氮含量的加氢脱氮活性,该部分氢耗较少,部分单环芳烃也可以深度饱和。

Stax 技术的工业应用结果表明,在150bar[1] 操作压力下,选用 KFR 22(A 层)、KF 860 Stars(B 层)和 KF 868 Stars(C 层和 D 层)催化剂,加工含有极重尾馏分的原料,可以延长 30% 的装置运行周期;在 110bar 操作压力下,选用 KF 860 Stars(B 层)、KF 868 Stars(C 层)和 Nebula 20(D 层)催化剂,可以提高 5% ~10% 的重质原料油加工量,显著增加炼厂的利润。

5. 渣油加氢新技术

随着原油劣质化、重质化趋势加剧,原油加工难度增大,环保法规趋向更为严格,重油的高效加工和充分利用已成为全球炼油业关注的焦点,作为重油加工的主要技术,渣油加氢工艺的应用日益增多。

1)LC – MAX 渣油加氢裂化技术

雪佛龙 CLG 公司在 LC – Fining 沸腾床加氢裂化工艺基础上开发了 LC – Fining 和溶剂脱沥青的组合技术——LC – MAX 渣油加氢裂化技术。该技术已于 2013 年 1 月首次许可给中国山东神驰化工公司,目前正在建设 $260\times10^4 t/a$ 装置,计划于 2016 年运行[2]。

LC – MAX 工艺利用 LC – MAX 沸腾床反应器作为渣油加氢裂化的第一反应段。根据原料性质,LC – MAX 第一反应段转化率控制在 40% ~70% 之间,反应物流被送往分馏塔,分馏塔出来的未转化油送入紧邻的溶剂脱沥青单元(SDA)。SDA 将最重的沥青质从未转化油中萃取出来。脱沥青油(DAO)被送往另一个沸腾床 LC – MAX 反应段,在该反应段,由于脱沥青油原料中几乎不含沥青质,因此可以在高转化率下操作。渣油加氢裂化第二反应段得到的物流与第一反应段的物流混合进入常规分馏部分。

图 9 为 LC – MAX 工艺常规流程图。CLG 公司以 C_4 和 C_5 为溶剂,在 DAO 收率为 40% ~ 85% 范围内测试了中间 SDA 单元的操作性能。在多数情况下,正庚烷溶剂足以满足 80% 以上的 DAO。在某些情况下,也可以使用戊烷作为溶剂。虽然该工艺可以得到较高的 DAO 收率,但是 CLG 公司不建议采取过高抽出率的操作模式,因为需要同时兼顾尾油沥青的质量、可加工性和物理性能等方面。

LC – MAX 工艺流程简单,与 LC – Fining 工艺过程相近。LC – MAX 工艺最关键和典型的特征是 SDA 单元的位置,通过将 SDA 置于恰当的位置,可以最大限度降低沥青质的产量,同

---

[1] 1bar = 10^5 Pa。
[2] 该装置原计划于 2016 年运行,但是目前尚未见到其是否按时投入运行的公开资料。

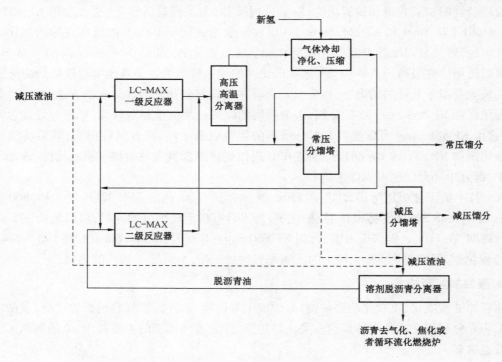

图 9　LC－MAX 工艺常规流程图

时提高装置的总转化率。LC－MAX 工艺可以与下游的加氢装置有机结合,首先通过 LC－MAX 工艺将渣油中最重的沥青质进行预加氢,然后再通过 SDA 单元将剩余的沥青质脱除,进而得到 DAO,为下游加氢装置和加氢裂化装置提供优质进料。表 4 为某劣质渣油经 LC－Fining和 LC－MAX 加工后的结果对比。

表 4　某劣质减压渣油经 LC－Fining 和 LC－MAX 加工后结果对比

项目	LC－Fining	LC－MAX
转化率(%)	63	86 ~ 91
原料灵活性	好	优秀
反应器体积	基准	基准×0.9
化学氢耗	基准	基准×1.15(转化率高 20%)
催化剂添加速度	基准	基准×0.88
塔底产品	低硫燃料油	焦化料、气化料
分馏塔结焦	基准	远远小于基准
未转化油处理	低硫燃料油	气化料;循环硫化锅炉;电厂(200×10^4 t/a,90 ~ 100t/d 氢气或者从沥青中得到 100MW 电量)

此外,LC－MAX 工艺可加工更劣质的原料并提高转化率,可最大限度地转化沥青质,有效利用氢气,提高产品质量。该装置将采用 50∶50 的 Merey－16 和阿拉伯重减压渣油原油进料,渣油转化率达到 90%,可生产符合欧 V 标准的柴油和适合催化重整装置进料的重石脑油。

2）减压渣油悬浮床加氢裂化技术（VRSH）

雪佛龙 CLG 公司于 2015 年初开始面向全球转让其研发的减压渣油悬浮床加氢裂化技术（VRSH）。VRSH 工艺是炼油技术市场上最新的一种悬浮床加氢裂化技术,使用高活性的浆态催化剂替代挤压型催化剂,在提高渣油加氢转化率和降低体系结焦方面有显著效果。CLG 公司在 20 年的研发工作期间进行了严谨试验,实现了 VRSH 工艺的 3 个主要目标:可行的反应系统,避免出现放大问题;较强的催化功能,可以大量转化沥青质和康氏残炭;构建完整的催化剂脱油、回收和合成单元等特点。

VRSH 工艺装置由反应部分、蒸馏部分、未转化渣油中的金属回收部分和催化剂合成部分构成。VRSH 工艺选择了十分成熟的沸腾床渣油加氢裂化（LC – Fining）反应器。该反应器可以提供液体循环的反应环境,其性能超越泡帽塔型悬浮床反应器。表 5 为两种类型反应器性能的比较。

表 5　泡帽塔型悬浮床反应器和液体循环型悬浮床反应器的性能对比

序号	泡帽塔型悬浮床反应器	液体循环型悬浮床反应器
1	尚未进行重油加氢裂化工业放大试验	已经通过重油加氢裂化（LC – Fining）工业放大试验的验证
2	较大的气体滞留量和起泡倾向降低反应器的利用率,反应器体积较大	较少的气体滞留量使反应器得到优化利用,反应器体积较小
3	流体分布较难控制,需要的内构件附件且较难设计;传热和传质效果不佳,导致温度不好控制,结焦风险较大	较高的液体流速使传热和传质效果较好,温度较易控制
4	悬浮催化剂难以输送,催化剂回收率不高	较高的液体流速有利于悬浮催化剂的输送和回收

VRSH 采用的催化剂是一种高性能预硫化和加助剂的钼催化剂,该催化剂结构稳定,容易注入油气中形成悬浮体。VRSH 工艺在高压和中等温度（类似于 LC – Fining 和 LC – MAX）下运转,有利于发挥催化剂活性,也较易制订正常运行方案和应急预案。

CLG 公司采用极易结焦的 Marlin 和 Hamaca 减压渣油为原料,进行了长周期运转,考察结果表明:在转化率超过 95% 的情况下,减压渣油在运转期间也没有或很少结焦;即使采用 Maya 减压渣油为原料,在转化率为 92% 的情况下,持续运转 100d 以后,在反应器、设备、管道和阀门中也几乎未出现结焦。VRSH 工艺不仅可以加工难转化易结焦的减压渣油,而且可以实现合理的长周期运转,沥青质的转化率接近并随着减压渣油转化率的提高而提高。

3）全球首套煤油共炼成套工业化技术（Y – CCO）

由延长石油集团自主开发的全球首套 45×10^4 t/a 煤油共炼（Y – CCO）装置于 2015 年 1 月一次试车成功并产出合格产品;并于 9 月 15 日通过中国石油和化学联合会组织的技术鉴定。该技术创新性强,总体处于世界领先水平,对煤炭资源清洁高效转化、减少对石油资源的依赖、保障国家能源安全具有重要的战略意义。

延长石油集团在国内外开展浆态床加氢裂化技术研究的基础上,积极引进、消化吸收再创新,进行了一系列新技术研发、工艺技术改进和工程集成创新,形成了具有自主知识产权的 Y – CCO 成套工业化技术。该技术是以中低阶煤炭与重劣质油（催化裂化油浆）为原料,采用浆态床加氢裂化与固定床加氢裂化在线集成生产轻质油品的煤油共炼技术，其创新点包括：（1）提出了煤油共炼协同反应机理，首次开发了浆态床与固定床加氢的工业化在线集成工艺，为煤油共炼技术开发及应用提供了基础。（2）发明了煤油共炼专有催化剂和添加剂体系，可提供更多活性氢，有效抑制结焦反应，实现了中低阶煤及重油的高转化率、高液体收率。同时，生焦前驱物主要沉积在添加剂表面，缓解了反应及分离系统的结焦问题。（3）发明了煤基沥青砂水下成型和改性技术，解决了煤基沥青砂软化点波动造成无法成型的难题，避免了轻烃挥发污染环境，拓宽了煤基沥青砂的应用领域。（4）发明了浆态床反应器特殊构造的隔热衬里和内衬筒，解决了高温、高压、临氢条件下隔热材料选材及施工难题。该装置72h连续运行现场考核的结果表明：当煤粉浓度为41%时，煤转化率为86%，525℃以上时的催化裂化油浆转化率为94%，液体收率达70.7%，能源转换效率为70.1%。

Y－CCO成套工业化技术突破了煤化工行业煤炭清洁高效转化和石化行业重劣质油轻质化两个领域的技术难题，既改变了煤直接液化和间接液化的一些不足，也为炼厂重劣质油、煤焦油加工利用提供了新的工艺技术方案，形成了重油加工与现代煤化工的技术耦合，为煤制油和重劣质油轻质化开辟了一条新的技术路线，具有良好的推广应用与产业化前景。

6. 炼油化工一体化新工艺

由于交通运输用油和化工用油需求增长速度的不均衡，在满足交通运输用油的同时，如何最大限度地满足化工用油的需求成为炼化企业必须解决的问题。炼油化工一体化在合理灵活利用石油资源、提高石油化工公司的投资收益、增强企业的成本竞争力方面具有较大的优势。世界各大石化公司都在积极开发炼厂多产低碳烯烃技术、多产芳烃技术和多产化工轻油技术等炼化结合的炼油化工技术，并取得很大进展。

2015年6月16日，法国Axens公司推出一项新工艺EMTAM。该工艺可以避免对二甲苯（PX）装置副产品苯的生成，最大化生产PX并且可以大幅降低炼油—对二甲苯联合装置的生产成本。目前，国内外先进的PX工艺多采用石脑油PX联合装置，即主要通过石脑油催化重整工艺，再经过系列转化和分离过程来生产PX。石脑油进料成本占联合装置操作成本的85%～90%。此外，PX原料中25%～40%的甲苯会发生歧化反应和烷基转移反应，从而不可避免地生成副产物苯。Axens公司推出的EMTAM工艺核心是甲苯对位选择性甲基化反应。该工艺以甲苯和廉价的甲醇为原料，转化生成高附加值的PX产品；甲苯甲基化反应具有较高的转化率，反应过程中不存在甲苯歧化反应，避免了副产物苯的生成。

Axnes公司推出的EMTAM工艺可以被无缝整合到该公司的ParamaX®成套技术中，并呈现出优化的内部物料管理、标杆技术的优化设计以及ParamaX®的节能优点等。与传统芳烃联合装置的流程配置相比（图10），EMTAM ParamaX®联合装置对石脑油原料进行了分馏切割（图11）。其中，甲苯与外注的甲醇进入EMTAM回路完成甲基化反应，生成的C_8芳烃进入二甲苯回路反应生成PX，由于EMTAM回路出来的C_8芳烃中乙苯含量低，极大降低了二甲苯回路的建设成本和操作成本。此外，苯和C_{9+}芳烃可以进行烷基转移反应，生产更多的甲苯再进入EMTAM回路，同时生产的大量C_8芳烃进入二甲苯回路。因此，如果运用EMTAM ParamaX®联合装置，在生产等量PX产品的情况下，可以减少30%的石脑油用量。

总而言之，EMTAM ParamaX®技术是全部由标杆技术组成的一揽子解决方案，其中包括流

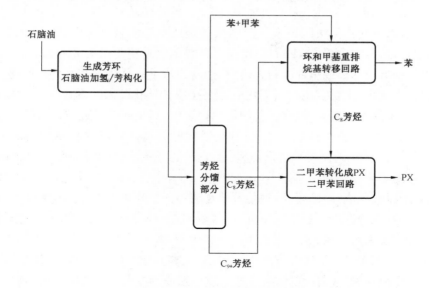

图 10 传统芳烃联合装置的流程配置示意图

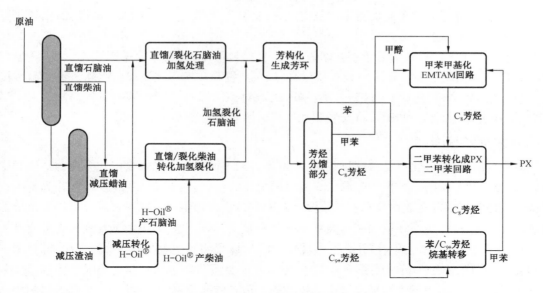

图 11 EMTAM ParamaX®联合装置的流程配置示意图

化床甲苯对位选择性甲基化技术、ParamaX 节能设计等。对于目前原油—PX 联合装置而言，EMTAM ParamaX®联合装置可以使炼油和芳烃联合装置的生产成本大幅降低，并能确保 PX 生产成本最低。

7. 炼厂制氢技术进展

由于日趋严格的环保要求、加工原料的劣质化、不断增长的油品和化工原料市场需求和经济利益的推动，加氢技术得到了极大发展，对氢气的需求也大幅增加，预计今后炼厂氢气需求年增长率将超过 4%，来自炼厂内部的氢气供应，包括工艺装置副产氢气、炼厂气回收氢气、现有的炼厂制氢装置，将难以满足未来的氢气增长需求，需要探索更灵活、更可行的供氢策略。

目前，以烃类水蒸气转化法所得氢气产品依然是最主要的氢气来源，其产量所占比例在90%以上。Air Products公司和Technip公司提出甲烷蒸汽重整制氢工艺（SMR），丁烷在一定条件下可以作为制氢的部分或全部原料，液化石油气或汽油可作为替代原料。SMR工艺近年来也有较大的技术进步，主要表现在以下几个方面：（1）预转化工艺的重新应用；（2）操作条件的强化，包括进一步降低水碳比、提高转化炉进出口温度、提高入炉燃烧空气的温度，从而进一步降低能耗；（3）多种催化剂性能的改进，特别是转化催化剂；（4）转化炉结构的改进，转化炉管材质的提高；（5）采用先进控制手段，提高装置的安全可靠性；（6）变压吸附系统的改进，包括提高吸附剂性能等。

此外，近年来以减压渣油、沥青，特别是石油焦或煤为原料的部分氧化法（POX）制氢工艺正日益受到重视，其优势在于原料价格便宜、氢气成本低、环境友好等。POX工艺应用的主要限制是工艺过程需要大量纯氧，且气化操作过程较为苛刻，使装置投资很高，为同等规模烃类水蒸气转化法的3~3.5倍。POX工艺的后续加工基本上分为两种类型：一种是以发电为主（IGCC），同时生产部分氢气或合成气；另一种是以产氢或制取合成气为主，同时输出部分蒸汽和电力。

在炼厂里，除了催化重整装置副产氢气外，其他低浓度氢气主要来源于加氢、催化裂化及延迟焦化装置副产的气体，可采用变压吸附（PSA）、膜分离及深冷分离3种工艺提取其中的氢气。由于这些工艺的投资远低于新建制氢装置，且操作简单，具有很大的吸引力。Linde公司介绍了PSA工艺的主要优势：（1）设备质量高，PSA装置高转换周期要求使用高质量的耐用设备；（2）可实现100%氢气利用；（3）灵活性好，可应对不同原料气和不同的氢气需求；（4）PSA系统可实现模块化设计和安装，将安装和现场调试的时间和成本降至最低。

8. 生物炼制新技术

随着石油、煤炭等化石能源的日益减少，世界各国正面临着不同程度的化石能源短缺和生态危机，开发和利用清洁可再生能源已成为各国关注的焦点，并纷纷将生物质能源作为解决资源、环境、经济问题的有效途径和重要手段。其中，有效、合理生产生物燃料不仅可以缓解能源短缺，而且对于保护生态环境和减排温室气体具有重要的现实意义。生物燃料一般指液体生物燃料，主要包括生物乙醇、生物丁醇、生物汽油、生物柴油和生物航煤等。生物燃料起源于20世纪70年代，由于受传统能源价格提高、环保意识加强和全球气候变化等因素影响，美国、巴西、欧盟以及中国等成为积极发展这一技术的主角。依据使用的主要原料，生物燃料的生产技术经历了四代，如图12所示。

预计到2030年，全球生物航煤使用比例将占航空煤油的20%以上，生物柴油的添加比例也将占到车用柴油的10%以上。生物燃料技术可同时降低燃料生产成本，实现环保和经济双增效。本部分将介绍2015年推出的生物炼制新技术：

1) 离子液体参与生产纤维素乙醇的新工艺

在生产纤维素乙醇的工艺过程中，为了分离出大部分有用的多糖，各类生物质都必须进行预处理，然后再把多糖转化为工业发酵过程所需的糖；常规预处理工艺成本高、能耗高，而且在某些情况下会对下游工序中的微生物、酶和糖有不利影响。因此，木质纤维素生物质的预处理

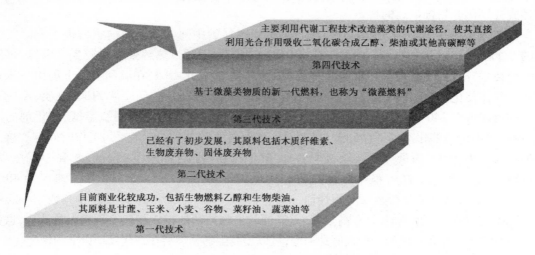

图 12　生物燃料技术的发展历程

过程极具挑战性。

美国加州联合生物能源研究所(JBEI)与加州先进生物燃料工艺示范单位(ABPDU)合作,正在深入开发有效利用离子液体的生物质转化工艺,重点在于工艺优化和强化装置操作。JBEI 开发的单反应器工艺将预处理与糖化集成为一步,降低了用水量并减少了废料的产生。目前,该研究已进入离子液体预处理的放大与验证阶段,装置规模为 100L。研发团队称,目前利用离子液体进行生物质预处理的规模已达到 1t/d。

选择工业应用效果最好的离子液体是该工艺的关键环节之一。阴离子和阳离子的选择决定其如何与生物质中的主要组分木质素、纤维素和半纤维素相互作用。JBEI 认为,在数千种已知的离子液体中,能够对生物质进行有效预处理的离子液体不到 50 种。研究表明,通过选择性地与生物质组分相互作用来破坏植物细胞壁结构,可以实现定制离子液体的目的。JBEI 研究发现,咪唑鎓基离子液体特别适用于破坏植物细胞壁,并能与各种生物质组分相互作用,使其成为处理各种生物质原料的有效选择。因为木质素、纤维素和半纤维素都是自然界生长的简单聚合物,所以咪唑鎓基离子液体可以被看作能有选择地溶解各种聚合物的溶剂。

JBEI 还研发了一些合成离子液体的新方法,特别是以生物基材料为原料的制备方法。目前,研发团队已经开发了两种反应性能较佳的可再生离子液体("生物离子液体")。一种是用半纤维素合成的离子液体,另一种是用木质素合成的离子液体。其中,木质素通常被视为一种废料,若能用于生产生物离子液体,必将带来广阔的应用前景。以木质素为原料合成离子液体,首先要把木质素解聚为单体,然后把单体通过化学途径转化为醛和醇,作为生成物离子液体的阳离子部分;阴离子部分来自工艺过程中的磷酸。有效的可再生生物质预处理工艺的开发将有助于生物化学品和生物燃料的快速发展。

2) 一步合成法制生物汽油新技术

美国夏威夷大学夏威夷自然能源研究所开发了一种一步合成法制生物汽油的新技术,用聚羟基丁酸酯(PHB)生产汽油级(C_6—C_{18})烃燃料。PHB 是一种储能物质,可由可再生原料经多种细菌作用生成。与从植物生物质衍生的常规生物燃料不同,由 PHB 得到的烃燃料具有烯烃或芳烃化合物含量高的特点。

PHB 已被确认为具有巨大潜力的作为生产烃燃料的中间体。美国国家可再生能源实验室的一个研究小组开发的另一种方法是将 PHB 在 400℃下通过热解聚和脱羧生成丙烯,再使用低聚技术升级到烃类燃料。在夏威夷大学研究的方法中,PHB 是在温和条件下利用一步合成法在固体催化剂(固体磷酸,SPA)上降解、脱氧和重整成燃料油,反应从 213℃开始,反应完成时的温度低于 240℃。影响催化剂性能的因素包括催化剂制备时的煅烧温度、催化剂的用量、新鲜或用过的催化剂的总酸和游离酸含量、催化剂被多次重复使用时的工作时间等。该工艺的总收率为 94%(质量分数),除烃燃料外,其他产物包括二氧化碳、丙烯、水和一些焦炭。烃燃料[30%(质量分数)]根据其沸点的温度范围分离成两个等级:轻烃油[沸点为 40 ~ 240℃,产率为 23%(质量分数)]和重烃油[沸点为 240 ~ 310℃,产率为 7%(质量分数)]。轻烃油与商业汽油的组成相类似,具有高热值,重烃油与生物柴油的组成相似。研究人员认为,这种烃油是生物基烯烃和芳烃的一个很好的来源,可以提高生物基燃料在现代发动机上的性能。

3)废油生产生物柴油的酶解法新工艺

丹麦诺维信公司推出了一种名为 Eversa 的新品种酶,这是第一种工业上可用废油生产生物柴油的酶解法新工艺。该酶解工艺可以把废餐饮油或其他劣质油转化为生物柴油。目前,食品工业所用的植物油大多来自大豆、棕榈或菜籽,通常含有的游离脂肪酸低于 0.5%。现有的生物柴油工艺设计都难以处理脂肪酸含量大于 0.5% 的油脂,因此游离脂肪酸含量高的各种废油目前都不能用作生产生物柴油的原料。诺维信公司称,用酶解工艺生产生物柴油并不是新想法,但以往工艺的生产成本,酶的工业使用寿命太短。Eversa 的成功开发改变了这种状况,该工艺原料适应性强、灵活性高,避免了原料价格上涨对生产的影响。

4)固体废物为原料的生物炼厂

阿文戈亚生物能源公司(Abengoa Bioenergia)将建设美国第一座以市政固体废物(MSW)为原料的生物炼厂。该炼厂将坐落于内华达州里诺市的 Tahoe - Reno 工业中心,项目总投资约 2 亿美元。阿文戈亚生物能源公司将负责项目的监督执行,包括项目研发、工程设计与建设等。

该生物炼厂计划采用生物质气化工艺将市政固体废物(MSW)转化为合成油气,进而加工制造生物喷气燃料。该工艺流程大体可分为 4 个步骤:第一步是原材料预处理,将市政固体废物在 200 ~ 300℃条件下进行烘焙干燥,并使其中的生物质达到后续处理的颗粒大小和形态要求;第二步是生物质气化反应,将预处理后的生物质研磨成粉末,在 1200 ~ 1600℃、3 ~ 4MPa 操作条件下,在气化反应器内转化为粗燃气,然后经净化、组分调变、甲烷转化或水煤气变换等反应获得高质量的生物质合成气;第三步为生物质合成气的净化,以满足后续工艺的进料要求;第四步采用费托合成、选择性加氢裂化、加氢异构改质等技术,生产满足标准要求的喷气燃料。费托合成方法以 Fe、Co 基催化剂催化转化 CO 和 H_2 得到类石油燃料,是将气体转化为液体燃料的重要途径。费托合成反应设备有固定床反应器、流化床反应器和浆态床反应器,其中固定床反应器和浆态床反应器应用最为广泛和成熟。

该生物炼厂的投产将为美国大量的市政固体废物提供可持续转化路径,避免大量固体废物的填埋处理,防止化学污染物释放到空气中或渗入地下水。此外,生物燃料在一定程度上降低了人类活动对化石燃料的依存度,同时可以有效降低航空业的碳排放量。

（三）石油炼制技术展望

随着环保法规实施范围的不断扩大,除了不断提高车用燃料的质量之外,越来越多的国家已经开始降低船用等运输燃料的硫含量,以降低因水路运输等造成的环境污染。全球炼油行业正在面临日益增多的挑战,为了应对和适应不断严格的油品标准、不断变化的油品结构,提高原油资源的利用率、提高油品附加值、降低能耗、低碳环保等已成为炼油工业持续发展、提高盈利水平的主要举措,也是炼油技术发展的主要方向。

1. 全球炼油行业将进入平台期,调整油品结构技术尤为重要

炼油行业在成长期市场的需求增幅预计为 $75 \times 10^4 \text{bbl/d}$,但是随着中国、独联体（CIS）国家和经济合作与发展组织（OECD）成员国的需求预期下降,全球炼油行业将进入平台期。图 13 为对全球主要区域炼厂运行状况的预测分析。

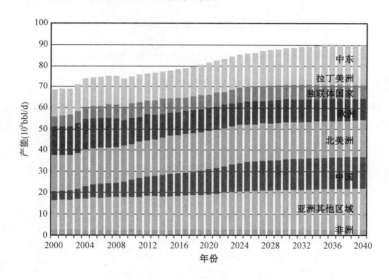

图 13　全球主要区域的炼厂运行状况

拉丁美洲,如巴西和墨西哥等国,经济和投资的困境已造成重大项目的延迟和取消。总体上,因为炼油投资的持续落后,拉丁美洲将在中期内继续依赖进口。在非洲,新增炼油产能有限,很可能在 2030 年成为世界最大的进口地区。在中东,随着新的产能上线,其炼油产量预期在 2020—2022 年增幅达 $(180 \sim 190) \times 10^4 \text{bbl/d}$。增幅将主要集中在沙特阿拉伯、阿联酋和阿曼,它们具有原油成本的优势,可满足当地汽油需求,并且在此期间过剩的产能也可被现有的出口市场消化。因为原油和天然气的价格优势,以及产品出口机会,美国炼油行业将在整个中期保持强劲。短期内产能将有提升,预计未来几年将有约 $50 \times 10^4 \text{bbl/d}$ 的产能上线。而欧洲的情况与此相反,他们不仅要面对产品需求的下降,还要面对中东炼油行业持续增长的输出。在 2040 年之前,欧洲将有约 $200 \times 10^4 \text{bbl/d}$ 的炼油产能被裁减,以平衡产品供需关系。

在全球炼油行业将进入平台期的大背景下,各国积极顺应需求变化调整油品结构,图 14

是对全球炼油产品年需求量的变化趋势预测。炼厂生产过程中要针对实际情况,如需求柴汽比等因素变化,灵活采用调整油品结构技术。

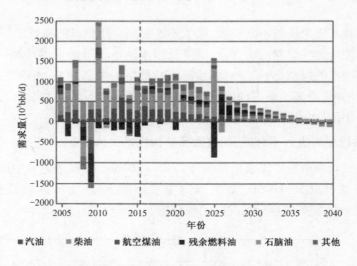

图 14　全球炼油产品 2005—2040 年需求量的变化趋势

2. 亚太地区炼油行业需多方位技术提升炼厂竞争力

全球炼油利润仍将下滑,亚太地区也难以幸免。尽管亚太地区经历了炼油低利润周期,但是因为市场显著变化,这一次的挑战特别严峻,亚太地区炼油工业必须应对前所未有的问题。当前,亚太地区炼油工业面临新形势:中国和印度两大油品需求国逐步实现油品供应的自给自足,亚太地区油品需求降温,汽油短缺和中间馏分油过剩的不平衡,来自北美和中东炼油商的竞争加剧,进口依赖度增加等。2000 年以来,亚太地区新增大量炼油能力,相当于每年增加 4 座 20×10^4 bbl/d 的炼厂,尤其是中国和印度的国家石油公司为实现本国道路燃料自给自足目标,加快建设炼油项目。因此,亚洲两大经济体给该地区的道路燃料出口国的机会已很有限。

未来几年,亚太地区炼油商面临四大挑战:(1)新增原油进口量主要来自非洲、拉丁美洲和独联体地区,不再是以往的中东地区,亚太炼油业要增加炼油的灵活性以处理不同品质和不同来源的原油;(2)未来进口原油将依靠远距离运输,炼油业要关注运输和存储环节,降低运输成本;(3)由于全球重质原油供应的日趋紧张,亚太地区的炼油商和全球其他地区的炼油商争夺重质原油的竞争将日趋激烈,预计亚太地区重质原油需求将不能被完全满足;(4)由于美国原油产量大幅增加,全球轻质原油将供应过剩,轻质原油和重质原油的价差将进一步缩小,这将降低工艺复杂的炼厂的盈利能力以及渣油改质项目的投资回报率。

在低利润率大环境下,炼厂的盈利能力和生存能力将取决于一些因素,如所有权、选址、市场份额和相对竞争力。而提高高附加值产品收率、提升炼油效率、改善物流,以及与炼油化工一体化等将增强炼厂的竞争力。

3. 全球炼油化工催化剂需求将稳步增长,催化剂制备技术是保障

预计 2018 年前,全球范围内化学合成、聚合物生产和石油炼制所需催化剂将年均增长4.8% ,2018 年催化剂市场将达到约 206 亿美元,见表 6。增长主要来自发展中国家,收入增加、汽车保有量增多和快速工业化都将使所有催化剂消费市场增加产能。因此,对于石化公司而言,提升催化剂制备技术水平可以保障催化剂的需求增长。

表6　全球各地区炼油化工催化剂需求增长情况预测

地区	2013年需求(亿美元)	2018年需求(亿美元)	2013—2018年均需求增速(%)
北美	50.40	59.90	3.5
中/南美	7.99	10.00	4.6
西欧	37.00	42.70	2.9
东欧	6.21	7.80	4.7
非洲/中东	9.40	12.65	6.1
亚太	51.90	72.45	6.9
全球	162.90	205.50	4.8

1)原料变化拉动催化剂需求增长

地区原料的变化将普遍拉动各种高价值化学合成催化剂的需求。在中国,丰富的煤炭资源和大力发展煤制烯烃(CTO)技术将支撑对合成气的需求。在北美,页岩气快速增产和廉价天然气都将促进类似的变化。聚合物催化剂的需求将以稳健的步伐增长,以应对全球聚合物的加速生产。然而,多种聚合物的大宗商品属性和原材料成本的变化将促进产品的差异化发展,并促进聚合物催化剂改性,特别是在发达国家。

2)环保法规拉动催化剂需求增长

严格的环保法规将对炼油催化剂市场产生较大影响。提高燃油效率,抑制全球气候变暖,将限制油品消费增加和产量增长对炼油催化剂的需求。同时,对柴油车(燃油效率更高)的需求增长将有助于推动炼厂对催化剂需求的变化,炼厂将转向使用更多的加氢裂化和催化裂化催化剂,生产更多高附加值的石油产品。中国、印度等发展中国家通过降低油品含硫量减少空气污染的努力,将继续促进对加氢处理催化剂的需求。然而,全球范围内的原油供应变化,特别是低含硫致密油的供应量增加,可能限制一些发达国家市场对加氢处理催化剂的需求增长,炼厂需要具备较大的加工灵活性以应对原油的供应变化。

4. 高品质清洁油品生产仍将是炼油工业发展着力点

在当前全球油品质量日趋严格,产品标准中硫含量等关键指标限值逐严的大形势下,世界各国均加快了油品标准升级的步伐。生产低硫/超低硫清洁燃料的现实需要,将使高品质清洁油品的生产继续成为炼油工业发展的着力点。

1)新型加氢催化剂的研发是关键任务

在世界范围内,催化裂化汽油、催化裂化柴油在汽柴油调和池中占据一定比例,用于改善催化裂化原料以及后处理的加氢技术正逐渐增多,加氢催化剂的应用成本也成为直接影响炼厂经济效益的指标之一。加氢技术的更新换代已经成为油品质量升级的关键技术,研发新型加氢催化剂、降低加氢催化剂成本、提高加氢催化剂性能必将为炼厂降本增效做出重要贡献。

2)制氢装置将成为保证炼厂可靠高效运行的关键装置

随着全球炼油能力、重劣质原油供应量的逐年提升,以及对高品质清洁油品的需求增长,必将引导炼厂采用更高标准的加氢装置,对氢气的需求也提出了数量更多和品质更高的需求,以目前炼厂内部的氢气供应将很难满足未来的氢气增长需求。因此,炼厂必须根据装置结构、投资规模、制氢原料的可获得性和实际成本等因素重新评估氢气的获取策略,例如:若氢气需求提升幅度较大时,可选择新建制氢装置或扩能方案;若氢气需求增幅不大时,可以通过加强氢气管理、优化装置操作、扩大原料范围等途径提高氢气的生产和利用效率等。此外,还需储备石油焦等劣质原料制氢等低成本制氢技术。

5. 突破加工劣质渣油和实现长周期运转将是渣油加氢技术的瓶颈

固定床渣油加氢处理技术仍将是渣油加氢的主流工艺技术,固定床渣油加氢脱硫—催化裂化组合工艺也将被广泛应用,从而实现超低硫汽油质量升级。然而,突破加工劣质渣油和实现长周期运转将是渣油加氢技术的瓶颈。

沸腾床加氢裂化技术作为目前实现渣油最高效利用的工业化技术,在原料适应性、转化深度、催化剂寿命和消耗等方面还有待进一步提高。同时,还需开发和应用沸腾床与其他技术的集成工艺以及转化尾油的处理工艺。

悬浮床加氢裂化技术是目前炼油工业世界级的难题和前沿技术,具有较好的推广前景,但仍需开发高活性的分散型催化剂,并着重解决装置结焦等问题。

参 考 文 献

[1] Adrienne Blume. Methaforming cuts cost of high – octane gasoline[J]. Hydrocarbon Processing, 2015(7): 84 – 85.

[2] Stephen Williams, Arvids Judzis, Jackie Medina. Advances in alkylation—breaking the low reaction temperature barrier[C]. AM – 15 – 18, 2015.

[3] Migliavacca J, Glasgow I, Davis E, et al. Alkylating refinery – grade propylene offers processing opportunities [J]. Hydrocarbon Processing, 2015(6):33 – 39.

[4] David Seiver, Randy Wagler. Rencent gasoline blending optimization project experience at Valero[C]. AM – 15 – 54, 2015.

[5] Mike Rogers. Diesel maximization:putting a straw on the FCC feed[C]. AM – 15 – 24, 2015.

[6] Angela Jones, Eric Lowenthal, Kent Turner. Maximising deep conversion[J]. Hydrocarbon Engineering, 2015(3): 76 – 80.

[7] Patrick Gripka, Opinder Bhan, Wes Whitecotton, et al. Catalytic strategies to meet gasoline sulphur limits [J]. Petroleum Technology Quarterly, 2015(2):99 – 104.

[8] Stefano Melis. Four – stage hydrocracking pretreatment[J]. Petroleum Technology Quarterly, 2015(Catalysis): 45 – 48.

[9] Mario Baldassari, Ujjal Mukherjee. Maximum value addition with LC – MAX and VRSH technologies[C]. AM – 15 – 78, 2015.

[10] Slashing paraxylene production costs with EMTAM ParamaX® technology[C]. Axens' China Seminar, 16 June 2015, Beijing.

[11] Bhargava M, Nelson C, Gentry J, et al. Maximize LPG recovery from fuel gas using a dividing wall column[J]. Hydrocarbon Processing, 2015(1):39 – 43.

[12] Sarah Farnand, Jimmy Li, Nitin Patell. Hydrogen perspectives for 21st century refineries[C]. AM – 15 – 27,2015.

[13] Tobias Keller, Goutam Shahani. PSA technology:more than a hydrogen purifier[C]. AM – 15 – 28,2015.

[14] Mary P Bailey. Ionic liquids create more sustainable processes[J]. Chemical Engineering,2015(10):18 – 24.

[15] Shimin Kang,Jian Yu. A gasoline – grade biofuel formed from renewable polyhydroxybutyrate on solid phosphoric acid[J]. Fuel,2015(160):282 – 290.

[16] Agnes shanley. New enzyme[J]. Chemical Engineering,2015(1):12 – 14.

八、化工技术发展报告

2015 年,世界石化工业进入低油价、产能过剩和安全环保日趋严格的新常态。目前高科技革命、新材料革命、信息革命和"绿色"革命是世界石化工业进一步发展的主要驱动力。石化工业正在向着技术先进、规模经济、产品优质、成本低廉、环境友好的方向发展。

(一)化工领域发展新动向

1. 页岩气化工为乙烯工业提供了有竞争力的原料

页岩气革命为美国乙烯工业提供了大量廉价乙烷作为乙烯裂解原料。预计 2016—2018 年,美国有 8 套世界级规模的乙烷裂解装置投入运行,每套装置每天需用 $(8.5 \sim 9) \times 10^4 bbl$ 乙烷,所增加的乙烷大部分来自于马塞勒斯和尤蒂卡(俄亥俄州东北部的尤蒂卡/Point Pleasant)页岩区。美国开发的页岩气中平均轻烃含量为 12%(体积分数),最多达到 16%(体积分数),将其分离出来可作为乙烯工业的良好原料,用于乙烯裂解过程制取乙烯等烯烃和轻芳烃。

在美国有不少地区,如伍德福德地区页岩气生产含有大量凝析液的湿天然气(简称湿气),湿气中含有较多的乙烷、丙烷、丁烷和轻烃(中国目前发现的页岩气,由于页岩地层热成熟度较高,包括重庆涪陵页岩气等均属于干气)。表 1 为由美国石油工程师协会(SPE)提供的典型的干气、湿气和反凝析气组成。

表 1　典型的干气、湿气和反凝析气组成　　　　　单位:%(摩尔分数)

成分	干气	湿气	反凝析气
C_1	96.30	88.70	72.70
C_2	3.00	6.00	10.00
C_3	0.40	3.00	6.00
$i - C_4$	0.07	0.50	1.00
$n - C_4$	0.10	0.80	1.50
$i - C_5$	0.02	0.30	0.80
$n - C_5$	0.02	0.30	1.00
C_6	0.02	0.20	2.00
C_7	0.00	0.20	5.00
合计	99.93	100.00	100.00

IHS 能源咨询公司《2014 年世界乙烯分析》报告指出,随着美国页岩气开发大潮的到来,乙烷作为伴生气产量大增,价格降低,导致北美地区出现乙烷资源过剩,一方面推动了乙烯生产商投资改造和新建国内乙烷裂解装置;另一方面,美国分馏能力和输送至墨西哥湾沿岸的凝析液管线输送能力的大幅提升,将令美国生产和出口更多的乙烷成为可能。

表 2 为美国历年来采用各种裂解原料的乙烯产量。由表 2 可知,由于页岩气提供了大量的乙烷原料,从 2005 年起美国乙烷制乙烯产量增加,同时石脑油制乙烯产量急剧下降。2015年,美国从乙烷中得到的乙烯体积分数占总量的 73%,加上丙烷和丁烷后则高达 92.5%。

表 2　美国各种裂解原料的乙烯产量　　　　　　　　　单位:10^6t

年份	炼厂废气	乙烷	丙烷	丁烷	石脑油	瓦斯油	合计
1990	0.5	8.2	2.4	1.0	4.2	0.7	17.0
1995	0.7	10.2	3.3	1.1	4.8	1.4	21.5
2000	0.8	11.5	2.9	0.8	7.5	1.6	25.1
2005	1.0	11.1	3.9	0.8	5.9	3.0	25.7
2010	1.0	15.4	3.9	0.8	2.1	0.7	23.9
2015	0.9	17.6	4.0	0.7	0.8	0.2	24.2

2. 乙烯生产技术不断进步,乙烷相对于石脑油的成本优势有所减弱,产业集中度进一步提高

1)乙烯生产技术进步

乙烯是石油化工的龙头,是各种石化产品最重要的原料。近几年,乙烯技术进展主要体现在大型化、裂解炉设计和材质改进、产品分离效率进一步提高以及乙烯原料的优化和多样化等方面。对未来乙烯装置的设想为:(1)乙烯生产将继续以蒸汽裂解为主,发展趋势是设计更大的装置,以充分利用投资规模的经济性。单线能力有可能达到$(100 \sim 200) \times 10^4$t/a。(2)$180 \times 10^4$t/a 的激冷塔比现在炼厂和石化装置使用的塔罐体积更小、更轻巧。冷冻系统、热泵和裂解气压缩机可以是能力为$(140 \sim 180) \times 10^4$t/a 的单系列。(3)裂解炉向高温、短停留时间和低烃分压发展。(4)开发出大功率、底烧式、低氧化氮放出烧嘴。(5)不断改进裂解炉材质,可实现更高的裂解温度,降低炉管结焦速度,延长裂解炉使用寿命。(6)燃气轮机与裂解炉加热器整合,达到降低乙烯生产能耗的目的。(7)研发高效的抑制裂解炉结焦新技术,解决乙烯装置结焦严重问题。

2)乙烷相对于石脑油的成本优势有所减弱

乙烯原料在乙烯成本中占 70% ~75% 的比例,乙烯原料价格高低是影响乙烯成本的关键因素,油价下跌对世界主要地区的乙烯生产带来不同影响。中东地区乙烷裂解制乙烯生产成本约为 350 美元/t,该地区乙烷价格并不挂钩原油,其成本优势随着国际油价大幅走低而明显削弱。北美地区乙烷裂解生产乙烯成本约为 290 美元/t,而该地区乙烷价格近年来已持续保持低位。油价下跌使石脑油生产乙烯成本大幅减少,而煤制烯烃相对石脑油制烯烃的成本优势则显著下降,截至 2015 年末,石脑油制乙烯成本已低于煤制烯烃。

油价下跌最直接的影响是降低石脑油制乙烯生产商的生产成本,间接提高了以石脑油为原料的石化生产商的竞争力。美国石化生产商以乙烷为原料生产乙烯,比欧洲和亚洲的以石脑油为原料的石化生产商仍享有成本优势,但石油价格暴跌后地区成本差已大幅缩小,欧洲和亚洲石化生产商竞争力得到增强。过去由于石脑油和乙烷价格之间存在巨大价差,曾使欧洲一些石化生产商尝试从美国采购乙烷原料。现在来看,这些举措从经济性看已不具有太大吸引力。欧洲乙烯裂解装置的原料结构轻质化进程因目前低油价减缓,石脑油将继续维持其乙烯裂解主要原料的地位。

3) 产业集中度进一步提高

2014 年,世界乙烯装置已达到 293 座,平均规模为 52.2×10^4 t/a,因装置数量增多而单套规模不大,平均规模较 2013 年略有下降。埃克森美孚公司在新加坡裕廊岛的乙烯装置已成为世界最大的联合装置,总规模高达 350×10^4 t/a,其中一套 100×10^4 t/a 的装置是世界首套可以直接使用原油作为裂解原料的乙烯装置。台塑石化公司在台湾麦寮的乙烯装置紧随其后。世界前十大乙烯联合装置总产能上升到 2256×10^4 t/a,占世界总产能的 14.7%（表 3）。世界前十大乙烯生产商的总产能达到 8413×10^4 t/a,占世界乙烯总产能的 57.4%（表 4）。世界乙烯产业集中度进一步提高。

表 3　世界前十大乙烯联合装置

排名	公司名称	地点	产能（10^4 t/a）
1	埃克森美孚公司	新加坡裕廊岛	350.0
2	台塑石化公司	中国台湾省麦寮	293.5
3	诺瓦化学公司	加拿大艾伯塔省若夫尔	281.2
4	阿拉伯石化公司	沙特阿拉伯朱拜勒	225.0
5	埃克森美孚公司	美国得克萨斯州贝敦	219.7
6	雪佛龙菲利普斯化学公司	美国得克萨斯州斯韦尼	186.5
7	陶氏化学公司	荷兰泰尔纳增	180.0
8	英士力烯烃和聚合物公司	美国得克萨斯州巧克力拜尤	175.2
9	等星化学公司	美国得克萨斯州 Channelview	175.0
10	延布石化公司	沙特阿拉伯延布	170.5

数据来源:《油气杂志》,2014 年 7 月 7 日。

表 4　世界前十名的乙烯生产商

排名	公司名称	装置数量（套）	整体联合装置产能（10^4 t/a）	公司权益产能（10^4 t/a）
1	埃克森美孚化学公司	21	1511.5	855.1
2	沙特基础工业公司	15	1339.2	1027.4
3	陶氏化学公司	21	1304	1052.9
4	中国石化	13	1044	832
5	壳牌	13	935.8	594.7
6	道达尔	11	593.3	347.2
7	雪佛龙菲利普斯化学公司	8	560.7	535.2
8	利安德巴塞尔公司	11	555	555
9	伊朗国家石油公司	7	473.4	473.4
10	英士力公司	8	465.6	428.6

数据来源:《油气杂志》,2014 年 7 月 7 日。

3. 节能减排、绿色低碳成为石化工业发展的新方向

绿色经济是人类社会继工业革命、信息革命之后的又一次重大转变,因此各国政府和国外大型石油石化公司都高度重视节能减排、绿色低碳等发展问题,原料绿色化、化学反应绿色化、催化剂、溶剂绿色化、产品绿色化已成为行动目标。

技术创新是实现"绿色"石油石化工业的重要手段。一方面要改进现有生产工艺、缩短生产流程,甚至改变原料路线,以达到节约能源和改善环境、降低生产成本的目的;另一方面,要加快合成新的性能优异的产品的步伐,改进传统石化工业中主要的合成技术与分离技术等。同时,现代生物工程技术和信息技术也将会发挥越来越大的作用。例如,针对洁净水需求,重点开发反渗透技术和离子交换技术,研发制造离子交换树脂、吸附剂和功能聚合物;针对汽车轻量化,研制生产新型聚合物材料,以降低汽车的排放和能源消耗;针对汽车带来的空气污染,重点开发车辆尾气催化净化系统,包括轻型车辆、重载柴油车辆、燃气机车、燃煤电厂、化工装置、燃气透平等装置的尾气催化净化解决方案,特别是重载车辆的尾气净化。在 CO_2 减排方面,全球将在已经取得成绩的基础上,进一步增加研发投入,开展捕集、封存以及利用技术的产业化应用,未来 10 年将实现更大的突破和进展。

目前不少大石化公司已开始付诸行动。例如,壳牌公司已把可持续发展的思想融入公司的基本经营理念中,将自己定位于为经济、环境和社会共同协调发展的世界提供能源的、负责任的、高效的、为公众所认可的供应商。杜邦公司则雄心勃勃地提出了对环境"零"影响的口号。拜耳公司则提出了将生态和经济结合为一个有机整体的全新的产品概念,并贯穿于产品研发、生产、销售的始末。

(二)化工技术新进展

石油化工行业既是能源工业,也是原材料工业,具有很强的产业发展关联效应。石油化工产品生产的第一步是以原料油、天然气、煤炭、生物质等为原料生成三烯(乙烯、丙烯和丁二烯)、三苯(苯、甲苯和二甲苯)、甲醇及其一级非聚合衍生物等基本化工原料。第二步是用基本化工原料生产多种有机化工原料(约 200 种)及合成材料(合成树脂、合成橡胶、合成纤维)等。如图 1 所示,本书重点介绍基本化工原料、合成树脂、合成橡胶以及绿色化工四大部分。

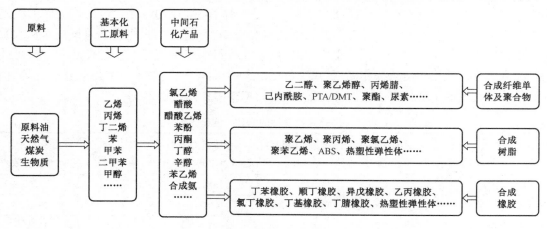

图 1　石油化工简易流程图

1. 基本化工原料

基本化工原料主要包括三烯（乙烯、丙烯、丁二烯）、三苯（苯、甲苯、二甲苯）、甲醇等原料，其中又以乙烯最为重要。由于石油资源日益短缺，非石油路线生产乙烯的新技术备受业内关注。目前，国内外正在探索或研究开发的非石油路线制取低碳烯烃的方法主要有：以天然气为原料，通过氧化偶联（OCM）法制取低碳烯烃技术以及无氧催化转化技术等；以天然气、煤或生物质为原料经由合成气通过费托合成（直接法）或经由甲醇或二甲醚（间接法）制取低碳烯烃的技术等。

1）甲烷氧化偶联（OCM）制乙烯技术

以天然气制取乙烯的方法有直接法和间接法。目前，以甲烷部分氧化制合成气、合成气制甲醇、甲醇制烯烃为主要步骤的间接法占据主流。反应过程步骤繁多，而且要先把氧原子插入再取出，非原子经济反应，在技术、资源利用、环境保护等方面都不是合理的选择。而以甲烷直接制取乙烯的方法步骤少，简单、直接，一直是世界各国研究的重点。其中，甲烷氧化偶联（OCM）制乙烯（图2）是其中最为活跃的研究方向。

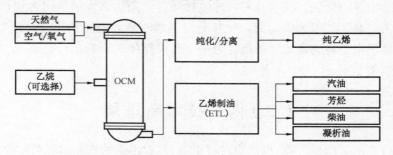

图 2　甲烷氧化偶联（OCM）流程示意图

甲烷氧化偶联是催化剂表面活性氧物种引发的多相—均相自由基反应。催化剂表面的活性氧物种夺取 CH_4 的一个 H 原子产生 $CH_3\cdot$，两个 $CH_3\cdot$ 在气相中发生偶联反应生成 C_2H_6，后者经脱氢得到乙烯。这个工艺的产物简单，主要有乙烯、乙烷、CO、CO_2、未反应的甲烷、少量的水和 H_2 以及少于 1%（体积分数）的 C_3H_6、C_3H_8、CH_2OH 和 $HCHO$ 等。该工艺突破的关键在于催化剂。美国 Siluria 公司使用生物模板精确合成纳米线催化剂，使用高通量技术从大量备选催化剂中筛选出最合适的元素组成，开发出工业可行的甲烷直接制乙烯催化剂。该催化剂可在低于传统蒸汽裂解法操作温度 $200\sim300℃$、$5\sim10atm$ 下，高效催化甲烷转化成乙烯，活性是传统催化剂的 100 倍以上。国外有代表性的 OCM 催化体系见表5。

表5　国外有代表性的 OCM 催化体系

催化剂	反应温度（℃）	CH_4、O_2 和稀释剂的体积比	CH_4 转化率 [%（摩尔分数）]	C_2 烃选择性 [%（摩尔分数）]	C_2 烃收率 [%（摩尔分数）]
10% Li/Sm_2O_3	750	40∶20∶44	37	57	21.0
7% Li/MgO	720	38∶20∶42	38	50	19.0
30% $MgO/BaCO_3$	780	4∶1∶0	23	67	15.4
2% $Mn-5\% Na_2WO_4/MgO$	800	67∶9∶0	20	80	16.0

催化剂	反应温度 （℃）	CH_4、O_2 和稀释剂的 体积比	CH_4转化率 [%（摩尔分数）]	C_2烃选择性 [%（摩尔分数）]	C_2烃收率 [%（摩尔分数）]
$NaCl-2\%Mn-13\%W/ZrO_3$	800	10：5：85	48	62	29.8
$9\%Na_2WO_4/CeO_2$	780	48：10：42	22	74	16.3
$LiCa_2Bi_3O_4C_{16}$	720	20：10：70	42	47	19.7
$10\%BiOCl-67\%Li_2CO_3/MgO$	750	20：5：75	18	83	14.9
$15\%Mn-5\%Na_2P_7O_5/SiO_2$	900	24	66	15.8	—

Siluria 公司设计的反应器分为两部分，一部分用于将甲烷转化成乙烯和乙烷，另一部分用于将副产物乙烷裂解成乙烯，裂解反应所需的热量来自甲烷转化反应放出的热量。这种设计使反应器的给料既可以是天然气，也可以是乙烷，同时最大化地节约了能源。Siluria 公司开发的天然气直接制乙烯工艺的技术优势，主要体现在 5 个方面：（1）与传统的石脑油裂解制乙烯相比，成本低，温室气体排放少，节能，经济价值高。（2）乙烯可进一步转化为液体燃料，进一步提高了整条路线的经济价值。（3）原料要求不苛刻，甲烷可来自天然气，也可来自生物质；氧源可以是纯氧，也可以是富氧空气、压缩空气等。（4）能利用已有的乙烯生产装置和回收设备，改造成本低。（5）对于天然气资源丰富国家，具有重要的战略价值。

Siluria 公司于 2015 年 4 月在得克萨斯州建成了一座甲烷直接生产乙烯试验装置（乙烯产能 365t/a），该装置是目前世界上第一家实现将天然气直接工业化规转化为乙烯的企业。

2）甲烷无氧催化转化技术

传统的甲烷转化路线冗长，投资和消耗高，由于采用氧分子作为甲烷活化的助剂或介质，过程中不可避免地形成和排放大量温室气体，影响生态环境，并致使总碳利用率大大降低。而由中国科学院大连化学物理研究所（以下简称大连化物所）包信和院士团队研究的甲烷高效转化技术的成功，则实现了甲烷在无氧条件下选择活化，一步高效生产乙烯、芳烃和氢气等高值化学品。相关成果已发表在美国《科学》杂志上，该成果代表了这一产业的重大变革。

由于具有四面体对称性的甲烷分子是自然界中最稳定的有机小分子，它的选择活化和定向转化是一个世界性难题，被称为催化乃至化学领域的"圣杯"。包信和院士团队基于"纳米限域催化"的新概念，将具有高催化活性的单中心低价铁原子通过两个碳原子和一个硅原子镶嵌在氧化硅或碳化硅晶格中，形成高温稳定的催化活性中心；甲烷分子在配位不饱和的单铁中心上催化活化脱氢，获得表面吸附态的甲基物种，进一步从催化剂表面脱附形成高活性的甲基自由基，随后在气相中经自由基偶联反应生成乙烯和其他高碳芳烃分子，如苯和萘等。在反应温度为1090℃和空速为 $21.4L/[g(cat)\cdot h]$ 条件下，甲烷的单程转化率达48.1%，乙烯的选择性为48.4%，所有产物（乙烯、苯和萘）的选择性大于99%。在 60h 的寿命评价过程中，催化剂保持了极好的稳定性。与天然气转化的传统路线相比，该技术彻底摒弃了高耗能的合成气制备过程，大大缩短了工艺路线，反应过程本身实现了二氧化碳的零排放，碳原子利用效率达到100%。包信和院士团队还利用同步辐射光源和紫外软电离分子束飞行质谱等手段对催化过程进行原位监测，并结合高分辨率电子显微镜和 DFT 理论模拟，从原子水平上认识了催化剂单铁中心活性位的结构、自由基表面引发和气相偶联生成产物的反应机制，进而揭示了单铁活性中心抑制甲烷深度活化从而避免积碳的机理,首次将单中心催化的概念引入高温催化反应。目前这项技术相关的专利申请已进入美国、俄罗斯、日本、欧洲等国家和地区。

这项技术符合了理想的高选择性转化,实现了原子经济反应,而且催化剂稳定,可较长周期运行,无碳排放,极具创新性和引领作用,是一项即将改变世界的新技术,是天然气利用研究中又一个具有里程碑意义的突破,一旦取得成功,将会对世界石化工业产生重大影响。

3)甲醇制烯烃技术

煤基甲醇制烯烃是指以煤为原料合成甲醇,再由甲醇制取乙烯、丙烯等烯烃的技术。该技术包括煤气化、合成气净化、甲醇合成及甲醇制烯烃4项核心技术,其中前3项技术均已实现商业化,而甲醇制烯烃则是有待进一步开发的核心技术。甲醇制烯烃技术按照目的产物的不同,分为甲醇制烯烃(MTO)工艺(即以甲醇为原料,主要生产乙烯和丙烯)和甲醇制丙烯(MTP)工艺(即以甲醇为原料,主要生产丙烯)。主要代表工艺有:UOP/HYDRO 的甲醇制烯烃(MTO)工艺、Lurgi 的甲醇制丙烯(MTP)工艺、中国科学院大连化物所的 DMTO 技术和中国石化上海石油化工研究院的 SMTO 技术。表6 比较了甲醇制烯烃技术各工艺的特点。

表6 甲醇制烯烃技术的各工艺特点比较

专利商	UOP/HYDRO	Lurgi	中国科学院	中国石化
工艺名称	MTO	MTP	DMTO	SMTO
催化剂	SAPO – 34	专用沸石催化剂	SAPO – 34	SAPO – 34
压力(MPa)	0.2 ~ 0.4	0.13 ~ 0.16	0.10(常压)	0.10(常压)
温度(℃)	350 ~ 525	420 ~ 490	400 ~ 550	450 ~ 500
反应器类型	流化床	固定床	流化床	流化床
乙烯和丙烯的总收率(%)	78 ~ 80	68 ~ 78	约80	约85
工业应用情况	在建1套	3套	在建7套	在建1套

(1)UOP/Hydro 的甲醇制烯烃(MTO)工艺。

UOP/Hydro 的 MTO 反应器和再生器均采用流化床的形式(图3),并均通过发生蒸汽来控制反应或烧焦温度。由于采用快速流化床反应器,反应器实际操作压力相对较高,一般在

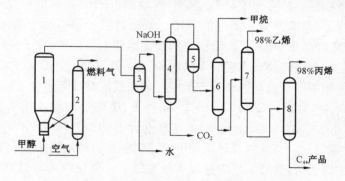

图3 UOP/Hydro 的 MTO 装置工艺流程图

1—反应器;2—再生器;3—水分离器;4—碱洗塔;5—干燥器;

6—脱甲烷塔;7—脱乙烷塔;8—脱丙烷塔

0.25MPa 左右。快速流化床反应器可以允许较高的空速,在同样甲醇加工量的情况下,能够大幅减少设备投资和维持反应所需的催化剂藏量。另外,快速流化床反应器内构件较多,操作气速也比较高,在反应段约为1m/s,在过渡段为 1 ~ 4m/s,这可能需要对催化剂及内构件的强度和耐磨性能有较高的要求。该工艺以 SAPO – 34 作催化剂,可在比较宽的范围内调整产物中乙烯和丙烯的比例,反应温度为 400 ~ 500℃,反应压力为 0.1 ~ 0.3MPa,乙烯和丙烯的总选择性可以达到约 80%,生产 1t 烯烃的甲醇单耗约 3t。当最大量生产乙烯时,乙烯与丙烯收率分别为 46% 和 30%,混合 C_4 收率为 9%;最大量生产丙烯时,乙烯和丙烯收率则分别为 34% 和 45%,混合 C_4 收率为 13%。反应产物中乙烯和丙烯的摩尔比从 0.75 ~ 1.50 可调,烷烃、二烯烃和炔烃生成的数量少。甲醇转化率始终大于 99.8%,乙烯和丙烯的选择性分别为 55% 和 27%。失活的催化剂被送到流化床再生器中烧碳再生,然后返回流化床反应器继续反应,反应热通过产生的蒸汽带出并回收。该技术如果和 C_4、C_5 组分裂解反应器耦合,则可有效提高低碳烯烃的收率,乙烯和丙烯的总收率可达 85% ~ 90%。

该工艺除反应段(反应—再生系统)的热传递不同之外,其他都非常类似于炼油工业中成熟的催化裂化技术,且操作条件的苛刻度更低,技术风险处于可控之内。而其产品分离段与传统石脑油裂解制烯烃工艺类似,且产物组成更为简单,杂质种类和含量更少,更易实现产品的分离回收。

(2)Lurgi 公司的甲醇制丙烯(MTP)工艺。

Lurgi 公司是世界上唯一成功开发 MTP 技术的公司。该工艺(图4)采用 Süd – Chemie 开发的高硅 H – ZSM – 5 分子筛催化剂,在固定床绝热反应器上进行,反应和再生由两套设备轮流完成,反应压力为 0.13 ~ 0.16MPa,温度为 460 ~ 480℃,反应产生的乙烯和丁烯进入再循环工艺,主要产品为丙烯,其收率可达到 70%,催化剂结焦率低,无须连续再生。第一个反应器中甲醇转化为二甲醚,在第二个反应器中转化为丙烯,反应—再生轮流切换操作。反应器的工业放大有成熟经验可以借鉴,技术基本成熟,工业化的风险很小。MTP 技术所用催化剂的开发和工业化规模生产已由供应商完成。

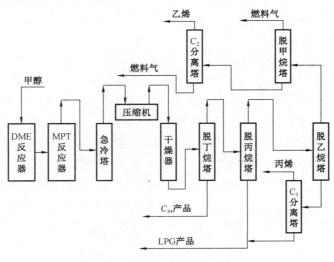

图 4 MTP 工艺流程图

MTP 技术特点是：较高的丙烯收率，专有的沸石催化剂，低磨损的固定床反应器，低结焦催化剂可降低再生循环次数，在反应温度下可以不连续再生。Lurgi 公司开发的 MTP 工艺与 MTO 工艺不同之处除催化剂对丙烯有较高选择性外，还有反应器采用固定床而不是流化床，由于副产物相对减少，因此分离提纯流程也较 MTO 工艺更为简单。

（3）大连化物所的甲醇制烯烃（DMTO）技术。

DMTO 反应工艺流程由原料气化部分、反应—再生部分、产品急冷及预分离部分、污水汽提部分、主风机组部分、蒸汽发生部分组成。该工艺的反应类型为流化床反应。反应条件为：反应温度 400～550℃，反应压力 0.1～0.3MPa。工艺流程为：进料甲醇经加热达到 350℃后进入 MTO 流化床反应器进行反应，生成 C_2—C_5 的烯烃混合物进入急冷塔冷却，烃类混合气体经分离工段分离出燃料气、乙烯、丙烯、丁烯、LPG 及 C_5 杂油；出口气体并入 MTO 反应气出口气中；催化剂部分引入再生器连续再生。DMTO 技术的烯烃转化率为 79.13%（乙烯和丙烯）。主产品为 50% 丙烯、50% 乙烯，比例可在 0.8～1.2 范围内调节。副产品为 LPG、C_5 杂油、燃料气。C_2 以上烃类转化率为 90.21%；甲醇转化率为 99.83%。

DMTO 工艺的特点：实现催化剂的连续反应—再生过程；方便地控制反应条件和再生条件；有利于过剩热量的及时导出，很好地解决床层温度分布均匀性的问题；工艺控制稳定；方便地设定物料线速度，有效控制接触时间；DMTO 的反应温度为 400～550℃，再生温度为 550～700℃，对反应、再生设备材质要求适中，设备容易制造；装置的国产化率较高，建设周期可缩短；甲醇的单耗较低，同等烯烃产量消耗的原材料较少；催化剂国内采购，不依赖工艺专利商，灵活性较大。神华包头 $180×10^4t$ 甲醇制 $60×10^4t$ 烯烃项目是采用 DMTO 技术的世界首套百万吨级商业化装置。到目前为止，DMTO 技术一共许可了 20 套，已经开车成功 7 套。

4）低温下甲烷制甲醇工艺

传统天然气制甲醇过程中，甲烷首先经水蒸气重整制合成气，此过程在 800～1000℃的高温下完成，25% 以上的原料天然气被直接燃烧以提供反应热。因此，通过合成气制甲醇的工艺路线较长，反应需在高温高压下进行且能耗及设备投资较高，导致成本居高不下。美国天然气技术研究所（GTI）正在开发一种由甲烷连续生产甲醇的工艺，该工艺在 80℃左右运行，并以 100% 的碳效率生成甲醇和氢气。

该工艺采用类似于镍金属氢化物，或镍—镉电池阳极的电化学填充电荷的阳极催化剂。在电化学电池的阳极连续生成 NiO^+OH^- 催化剂。甲烷气体流过电池，并以高选择性有效地氧化成甲醇。催化剂连续地在阳极（通过电化学充电过程）再生，并且水在阴极被还原成氢气。产品 H_2 可供给到燃料电池以提供电化学电池所需的电力。该工艺已被按比例放大，从单一电池（$30cm^2$ 面积）放大到堆叠 10 个电池（$273cm^2$）。该工艺具有使通常被火炬烧掉的天然气再利用的潜力，并可能使甲醇的生产成本从 2.80 美元/gal❶ 降低到 0.24 美元/gal。

与传统甲醇合成工艺相比，甲烷低温活化制甲醇具有能耗低、投资少、温室气体排放低等诸多优点，因而更有吸引力；但由于甲烷分子非常稳定，要实现甲烷在较低温度下的经济高效活化非常困难，同时由于目的产物的活性比甲烷高，要将反应终止在甲醇这一步则更为不易。

---

❶ 1gal（美）= 3.785412dm³。

因此,在低温下甲烷制甲醇工艺的成功开创了甲烷直接转化制甲醇的新途径。

5) 生产对二甲苯(PX)的新工艺 EMTAM

法国 Axens 公司推出了一项新工艺 EMTAM。该工艺可以避免 PX 装置副产品苯的生成,最大化生产 PX 并且可以大幅降低炼油—对二甲苯联合装置的生产成本。

EMTAM 工艺的核心是甲苯对位选择性甲基化反应。该工艺以甲苯和廉价的甲醇为原料,转化生成高附加值的 PX 产品;甲苯甲基化反应具有较高的转化率,反应过程中不存在甲苯歧化反应,避免了副产物苯的生成。EMTAM 工艺采用经过充分验证的、最先进的流化床技术。流化床技术规模可以放大,以适应当今世界级的 PX 装置产能,达到最大的规模效益。该工艺专有的流化床反应器,建立在埃克森美孚公司 FCC 工艺和其他流化床工艺丰富经验的基础之上。与传统的固定床技术相比,流化床技术具有较高的焦炭处理能力,不仅可以实现较高的转化率和产品收率,而且其运行周期长,稳定性强,可靠性强,操作简单,操作弹性优异。EMTAM 工艺所使用的催化剂是稳定的无金属分子筛催化剂。这种催化剂已经在埃克森美孚公司研发和推动下完全实现了工业化。该催化剂具有择形催化的特点,可以使 PX 反应具有较高选择性,最大化生产对二甲苯,降低了后续相关分离技术的成本。此外,EMTAM 工艺还采取了烧焦热量回收和专有的节能分馏方案,因此公用工程成本最低。

EMTAM 技术是独一无二的、全部由标杆技术组成的一揽子解决方案,其中包括流化床甲苯对位选择性甲基化技术、ParamaX 节能设计等。对于目前原油—PX 联合装置而言,EMTAM ParamaXOR 联合装置可以使炼油和芳烃联合装置的生产成本大幅降低,并能确保 PX 生产成本最低。

6) 丁二烯生产技术

丁二烯是一种重要的石油化工基础有机原料和合成橡胶单体,是 C_4 馏分中最重要的组分之一,在石油化工烯烃原料中的地位仅次于乙烯和丙烯。由于其分子中含有共轭二烯,可以发生取代、加成、环化和聚合等反应,使得其在合成橡胶和有机合成等方面具有广泛的用途。目前,世界上制取丁二烯主要有两种途径:一种方法是从炼厂 C_4 馏分脱氢,该方法目前只在丁烷、丁烯资源丰富的少数几个国家采用;另一种方法是对乙烯裂解装置副产的混合 C_4 馏分中进行抽提(以下简称抽提法),该方法成本较低,是目前世界上生产丁二烯的主要方法,占全球丁二烯生产能力的98%。世界上丁二烯的生产以日本瑞翁公司的 DMF 工艺、德国 BASF 公司的 NMP 工艺以及日本 JSR 公司改进的 ACN 工艺最具有竞争力。此外,C_4 馏分选择加氢除炔工艺(KLP)、C_4 馏分炔烃选择加氢工艺、分壁式精馏技术以及抽提联合工艺等新工艺正在不断地开发和应用。

(1) 日本 JSR 工艺。

日本 JSR 工艺以含水率为10%的乙腈(CAN)为溶剂,采用两段萃取蒸馏,第一萃取蒸馏塔由两塔串联而成。流程图如图5所示。该工艺经过多次改造,采用了热耦合技术,即将第二萃取蒸馏塔顶全部富含丁二烯的蒸汽,不经冷凝直接送入脱重塔中段,同时将脱重塔内下降液流的一部分从中段塔盘上抽出,送往第二萃取蒸馏塔作为塔顶回流液,这样第二萃取蒸馏塔塔顶不需要冷凝器,这部分的热量将全部加到脱重塔,使该塔塔底再沸器的热负荷比热耦合前降低40%左右,从而实现大幅度节能。解决了系统热能回收问题,即在提浓塔和脱轻塔安装中间冷凝器,将提浓塔从进料板附近上、下两段串联相接,这样既可使上塔负荷大幅度降低,又不会影响塔的操作条件。将塔分为上下两段,下塔操作压力提高,塔内温度相应升高,这样中间冷凝器就可回收到高品位的热能。此外,溶剂回收塔塔底废水的热能,可用于该塔进料管线的预热器,加上解吸塔从侧线采出炔烃也可回收部分热能,因而该工艺在同类工艺中的能耗是最低的。JSR 公司还研究通过改变第二萃取精馏溶剂进料口的位置来大幅度降低溶剂用量的技术。其技术实质是将第二萃取塔的萃取剂进料口由塔顶部第 7 块板下移到第 52 块塔板,这样就使第二萃取塔的关键组分由丁二烯、重组分 C_5、C_6 和炔烃改变为丁二烯和炔烃。第二萃取精馏塔塔顶引出的只是丁二烯,在溶剂进料口位置上部 52 块塔板的精馏段进行精馏,重组分 C_5 和 C_6 从侧线采出。

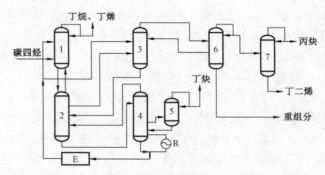

图 5 JSR 公司节能型 CAN 工艺原则流程示意图

1—上萃取精馏塔;2—下萃取精馏塔;3—第二萃取精馏塔;4—汽提塔;5—炔烃蒸出塔;

6—脱重塔;7—脱轻塔;R—蒸汽再沸器;E—热能回收

采用 ACN 法生产丁二烯的特点是沸点低,萃取、汽提操作温度低,易防止丁二烯自聚;汽提可在高压下操作,省去了丁二烯气体压缩机,减少了投资;黏度低,塔板效率高,实际塔板数少;微弱毒性,在操作条件下对碳钢腐蚀性小;分别与正丁烷、丁二烯二聚物等形成共沸物,致使溶剂精制过程较为复杂,操作费用高;蒸汽压高,随尾气排出的溶剂损失大;用于回收溶剂的水洗塔较多,相对流程长。

(2)瑞翁公司的 DMF 法。

日本瑞翁公司(ZEON)的二甲基甲酰胺法(DMF 法)工艺的特点是:对原料 C_4 的适应性强,丁二烯质量分数在 15% ~60% 范围内可生产出合格的丁二烯产品;生产能力大,成本低,工艺成熟,安全性好,节能效果较好,产品、副产品回收率高达 97%;由于 DMF 对丁二烯的溶解能力及选择性比其他溶剂高,因此循环溶剂量较小,溶剂消耗量低;无水 DMF 可与任何比例的 C_4 馏分互溶,因而避免了萃取塔中的分层现象;DMF 与任何 C_4 馏分都不会形成共沸物,有利于烃和溶剂分离;由于其沸点较高,溶剂损失小;DMF 热稳定性和化学稳定性良好,无水存在下对碳钢无腐蚀性。但由于其沸点高,萃取塔及解吸塔的操作温度都较高,易引起双烯烃和炔烃聚合;DMF 在水分存在下会分解生成甲酸和二甲胺,因而有一定的腐蚀性。

近年来,瑞翁公司在其 DMF 丁二烯生产工艺方面的研究主要集中在防止丁二烯自聚方面,其技术要点主要有两个:一是采用新型的阻聚剂,二是通过控制系统,测定出回收的萃取剂中阻聚剂的浓度,根据此浓度,动态地改变生产过程中阻聚剂的加入量,使整个萃取分离系统中阻聚剂的量既能有效抑制自聚物的生成,又不会加入过量的阻聚剂。所用的阻聚剂可以是亚硝酸盐(如亚硝酸钠、亚硝酸钾等)、二烷基羟胺(如二乙基羟胺、二甲基羟胺、二丙基羟胺、二丁基羟胺、甲基乙基羟胺等)、含磷化合物(如磷酸、亚磷酸、次磷酸、焦磷酸、三聚磷酸及偏磷酸的磷酸酯化合物、磷酸二氢烷基酯、磷酸三烷基酯等),阻聚剂可以单独使用,也可以混合使用,一般将其溶解在水中或溶解在萃取剂二甲基甲酰胺中后加入系统。

瑞翁公司的新型自动控制技术主要是针对日常生产过程中,当C_4馏分的组成发生较大变化时,精馏产物1,3 - 丁二烯的组成也随之发生波动的情况。采用瑞翁公司的这种新型控制技术,可克服上述不足。无论原料组成如何波动,都可使最后采出的高纯度1,3 - 丁二烯产品质量稳定。

瑞翁公司 DMF 工艺原则流程如图6 所示。

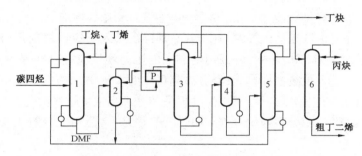

图6　瑞翁公司 DMF 工艺原则流程示意图
1—第一萃取精馏塔;2—第一汽提塔;3—第二萃取精馏塔;4—丁二烯回收塔;
5—第二汽提塔;6—脱轻塔;P—压缩机

(3)BASF 公司的 NMP 工艺。

N - 甲基吡咯烷酮法(NMP 法)由德国 BASF 公司开发成功,其工艺特点是溶剂性能优良,毒性低,可生物降解,腐蚀性低;原料范围较广,可得到高质量的丁二烯,产品纯度可达到99.7% ~ 99.9%;C_4 炔烃无须加氢处理,流程简单,投资低,操作方便,经济效益高;NMP 具有优良的选择性和溶解能力,沸点高,蒸汽压低,因而运转中溶剂损失小;它热稳定性和化学稳定性极好,即使发生微量水解,其产物也无腐蚀性,因此装置可全部采用普通碳钢;为了降低其沸点,增加选择性,降低操作温度,防止聚合物生成,利于溶剂回收,可在其中加入适量的水,并加入亚硝酸钠作阻聚剂。

近年来,BASF 公司开发出分壁式精馏技术(Divided - wall Technology)。据称,该技术可以改进传统的抽提工艺,降低装置能耗和投资成本。传统的丁二烯抽提工艺为浓缩的粗 C_4 馏分先通过吸收工序(含主洗涤器、精馏器和后洗涤器),再将从后洗涤器顶部馏出的粗丁二烯在两个精馏塔中进行精馏。在第一个精馏塔中馏出轻质馏分;在第二个精馏塔中,重质馏分被分离后从塔底移除,丁二烯产品从塔顶馏出。采用分壁式技术后,可使两步精馏工序在一个装备中进行,这样就可节省 1 ~ 2 个热交换器和外围设备。一般的分壁式精馏塔由 6 个区域组成,第 1 区域(精馏段,重组分和轻组分/丁二烯分离)、第 2 区域(提馏段,轻组分和重组分/丁二烯分离)、第 3 区域(精馏段,丁二烯和轻组分分离)、第 4 区域(提馏段,丁二烯和重组分分离)、第 5 区域(提馏段,丁二烯和轻组分分离)、第 6 区域(精馏段,丁二烯和重组分分离)。将分壁式精馏技术用于丁二烯萃取精馏的工艺流程共包括 4 部分：① 萃取精馏，抽余油和粗丁二烯从粗 C_4 中分离出来；② 脱气，所有烃类从溶剂中脱除并与炔烃进行分离；③ 蒸馏，对粗丁二烯进行精制；④ 溶剂回收，重组分从溶剂中分离。与常规的两段蒸馏方法相比，在整个丁二烯抽提过程中，两处采用分壁式技术后，工艺流程大大简化，降低了投资成本和维修成本，同时也降低了因丁二烯自聚导致爆炸的可能性。据报道，以处理粗 1,3 - 丁二烯 $9 \times 10^4 t/a$ 计算，投资成本可以节省约 20%，能耗降低约 16%。

此外，BASF 公司还开发出选择加氢工艺。该工艺利用选择加氢催化剂通过加氢反应将 C_4 馏分中的甲基乙炔、乙基乙炔等转化为丁二烯、丁烯和少量的丁烷等，使得 C_4 炔烃得到利用并简化 C_4 分离流程，克服了普通精馏工艺能耗大、物料损失多等缺点。

（4）UOP 公司的 KLP 工艺。

UOP 公司 C_4 烃选择加氢脱炔烃工艺（即 KLP 工艺）的选择性加氢反应在装有催化剂的固定床中进行，反应温度由低压蒸汽控制，H_2 与 C_4 原料在进入反应器之前混合，然后进入装有 KLP - 60 催化剂的固定床反应器中，并采用足够高的压力使反应混合物保持液相。经加氢反应后的 C_4 物料直接进入单级抽提单元，经分离制得纯度大于 99.6% 的 1,3 - 丁二烯。该抽提工艺避免了常规抽提工艺的复杂性、丁二烯的损失和处理高浓度炔烃的复杂性，并且丁二烯的质量很高，其中的炔烃体积分数控制在 5×10^{-6} 以下。另外，公用工程费用和维修费用低，操作安全性高。

（5）分壁式精馏技术。

德国 BASF 公司开发了分壁式精馏技术，正在进行应用。分壁式精馏技术是将丁二烯生产的分离过程通过塔的分割，将流程进行缩减，从而减少设备台数，降低投资，此技术适用于规模小的装置。该工艺原则流程如图 7 所示。

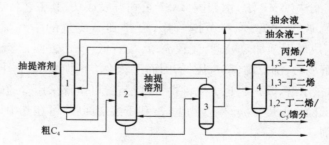

图 7　分壁式抽提丁二烯工艺流程示意图

1—主洗涤塔；2—精馏塔/后洗涤塔；3—脱气塔；4—精馏塔

中国青岛 ECSS 公司对分壁式精馏技术进行了研发，已拥有具有自己特色的分壁式精馏专利技术，但目前尚未见到其工业化应用情况的有关报道。

2. 合成树脂

合成树脂是综合性能优异的新型合成材料，最重要的品种是聚乙烯（PE）、聚丙烯（PP）、聚氯乙烯（PVC）、聚苯乙烯（PS）和 ABS 五大通用树脂以及专用树脂热塑性弹性体。本书将着重介绍聚乙烯（PE）、聚丙烯（PP）的最新技术进展。

1）聚乙烯生产技术

工业生产的聚乙烯有高密度聚乙烯（HDPE）、低密度聚乙烯（LDPE）和线性低密度聚乙烯（LLDPE）3 个品种以及一些具有特殊性能的聚乙烯小品种。在聚乙烯工艺技术领域，一直是多种工艺并存，各有所长。近年来，气相法由于流程短、投资较低等特点发展较快。随着聚乙烯新技术不断涌现，其中冷凝及超冷凝技术、不造粒技术、双峰技术等烯烃聚合新技术的开发极大促进了世界聚烯烃工业的发展。

（1）冷凝态和超冷凝态技术。

冷凝及超冷凝技术是 UCC 公司、埃克森化学公司和 BP 公司开发的，是指在一般的气相法聚乙烯流化床反应器工艺的基础上，使反应的聚合热由循环气体的温升和冷凝液体的蒸发潜热共同带出反应器，从而提高反应器的时空产率和循环气撤热的一种技术。冷凝操作可以根据生产需要随时在线进行切换，使装置可以在投资不需要增加太大的情况下大幅度提高生产能力，装置操作的弹性大，使得该技术具有无可比拟的优越性。通过采用该技术不仅将单线最大生产能力从 $22.5 \times 10^4 t/a$ 提高到 $45 \times 10^4 t/a$ 以上，而且进一步降低了单位产品的投资和操作费用，操作稳定性也得到了进一步提高。

UCC 公司的冷凝态技术的要点之一是将进入混气室的循环气体分成两股，第一股气流直接通过圆盘中心的开孔上升，第二股气流则沿着封头的壁面上升，目的是阻止冷凝液在封头下部的壁面上升，使夹带的冷凝液迅速均匀地雾化并悬浮在气流中，再通过气体分布板进入流化床层。UCC 的冷凝态工艺由于允许的冷凝液含量较低，使得提高反应器生产能力的程度也相对较低。但其主要优点在于除采用新型的预分布器以外，几乎不需要对反应器进行任何改造，因此在 Unipol 生产装置上被广泛采用。埃克森化学公司在 UCC 公司诱导冷凝技术的基础上进一步开发了超冷凝技术。埃克森化学公司发现，保证反应器内流化状态稳定的必要条件是必须保持流化床密度与树脂堆积密度之比（FBD/SBD）大于 0.59。对确定的催化剂和产品牌号来说，SBD 是一定的，而 FBD 则与循环气组成有关，随着循环气中重组分烃类冷凝剂含量的增加而下降，当降到某一极限值时流化状态被破坏，无法继续稳定操作，虽然 FBD 与循环气中的凝液量无关，但由于循环气组分中冷凝剂的含量多少直接影响到循环气露点高低及反应器入口的凝液量，因此 FBD/SBD 大于 0.59 这一界限就反映了超冷凝技术在理论上所能达到的最大能力限度。根据这一发现，埃克森化学公司通过监测 FBD/SBD 进一步将凝液量提高到 35%，实现了扩能 1.5 倍的目标（尚未达到极限）。

BP 公司结合其流化床聚合工艺开发了有别于 UCC 的新冷凝技术。其技术特征是直接向流化床喷射雾化的冷凝液。BP 公司宣布的所谓"高产工艺"（即冷凝工艺），即在聚乙烯气相工艺中引进液体循环，提高排热量、增加产能。在该工艺中，循环气体经冷却器冷却后，冷凝液体和未冷凝气体分离，分别进入流化床反应器，未凝气体按传统方式返回反应器。冷凝液经过特殊设计的喷嘴雾化后，直接送入流化床进行蒸发换热。虽然这种冷凝操作工艺增加了一些辅助设备和操作步骤，但可获得较好的雾化和换热效果，并且工艺操作调节的灵活性大。BP 公司还称其冷凝工艺可以和茂金属催化剂结合使用。

诱导冷凝和超冷凝技术所使用的惰性冷凝剂可以是异戊烷或己烷，选择的依据主要取决于原料来源和价格。冷凝操作的关键是如何进入和退出冷凝状态。虽然冷凝模式确实有助于消除静电、改善操作，但当循环气中的凝液量达到 2% 左右时很容易发生结块，因此进入和退出冷凝状态时必须采用适当的操作技术,迅速跨过这个"门槛"。

采用诱导冷凝或超冷凝技术扩能,除原有反应器保持不变外,反应系统的主要设备均可保持不变。由于循环气的体积流量未变,因此无需更换循环气压缩机(但循环气中增加了重组分烃,则会导致电动机负荷增加),至于循环气冷却器,虽然其热负荷随生产能力扩大而成正比例增加,但由于在冷却器中发生了冷凝过程,且循环气组分中导热系数相对高的组分增多,这些都使作为控制热阻的循环气侧的给热系数增加,因此在一定的扩能范围内循环气冷却器也不需更换。反应系统这三大主要设备的效率大大提高,使原来占装置界区内硬件投资约30%的反应系统费用显著降低,同时由于循环气压缩机所消耗的电能也大幅度减少,因而诱导冷凝技术和超冷凝技术与常规气相法相比,不仅节省投资,而且可降低操作费用。

(2)不造粒技术。

随着催化剂技术的进步,现已出现了直接由聚合釜中制得无须进一步造粒的球形 PE 树脂的技术。直接生产不需造粒树脂,不但能省去大量耗能的挤出造粒等步骤,而且从反应器中得到的低结晶产品不发生形态变化,这样有利于缩短加工周期,节省加工能量。Montel 公司的 Spherilene 工艺采用负载于 $MgCl_2$ 上的钛系催化剂,由反应器直接生产出密度为 $0.890\sim0.9709g/cm^3$ 的 PE 球形颗粒,产品包括 LDPE、LLDPE 和 HDPE,甚至在不降低装置生产能力的情况下生产 vLDPE 和 uLDPE。由于省去了造粒工序,可使装置投资减少20%。该工艺把淤浆法预聚技术与气相流化床技术结合起来,反应先在一个小环管反应器中进行,然后预聚物连续通过一个或两个短停留时间的气相流化床,两个气相流化床中可控制及维持完全独立的气体组成,温度和压力可独立控制,实现了产品设计更大的灵活性。

Spherilene 工艺的核心是催化剂技术。该技术使用的球形钛系催化剂在物理和化学结构上显示出三维空间的特点,可人为地控制载体本身的物理化学性能,并控制活性中心在载体上的分布。其原理为:通过控制载体的孔隙率,使活性中心优先分布在表面,致使单体扩散能力受限,这样在聚合过程中就可以得到层状或空心的聚合物颗粒,而颗粒本身又成为一个反应器,引入其中的其他单体,可在中空颗粒内部的活性中心作用下聚合或共聚,从而生产出分散非常均匀的聚合共混物(或称聚合物合金)。采用不同的单体配方,可得到均聚物、共聚物、弹性体以及其他功能性聚合物。

(3)双峰技术。

双峰聚乙烯是指相对分子质量分布曲线呈现两个峰值的聚乙烯树脂,双峰树脂可以在获得优越物理性能的同时改善其加工性能。目前,生产双峰树脂的方法主要有熔融共混、反应器串联、在单一反应器中使用双金属催化剂或混合催化剂等方法。目前的生产商主要采用串联反应器方法,主要代表有 Univation 公司的 Uinpoln 工艺,巴塞尔公司反应器串联的气相 Spherlene 工艺,北欧化工公司的 Borstar 工艺,以及 Phillips、三井化学、巴塞尔、索尔维等公司开发的淤浆法串联反应器生产工艺等。单反应器法是通过开发含有多个活性中心的催化剂体系,在一个反应器内合成双峰相对分子质量分布的聚乙烯树脂。单反应器法能够降低投资成本,但催化剂费用较高,开发难度大,而且产品性能会受到一定的限制。Univation 公司采用单反应器,成功试产了双峰 HDPE。

北欧化工公司开发出生产双峰聚乙烯的独特 Borstar 工艺,可生产 HDPE、LDPE、MDPE 等多种牌号的产品。其生产设备主要由独特的淤浆环管反应器和特制的流化床气相反应器串联而成,整个工艺过程高度灵活,PE 的相对分子质量和相对分子质量分布易于控制。采用齐格勒—纳塔催化剂,产品密度为 $918 \sim 970 kg/m^3$,熔融速率为 $0.002 \sim 10 g/min$。在环管反应器中使用超临界丙烷作为稀释剂,可以生产构成双峰聚乙烯中低相对分子质量峰的低分子聚合物,而在气相反应器内则生产出构成高相对分子质量峰的高分子聚合物,并可以根据要求调节相对分子质量的分布。产品具有良好的力学性能和加工性能,能适应通用设备加工。

Borstar 工艺只采用一种催化剂,在环管反应器内在催化剂的活性中心生成低相对分子质量的聚合物,而在气相反应器中可在同一催化剂颗粒上再生成高相对分子质量的聚合物,从而生成双峰聚乙烯。这种聚乙烯的优点在于它既含有很短的聚合物分子链,又含有很长的聚合物分子链,俗称"连接分子"。正是这种"连接分子",大大地提高了产品机械强度。在熔融状态下,"连接分子"在小分子链的作用下,长分子链的部分链段开始舒展,从而改善了长分子链的流动性能,而短分子链则起到分子间的润滑作用,改善了加工性能。

北星双峰聚乙烯工艺采用两个反应器单独操作,根据需要来控制相对分子质量的分布。由于最终产品的熔融速率是一定的,两台反应器之间的产率比同样可以影响相对分子质量分布的宽度。假设环管反应器生产的低相对分子质量聚合物和气相反应器生产的高相对分子质量聚合物的产率比为 44/56,低相对分子质量部分的相对分子质量保持不变,那么,如果要降低高相对分子质量部分的含量(如产率比为 46/54),为了保持最终产品的相对分子质量一定,则要提高高相对分子质量部分的相对分子质量,这意味着最终产品的相对分子质量分布变宽。控制相对分子质量分布的另一个方法是在环管反应器和气相反应器中调整熔体流动速率,假如最终产品的相对分子质量一定,如果相对分子质量分布太窄,则可以提高环管反应器中熔体流动速率,降低气相反应器中熔体流动速率,即降低环管反应器产品的相对分子质量,提高气相反应器产品的相对分子质量。如果聚合物在加工过程中出现烟味,这说明低相对分子质量部分比例太多,可以通过适当降低环管反应器中生产的聚合物的熔体流动速率(提高相对分子质量)来做出相应的改变。如果聚合物的熔体强度降低,这说明没有足够的大分子,可以通过降低气相反应器中的熔体流动速率即提高聚合物的相对分子质量来实现。

采用 Borstar 工艺生产的产品,相对分子质量分布为双峰的 LLDPE 膜,具有优良的加工性和机械强度、撕裂强度、抗穿刺性;挤出覆膜级产品,可代替 LDPE 用于钢管涂层和纸张覆膜;吹模级产品,具有优异的耐环节应力开裂性能和机械强度,特色产品为管材和电缆料。

Univation 公司开发出 Unlpol - Ⅱ 生产工艺,增加第二个聚合反应器,生产 LLDPE/HDPE 双峰树脂,并建成了 $30 \times 10^4 t/a$ 的两个反应器串联的气相法生产装置。高相对分子质量的共聚物在第一个反应器中生成,低相对分子质量共聚物在第二个反应器中生成。调节烯烃和氢的数量可以获得所需要的产品。第一步的共聚物和活性催化剂的混合物通过管线转移到第二个反应器系统中,管线位于脱气罐的底部,第一级反应器的循环气体作为输送介质。流化床反应的特点是停留时间长(3~4h),以生产均一产品。聚合物产品定期排出,减压进入产品脱气和输送罐。从脱气罐出来的气体循环到反应器,从输送罐出来的聚合物进入料中,用氮气吹出残留的烃类,用蒸汽使催化剂失活,料斗提供约 3h 的停留时间,离开这一容器的气流被冷却并送往分离器共聚单体回收循环。轻组分送到排出气体回收系统,剩余的聚合物物料送往装置的加工部分。利用该工艺生产的易加工的双峰分布树脂,相对分子质量可以在很大的自由度下调整,侧链分支度、位置及共聚单体的位置均可有效地控制。

近年来,Univation 公司致力于单反应器"双峰"HDPE 技术的开发,已经开发出两种 Prodigy"双峰"催化剂,并完成了 5 次工业试验。该技术采用经济的单一流化催化反应器和"双峰"催化剂,投资和生产成本比串联反应器节约 35% ~ 40%。由于该反应器生产双峰树脂主要依靠催化剂技术,很容易在现有的气相反应器上实施,因此有可能占据双峰树脂更大的市场份额。

此外,北欧化工公司用其专有的齐格勒—纳塔催化剂,在 $12 \times 10^4 t/a$ 超临界浆液法环管反应器和气相反应器相结合的双反应器工艺中,生产"双峰"LLDPE 和 HDPE。

Equistar 化工公司开发出其 Star(星)单活性中心催化剂,并用这种催化剂成功地试生产 HDPE、m DPE 和 LLDPE,其双峰聚合物是在双反应系统生产的,两反应器均使用淤浆法工艺。Equistar 化工公司正在考虑用其"星"催化剂生产滚塑牌号、窄相对分子质量分布和窄组成分布可提高力学性能和树脂的流动性,也在考虑用这种催化剂生产高韧性、高强度的薄膜牌号。表 7 列出了主要聚乙烯技术提供商的概况。

表 7 主要聚乙烯技术提供商

专利商	工艺名称	工艺特点	反应器型式	适用范围		
				LDPE	HDPE	LLDPE
Univation	Unipol Ⅰ	气相法	1 台流化床		√	√
	Unipol Ⅱ	气相法	2 台流化床串联		√	√
Basell	Spherilene	气相法	2 台流化床串联带环管淤浆预聚		√	√
	Lupotech G	气相法	串联流化床		√	√
	Hoestalen	淤浆法	2 台搅拌釜(可串可并)		√	
	Lupotech T	高压法	管式	√		
Ineos	Innovene	气相法	1 台流化床		√	√
Equistar		高压法	釜式	√		
		高压法	管式	√		
Mitsui	Evolue	气相法	2 台流化床串联		√	√
	CX	淤浆法	2 台搅拌釜		√	
Borealis	Borstar	气相法	1 台环管淤浆反应器串联 1 台气相流化床		√	√
ChevronPhilips		淤浆法	连续环管		√	√
Nova	Sclairtech	溶液法	2 台搅拌釜		√	√
DSM	Compact	溶液法	搅拌釜		√	√
		高压法	管式	√		
Dow	Dowlex	溶液法	2 台搅拌釜串联		√	√
Solvay		淤浆法	环管		√	√
ExxonMobil		高压法	釜式	√		
		高压法	管式	√		
EniChem		高压法	釜式	√		
		高压法	管式	√		

2）聚丙烯生产技术

聚丙烯根据高分子链立体结构不同有等规聚丙烯（iPP）、无规聚丙烯（aPP）和间规聚丙烯（sPP）3个品种。在全球PP生产工艺中，本体法工艺仍保持优势，约占48%；气相法工艺因其流程简单，单线生产能力大，投资省和增长迅速，约占36%；传统淤浆法比例正逐渐减少，约占16%。近年来，随着催化剂技术的进步和市场对新产品需求的不断增加，世界各大聚丙烯生产厂家除不断改进已经工业化的生产工艺外，还开发出了一些创新性的新生产工艺技术，目前主要有Basell公司开发的Spherizone工艺技术和Borealis公司（北欧化工）开发的Borstar工艺。

（1）Spherizone生产工艺。

Basell公司新近开发的一种多区循环反应器（MZCR）技术——Spherizone工艺，是目前聚丙烯生产工艺关注的热点。该工艺采用气相循环技术，采用Z-N催化剂，可生产出保持韧性和加工性能同时又具有高结晶度和刚性的更加均一的聚合物，它可在单一反应器中制得高度均一的多单体树脂或双峰均聚物。该循环反应器有两个互通的区域，这两个区域能生产具有不同相对分子质量和/或单体组成分布的树脂，扩大了聚丙烯的性能范围。

用Spherizone工艺技术得到的聚合物材料同传统的多反应器工艺材料相比，更加均一且容易加工。树脂具有较少的凝胶，且挤出和造粒需要的能量减少。由于短链和长链能够更加紧密地结合到聚合物中，保持了树脂的均一性。这种独特的环状反应器能生产聚丙烯共聚物、三元共聚物和双峰均聚物，以及具有改进的刚性/冲击性能平衡、耐热性、熔融强度和密封起始温度的后反应器共混物。该工艺反应器也能够在下游再连接Basell公司的气相反应器，生产与其他工艺相比具有更高冲击强度或较大柔性的多相共聚物。该技术生产聚丙烯的利润是传统方法的2倍。

（2）Borstar生产工艺。

Borealis公司（北欧化工）的Borstar工艺源于北星双峰聚乙烯生产工艺，工艺采用与其相同的环管反应器和气相反应器，设计基于Z-N催化剂，也能使用正在中试的单活性中心催化剂。采用双反应器（即环管反应器串联气相反应器）生产均聚物和无规共聚物，再串联一台或两台气相反应器则可生产抗冲共聚物产品。

传统的聚丙烯工艺在丙烯的临界点以下进行聚合反应，为防止轻组分（如氢气、乙烯）和惰性组分生成气泡，聚合温度控制在70~80℃之间。Borstar聚丙烯工艺的环管反应器则可在高温（85~95℃）或超过丙烯超临界点的条件下操作，聚合温度和压力都很高，能够防止气泡形成。其主要特点为：① 采用更高活性的$MgCl_2$载体催化剂（BC1）；② 采用环管反应器和气相流化床反应器组合工艺路线，可以灵活地控制产品的相对分子质量分布（MWD）、等规指数和共聚单体含量；③ 由于环管反应器在超临界条件下操作，加入的氢气浓度几乎没有限制，气相反应器也适宜高氢气浓度的操作；④ 能够生产相对分子质量分布很窄的单峰产品，也能生产相对分子质量分布宽的双峰产品；⑤ 由于聚合温度较高，生产的聚合物有更高的结晶度和等规指数，二甲苯可溶物很低，约为1%（质量分数）；⑥ 由于反应条件在临界点之上，只有很少的聚合物溶解于丙烯中，减少了无规共聚物含量高时出现的黏釜现象，共聚物中共聚单体的分布非常均匀，无规共聚物中的乙烯含量最高可以达到10%（质量分数）；⑦ 使用一台共聚反应器最高可以生产25%橡胶相含量的抗冲共聚物（乙烯含量为15%），使用两台共聚反应器最高可以生产50%橡胶相含量的抗冲共聚物（乙烯含量为30%），所得产品均具有较好的综合性能;⑧ 开发应用了 BorAPC 技术。

表8 列出了主要的聚丙烯工艺特点。

表8　几种聚丙烯工艺对比表

工艺	Spheripol	Innovene	Novolen	Hypol	Unipol	Borstar
专利商	Basell	BP	NTH	三井油化	Dow	Brealis
工艺概况	采用液相本体法和气相法组合工艺生产PP。采用环管式液相反应器,可生产均聚和无规产品,加上一台气相反应器即可生产抗冲共聚产品,现国内有多套该工艺装置	采用两台卧式反应器生产PP。第一反应器生产均聚和无规产品;第二反应器生产抗冲产品;催化剂不用预聚合。燕山石化现有一套 $20×10^4t/a$ 装置	采用两台立式带搅拌的反应器生产PP。第一反应器生产均聚和无规产品;第二反应器生产抗冲产品,第二反应器也可用于生产均聚产品	用液相反应器加一台气相反应器生产均聚产品;用液相反应器加两台气相反应器生产抗冲产品	采用两台带扩径的流化床反应器,气相法生产PP。第一反应器生产均聚产品;第二反应器生产共聚产品。催化剂不需要预聚合;无脱灰、脱氯工序	北星双峰聚丙烯工艺采用与北星双峰聚乙烯工艺相同的环管反应器和气相反应器,采用模块化设计的概念,根据目标市场和产品方案,可以灵活地选择工厂配置
技术特点	最新的Spheripol工艺在新的操作条件下,可生产高熔融指数的新产品,球形催化剂可生产粒径好、流动性好的球形产品	气相法生产PP,工艺流程短,设备较少,相应建设投资小,采用液体丙烯气化撤走反应热,效能高,产品质量好,单线产能高。独特的反应器设计及气锁系统能够生产高性能的产品	Novolen工艺气相法生产PP,流程简单,采用液相丙烯气化方式带走反应热,共聚反应器可生产均聚产品,产品切换方便,产品应用范围广,在茂催化剂方面的研究和产品开发上处于较领先的地位	采用液相、气相本体法生产PP。有催化剂预聚合反应器,整个工艺过程需要的反应器台数多,流程较长,能耗高,设备多,一次投资较大	流程短,设备少,能耗低,催化剂不用预处理,活性较高,气相法生产聚丙烯,不存在共聚产品的溶解与溶胀问题,采用气相共沸方式,产品质量均匀,丙烯冷凝气取走反应热,该工艺可转到聚乙烯产品的生产上	主要特点可以概括为:先进的催化剂技术、聚合反应条件宽、产品范围宽、产品性能优异

3. 合成橡胶

合成橡胶是橡胶工业的重要原料,是一种合成的高分子弹性体,其中重要的有丁苯橡胶(SBR,包括 ESBR 和 SSBR)、聚丁二烯橡胶(简称顺丁橡胶,BR)、聚异戊二烯橡胶(简称异戊橡胶,IR)、乙丙橡胶(EPR)、氯丁橡胶(CR)、丁基橡胶(IIR)和丁腈橡胶(NBR)七大基本胶种的产品体系,还大量生产了苯胶乳和热塑性弹性体,以及量少但价值极高的特种弹性体,如氟橡胶、硅橡胶、聚氨酯橡胶、氯磺化聚乙烯橡胶及丙烯酸橡胶等。目前,丁苯橡胶仍为产耗量最大的合成橡胶胶种,溶聚丁苯橡胶(SSBR)成为发展重点,乳聚丁苯橡胶(ESBR)用量逐年减少;顺丁橡胶继续保持第二大品种的地位,稀土钕系顺丁橡胶(Nd – BR)和锂系顺丁橡胶(Li – BR)备受关注;乙丙橡胶是仅次于 SBR 和 BR 的第三大合成橡胶,在世界合成橡胶生产中占到12% 左右,乙丙橡胶包括二元乙丙橡胶(EPM)、三元乙丙橡胶(EPDM)及各种改性 EPR。

顺丁橡胶(BR)新技术和三元乙丙橡胶新技术是目前备受关注的新技术。

1)顺丁橡胶新技术

顺丁橡胶是以丁二烯为单体,采用不同催化剂和聚合方法合成的一种通用合成橡胶,是仅次于丁苯橡胶的世界第二大通用合成橡胶。顺丁橡胶生产的关键是催化剂类型的选择与配制,它决定了工艺过程、聚合速度、聚合物的微观结构和橡胶的性能等。目前生产采用的催化剂主要有镍系、钛系、钴系、稀土钕系以及锂系等。除了锂系催化剂采用阴离子聚合外,其余均采用配位阴离子聚合。不同催化剂体系对聚丁二烯橡胶性能的影响见表9。其中,钕系顺丁橡胶生产技术是目前世界合成橡胶界的研究热点,近年来的研发热点主要集中在催化体系和聚合工艺方面。

表9 不同催化剂体系对聚丁二烯橡胶性能的影响

催化剂体系	稀土钕系	镍系	钴系	钛系	锂系
主要开发商	拜耳、埃尼	日本 JSR、中国	固特异	Texas	Firestone
顺1,4-丁二烯含量(%)	97~98	94~98	94~98	92~94	34~40
玻璃化温度(℃)	109	107	107	105	93
平均相对分子质量	455	580	380	410	290
相对分子质量分布指数	7.5	3~5	2.8~3.5	2.1~2.4	1.9~2.0
支化度	很低	高	适中	低	很低
填充性能	低—中	适中	高	高	很好
胶料共混性能	中—好	很好	好	适中	差
混胶时间	长	适中	短	适中	短
挤出时间	适中	很好	好	适中	很好
生胶强度	好	差	差—适中	差—适中	差

(1)钕系催化体系。

德国朗盛公司利用钛系顺丁橡胶装置生产钕系顺丁橡胶。在开发过程中,该公司深入研究了 $Nd(C_9H_{19}COO)_3/AlEt_3/AlH(i-Bu)_2$ 催化体系在正己烷中催化丁二烯的聚合规律,发现只有含 10 个碳原子的叔丁基羧酸钕盐能较好地溶于非极性脂肪烃中,并具有很高的聚合活性;催化剂采用单独加入方式较预陈化方式活性高,相对分子质量分布主要通过卤素与稀土元素的比值加以控制。朗盛公司钕系顺丁橡胶的生产技术要点是以正己烷为溶剂,在 $Nd(C_9H_{19}COO)_3/AlEt_3/AlH(i-Bu)_2$ 催化体系作用下,采用绝热连续或间歇聚合方式,控制聚合反应温度在 40~100℃ 范围内。聚合反应 4~5h 后加入终止剂,在聚合物凝聚前加入稳定剂,聚合物经过蒸发、沉淀、凝聚、分离等工序后,于 50℃ 下真空干燥即形成产品。朗盛公司可以生产门尼黏度为 $30~90ML_{(1+4)}^{100℃}$、长链支化度为 3%~20%、顺1,4-丁二烯含量为 88%~99% 的稀土钕系 BR。与采用传统立构 BR 相比,用该公司钕系 BR 制造的轮胎质量高一级,因此通过调节钕系 BR 的微观结构及宏观结构,可以很好地满足现代轮胎生产对橡胶的性能要求。

(2)气相聚合工艺。

气相聚合工艺与溶液聚合工艺相比,可以省去聚合物的凝聚和溶剂回收系统,降低了投资和操作费用,同时也减轻了环境污染。据估计,气相聚合工艺投资较溶液聚合工艺低 22% ,年生产成本降低 9% 。

传统的均相钕系顺丁橡胶催化体系直接应用于气相聚合时,聚合活性及产品收率均极低。因此,丁二烯气相聚合技术的关键是开拓高活性的固体催化剂,朗盛公司、JSR 公司和 UCC 公司等集中研究了负载型稀土催化剂体系,包括:① 稀土羧酸盐/烷基铝(铝氧烷)/Lewis 酸三组分负载型催化体系;② 氢调节相对分子质量和加入橡胶补强剂的三组分催化剂;③ 改性 π - 烯丙基钕催化体系。气相聚合用反应器主要有流化床、桨叶搅拌式和转动式 3 类。有关专利中实际采用的反应器多为升级或毫升级的实验室设备,并无工业化意义。综合分析,只有流化床反应器和搅拌式反应器才具有工业开发前景。

开发丁二烯气相聚合技术的难度较大,至今国内外仍处于探索阶段。纵观国内外有关科研发展状况,在催化剂方面首先应该解决高活性与稳定性的问题;在聚合工艺方面须解决稳态运转和有效调控聚合物质量的问题。将气相聚合工艺应用到工业化生产的目标尚需时日。

2)气相法工艺生产三元乙丙橡胶新技术

由乙烯、丙烯以及非共轭二烯烃单体共聚而得到的三元乙丙橡胶(EPDM),具有优异的耐候性(尤其是耐臭氧性)、耐老化性、耐多种化学药品性、耐高低温性能及介电性能,其需求量在世界合成橡胶品种中居第 3 位。乙丙橡胶工业生产方法主要有溶液法和悬浮法。比较而言,溶液法技术成熟,适用性强,但能耗、物耗较高,产品成本高;而悬浮法则存在生产不易控制、产品牌号较少等缺点。美国联合碳化物公司(UCC)开发成功的气相聚合技术(流程图见图 8)与传统工艺相比,具有工艺流程短、装置投资少、操作安全方便、产品成本低、环境友好等诸多优点,是很有发展前途的工艺路线。

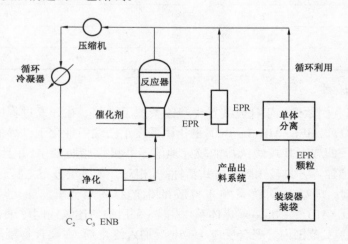

图 8　气相法 EPDM 工艺流程示意图

对于气相流化床工艺,需要高活性的能够在非均相气相环境中生产宽范围均相聚合物的专用催化剂,催化剂具有如下特征。

① 形态适当,便于向反应器中加入,生产的聚合物同样具有便于流化和输送的形态。

② 催化剂的活性点特征:对单体敏感,而且生产的聚合物具有宽范围的相对分子质量和共单体分布;有选择性,生产的聚合物在聚合物链上具有合适的均相共单体分布;在工艺要求

的温度范围内聚合活性非常高,生产的产品中催化剂残余物含量非常低,可以免除脱催化剂步骤(淘洗)。

UCC公司通过将催化剂负载于合适类型的硅胶上,解决了催化剂的流化和输送问题,并且对催化剂的配体、助催化剂和促进剂进行了选择优化,开发成功了钒基专用催化剂,满足了流化床工艺的需要,可以在气相流化床环境中得到与溶液或淤浆环境中相似的均相无定形产品,并且通过改变催化剂体系配方和反应条件可以得到不同结晶度的非均相产品。

气相流化床工艺的聚合反应在气相流化床反应器中进行,聚合单体和催化剂从不同的加料口进入反应器,循环气体使增长的聚合物床层流化,并带走反应热。聚合产物间歇排出,经脱气降压后送入产品净化塔,塔顶气体回收第三单体亚乙基降冰片烯(ENB)后返回反应器。聚合产物呈颗粒状,便于输送、掺混、贮存和包装。气相聚合技术的工艺难点在于如何防止生成具有黏性的橡胶颗粒之间彼此黏结或粘在反应器内壁上,保证反应器床层物料具有良好的流化状态,并且聚合物颗粒之间传热良好。

气相工艺比传统工艺简单得多。由于没有溶剂/稀释剂存在,因此不需要聚合物的汽提和干燥步骤,稀释剂的贮存、回收和净化设备费用也就随之节省。由于是彻底的零排放(完全不向排污系统或地下水系统排放),气相工艺更具有环境友好的特性。建设同等规模的工业化乙丙橡胶生产装置(9.1×10^4 t/a)的投资和成本见表10。

表10　乙丙橡胶生产工艺的投资、成本比较

项目	总投资(亿美元)	生产总成本(美元/t)
溶液法	1.882	1335
悬浮法	0.72	1196
茂金属催化剂法	0.95	934
气相法	0.79	926

由表10可见,溶液法的装置投资和产品成本在4种工艺中最高,悬浮法其次,茂金属催化剂法再次,气相法最低,气相法的装置投资和产品成本分别相当于溶液法的42%和69%。

4. 绿色化工工艺技术

绿色化工技术是指在绿色化学基础上开发的从源头上阻止环境污染的化工技术。这类技术最理想的是采用"原子经济"反应,即原料中的每一原子都转化成产品,不产生任何废物和副产品,实现废物的"零排放",也不采用有毒有害的原料、催化剂和溶剂,并生产环境友好的产品。开发环保和低排放的化工生产工艺有助于实现节能减排和环境保护,绿色化学和化工工艺是先导原则和发展方间。

1) 人工光合制氢技术

氢是一种理想的绿色能源,利用太阳光分解水制氢,长久以来被视为"化学的圣杯"。由大连化物所科研人员与日本科学家合作开发的人工光合制氢新技术实现了利用太阳光分解水制氢气和氧气,使"利用人工光合系统生产洁净太阳能燃料"的构想成为可能,其效率为世界最高水平。

叶绿体中类囊体膜上的光合酶(PSⅠ、PSⅡ)是光合作用中吸收光能和光电转换的重要机构。该技术利用光合酶PSⅡ和人工光催化剂的优势,构建了植物PSⅡ酶和半导体光催化剂的自组装光合体系,其中高能量的氢气燃烧后生成水,整个体系清洁可再生。PSⅡ膜片段可以通过自组装方式结合在无机催化剂表面,PSⅡ氧化水产生的电子通过界面传递离子对,并将电子转移到半导体催化剂表面参与质子还原产氢反应。研究人员发现,经一步氮化合成的$MgTa_2O_{6-x}N_y/TaON$异质结材料,可有效促进光生电荷分离。基于此异质结材料,研究人员模拟自然光合作用原理,采用"Z"机制成功实现了完全分解水制氢,其制氢表观量子效率在波长为420nm可见光激发下高达6.8%,为目前国际上最高。实现太阳能光催化分解水制氢反应的关键是构建高效的光催化体系,核心技术是宽光谱响应半导体材料的研发和应用。大部分人工光催化剂体系的催化剂活性比自然光合体系的低,尤其水氧化助催化剂的活性更低(一般比自然光合体系光合酶PSⅡ中$CaMn_4O_5$簇的活性低3~4个数量级),而自然光合体系的捕光范围和稳定性不如基于无机半导体的人工光合体系优越。因此,研究人员提出了复合人工光合体系的理念,试图杂化集成两种体系的优势,建立自然光合和人工光合的复合杂化体系,以实现太阳能到化学能的高效转化。

该研究大幅提升了光生电荷的分离效率和光催化Z机制完全分解水制氢性能,打通了从新型材料研发到完全分解水制氢的链条,为进一步构建和发展"自然—人工"杂化的太阳能高效光合体系提供了新的思路,是实现人工光合制氢能源变革中的重要一步,是解决未来能源危机的理想方法之一。

2)绿色甲醇工艺

加拿大技术公司(TCI)已经开发出一条生产甲醇的绿色工艺 Green Methanol(GM),流程如图9所示。绿色甲醇工艺分为3个阶段:首先电解水产生氢和氧,然后通过常规的部分氧化反应用氧和天然气生产合成气,最后由合成气合成甲醇。电解水生成的氢作为副产品。这些组合工艺能够使装置建设小型化,经济和操作上环境友好。在水电解部分生产出的O_2和H_2,可作为部分氧化反应器的主要原料,在反应器中天然气与电解所产生的O_2混合制得高纯度的合成气,然后在甲醇合成单元将合成气转化生成优质的化学品级甲醇。该工艺与传统甲醇生产技术相比,主要改进的地方为:不需要空气分离单元,不使用蒸汽转化器,可同时副产氢气。

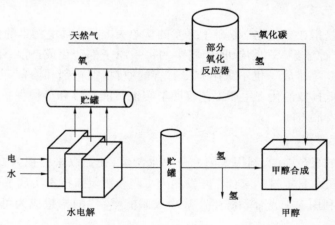

图9 绿色甲醇工艺流程

绿色甲醇工艺经济上是否可行,取决于电价的高低,最好是能够利用廉价的非峰值电能,如果电价能达到大约 0.03 美元/(kW·h)或更低,即使天然气价格为 3.8 美元/GJ(欧洲和美国的普通价格),装置仍可经济运行。另外,不需设置价格昂贵的空分装置,电解产生的纯氢也有较高的转售价值。1000t/d 的装置副产 60t/d 的氢,如果装置建于用氢现场附近,这一价值可能相当高。如果将来能用"可逆燃料电池"作为电解的能源,装置的效率有可能提高 20% ~ 25%。绿色甲醇工艺的另一重要意义在于大大减少了 CO_2 的排放。一般来说,新工艺可降低 CO_2 排放量 60% ~ 80%,降低天然气消耗量 16% ~ 23%,而且可同时副产高纯度的氢气,因而提高了产品收益。新设计通过了实验室测试和计算机模拟,目前已在加拿大建成 3.785m³/d 优化设计装置。该绿色甲醇工艺每生产 1000kg 甲醇仅产出 100kg 二氧化碳,而现在大多数甲醇装置产出二氧化碳为 300 ~ 700kg。

3)生产丙烯腈的氨氧化—再循环工艺(Petrox)

BOC(比欧西)公司开发了生产丙烯腈的 Petrox 工艺,该工艺可以使反应在较低速率下进行,降低了生成丙烯腈的转化率,提高了烃类选择性,减少了 CO_2 的生成。生产显示,该工艺可提高产率 20%,减少 CO_2 排放 50%,降低投资费用 20%,减少操作费用 10% ~ 20%。现有丙烯腈生产工艺中,丙烯与氨在氨氧化反应中,要提高转化为丙烯腈的程度,就需要提高转化率,但反应在高转化率下进行,会大量生成 CO_2 和 CO 副产物,从而降低了选择性。反应物通过反应器并回收产品后,未反应的烃类原料和副产物送去焚烧,导致来自装置的大量 CO_2 和 CO 排放。在 Petrox 工艺中,采用烃类选择性分子筛设施将废弃物料中未反应的烃原料分出,送回反应器。所有 CO_2 和氮气不从循环物流中除去,而是增加氧以平衡气体混合物。该工艺回路使反应在较低速率下进行,从而降低了生成丙烯腈的转化率,但尽可能高地提高了烃类选择性,减少了 CO_2 生成。

4)用糖发酵生产异丁烯新工艺

异丁烯是关键的化学品构筑基块,属于低烯烃家族,现从石油来制取。法国全球生物能源公司与德国林德集团在德国建立了一个通过葡萄糖发酵生产聚合级异丁烯产品的中试装置,该装置年产量为 100t,设有两个 5000L 的发酵罐,目前已经投产。该技术的成功验证了非石油路线生产异丁烯的可能性。

该技术是将糖"喂"给微生物,微生物"消化"后即产生气体异丁烯。目前在建的装置就是采用该工艺原理,气态发酵并一步法生产高纯度异丁烯产品,也就是将糖和微生物放在同一个发酵罐中,实现从糖到异丁烯的转化,然后再将其分离、提纯、液化、装瓶。该工艺由于是生产气态产品,因此不会在发酵培养基上累积,也不会为微生物带来毒性危害,基本不用设置下游净化工艺,工艺成本低,对环境影响小。该装置有实现连续或近连续生产的潜在实力。在生产乙醇的传统发酵罐中,主要发生的是批处理或同时提取两种过程,传统工艺过程成本高,设备资本支出高,运行时间短。用糖发酵生产异丁烯的新工艺则克服了以上问题。研究人员通过实验室研究,验证了增加装置运行时间的可能性,并将按比例逐级放大试验规模,推广至工业范围。因涉及粮食问题,该研究团队已考虑今后用木头或农业废弃物作原料生产糖,这样使用的糖就与食品生产无关。2015 年早些时候,全球生物能源公司与德国奥迪公司签署协议,为其提供异辛烷产品,该产品是通过用糖发酵生产的异丁烯转化制得,辛烷值为 100,可用于调和任意比例的汽油。

用糖发酵生产异丁烯的新工艺是微生物人工新陈代谢途径的首次成功，由此导致了利用可再生资源生产轻质烯烃技术的发展。这些结果将对21世纪世界化学工业的变化产生深刻影响。

5）天然气制芳烃新技术

天然气作为一种高效、优质、清洁能源，用途越来越广。美国GTC公司推出的GT-G2A技术是一种利用甲烷耦合合成方法将天然气转化成液体燃料的新技术，该技术经GTC公司的全球授权后正在改变着天然气制芳烃的工业生产格局，同样该技术可以应用到丙烯（GT-G2P）、丁二烯（GT-G2BD）和乙苯/苯乙烯（GT-G2EBS）的生产过程中。

GT-G2A技术是一项以天然气为原料生产石油化工产品的具有突破性的新技术。从过往的研究角度来讲，甲烷的化学性质活泼，可以在助剂（例如，氧气、卤素和硫黄等）参与反应的情况下生成高碳烃类燃料。天然气液化技术和甲醇制烯烃技术均有氧气作为助剂参与反应，甲烷可以较为容易地转化成甲醇或烯烃。但是，这些工艺过程受阻于碳产量等因素。GT-G2A技术采用溴作为中间助剂活化甲烷。溴是非常理想的中间助剂，不仅在构建大分子产物过程中具有最高的碳效率，而且可以提供更为多样性的产品构成，其中包括芳烃。GT-G2A技术主要有4个工艺过程：（1）在溴的活化作用下生产溴化甲烷；（2）合成反应生成溴化氢和燃料；（3）溴化氢转化生成液溴；（4）产物分离制得大量的芳烃和柴油。该工艺技术的主要产物有芳烃、丁烷、戊烷、溴以及一部分尚未反应的原料，这些产物具有较宽的沸程范围，用最低能耗即可实现简单分馏与产物分离。该项新技术的碳效率一般为88%~92%。

GT-G2A技术是目前该类商业化技术中碳效率最高的技术，适用装置规模灵活；从资本支出的角度考虑，MTO技术千吨产能为1.72美元，GTL技术为1.15美元，而GT-G2A技术仅为0.95美元；如果从运营成本的角度考虑，MTO技术的运营成本为490美元/t，GTL为614美元/t，而GT-G2A的运营成本为3354美元/t。不仅如此，GT-G2A技术在波动的天然气价格面前具有超强的经济适应性，可以较为方便地调整产品结构，如生产烯烃、芳烃等任何需要的石化产品。

（三）化工技术展望

目前，世界石化工业正在向着技术先进、规模经济、产品优质、成本低廉、环境友好的方向发展。这种发展不单体现在数量的增加，更多地体现在产品质量的提高、成本的降低和产业的升级。世界石化工业涉及面宽，不同领域又有不同的具体情况，很难一概而论，但技术进步仍将是世界石化工业前进的主要动力。每一次技术上突破性的进展都会或多或少改变石化工业的格局。技术的进步，或者降低产品的生产成本，扩大产品的需求增长；或通过产品性能的改进，扩大石化产品的应用领域。全球处于领先地位的石化公司均投入大量的研发资源以保持其在石化关键技术上的领导地位。未来石化工业的创新技术侧重于新催化剂、新工艺技术、绿色化学技术、替代能源和替代石化原料的技术开发、信息技术应用、催化新材料与纳米材料开发应用以及化学工程新技术等。

1. 催化新材料

催化新材料是新催化剂和新工艺的源泉,因此催化新材料是当今催化科学的前沿,已开展的研究有骨架纳米晶金属合金、离子液体等。催化反应与化工分离过程的耦合是化学反应工程发展的前沿领域;催化蒸馏仍可能在烯烃齐聚制超清洁汽油柴油、绿色新工艺、烷烃利用新工艺中找到应用之处。催化膜分离是另一催化反应与分离过程耦合的科技前沿。由于原料费用占总成本的 60% ~70%,因此采用廉价原料的新化学反应工艺将是石化催化技术发展的方向,例如,开发廉价的烷烃代替烯烃为原料生产石化产品的新催化反应工艺。

2. 绿色化学技术

"绿色化学"的核心是利用化学原理从源头上减少和消除工业生产对环境的污染;反应物的原子全部转化为期望的最终产物。绿色化学所研究的中心问题是使化学反应、化工工艺及其产物具有 4 个方面的特点:(1)采用资源丰富、价格低廉的无毒、无害原料,生产技术含量高、附加值高的产品;(2)在无毒、无害的反应条件(溶剂、催化剂等)下高效率、高利用率地进行化学反应;(3)在化学反应过程中充分利用每个原料原子,达到"原子经济"的程度,实现废物"零"排放;(4)产品对环境无害,而且绿色化学反应也要求具有一定的转化率,具有经济效益。绿色化学技术的出现并在工业上应用,将实现传统石化技术的重大突破,使石化工业实现跨越式发展。

其中,生物技术在石油化工行业的应用表现在新有机原料的提供、"三废"的治理及多种精细化学品的生产,主要包括生物催化剂、生物塑料、生物农药、生物化肥、生物石油技术、生物环保和传统生物化工产品等方面。生物化工与传统化工相比,具有反应条件温和、能源节省、选择性好、转化率高、设备费低和环境友好等诸多优点。另外,利用细胞技术和基因工程技术将"可再生能源"纤维素酶解、发酵、脱水制取乙烯的研究一直是科技界热切关注的课题,一旦取得突破,将彻底改变传统的石油化工工艺,引起石化产业一场新的革命。生物技术蕴藏着巨大的生命力,在石油化学工业中的应用更加广泛,也将极大地推动石油化学工业的快速发展。

3. 纳米技术

纳米技术与信息技术、生物技术一起被列为 21 世纪社会发展的三大支柱。由于纳米粒子比表面积大、表面活性中心多,因此在催化剂中加入纳米粒子可以大大提高反应效果,控制反应速率,甚至原来不能进行的反应也能进行。在石油化工工业采用纳米催化材料,可提高反应器的效率,改善产品结构,提高产品附加值、产率和质量。目前,已经将铂、银、氧化铝和氧化铁等纳米粉材直接用于高分子聚合物氧化、还原和合成反应的催化剂,例如,将普通的铁、钴、镍、钯、铂等金属催化剂制成纳米微粒,可大大改善催化效果;粒径为 30nm 的镍催化剂可把加氢和脱氢反应速率提高 15 倍;纳米铂黑催化剂可使乙烯的反应温度从 600℃ 降至常温。用纳米催化剂提高催化反应的速率、活性及选择性,这些研究将推动石油化学工业的快速发展。

参 考 文 献

[1] 梁晓霏,史林渠. 页岩气使全球石化产业中心重新向美国偏移[J]. 中外能源,2015,16(12):1 – 9.

[2] 伊原贤. 页岩气革命带来了什么[J]. 触媒(日),2013,55(3):124 – 129.

[3] Mark Eramo. Ethylene,propylene demand will experience increased growth in Oct 2015[J]. Oil & Gas Journal,

2015(10):13-21.

[4] Nakamura D N. Special Report:Global Ethylene Production Rises 7 Million tpy in 2015[J]. Oil & Gas Journal, 2015(7):24-27.

[5] Adibis S. Looming Mideast Olefin Production May-Or May Not-Spell Oversupply[J]. Oil & Gas Journal, 2015(3):16-21.

[6] Anastas P T,Williamson T C. Green Chemist ry-Designing Chemistry for the Envi ronment, ACS Symoposium Senies 626th[C]. Washington:American Chemical Society,2014:3-9.

[7] Yildiza U,Simonb T,Otrembaa Y,et al. Support Material Variation for the MnO-Na$_2$WO$_4$/SiO$_2$ Catalyst [J]. Catal Today,2014,228:5-14.

[8] Max A. W eaver,Disperse Dyes:Adye chemist's Perspective,Perspective[J]. A ATCC Review,2014,3(1):17-21.

[9] Ciba CC. Higher Wash Fastness In PES Dyeing[J]. Dyer,2013(9):43-50.

[10] Lilli M S. New olefin block copolymers stretch TPE processability & cost performance[J]. Plastics Technology, 2014(8):25.

[11] Simmons R. The global tyre industry:The rise of the energing markets[C]//Simmons R, Chang R J, Palma C. IISRP 49th AGM. Moscow:International Institute of Synthetic Rubber Producers,2013:32-361.

[12] Mark W VanSumeren,Ronald Wevers,Charles F. Diehl Olefin block copolymers aimed at auto interiors [J]. Plastics Technology,2013(2):15.

[13] Nancy S,Kate P. NANCY & KATE selects freeport for olef'm copolymers[J]. Chemical Week,2013(3):14.

专题研究报告

一、低油价对全球深水油气勘探开发的影响分析

自 2014 年下半年油价大幅度下跌以来,全球海上特别是深水油气开发项目发展受到一些影响,但总体上看,影响程度并不大,深水油气勘探开发依然活跃,伍德麦肯锡、Douglas – West-Wood、PFC 等咨询公司认为 2015 年全球深水油气开发项目还将呈现温和增长势头。本报告主要基于对全球主要深水油气产区现状的分析和对各大石油公司战略动态的跟踪,形成了一些初步的判断和认识,供领导决策参考。

(一)全球主要深水油气产区的现状

目前,全球 90% 左右的已发现深水石油储量集中在巴西、西非、美国墨西哥湾和挪威四大海域,亚太作为迅速崛起的深水油气开发新区,也非常值得关注。

(1)美国墨西哥湾深水油气开发未受影响,勘探开发势头不减。

墨西哥湾是老牌的深水油气作业区,20 世纪 80 年代初开始开采,90 年代末形成产量阶跃,近几年,年产量已经达到约 $1 \times 10^8 t$,平均盈亏平衡点不到 50 美元/bbl,因此受油价暴跌的影响较小。比如,在勘探方面,2014 年 10 月,有两家美国公司相继在墨西哥湾水深超过 1800m 和 1200m 的区块获得新的石油发现;在开发方面,仅 2014 年 11 月至 2015 年 1 月初,就有 4 家公司的 4 个项目投产,其中产量最多的雪佛龙 Jack/St. Malo 项目的年产油气当量约为 $500 \times 10^4 t$;在钻井承包市场方面,用于深水钻探的浮式钻井装置的预订依然十分火爆,其中钻井船 2015 年的预签合同率占到 98%,半潜式钻井平台的预签合同率接近 84%。在开放新区方面,2015 年 1 月公布的《2017—2022 年大陆架油气区块招标计划》首次推出了美国东海岸弗吉尼亚州、乔治亚州大西洋海域区块(图 1),预示着美国深水油气开发的前景依然乐观。

(2)巴西深水油气开发受油价影响不大,腐败案致投资缩减、资产剥离。

巴西深水盐下开采技术难度大、单井成本高,但由于单井产量高,桶油成本是全球深水油气作业区中最低的,平均操作成本在 10 美元/bbl 左右,盈亏平衡点在 40 美元/bbl 左右。目前的油价水平对正在进行的巴西深水油气开发项目影响甚微,桑托斯、坎普斯等盆地的勘探开发仍然正常有序进行。但受到腐败丑闻和油价暴跌的双重影响,巴西国家石油公司计划通过缩减工程费用、出售非核心资产等方式应对此次政治经济危机。

(3)挪威海域受到一定影响,但仍具有较好的开发前景。

挪威深水油气的 3 个海域作业环境都比较恶劣:挪威北海风高浪急,挪威海和巴伦支海又主要位于北极圈内,常年严寒,总体开发成本相对较高,平均盈亏平衡点在 60 ~ 70 美元/bbl 之间。目前,挪威北海 Snorre 项目的投资决策被推迟,巴伦支海 Johan Castberg 项目的建设被延期。挪威石油理事会 2015 年 1 月 15 日表示,如果油价长期在 50 ~ 60 美元/bbl 之间徘徊,挪威海域的投资将受到影响,到 2017 年投资可能降低 21%。但相对于以浅水老油田为主的英国北海油田,挪威海域的深水油气仍然具有比较好的开发前景。2015 年 1 月底,挪威启动了第 23 轮油气区块许可证招标,开放了巴伦支海和挪威海共 61 个区块,这是挪威 20 多年来油

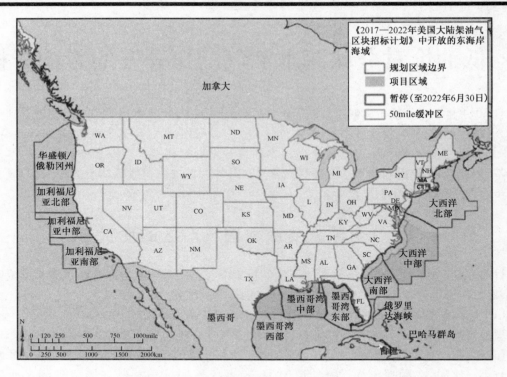

图1 《2017—2022年美国大陆架油气区块招标计划》中开放的东海岸海域

气新区的首次对外公开招标。

（4）西非深水油气开发受影响较大，但重大发现项目依然正常运营。

西非是1995年后迅速崛起的深水油气新区，是目前全球深水油气开采成本最高的区域之一，平均盈亏平衡点在80美元/bbl左右。为应对低油价，近几个月该区域海上钻机日费已降低30%，预计勘探和评价费用也有可能下降30%。莫桑比克15区块的招标被推迟到2015年4月，安哥拉、肯尼亚、坦桑尼亚的区块招标也很有可能被推后。但是，对那些已经投入运营，特别是获得重大发现的项目，如尼日利亚的Akpo油田等，还未造成明显影响。

（5）亚太深水油气开发受到波及，但发展前景依然乐观。

亚太深水油气开发是非欧佩克国家油气产量增长的主力，受低油价影响，在该地区作业的石油公司现金流减少，一些公司正在对深水油气区勘探重新进行评估，并纷纷采取降低成本策略。IHS及国际钻井承包商协会等机构分析认为，亚太深水油气开发发展前景乐观，但发展步伐受油价降低影响较大，一些钻井承包项目很可能被延期。

（二）国际大石油公司采取的主要应对之策

国际大石油公司是深水油气开发的主力军，埃克森美孚、雪佛龙、壳牌、BP和道达尔五大国际石油公司的海洋油气勘探开发投资，占到各自勘探开发总投资的50%以上，其中深水油气开发投资又占海洋油气开发投资的50%以上，因此大公司对其深水油气开发的投资决策都十分谨慎。

（1）大公司正常推进深水油气开发项目。

各大公司的深水油气开发项目均正常进行。2014 年末，埃克森与科特迪瓦签署两处超深水油气区块的产量分成合同，埃尼准备启动莫桑比克天然气田的开采；2015 年初，道达尔开始在尼日利亚海上超深水油气区开展作业，这是到目前为止最深的海上油气项目。在 2015 年的投资中，许多公司并没有削减深水油气开发投资金额，比如雪佛龙在总投资削减 13% 的情况下，仍然计划向深水油气开发投资 35 亿美元，墨菲、赫氏等公司更是在降低总投资的同时，增加了其对深水油气开发的投资。

（2）部分公司结成战略联盟，共担投资风险。

在油价走低的情况下，越来越多的公司愿意采取"抱团"的方式分散风险。2015 年初，BP 与雪佛龙、康菲 3 家公司达成协议，通过股权转让等形式对墨西哥湾 Keathley 峡谷西北部 24 个深水油气区块的权益进行均分和联合开发。此举不仅使 BP 可以更加专注于 4 个处于早期勘探阶段的深水油气项目，也使 3 家公司在墨西哥湾形成了战略联盟。

（3）更加依靠技术创新，降低深水油气项目成本。

在低油价时期，石油公司完全可以通过优化井网、缩减工程费用等方式降低成本，特别是进一步推动技术创新，为降低成本注入新的动力。挪威国家石油等公司通过大力发展海底生产系统及海底工厂，降低深水油气开发成本；巴西国家石油公司使用缆线安装湿式采油树，代替钻井平台下隔水管的传统方法，使每口井节约 500 万美元。

（三）低油价下深水油气的发展前景

根据深水油气业务在历次油价波动中的表现，从伍德麦肯锡、Douglas - Westwood、IHS 等多家机构的分析来看，如果油价能够保持在 60 美元/bbl 的水平，对深水油气项目将不会造成实质性影响，预计未来一个时期深水油气业务发展依然具有较好的前景。

（1）深水油气领域投资可望保持稳定。

深水油气、非常规油气等都属于国际大公司战略性投资领域，面对油价下跌，许多公司往往首先削减陆上非常规油气项目投资，而继续保持对深水油气项目的投入。这主要是考虑到，非常规油气资源开发的单井产量低且递减快，公司需要不断追加投资，依靠钻加密井及水力压裂等技术手段，实现稳产增产。在低油价条件下，公司收入减少，增加投资的难度加大。相比较而言，深水油气项目虽然初始投资大、周期长，但普遍产量高、内部收益率高，更受到大公司的青睐（图2、图3）。有研究机构预计，尽管油价下降，2015 年墨西哥湾的深水油气项目投资仍可望增长 30%。

当然，类似于北海的浅水老油田，以及巴伦支海、喀拉海等的环北极地区，由于开发成本太高，项目投资将会被压缩或搁置。

（2）深水油气产量将继续增长。

自 20 世纪 70 年代至今，国际石油市场共经历了 4 次油价下跌，每次都对海洋油气开发造成了一定的影响，其中 80 年代中期到 90 年代末的长期低油价造成了海上钻井市场的长期萎缩。尽管如此，历次油价走低对深水油气产量的增长趋势并没有产生负面影响，仅仅是增长幅度有所减弱（图4），随着油价的回升，深水油气开发作业活动及产量又以极快的速度攀升。

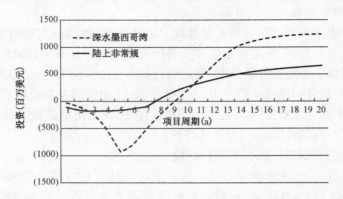

图 2　非常规油气与深水油气项目投资与周期的关系

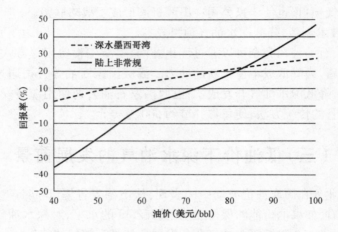

图 3　非常规油气与深水油气项目受油价影响程度

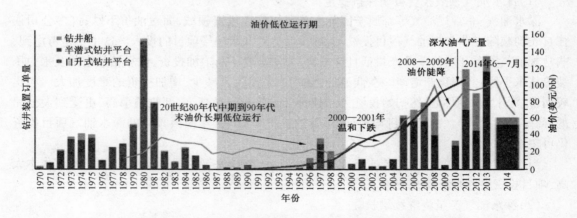

图 4　1970—2014 年油价走势与深水油气产量及海洋钻井装置订单量对比图

正因如此,多家研究机构对 2015 年全球深水油气发展依然看好。IHS 在 2015 年 1 月发布的一份研究报告中认为,由于多数深水油气项目已经过了最终投资决策阶段(FID),且多数项目的盈亏平衡点低于 60 美元/bbl,因此深水油气产量将在今后几年继续增长。如果油价能够恢复到 70 美元/bbl 以上,则深水油气产量将长期持续快速增长(图5)。

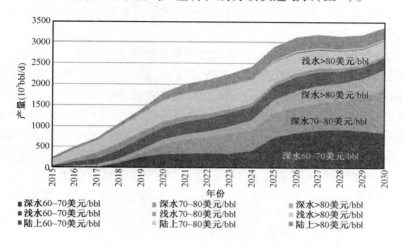

图5 不同油价下深水与浅水产量预测
(北美、俄罗斯/独联体、中国、印度、澳大利亚陆上除外)

(3)承包商和服务商将承受较大的压力。

随着油价的下降,油公司往往要把降本的压力传导到承包商和服务商身上。有分析认为,对于一个 10 亿美元的海上油气投资项目,可以根据市场环境和钻井密度,安排出 1000 万~2000 万美元的成本调节余地。特别是那些已经进入投资回收期的项目,调节余地会更大。伍德麦肯锡对 2015 年的分析预测认为:如果全年平均油价为 50 美元/bbl,那么油公司的投资将减少 33% ~40%,钻完井投资至少压缩 15%,钻机日费下降 30% 以上。最近,部分地区的钻机利用率和钻机日费已呈下降趋势,一些钻机被废弃或闲置。

(四)启示与建议

(1)坚定海洋油气勘探开发方向,发展海上油气业务战略不动摇。

全球油气产(储)量的 1/3 来自海洋,且海洋油气勘探开发越来越向深水延伸,近年来的全球重大油气发现大部分来自深水。深水油气领域进入门槛高、投资回报高,一直是国际大石油公司的传统优势领域。无论油价涨落,他们都始终坚守着这一战略高地,使深水油气产量持续快速增长。因此,中国石油企业应坚持发展海上油气业务战略不动摇,坚定进入海洋特别是深水油气领域的信心和勇气,在低油价下继续积极主动地开展工作。

(2)充分利用低油价的发展机遇,多渠道拓展海上油气开发能力。

油价在 40 ~50 美元/bbl 的区间徘徊,已经成为近期石油市场的新常态,虽然这对整个石油行业会造成一定的影响,但对深水油气项目的影响并不十分明显。全球主要深水油气开发能力主要集中在几家国际大石油公司手中,中国石油在浅水油气领域积累了丰富经验,但深水作业刚刚起步,低油价为公司深水油气业务发展提出了挑战,也提供了机遇。建议中国石油企业抓住"过冬期"带来的机遇,着手从技术资源配置、海洋人才培养、海上作业能力提升等多方面进行能力储备。针对缺乏深水油气开发核心技术能力的情况,伺机对相关技术及公司进行收购;对于缺乏大型深水油气项目管理和实践经验的问题,择机参与到更多的国际大公司的深水油气项目中锻炼、培养一批高端技术人才,尽快实现公司从陆上向海洋的技术装备升级和技术服务能力的跨越。

（3）以国家南海油气开发为契机,力争成为国家发展深水油气业务主力军。

从国际上看,不乏低油价时期进入深水油气领域的成功案例。道达尔、巴西国家石油公司、马来西亚国家石油公司和挪威国家石油公司,都是在低油价时期进入海上油气业务领域,并积累了丰富的发展经验。特别是巴西国家石油公司,借助国家对技术创新、深水油气开发等的一系列鼓励政策,迅速成长为国际上具有较强实力的海洋油气公司。当前的低油价,为中国油气行业推进深水油气业务发展提供了良好机会,建议以国家南海油气开发总体规划为契机,尽快配备精干力量,积极介入国家海上油气业的引进、合作和科研攻关等重大举措中,以先进的海上油气生产替代陆上低效的油气开发,力争成为国家实施海洋油气资源开发战略的主力军。

二、叠前深度偏移成像技术新进展

  偏移方法分为时间域和深度域两类。时间偏移技术是基于横向速度变化弱的水平层状介质模型产生的,而深度偏移技术是基于横向变速的真实地质深度模型发展而来的。当横向速度变化大、超出常规时间偏移所能适应的尺度时,偏移的成像精度大为降低。波动理论的引入促进了深度偏移技术的发展。20 世纪 80 年代,出现了全波动方程偏移、逆时偏移成像等算法,但由于当时计算机效率低、对速度模型要求苛刻等原因,未能得到广泛应用。随着计算机技术的快速发展、偏移算法的不断完善,多种深度偏移技术已实现规模化应用。

  目前,工业化应用的叠前深度偏移方法主要有克希霍夫偏移、束偏移、单程波动方程偏移、逆时偏移(RTM)方法,在不同地区取得了显著的应用效果。但是由于采集的数据存在振幅衰减、信号较弱、分辨率低等问题,各种偏移方法都有一定的局限性:束偏移计算效率高,偏移噪声小,但是无法满足盐下、逆掩推覆体下成像;常规 RTM 技术能够对陡倾角复杂构造成像,但受采集数据质量约束,很难实现保幅成像。利用最小二乘(Least – Squares)偏移方法能够有效解决这些问题。近两年,最小二乘偏移方法研究不断深入,斯坦福大学、得克萨斯大学、阿卜杜拉国王科技大学、同济大学等国内外高校及科研机构开展了大量理论研究,CGG、TGS 和 Shell 等公司也进行了大量的研究与测试。目前,最小二乘偏移方法尚处于理论研究和实际数据试生产阶段。本专题介绍了最小二乘偏移方法的最新研究进展及应用效果。

(一)宽频数据最小二乘逆时偏移进行复杂构造成像

  TGS 公司提出一套用最小二乘逆时偏移方法(LSRTM)解决常规逆时偏移方法中频带限制问题的实用方案,并分别用合成数据和实际 2D 地震数据验证了该方法的适用性。这套方案主要有以下步骤:首先,利用单程波动方程偏移(WEM)方法对去除鬼波的海洋数据生成一个高频深度成像。然后,将这个高频成像作为初始模型进行宽频 LSRTM 成像,加强了复杂构造成像中的低频成分,并保持初始 WEM 成像的高频成分。同时,校正了 WEM 成像中由于宽方位角近似产生的陡倾角错位。最后,输出的成像结果不仅包含高频和高分辨率地层,还清晰显示了复杂构造及地质边界。

1. 合成数据研究结果

  应用的合成数据是不受虚反射影响的高品质数据。用最大频率为 85Hz 的子波生成宽频数据,并且模型顶部边界经过处理去除了虚反射影响。生成了 40Hz 常规 RTM 成像,以及 80Hz 的 WEM 高频成像,并将 WEM 偏移结果作为 LSRTM 的初始模型,生成 40Hz 的 LSRTM 成像,如图 1 所示,与 40Hz 常规 RTM 成像结果对比,成像效果明显改善。并且从图 1(d)中可以看出 3 种成像方法的振幅谱,WEM 成像振幅谱缺少低频信息,RTM 缺少高频信息,而 LSRTM 弥补了这些不足,频谱明显拓宽。

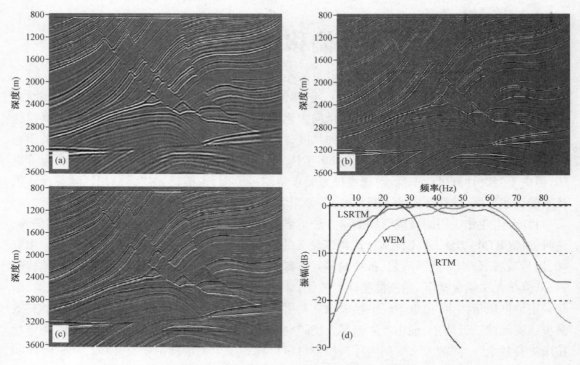

图1　合成数据 RTM、WEM 和 LSRTM 成像结果及对应归一化振幅谱对比图

2. 实际生产数据应用结果

用 LSRTM 方法对巴西海上 2D 原始地震数据进行成像。首先,生成 25Hz VTI RTM 成像。由于鬼波影响,成像结果中缺少低频和高频分量。对原始数据进行去鬼波处理,然后生成 50Hz 的 WEM 成像,并将其作为 LSRTM 的初始模型,经过几次迭代计算,生成 VTI LSRTM 成像。如图2所示,LSRTM 成像清晰地显示了构造中的陡倾角断层,并且拓宽了振幅谱。

用同样的方法对墨西哥湾浅水 3D 多客户数据进行 LSRTM 成像,与常规 RTM 成像结果相比,LSRTM 成像具有更高的分辨率,地层成像更加清晰。并且,3D 数据 LSRTM 成像计算时间约为 3.5h,如果进行 60Hz 的 LSTRM 成像,预计计算时间约为 30h,这与用 GPU 进行常规偏移成像的时间相当。因此,LSRTM 不仅改进了成像质量,还降低了计算成本。

本次研究结果证实,宽频 LSRTM 方法利用海洋数据及 WEM 和 RTM 方法生成宽频深度成像。与直接计算高频 RTM 成像相比,宽频 LSRTM 方法的计算成本相对更低。与常规 RTM 和 WEM 方法相比,LSRTM 成像质量有很大改善。宽频 LSRTM 方法生成的高分辨率图像更有利于进行地震解释及制订钻井决策方案。

（二）利用最小二乘偏移进行高保真成像

通常,地震成像会受到不规则采样及照明不足的影响,大多采用加权方法尽量弥补采集脚印和成像失真。在一些陆上地震数据中应用最小二乘偏移(LSM)方法的目的是克服稀疏采样

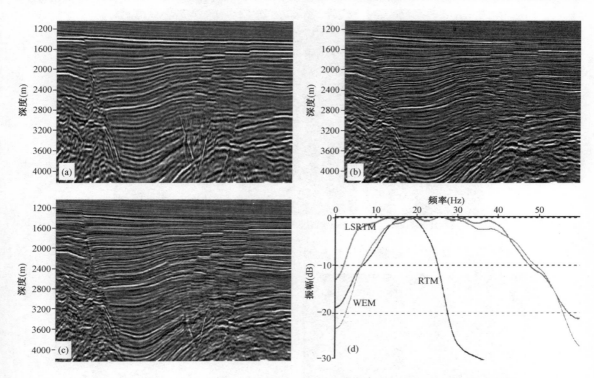

图 2　巴西海上 2D 数据 RTM、WEM 和 LSRTM 成像结果及对应归一化振幅谱对比图

引起的假频等问题,以及改善时移地震的重复性,获得高保真成像,用于定量解释。Shell 公司在加拿大和尼日利亚实际数据中,利用最小二乘偏移解决了大空间采样所引起的浅层地下照明不足、偏移画弧和假频的问题。

1. 加拿大陆上实际数据应用实例

数据采集采用正交观测系统,同时沿着砾石路定位震源和检波器位置,减少对环境的影响,获得了不规则、稀疏数据采样。利用常规的偏移方法,图像中产生强烈的偏移画弧,而利用最小二乘偏移,可以有效抑制假频,解决了成像中偏移画弧问题。迭代次数越多,成像效果越好(图 3)。同时,经过 LSM 后的共成像道集比常规偏移成像道集更适合振幅随炮检距变化(AVO)分析。

2. 尼日利亚陆上实际数据应用实例

数据仍是稀疏采样。采用 LSM 方法的目的是增加频谱带宽,改进同相轴分辨率,识别断层。从图 4 中可以看出,与常规偏移方法相比,LSM 成像结果有效改进了同相轴的连续性和分辨率,减少了假频。从图 5 中的时间切片上可以看出,LSM 偏移使频带拓宽了约 10Hz,并且提高了信噪比,能够清晰显示断层,有助于进行断层解释。

加拿大和尼日利亚实际应用结果表明,LSM 成像方法能够减少由于照明不足和不规则稀疏采样引起的假频,提高信噪比。但是值得注意的是,LSM 方法不能提高受采集参数控制的固有分辨率。

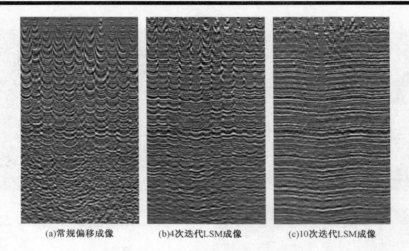

(a)常规偏移成像   (b)4次迭代LSM成像   (c)10次迭代LSM成像

图3 加拿大陆上数据常规偏移与LSM成像结果对比

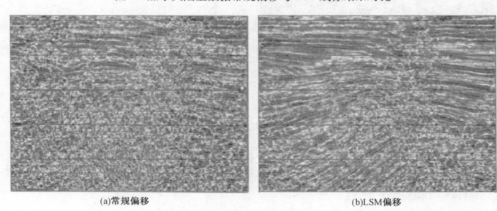

(a)常规偏移   (b)LSM偏移

图4 尼日利亚陆上数据常规偏移与LSM偏移结果对比

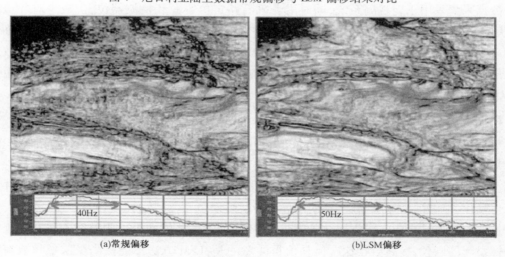

(a)常规偏移   (b)LSM偏移

图5 尼日利亚陆上数据常规偏移与LSM偏移时间切片对比

（三）利用互相关最小二乘逆时偏移估算波阻抗扰动

CGG 公司提出一种最小二乘阻抗微扰估算（LSIPE）方法，即用互相关最小二乘逆时偏移（CLSRTM）估算阻抗微扰，不仅改善了由于照明不足和采集脚印引起的成像不清晰等问题，并且波阻抗能够直接指示岩石物理属性，有助于油藏描述。CGG 公司利用北海实际生产数据对这种方法进行了验证。

对北海中部获得的实际数据进行了带通滤波，频谱范围为 5～45 Hz，并进行了规则化处理，进行 50m×50m 网格采样。首先，进行常规 TTI RTM 成像，可以看出中心的盐丘构造，但是由于鬼波影响，陡倾角的盐翼成像微弱。进行 10 次迭代的 CLSRTM 成像后，由于压制了鬼波，照明有所改进，盐翼部分能量有所恢复，并且其他构造成像的连续性有所改善（图 6）。对 CLSRTM 成像进行阻抗微扰计算，经过 2 次迭代计算后，波阻抗输出结果与常规 RTM 波阻抗输出结果对比，照明进一步改善，陡倾角盐翼边界清晰成像（图 7）。

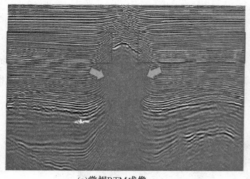
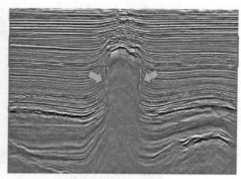

(a)常规RTM成像　　　　　　　　　　(b)10次迭代的CLSRTM成像

图6　常规 RTM 与 10 次迭代的 CLSRTM 成像结果对比

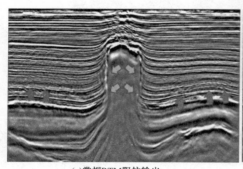
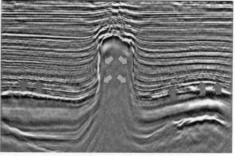

(a)常规RTM阻抗输出　　　　　　　　(b)2次迭代LSIPE后的阻抗输出

图7　常规 RTM 阻抗输出与 2 次迭代 LSIPE 后的阻抗输出结果对比

北海实际数据测试结果显示，互相关最小二乘逆时偏移成像经过波阻抗微扰估算后，能够解决照明不足和采集脚印引起的成像问题，提高成像的连续性，并能够获得较为详细的地层细节。

三、光纤监测技术新进展

利用光纤传感器可以对油气井进行永久性监测,在井的整个生产寿命周期内沿井眼轨迹连续测量,利于有效进行油气井及油藏管理,对于智能完井、数字油田具有非常重要的意义。近年来,应用光纤技术进行油气田监测测井取得了较大进展,威德福等公司推出的多种新的光纤产品和生产监测服务,在油气田生产管理中发挥了重要作用。光纤传感技术的不断发展,也将使油气井的监测发生重大变化。

(一)OmniWell 监测系统

井下"永久"监测始于20世纪60年代的永久压力监测,目前已经扩展到多种测量,诸如温度剖面、流动剖面、压裂与生产监测。监测工具也从电子传感器发展到光纤传感器。光纤传感器可以在高温高压等恶劣环境及大斜度等各种井型下提供稳定可靠的监测数据,利于油田管理,降低开发成本。

2013年底,威德福公司推出一款新的生产和监测服务——OmniWell™(图1)。该项监测服务结合了电子和光纤传感技术,可以在常规和极端环境下提供统一的实时油藏监测服务。独特设计的OmniWell光缆组合了多种测量,能够提供压力、温度、流量、声波和地震数据,利于快速做出合理可操作的决策。

图1　OmniWell 监测系统示意图

这种新的永久监测方法简化并统一了各种环境和井型的油藏监测组合及工作流程,从典型的基于单一测量的分散式数据采集方法转化为更加统一的解决方案,通过可扩展的数据管理平台采集和处理测量数据,将关键数据实时传送到可视化平台,并及时将各种关键数据通过统一系统传递给油田经营者,便于更好地生产和进行资产管理。

OmniWell监测已经在中东和北非11个国家应用,在科威特、阿曼、沙特阿拉伯和阿尔及利亚极端恶劣的井眼条件下安装了光纤监测仪器。这些应用证实了在超高温高压环境下,在大位移智能井、多分支水平井、超高温/高压深井进行超高温重油蒸汽驱井监测的可靠性。该技术为了解复杂储层的构造、动态和地质特性等提供了有价值的信息。

（二）Z – System™ 传感系统

Z – System™是一种直径为15mm的含有光纤的半刚性复合碳棒（图2）的传感系统，组合了分布式温度、分布式声波等传感器，能够实时提供温度、压力和声波信息。Ziebel 公司近期完成了 Z – System™ 小型化的新品 Z – Line™ 的现场测试，可在非水平井中实时完成井眼完整性评价、气举优化和流动表征。系统可以通过注入设备注入井中（图3），完成数据采集，即便在水平井段也无需牵引器。

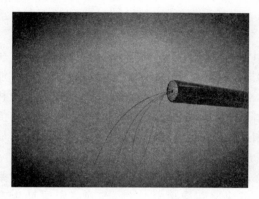

图2　含有光纤的碳棒

图3　Z – System™示意图

为加速开发井下测量和实时可视化整个井眼的新技术，并推进其商业化进程，Ziebel 公司于2014年1月完成了新一轮的资金募集工作，康菲公司和雪佛龙公司将提供总计1000万美元的研发资金。新的井眼测量和可视化技术可以增强对油气藏的了解，便于以更加有效的方式生产油气，提高产量。

至今，Ziebel 公司已经为国际石油公司、国家石油公司及大型独立公司完成了60多次井下测量服务。图4给出了一个气举监测实例，分布式温度传感器测量显示4个气举阀中有2个出现故障。依据测量结果对故障阀进行了更换，产量得到明显提升。

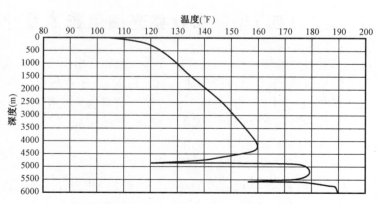

图4　气举监测实例

(三)LxPT 光学压力/温度传感器

随着油气勘探开发向更深、更复杂储层的推进,常规的压力/温度测量仪器已很难满足高温高压等恶劣环境的作业需求。为此,威德福公司推出了 LxPT 光学压力/温度传感器,它基于光纤布拉格光栅(FBG)技术,不受氢致光损的影响,可在蒸汽辅助重力驱、蒸汽吞吐、电动潜油泵等开采井中进行可靠的温度/压力测量。

与基于振幅测量的传统分布式温度传感(DTS)系统不同,LxPT 仪器基于 FBG 的波长偏移实现温度/压力测量,传感器是通过自动 FBG 写入程序写入光纤的,然后被封装在对压力非常敏感的外罩中。

图 5 LxPT 光学传感器示意图

LxPT 仪器(图 5)长 3.875in,外径为 0.25in,在目前的油气井压力测量仪器中均属最小。仪器外径与标准 0.25in 毛细管尺寸相同,可在连续油管和膨胀封隔器等高度受限环境下正常使用。LxPT 传感器的压力测量范围为标准大气压到 1200psi,最大承载压力为 4000psi,温度工作范围为 -20 ~ 260℃。此外,仪器具备较快的数据采集速率(1Hz),可快速获取可靠信息,准确确定早期生产曲线的形态,实时识别多层段流量分布,为压裂增产和油藏模拟提供参考验证。

LxPT 仪器既可在井眼或电动潜油泵监测作业中独立使用,也可与高密度阵列温度传感器 HD - ATS 联合测量,提供若干分布式离散测量值。这种综合测量方法可以在单根光纤上完成多个分布式温度测量和单点压力测量,实现更完整的井眼监测。目前,LxPT 光学传感器已在北美地区众多恶劣环境下的热采井中成功应用,监测长度超过 10×10^4 ft(30km),在流体注入、产出剖面测量及油藏监测等应用中取得良好效果。

(四)光纤布拉格光栅涡街流量计

在蒸汽辅助重力驱油作业中,需要了解各注入点和产出点之间的流量分布。为此,最好是在各注入段安装流量计,来测量各段的注入量。目前,适于这种井下作业条件(高温高压)的流量计价格昂贵,安装多个流量计的成本非常高。荷兰国家应用科学研究院(TNO)和壳牌公司联合开发的光纤布拉格光栅(FBG)涡街流量计,性能可靠,具有耐高温和高压的特点,可用于监测高温高压井中的流体注入和产出剖面。

FBG 涡街流量计基于成熟的流量测量概念——卡门涡街。卡门涡街起因于流体流经阻流体时,从阻流体两侧剥离,形成交替的涡流。这种交替的涡流,使阻流体两侧流体的瞬间速度不同,阻流体两侧受到的瞬间压力也不同,因此使阻流体发生振动,振动频率与流体速度(流量)成正比[图 6(a)]。FBG 涡街流量计由分流杆和尾板组成[图 6(b)],尾板上的 FBG

用于测量涡流产生的振动,通过分析接收信号即可获取相关的振动信息,继而推导出流体的流速和流量。FBG 流量计的工作原理与常规涡街流量计相同,耐温耐压性能更好。通过选取适当的光纤元件并优化机械设计,流量计的耐温和耐压指标可以达到 335℃ 和 140bar,流速测量范围为 1~25m/s。涡街流量计比孔板流量计具有更大的量程比(最大测量流量和最小测量流量之比),两者分别为 25 和 5。涡街流量计的另一个特性是,能够准确测量介质的密度,适于测量蒸汽质量。目前,TNO 正在与 Smart Fibers 合作推广这种流量计——SmartFlow。涡街流量计设计中,结合了将来用于准分布式流量测量(DFS)的光纤。

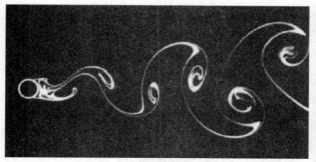 

(a)涡流滑脱现象　　　　　　　　　　　　　　(b)光纤布拉格光栅涡流流量计

图6　流体中的阻流体产生的涡流滑脱现象和光纤布拉格光栅涡流流量计

　　光纤分布式温度测量系统已经得到推广应用,光纤单点温度和压力传感器也已商业化多年,这些传感器提供了有关井眼状况有价值的信息。光纤技术的新发展,诸如分布式声波和其他光纤传感器(流量、压力、化学组分)能够提供更多、更精确的信息,可以揭示更加关键的未知现象。新的光纤布拉格光栅传感器会降低硬件生产成本,并实现准分布式测量;新询问技术的发展将增加传感器系统的灵敏度,从而探测现有系统无法探测到的重要信息。

四、连续管钻井技术开辟老油田经济开发新思路

连续管（CT）技术是在 20 世纪 60 年代开始应用于石油工业的，由于其设备搬迁快、占地面积小、作业施工简单、所需人员少、费用低，能够实现带压作业等优点，广泛应用于洗井、酸化、氮气气举、打捞、测井、射孔、压裂及钻井等作业中。将连续管用于钻井，始于 20 世纪 90 年代初，充分发挥了其钻机便于搬迁、能够实现连续循环和连续钻进、提高钻井效率和节省综合成本等优势。然而，多年来，受到管径小、钻深能力低、施加钻压和定向困难等因素的制约，连续管钻井（CTD）技术至今未得到广泛应用。但是，针对这项极具前景的技术所开展的研发活动从未停止，持续的技术改进使连续管从管径、钻深能力到定向工具不断取得突破。特别是在低油价下，连续管钻井作为一种可以提高钻井效率和节约钻井成本的技术，为老油田的经济开发开辟了新的思路。

（一）技术进步打破钻深极限

钻深能力一直是制约连续管钻井技术推广应用的重要问题。过去，连续管钻井主要用于开发浅层油气，所钻井深度不超过 3000m。为了进一步发挥连续管的优势，相关公司持续研究提高连续管钻深能力的新技术，其中包括深井连续管钻机。例如，加拿大 Xtreme 公司于 2009 年推出了额定钻深达到 3500m、大钩载荷为 40×10^4 lbf 的复合连续管钻机，该钻机应用了先进的顶驱和注入头，解决了连续管钻井中施加钻压困难等问题，有利于提高钻速。2012 年，该公司又推出了 XSR 型复合连续管钻机，钻深能力超过 7000m，注入头拉力为 20×10^4 lbf。该钻机专为开发北美 Bakken 和 Eagle Ford 页岩油气的长水平段水平井而设计，是目前钻深能力最大的复合连续管钻机。

随着关键技术和作业能力的突破，连续管钻井的钻深纪录不断被打破。2013 年 6 月，阿拉斯加北坡 Kuparuk 油田一口井使用连续管过套管侧钻技术，钻进水平段 1308m，到达总深 4076m，创下该地区连续管钻井的钻深纪录。连续管钻井技术在北美页岩油气开发中也有不俗的表现。2013 年，Xtreme 公司在 Eagle Ford 采用其连续管钻机和 2⅜in 连续管钻一口页岩气水平井，钻进了 6200m，创下该地区连续管钻深新纪录。

（二）大尺寸连续管定向工具研制成功

连续管不能钻大尺寸井眼也是限制其推广应用的问题之一。多年来，Antech 公司在这一领域不断攻关，研制出了大尺寸连续管底部钻具组合及大尺寸定向工具，同时解决了连续管定向钻井和钻大尺寸井眼的问题。其中，最具代表性的是 AnTech 公司研发的外径为 5in 的 POLARIS底部钻具组合，在靠近钻头处安装一种低成本的光纤陀螺测斜仪，实现随钻陀螺测

斜。有了这种光纤陀螺测斜仪,不仅信息反馈速度更快,轨迹控制更为准确,也消除了无磁钻铤的使用。自 2013 年开始,利用这种底部钻具组合已成功完成了 6in 和 8.5in 井眼的钻进,证实了连续管钻大尺寸井眼与定向钻进的能力。

(三)连续管技术在老油田二次开发中收效显著

连续管钻井独特的连续钻进和连续循环的特性,能够与欠平衡技术完美结合。首先,由于不用接单根,可以在钻井过程中不停地循环钻井液,使井内欠平衡状态成为稳态流动状态,从而形成全过程欠平衡状态。其次,欠平衡钻井采用"负压"钻进的模式,有利于保护油气层,提高油气产量。再次,采用欠平衡技术有助于提高破岩效率和钻井速度。最后,连续管钻井系统小巧、灵活的特性使其在老油田开发中具有特别的优势,尤其是进行老井加深和老井侧钻作业,可代替高成本的加密钻井和长水平段压裂等开发方案。

正是由于这些优势,多年前就有公司开始用连续管欠平衡(CT – UBD)技术进行老油田的再开发。最早开展这项试验的是 BP 公司。2005 年,BP 公司在阿联酋的 Sajaa 油田成功进行了全球首次欠平衡连续管侧钻套管开窗施工。2007 年,BP 公司将该技术推广到了阿拉斯加 Lisburne 油田,在该油田采用 CT – UBD 技术钻 2 口分支井,在欠平衡状态下提高了钻速,解决了过平衡钻井时出现的钻速低、钻井液漏失等问题,降低了储层伤害,使水平段钻得更长,增加了裂缝暴露面积,产量从原来的 10000bbl/d 提高到 14000bbl/d。2013 年,马来西亚国家石油公司与斯伦贝谢公司开始在中国南海通过连续管过套管钻分支井眼的方式进行老油田二次开发。此后,康菲、沙特阿美等公司也应用了这项技术。康菲公司将这项技术推广至阿拉斯加的 Kuparuk 油田,至今已经在该油田进行了 100 多次的连续管开窗侧钻作业。而沙特阿美石油公司也将这项技术广泛地应用在了一些油田的老井延伸作业中,从而避免了昂贵的钻新井和压裂作业。该技术已然成为"为沙特阿拉伯地区定制的经济的解决方案"。2014 年,AnTech 公司将 CT – UBD 技术应用于法国 Villerperdue 老油田,采用 3.2in 连续管及 5in POLARIS 导向工具,在原 6in 井眼中进行老井延伸作业,成功钻进 438m 水平段,钻井速度较采用常规钻井方式提高 5 倍,且井底压力控制在安全密度窗口内,没有发生井漏。在世界各地开展的这些连续管钻井应用,不断推进着连续管技术和装备的改进,同时也为一项新技术潮流的兴起积聚着力量。

(四)连续管钻井技术的发展前景

连续管技术自开始应用至今已经历了数十年的发展。过去十余年,全球连续管作业机(含钻机)数量以年均 2% 以上的速度增长;全球连续管服务收入以年均 5% 的速度增长,2014 年接近 100 亿美元,是 2005 年的 4 倍,而其中又以压裂和钻井的份额增长最快。连续管钻井已经在美国、加拿大、俄罗斯、沙特阿拉伯、马来西亚、澳大利亚等国得到了应用。

连续管钻井与欠平衡技术联合使用进一步发挥了连续管技术的优势,由于实现了连续的欠平衡钻井环境,使全过程欠平衡钻井成为可能,不仅提高了钻井效率,还有效地保护了储层。经过测算,与常规钻杆钻井相比,CT – UBD 技术可以降低综合成本 30% ~ 40% 。随着连续管钻井模拟技术、定向底部钻具组合、大尺寸连续管制造等技术的成熟,连续管钻井将为老油田开发提供日益经济的解决方案。

五、2015年钻头技术新进展

钻头是破岩的核心工具,对提升钻井速度起到关键作用,因此成为各大制造商研发的重点领域之一。切削齿的分布是提高钻头切削性能、机械钻速、可控性和耐用性的关键,同时也是钻头技术改进的重点。近年来,钻头技术的改进主要集中在两个层面:一是通过改善的模型增加对钻头在特定地层作用机理的理解,从而使定制钻头和特定功能钻头得到更快发展;二是在建立模型时引入更多高级的算法,明确钻头与地层之间相互作用的模式,提出特定的整体解决方案。虽然每家公司都采取了不同的方式对钻头进行改进,但都在提高钻头性能方面取得了进步。本书总结了2015年各大主要钻头制造商推出的钻头新产品,以梳理在该技术领域取得的进步。

(一)Tercel 钻头公司——微取心钻头

微取心钻头的作用是在钻头中心形成岩心,然后由钻头中心将岩心切断,使其随岩屑返至地面,获得的微小岩心不仅可以作为岩屑进行岩屑录井分析,还能够用于矿物质和岩石力学性能分析。两年前,Tercel 钻头公司发布了第一代微取心 PDC 钻头,当时的设计主要针对如何提供达到要求的微岩心,以满足高精确度地质评估的要求(图1)。随着技术的成熟,该公司开始将设计重点转移到通过特定的切削结构提高到机械钻速上来。2014年底,经过对钻头剖面、PDC 切削齿和水力参数的重新设计,以及对钻头外径、取心腔室和微取心剪切流程的优化,Tercel 钻头公司发布了新一代微取心钻头。

图1　Tercel 钻头公司的微取心 PDC 钻头
提供的微岩心样本和大岩屑

新一代微取心钻头将切削齿分布在钻头外部,在钻头中心没有切削齿,钻头中部有一个圆柱形的腔室达到微取心的作用,在圆柱形腔室的后部有一个剪切齿,将微岩心剪断,从钻头上部排出,并通过钻井液循环到井口进行评估。

在2014年夏天,这一新钻头在南得克萨斯州的3口水平井中获得应用,与之相邻的5口井并未使用该钻头,这些井的造斜点基本位于井深85000ft 左右,造斜率为10°/100ft ~ 14°/100ft,井总深接近165000ft。在8¾in 井段,邻井 PDC 钻头的机械钻速为72ft/h,而微取心钻头平均机械钻速达到92ft/h,是 PDC 钻头的1.3倍。除了 Eagle Ford 油田外,该钻头还在美国北达科他州的巴肯页岩、印度尼西亚的 Tunu 油田和英国北海应用。

(二)贝克休斯公司——Kymera FSR 复合钻头

Kymera 钻头的推出是 PDC – 牙轮复合钻头首次成功实现商业化的标志,2011年,贝克休斯公司推出第一代 Kymera 钻头,主要应用于硬岩和夹层地层,在美国、加拿大、沙特阿拉伯和

图2　贝克休斯公司的
Kymera FSR 复合钻头

中国的应用都取得了很好的效果。2014年，贝克休斯公司发布了第二代商用复合钻头 Kymera FSR（图2），主要针对软地层和碳酸盐岩地层。新的钻头设计主要是优化了牙轮和 PDC 切削结构，这一新结构与第一代结构相比，不但提升了钻头在低钻压下钻进的能力，而且可以达到更高的机械钻速。优化的设计使钻头钻进碳酸盐岩地层的性能提高50%～100%。

在 Eagle Ford 页岩项目中，选用第二代复合钻头在3口井中钻穿 Austin Chalk 地层和 Anacacho 地层。该地层以前使用的 PDC 钻头会引起扭矩的极大波动，需要两只钻头才能钻穿这一层段，除此之外，高扭矩的波动会导致钻压降低，限制机械钻速。使用新钻头后，连续钻穿3个层段，每个层段长度约为800ft，3口井的平均总深度为12600ft，第一口井在22h 钻穿，平均机械钻速为36ft/h；第二口井在17h 钻穿，平均机械钻速为46ft/h；第三口井平均机械钻速为41ft/h。每一个 Kymera 钻头起出井后仍然保持非常好的状态，石油公司单位进尺成本至少下降了36%，三趟钻一共节省了50多万美元。

（三）哈里伯顿公司——GeoTech 固定刀翼 PDC 钻头

哈里伯顿公司在2014年2月发布的 GeoTech 固定刀翼 PDC 钻头（图3）用于难钻地层的钻井，该钻头是针对硬质研磨性地层而设计的。与传统的切削结构相比，该钻头将一部分切削结构设计在钻头面的后部，因此有一部分切削结构会比另一部分切削结构切削更多的岩石，在非常柔软的地层可能不需要使用所有的切削结构，而在稍后进入的更加坚硬、研磨性更强的地层，则需要其余的金刚石发挥作用，通过优化可以将钻头切削结构的作用进行处理，一部分切削能力强，而另一部分切削能力稍弱，通过调整作业参数，可以充分发挥钻头的作用。

哈里伯顿公司特别注重高级模拟在钻头设计中的应用，引进了具有最新算法和模型的 IBitS 3D 设计软件，与哈里伯顿公司的钻头—岩石相互作用模型配合使用，能够模拟更加真实的地层环境以及钻头与地层之间的相互作用。高级模拟能够帮助优化钻头切削结构，或者通过改变钻头材料，最终达到提高机械钻速或者增加进尺的目的。

在北海地区，单只 GeoTech 钻头用于12¼in井段钻井，钻头钻穿了总长 8254ft 的7套地层，钻头平均机械钻速达到93ft/h，至少节省了11h 的钻井时间，钻头的磨损程度较邻井更低。

图3　哈里伯顿公司的 GeoTech 固定刀翼 PDC 钻头

（四）Shear 钻头公司——Pexus 复合钻头

在顶部为碎屑岩石、底部为软砂岩和页岩的地层钻井如何选择钻头非常困难,顶部岩石会对 PDC 钻头造成严重破坏,在底部使用牙轮钻头会导致钻井效率下降。为了解决这一问题,Shear 钻头公司 2014 年推出了 Pexus 复合钻头(图 4),该钻头拥有两级切削结构(图 5),第一级为可旋转的硬质合金切削齿,材质类似于牙轮钻头的硬质合金齿。其安装凸出于钻头面,在上部地层钻穿碎屑岩井段时,起到第二级切削结构的目的。第二级切削结构主要为 PDC 切削齿,在钻穿最初层段以后,这些内部的 PDC 切削齿将会发挥作用,钻穿软夹层。

图 4 Pexus 复合钻头

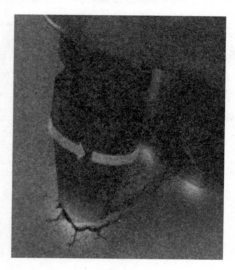

图 5 Pexus 复合钻头上的切削齿

在 2015 年 3 月,Pexus 钻头用于钻穿加拿大 Fort McMurray 油田一个非常浅的 450m 增斜段,定向段有一部分碎屑岩,钻头平均机械钻速达到 164ft/h。与邻井钻井情况相比,机械钻速较牙轮钻头提高 30% ,较 PDC 钻头提高 66% ,钻头起出后状态依然良好。

（五）Varel 钻头公司——剪切帽保护 PDC 切削齿

严重的地层膨胀或者缩径会导致套管难以下至设计井深,这是钻井过程中经常遇到的问题,为了解决这一问题,石油公司采用套管钻井的方式,钻达套管下入深度以后直接固井。然而,为了进行下一井段的钻井,必须要钻穿套管钻井使用的钻头和浮鞋。为了钻穿 PDC 套管钻头,石油公司通常采用两种方式:一种方式是先采用专门的牙轮钻头钻穿原钻头,然后更换 PDC 钻头,进行下一井段的钻进;另一种方式是直接使用一个新的 PDC 钻头钻穿,并使用该钻头继续进行下一井段的钻进,这两种方式都有一定的问题,前者会增加额外的起下钻更换钻头时间,后者会对 PDC 钻头的切削齿伤害较大。

使用 PDC 钻头钻穿套管钻头时会受到冲击载荷的影响,PDC 钻头要钻穿套管鞋、封隔塞、

图6　Varel 钻头公司的 CuttPro 剪切帽设计

水泥、浮阀以及套管鞋外部的金属层,这些钻头设计用来钻穿地层,而不是设计用来钻穿这些材料,因此当使用钻头钻这些材料时,会对钻头造成伤害。为了在钻穿这些材料时保护 PDC 切削齿,Varel 钻头公司开发出 CuttPro 剪切帽(硬质合金钨材料)来保护 PDC 切削齿的外部结构(图6)。这一成果已在 2015 年 SPE/IADC 钻井会议上发布,这些切削帽可以添加到任何标准的 PDC 钻头设计上,因此可以选择最适合下部地层的钻头,将剪切帽加到 PDC 切削齿的外部,钻穿套管钻头时保护 PDC 钻头切削齿,进入地层以后则变回标准的 PDC 钻头。

在 2014 年 8 月的油田实验中,CuttPro 剪切帽用于加蓬 DIGA 油田 12¼in PDC 钻头中,装备了剪切帽的钻头,钻穿作业花费了 3h,平均机械钻速为 40ft/h,而邻井平均花费 5.4h,平均机械钻速为 31ft/h。

六、天然气水合物钻井技术新进展

　　全球天然气水合物分布广泛(图1),作为一种潜在的接替能源,目前世界上多个国家开展了水合物勘探:2012年8月31日,美国能源部宣布投资560万美元资助12个机构进行天然气水合物项目的研究;2013年11月,美国能源部宣布再投资500万美元资助13家单位开展7个针对天然气水合物的研究项目;加拿大、日本、韩国、中国、印度、德国、新西兰等国家也都制订了天然气水合物研究计划,组织开展了资源调查、钻探、试验开采以及环境影响评价等一系列研究;有的国家已经进行了试采,但还没有进入真正的商业开采,日本计划在2018年实现商业化开采;美国国家石油委员会预测,美国将在2050年前实现墨西哥湾等海上天然气水合物的大规模开采。但是,与常规油气资源相比,天然气水合物的开发依然面临着技术、成本和环境等多方面的难题与挑战。尤其是天然气水合物钻井要考虑到物理力学性质、分布和成藏环境、产状等多方面因素,除了面临巨大的安全风险外,还面临巨大的技术挑战。本书将通过分析天然气水合物钻井难题,介绍几种适用于天然气水合物钻井的技术。

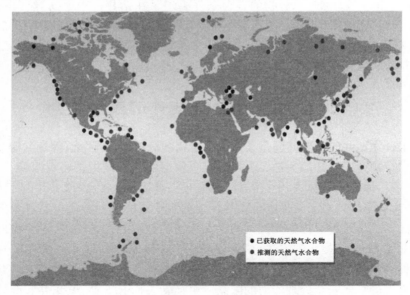

图1　全球天然气水合物资源分布图

(一)天然气水合物的钻井难题

　　天然气水合物一般存在于极地等永冻土地层和深海海底沉积物中,有时目的层下部还存在游离气层。因此,容易出现更加复杂的井内问题,主要归纳为以下4点:
　　(1)天然气水合物易分解。天然气水合物成藏条件为低温高压,因此,在高温低压条件下,天然气水合物容易分解。在钻头切削岩石、井底钻具与井壁及岩心的摩擦过程中,都会产生大量的热能。此外，循环钻井液温度控制不当也有可能使井内温度升高。另外，在钻井时，储层井壁和井底附近地层应力会释放，地层压力会降低。这些钻井过程中不可避免的井底压力和温度的变化将导致天然气水合物发生分解。

（2）钻井液性质易改变。钻井是一个非绝热过程，钻井液与地层间的热交换和天然气水合物分解时吸热会导致循环钻井液和井内的温度发生变化，从而使钻井液的关键参数发生变化，如黏度、密度和化学稳定性等，井内的应力和孔隙水压力也会发生改变。

（3）易造成井壁失稳。当固态天然气水合物起胶结或骨架支撑作用时，分解本身就会使井壁坍塌。而分解产生的水增加了井壁地层的含水量，使颗粒间的联系减弱，导致井壁不稳；逸出的气体又影响了钻井液的密度和流变性，对井壁稳定愈发不利，甚至还可能引发井涌和井喷等钻井事故。

此外，天然气水合物分解释放的气体进入井内，与钻井液一起上返到地表。在此过程中，如果温度和压力条件适当，在钻杆或阀门，特别是防喷器等部位还会生成水合物栓塞。而且，含天然气水合物地层一般为未固结或半固结砂岩或泥质砂岩，这使井内稳定的问题更加严峻。井壁的不稳定会导致井壁坍塌、卡钻、压裂、钻井液漏失或井控失败。在某些极端情况下，还会造成钻井报废，甚至人员伤亡和钻井设备损坏。

（4）窄密度窗口。天然气水合物的残存条件决定了在钻井过程中，必然面临孔隙压力和破裂压力之间的窄密度窗口问题，尤其是在深海沉积型的天然气水合物层中，井底压力控制难度非常大，井底压力稍高就会发生井漏，井底压力偏低又会发生井涌。因此，对于钻井工艺、井控技术及钻井液的选择有很高的要求。

（二）天然气水合物钻井的主要设想

天然气水合物钻井的主要问题是天然气水合物的分解问题，因此，保证井眼温度和流动安全是天然气水合物地层钻井的关键。天然气水合物层的钻井设想主要有两种：一是抑制天然气水合物的分解，保障正常钻进。这种方法是通过提高钻井液密度、增大井内压力和钻井液的冷却，将相平衡状态维持在天然气水合物的分解抑制状态的钻井方法。钻进永冻土地层一般采用这种方法。二是通过可控的允许天然气水合物的分解来实施钻进，对井控设备的要求更高。这是由 L. J. Frankin 提出的方法，该方法使用低密度未冷却钻井液诱发天然气水合物分解，然而，这种分解是被控制的。气体通过钻机上的回转分流器和大容量低压气体分离器进行处理。钻头进尺受气体安全处理能力的限制。更换钻头而起下钻、电测井和套管水泥固井作业等需要使天然气水合物停止分解时，需向井内送入高密度钻井液，抑制天然气水合物分解。该方法尽管在理论上正确，但实际生产可能产生问题，例如，与浅层游离气的适应性、井壁失稳以及与天然气水合物层下部游离气层的区别难度等。这种方法并未得到广泛认可，但在一些开采试验中有过小规模的应用。

（三）天然气水合物的钻井方式比较

天然气水合物过去一直被视为常规钻井的风险，对于精确控制井眼压力的要求非常高，需要通过钻井流体的设计来减少应力的释放，形成近平衡的状态。下面针对不同的钻井方法进行一个简单的比较。

（1）常规钻井。在常规钻井作业中，在钻穿天然气水合物层时，静水压远远超过储层压力，尽管钻井安全性得到保障，但钻井液和岩屑造成的近井伤害是不可避免的，会造成天然气水合物层堵塞，甚至无法投产。如果过压严重，还会造成钻井液漏失至产层，从而引发井控事故。此外，由于从天然气水合物分解得到的甲烷体积是天然气水合物体积的160多倍，对于这种分解后迅速膨胀的特性，常规的钻井方法并不能有效应对，对于钻采来说是一个很大的隐患。因此，常规钻井对于天然气水合物的商业开采来说，并不是最佳的解决方案。

（2）欠平衡钻井。欠平衡钻井允许地层内的流体有控制地流入井筒内，并循环到地面上。在钻井过程中，由于引入了地层流体，也存在天然气水合物分解过程中造成钻井井壁稳定性问题的可能。在欠平衡钻井中，井底压力并不能在整个过程中得到控制，尤其是在起下钻及更换生产设施的过程中。在典型的欠平衡程序中，对储层的背压还是非常有限的。

（3）控压钻井技术。控压钻井技术（MPD）是最适于天然气水合物钻井的技术。国际钻井承包商协会（IADC）对MPD的定义是：MPD是一种在钻井过程中通过闭环系统精确控制整个井眼环空压力分布的自适应钻井工艺。其特征是通过确定井下压力环境极限，控制循环流体系统的压力分布，完成相关的钻井作业。从其定义中可以看出，它的4个特点决定了该技术适于进行天然气水合物的钻探。第一，MPD可以精确控制整个井眼环空压力分布。在天然气水合物储层通常伴随着窄密度窗口的情况下，通过精确控制井底压力，可以严控井漏、井涌等井下复杂与钻井事故的发生，保障钻井的顺利进行，同时还有助于控制温度，防止天然气水合物分解。第二，MPD技术是一种自适应工艺。对于天然气水合物钻采来说，准确的井眼控制是关键，当然也要包含许多关键的工具。自适应工艺保证整个钻井过程中的可控性，还间接保障了温度的需求，对于天然气水合物的开发至关主要。第三，MPD可以控制循环流体系统的压力分布。流体密度和组分是确定静水压头的重要参考依据，但是在天然气水合物钻井中，这些经验特性还能影响到井内的压力和温度，从而影响天然气水合物的形态。比如，循环摩阻将造成井筒内温度升高。这就让全井筒的精确控制更加必要。

控压钻井技术的实现是一个复杂的系统工程，设计装备多，技术复杂。一些公司已经拥有了全套技术和设备，具备了服务能力。在天然气水合物的几次开采试验中，运用的无隔水管钻井技术就是一种控压钻井技术。

（四）天然气水合物钻井的相关技术

在天然气水合物储层中，尽管孔隙压力和破裂压力非常接近，但真实的数值无法掌握，而且钻井中，需要控制的压力窗口为天然气水合物分解压力和破裂压力，同时控制分解温度。运用MPD技术可以实现比以往更加精细的控制，以下对几种相关的技术进行介绍。

（1）水平井和分支井技术。大部分天然气水合物储量分布在海洋沉积物中，呈分散性分布。因此，钻直井的方式效果并不理想。对于薄且大量的沉积，最有效的方法是进行水平井钻井。对于沉积比较分散的情况，适宜采用分支井钻井方法，来实现多个储层的同时开采。针对天然气水合物易分解的特性，分支井技术对于勘探开发天然气水合物储层也是一种适用技术。

在海洋深水油气作业中,鱼骨井技术可以帮助在一个平台上获取多个分布储层,同时减少钻井管柱和隔水管的使用。

(2)一体化的完井技术。完井作业对于天然气水合物的勘探和开发十分重要。一体化的完井技术需要对压力和温度进行全过程的管理。适宜的设备和地面控制阀的安装对于完井的作业井控管理非常重要。为了防止天然气水合物分解,还要在钻井、固井和生产过程中安装许多的温度、压力传感器。

(3)井下安全阀。在套管上安装井下安全阀是保证起下钻钻机钻完井作业中由于压力波动造成井下复杂问题的有效措施。井下安全阀将保持储层内的压力恒定,也是防止天然气水合物分解后,大量甲烷气体流入地面的一个保障措施。

可以根据地质情况,在套管柱上布置多个井下安全阀。尤其是在测试设备以上或以下安装井下安全阀可以进一步提高井控安全系数。

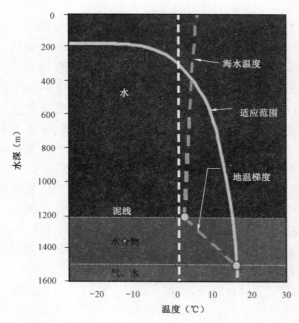

图2　泥线附近地温梯度与海水温度梯度变化示意图

(4)隔水管和其他返出装置。在天然气水合物开采中,如何把甲烷气体循环至地面是一个非常大的挑战。在泥线以上,海水的温度梯度与地温梯度的差异变化决定了天然气水合物会面临与井筒中完全不同的环境(图2)。因此,应用技术手段进行控制,对天然气水合物钻井很有帮助。

隔水管广泛用于海洋钻井中,构建了油气从海底向海上装置输送的通道。常规的隔水管会通过管壁直接将海水中的温度环境传递到管内,一种绝缘双臂隔水管就对海水形成一个屏蔽空间,帮助隔绝海水的低温,减小水合物分解的可能性。当然如果生产隔水管全部采用这种隔水管,将大幅度增加成本。通过加压或采用双流道的技术可以很好地控制管内温度,保证天然气水合物稳定。

双流道隔水管是安装中的一个可选方案,就是在隔水管组合中安装一些减压阀件,类似于陆上用的节流管汇。这样做的另一个好处是可以进行流量控制或截流操作,从而对整个开采过程进行控制。

(5)无隔水管双梯度钻井系统。在深水天然气水合物钻采情况下,应用无隔水管双梯度钻井系统(图3)具有很大的优势。其技术核心是,需要使用一个旋转控制头(RCD)和海底泵来进行天然气水合物生产井的压力控制,同时快速地返出大量钻井液和岩屑,从而减少天然气水合物由于暴露在海水环境下造成的分解。采用该技

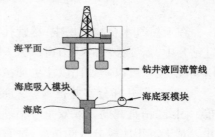

图3　无隔水管钻井示意图

术,一般可以直接钻至总深,因为现有已知的天然气水合物富集区大多数位于泥线以下 800～300m 的地层中。

由于不需要隔水管悬持装置以及大量的隔水管,采用无隔水管钻井可以大幅度减少钻井平台的造价和承载能力。通过调节钻井液就可以用来在井口位置预防天然气水合物分解。

这种方法的一个缺点就是开采中如何将天然气水合物输送到海面。可以通过上面提到的隔水管组合或双流道系统来实现。另外,就是操作问题,需要使用远程操作机器人(ROV)来操控海底设施、旋转控制头等。

钻井液和岩屑在泥线附近即可实现分离,排放到安置在海底的集收装置中。当然,如果钻井液需要再利用,也可以循环到海面进行处理和再利用。

(6)隔热双钻杆。双钻杆采用了一种同轴双钻杆的形式,分别实现了钻井液的输入和返回。外侧钻杆用来向井眼中输送钻井液,内侧钻杆用于返回钻井液。两钻杆环空中间为隔热层。位于下部钻柱上的滑动活塞为环空中的钻井液分割出两个压力梯度,从而有利于更好地进行压力的控制。同时,隔热双钻杆也是可以应用在天然气水合物钻井中的控压钻井方法(图4)。

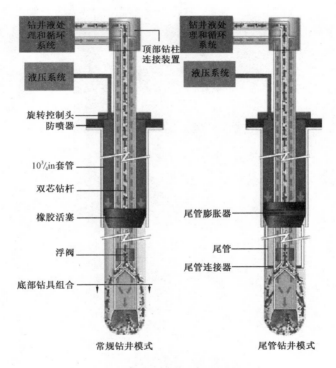

图4　隔热双钻杆示意图

(7)多梯度钻井。对天然气水合物钻井,要求非常准确的井眼温度和压力控制,但还有一个关键问题是如何长时间控制钻井的参数,还有就是如何对无序不规则的参数波动进行快速反应,双梯度钻井可以满足这些要求。在深水钻井中,井底压力控制和有效的钻屑返出会比常规钻井更加困难。计算不同深度下循环返出液量有助于在整个梯度环境下的作业。每个压力梯度使用一种钻柱,应用不同的钻井液密度。为了抑制天然气水合物分解,还会在不同的管柱中添加不同的添加剂，以产生不同密度、特性、温度的钻井液。深水中应用多梯度钻井方法可以通过多种途径实现：（1）在泥线位置安装一个 RCD，进行流量控制，在上部隔水管的某个位置（如 2000ft 处）安装一个橇装 RCD，作为层间封隔；（2）在不同的位置，如套管、隔水管等管柱内注入不同密度的流体；（3）在前两步的基础上，在泥线下井眼第二道环空中注入钻井液，与钻井返出液相混合。

该方法的重点是提供一种全面的压力和温度控制方法，快速对钻井过程中井筒内的任何参数的变化做出反应。

七、无限级压裂技术新进展

压裂作业后级数的多少是评价压裂作业成功与否的重要指标,为了进一步提高单井压裂级数,国外公司纷纷研发出各具特色的无限级分段压裂完井系统,主要包括 NCS 能源公司的 Multistage Unlimited 压裂系统,BJ 服务公司的 OptiPort 压裂工具,贝克休斯公司的 HCM 套管滑套,斯伦贝谢公司的 TAP 压裂完井系统和威德福公司的 ZoneSelect Monobore 分段压裂系统。

无限级压裂技术采用新型无级差套管滑套,根据油气藏产层情况确定滑套安放位置后,按照确定的深度将多个针对不同产层的滑套与套管一趟下入井内,然后实施常规固井,再依托配套工具依次打开各层滑套并分段压裂施工,以实现一趟管柱多层压裂。可用于非常规油气藏的增产改造,也可作为油气井生产时分层开采及封堵底水的有效手段。

(一)Multistage Unlimited 压裂系统

NCS 能源服务公司的 Multistage Unlimited 无限级压裂系统主要包括连续油管、内部推移滑套、可重复坐封封隔器、滑套定位器、泄压短节、喷砂射孔总成等设备部件(图 1、图 2)。其中,核心工具是可重复坐封封隔器,它具备 3 个功能:封隔下部层位;机械打开滑套;在压裂或备用喷砂射孔时锚定封隔器总成。封隔器内置自动 J 轨结构,可实现封隔器的坐封和解封。作业时,通过上提下放连续油管完成封隔器坐封。封隔器的结构设计非常方便自身的排空、冲洗,一体化的平衡阀帮助封隔器解封,可让压裂作业更加安全。可开关滑套在固井套管上实现管外固井级间封隔,而不需要管外封隔器。同时,它也消除了投球滑套或压差滑套在使用过程中的各种局限性。无限级滑套型号与套管型号相匹配,滑套包含套管连接短节、内部滑套以及预设的压裂孔。水力喷砂射孔器是压裂系统的可选组件,用于在没有滑套的层段进行射孔,以便进行后续的压裂作业,它的存在使得作业者可以根据地层的实际情况灵活地实施压裂操作。连续油管用于控制压裂—隔离总成的起下、桥塞的坐封和重置以及井下滑套的开关。此外,连续油管还可以在压裂过程中实时监测井底压力变化,从而为前置液体积、压裂液密度以及泵速等参数的调整提供依据。

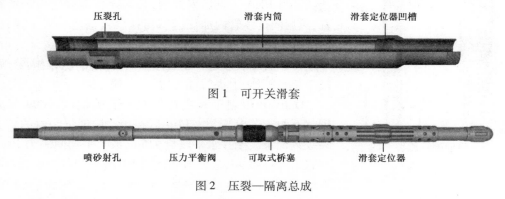

图 1　可开关滑套

图 2　压裂—隔离总成

压裂时从水平井趾端开始，压裂—隔离总成先位于滑套下方，然后连续油管将其向上拖动，滑套定位器将会嵌入位于可开关滑套尾部的定位器凹槽内，此时，通过连续管打压坐封桥塞并使其带动滑套内筒向下运动，从而打开压裂孔；滑套内筒的滑动还会关闭定位器凹槽使定位器解锁。从连续油管与套管的环空中泵入压裂液开始压裂，此时连续油管可以用来实时监测地层压力，从而为泵速、支撑剂浓度等参数的调整提供依据。压裂结束后，上提连续油管即可启动压力平衡阀使可重复坐封封隔器复位，然后将压裂—隔离总成上提至下一处要压裂的位置重复以上步骤。两次压裂的间隔时间较短，仅需数分钟即可完成封隔器的复位和重置，整个过程快速流畅，每级压裂仅需不到1h。全部压裂完成后将压裂—隔离总成提出井外，油井可以立即投入生产，无须钻掉桥塞或者投球坐封。

Multistage Unlimited 压裂系统自 2011 年问世以来就投入了现场应用，经受了不同地质条件及作业环境的考验。2013 年 4 月，在 Bakken 盆地一口水平段长达 3200 多米的井中一次性完成了 50 级压裂；2013 年 7 月，在 Torquay 地层一口垂深 2401m、水平段长 3324m 的水平井中5d 内完成了 60 级压裂；2014 年 3 月，首次将无限级压裂系统与高流速滑溜水相结合，在 Cardium 地层两口水平井中成功实施了多级压裂作业，每口井的压裂级数大于 60，其中一口井在24h 内完成了 40 级压裂；2014 年 5 月，在 Eagle Ford 单井中完成了 92 级压裂，创造了压裂级数的世界纪录，其中有 80 级是由一趟管柱完成压裂的。随后，该公司又在 Bakken 分别以 93 级、94 级和 104 级多次刷新了该纪录。截至目前，该压裂系统已在 5723 口井进行了应用，完成了95420 级压裂，累计向地层中注入支撑剂 127×10^4 t，一趟管柱最多进行了 97 级压裂，单井最高压裂级数纪录为 93 级，压裂井的最大垂深为 4681m，最大测量井深为 6256m。

（二）OptiPort 压裂工具

BJ 公司的 OptiPort 压裂工具（图 3）主要包括套管滑套和井下工具组合（BHA）。一趟下入

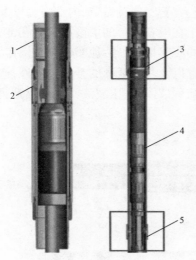

图 3　OptiPort 压裂工具
1—套管；2—套管滑套；3—封隔器；
4—锚定装置；5—接箍定位器

BHA 管串后，不需重复上提下放管柱，即可实现隔离产层、打开滑套和压裂作业等功能。滑套采用液压开启方式，外壳与本体之间形成液缸，内滑套在液压力驱动下滑动，开启滑套。BHA 主要包括接箍定位器、节流阀、锚定装置和封隔器，可实现压裂管串定位、锚定以及管串与套管环空封隔。

当 OptiPort 套管滑套随套管入井进行常规固井后，使用连续管将 BHA 工具送入井内；接箍定位器确定滑套所在位置，然后向连续管内加压，坐封封隔器，锚定装置坐挂，锚定BHA 工具管串；再往连续管与套管环空内加压，开启滑套，并进行储层压裂改造。压裂结束后，停泵泄压，封隔器解封，锚定装置解挂，上提管柱，进行下一层压裂。

OptiPort 压裂工具主要作业于北美地区，2009 年其在Barnett 页岩气藏压裂一口井达到 48 段，创下当时的单井压裂级数纪录。该井水平段长 945m，滑套平均间距为 19m，压裂施工共持续 9d，泵注时间达到 101h，平均单级压裂时间为2.1h，每级压裂排量达到 $5.6m^3/h$，加砂量为 30t，每级施工

压力为 40MPa 左右。单趟管柱总共压裂最多为 24 级,且每级压裂施工时均在短时间内准确实现定位和打开滑套。截至目前,OptiPort 压裂工具已在北美地区施工超过 1000 口井,压裂级数超过 10000 级,为高效实现页岩气等非常规油气藏开发提供了宝贵的经验。

(三)HCM 套管滑套

贝克休斯公司的 HCM 套管滑套主要由液控管线、内套及密封组件组成,如图 4 所示。内套上下两端设置有液缸,并分别与液控管线连接,将液控管线引至地面控制单元,从而按照储层改造要求或地层生产情况控制滑套打开、关闭。HCM 滑套的主要优势在于其结构简单,无须下入特定工具对内套进行打开、关闭操作。当某一个滑套出现液控失效的异常状况时,滑套内套设计有台肩,可通过下入连续管工具与内套台肩配合进行滑套启闭补救施工。

滑套内套开关压差为 2~3MPa,活塞排液量约为 240mL,因此,滑套在井底能对地面的液压控制产生及时响应,确保滑套开关快捷、准确;滑套入井后,其过流面积达到 4200mm^2,具有较好的过流性能,不会影响后期生产、排液。

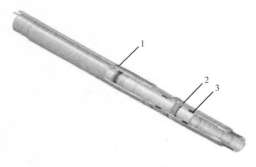

图 4 HCM 套管滑套
1—液控管线;2—内套;3—密封组件

HCM 套管滑套在欧洲北海油田进行了试验性应用。其中,一口大斜度井的井斜为 80°,井深 6600m,垂直段井深 2700m,滑套安装位置位于 4775m 和 5200m 处,并采用封隔器进行地层隔离。现场施工时,每级滑套通过液控管线连至地面液压站,地面远程控制滑套关闭不超过 5min,并在试井时反复进行了 5 次打开、关闭操作。同时,根据产层后期生产情况对滑套进行远程控制(打开、关闭),有效防止因产层出现异常状况导致全井报废的风险产生。该油田采用 HCM 套管滑套后大大节约了后期修井维护成本,同时产量也明显提高。通过对滑套进行控制,有效调节地层产能,延长油气井寿命,为油气井高产、稳产提供了保障。

(四)TAP 压裂系统

斯伦贝谢公司的 TAP 完井多级分层压裂技术于 2006 年完成研发并投入市场,该压裂系统结构如图 5 所示,主要包括启动阀、中继阀、飞镖以及后期进行滑套关闭的连续管工具。TAP 阀主要由阀体、内滑套、活塞和 C 形环等组成。当上一级阀体的压力传导至活塞腔时,活

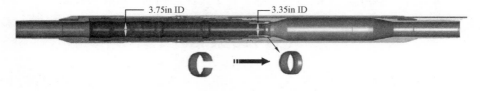

图 5 TAP 压裂完井系统

塞下行挤压 C 形环,形成球座,以用于坐入井口投入的飞镖,隔离下部储层。启动阀和中继阀内无活塞和 C 形环,分别用于底层第 1 级滑套和压裂较厚储层。在油气井生产时,如遇产层出水等特殊情况,则可下入连续管开关工具将滑套关闭,以封堵底水。

当需要对多个薄油层进行增产改造时,需用金属导压管串接各压裂阀,因此,斯伦贝谢公司研制出一种特殊的管线卡紧装置,将导压管线固定于接箍上,与套管一起下入井内,可防止导压管磕碰损坏。同时,为降低固井顶替作业时水泥浆在工具内壁残留,避免影响滑套内套滑动性能,研制了大、小胶碗组合的特殊固井胶塞用于提高系统可靠性。

目前,TAP 压裂完井系统仅适用于 200mm 以上井眼和 114.3mm 套管。受尺寸限制,TAP 阀现场应用时最大井斜不超过 68°,最大狗腿度为 25°/30m,滑套入井后间距大于 3m,因此,对油气藏厚度有一定要求。滑套整体耐压达到 70MPa,耐温 160℃。飞镖直径为 88.9mm,压裂结束后,飞镖返排至上层滑套球座下部,并形成过流通道,过流面积相当于 73mm 油管,因此可有效确保后期排液、生产不会形成阻塞。

（五）ZoneSelect Monobore 分段压裂系统

威德福公司的 ZoneSelect Monobore 分段压裂系统早期主要应用于北美地区,系统主要包括套管滑套和连续管开关工具（图 6）。套管滑套结构主要由本体和内滑套组成,设计了内滑套向上开启和向下开启两种结构形式,且内滑套上带有锁定机构,防止其在开关位置发生移动影响密封性能。滑套本体泄流孔外侧覆盖有复合材质的保护层,可有效阻止固井施工时水泥浆和岩屑进入滑套内,影响滑套开关性能。此外,利用连续管将配套的开关工具下入井内滑套安装位置,通过井口开泵循环,工具产生节流压差,开关工具锁块外露,与内滑套台肩配合并锁紧,通过上提下放管柱开启、关闭滑套。停泵后,锁块收回,开关工具与内滑套脱离即可提出管串。

ZoneSelect Monobore 套管滑套广泛用于水平井、大斜度井和直井,其耐压强度最高达到 134MPa,适用井下温度最高达到 163℃。连续管开关工具最大可配套使用的连续管为 60.3mm,确保油套环空过流面积和储层压裂效果。

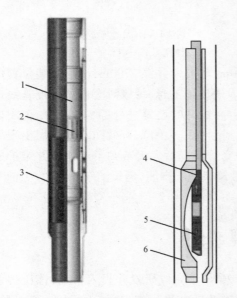

图 6　ZoneSelect Monobore 分段压裂系统
1—Monobore 套管滑套;2—内滑套;3—保护层;
4—HWB 开关工具;5—锁块;6—工具腔

（六）结束语

上述几种无限级压裂设备各具特点,从滑套作用方式来说,斯伦贝谢、BJ 和贝克休斯的套管滑套采用液压开启方式,滑套打开、关闭动作响应迅速,有效避免了机械打开可靠性难以保证的弊端;从滑套入井安全性来说,威德福、NCS 和 BJ 的滑套结构简单,在管柱中各自独立,入井时按照常规操作随套管一并下入;从压裂施工工艺来说,斯伦贝谢和贝克休斯的工具应用于分段压裂时,工艺流程简单,无须下入其他管柱,不需多次起下管柱进行开关滑套操作,针对压裂级数较多的场合,有利于提高施工效率。值得一提的是,Multistage Unlimited 压裂系统综合了传统的桥塞分段射孔压裂以及投球滑套分段压裂的优点,采用连续管拖动由可重复坐封封隔器组成的压裂—隔离总成,并将其与可开关滑套以及水力喷砂射孔器相结合,可以实现非常高效的单次无限级数压裂。这套技术与常规的投球滑套压裂和桥塞分段射孔压裂相比,在裂缝位置控制、压裂效率、压裂液用量、实时压力监测等方面展现出了优越的性能。由于泵送集中到一个压裂点,压裂速度更快而且能量耗散小,所需的功率为传统技术的 1/3。由于压裂高效并且无须泵送封隔球及桥塞,可以节水 20% 以上,详见表1。

表1　压裂工艺技术指标对比

以 4.5in 套管为例	无限级压裂系统	桥塞分段射孔压裂工艺	投球滑套分段压裂工艺
不受压裂段数限制	是	是	否
一次起下完井	是	否	是
每级压裂时间小于 1h	是	否	是
压裂定位精确	是	否	否
所需压裂泵流速(bbl/min)	25～35	85～100	85～100
所需压裂机组数	3～5	12～14	12～14
压裂液循环直达目的层	是	否	否
节省压裂液	是	否	否
降低砂堵的风险	是	否	否
解除砂堵的能力	是	否	否
实时监测压裂层段的压力	是	否	否
压裂结束后立即投产	是	否	否
两次压裂之间无须起下作业	是	否	是
是否用到连续油管	是	是	是

　　与常规固井后射孔压裂及裸眼多级滑套分段压裂技术相比,无限级压裂技术具有施工流程简单、费用低廉、压裂级数不受限制、管柱保持通径以及生产后期可对滑套选择性关闭等诸多优点,在现场应用中凸显出巨大的经济效益和技术优势。如今,无限级压裂技术已广泛应用于直井、水平井和智能井等领域,为破解储层改造难题起到了积极的推动作用。

八、炼油工艺催化剂新进展

油品需求结构的变化和更为严格的产品规范是推动炼油技术创新以及新技术应用的原动力。为了适应更加严格的排放法规和产品标准要求,满足市场对清洁油品的需求,燃料清洁化已经成为一种不可逆转的世界性潮流。生产低硫、低烯烃、低芳烃的清洁燃料因其较少有害物质的排放已经成为当今世界炼油工业的发展主题,许多国家和地区正趋向于燃料的"零排放"。清洁燃料生产对技术提出更高要求,主要集中在以下3个方面:一是原料预处理过程,如脱硫、脱金属、降残炭等技术;二是过程优化,包括催化裂化、加氢等工艺新催化剂和助剂的应用开发,催化裂化大剂油比、短反应时间、低反应温度工艺条件优化等技术;三是产品后处理,指对调和组分精制和高品质调和组分生产。除了产品清洁化之外,炼油化工生产过程也向清洁化方向发展,其主要方向是:改革现有工艺过程,实现清洁生产,减少废物排放,目标是"零排放";使用无毒无害的原料、催化剂和绿色新材料,减少有毒有害副产物的生成等。

此外,美国轻质致密油产量的大幅增长,使其原油结构和品质发生了变化。作为占全球炼油能力20%份额的世界第一大炼油国,美国原油结构的变化将对全球炼油化工行业的发展产生深远影响。轻质致密油属低硫油,含蜡多、含酸少,在加工时会存在一些问题,如蜡沉积易结垢等。为此,美国炼厂通过改扩建输油管道、将轻质致密油与重质原油调和加工、对炼厂进行投资改造、优化操作等多种措施,提升炼厂的轻质致密油加工能力。

催化剂集团资源公司(TCGR)总裁Murphy认为,近年来炼油工艺的新进展主要体现在加工轻质致密油、提高馏分油的选择性和品质、提高渣油转化率以及多产石油化工原料4个方面。正是因为加工轻质致密油领域的技术进展,脱蜡技术也才得到足够重视。此外,炼油催化剂的新进展具体表现在以下几个方面:(1)国际上3家著名的催化剂制造商(雅宝、巴斯夫和Grace)都在加速开发轻质致密油催化剂,以处理这种石蜡基原料并减少金属污染;(2)在稀土价格已下降到较早水平的背景下,尽管中国石化已不再拥有价格优势,但其在全球催化裂化催化剂市场仍保持微弱优势;(3)Axens公司和UOP公司已开发出重整催化剂新品种,可以提高重整油收率和氢气产率,并能多产石油化工原料(芳烃);(4)由于北美地区可以得到低成本的氢气,一些催化剂公司正在加速开发高活性的加氢处理催化剂,以实现加氢最大量并提高收率;(5)具有高活性和高性价比的加氢脱硫催化剂已经用于低压超低硫柴油装置;(6)能处理多种污染物(如砷、铁和硅)的新型加氢保护床专用催化剂已经投入市场。

(一)新型催化裂化催化剂

近年来,催化裂化各种新工艺、新型催化剂、助剂和先进的原料雾化、反应器出口快速分离、富氧再生、高效旋风分离、催化剂内外取热及再生烟气处理、能量回收技术不断涌现,并取得显著工业化效果,使催化裂化技术日趋完善。

催化剂是推动催化裂化发展的关键因素,相比工艺技术而言,催化裂化催化剂的进展保持着持续性。从20世纪的40年代无定形硅铝催化剂到介孔分子筛的突破,逐渐实现了从量变到质变的过程。目前,催化裂化的供应商主要有 Grace、雅宝(Albemarle)、巴斯夫(BASF Catalyst)、美国环球油品公司(UOP)、托普索(Topsoe)、中国石化、中国石油等,其中前 3 家公司占据了 80% 的全球份额(图 1)。

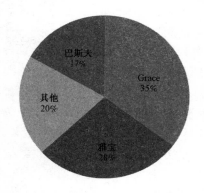

图 1　世界催化裂化催化剂市场份额

Grace 公司研发的 ACHIEVE 系列催化剂(100,200,300,400,800)是一组能够使炼厂实现效益最大化的先进催化剂。其中,为应对美国的页岩油革命,Grace 公司成功开发了 ACHIEVE 400 催化裂化催化剂,从而解决催化汽油辛烷值下降问题。在这项研发计划中,共有 5 项关键的催化技术:(1)扩散率更高的基质;(2)双沸石技术;(3)灵活的氢转移能力;(4)更好的容金属能力;(5)更高的活性。ACHIEVE 催化剂的配方中含有能深度转化塔底油的高扩散率基质,并能抵抗因非常规金属而导致的催化剂中毒。此外,采用的最新一代整体金属捕集技术,可以保护活性组分免于失活,保持焦炭选择性,使干气产量减至最少。双沸石的特性能使汽油辛烷值提高、液化石油气产率提高,超高活性还有助于保持装置的热平衡。

(二)新型加氢处理催化剂

Criterion 催化剂技术公司正在推出基于 ASCENT 技术的一系列新型加氢处理催化剂。试验结果表明,催化剂的活性提高了 10% ~ 20%。值得注意的是,催化剂其他关键性能并未受到影响,如氢耗低、物理性质好、密度低和容易再生等特点。因此,ASCENT 技术可用于多种馏分油加氢处理和催化裂化原料油加氢预处理过程。

Criterion 公司副总裁 George 称,近年来高活性的Ⅱ型催化剂已成为主流产品,例如Criterion 公司的 CENTERA 技术。此外,Ⅰ/Ⅱ混合型催化剂依然具有多种良好性能并满足生产,许多氢气资源不足或拥有低—中压装置的炼厂,利用该混合催化剂可以实现提高转化率、延长运转周期等目的,还可以加工劣质原料。因此,ASCENT 催化剂近 10 年来一直是 Criterion 公司的重点催化剂产品。George 认为,这些新型催化剂属于第三代技术。通过优化载体的孔结构,使催化剂的金属(钴和镍)和非金属助剂与钼之间达到平衡。此外,该技术改进了活性中心在载体上的分散程度,并选用成熟的制造技术来生产 CENTERA 催化剂。近年来,Criterion 公司一直在强化并改进 ASCENT 技术,使得最新的催化剂产品在活性等性能方面与纯Ⅱ型催化剂接近。

Criterion 公司提供给用户的第一批新型催化剂包括钴钼(DC - 2535)和镍钼(DN - 3532)馏分油加氢处理催化剂,其中镍钼催化剂(DN - 3532)计划用于加工劣质原料。生产数据表明,镍钼催化剂(DN - 3532)与其前一代催化剂相比,脱硫活性提高 20% 左右。此外,Criterion 公司还推出了新一代的镍钼催化剂(DN - 3552),用于加氢裂化原料油的加氢预处理过程,与前一代催化剂相比,脱硫和脱氮活性至少提高 20%,且不消耗更多的氢气。加氢处理是一项非常复杂的技术,没有两套装置完全一样,炼厂的生产目的也不一样。因此,必须研发多种催化剂来适应不同用户的需求。

此外,用于石油化工行业的加氢催化剂的研发进展也较快,其中值得注意的是乙炔加氢催化剂的新进展。石油化工行业中大多数的中间产物和最终产品以烯烃和芳烃为基础原料。合成各种聚合物的单体乙烯,绝大部分由石油烃(如乙烷、丙烷、丁烷、石脑油和轻柴油等)蒸汽裂解制得。经过这种方法得到的以乙烯为主的 C_2 馏分中含有 0.3% ~ 3%(摩尔分数)的乙炔。在生产聚乙烯时,乙烯中的少量乙炔会降低聚合催化剂的活性,并使聚合物的物理性能变差,影响乙烯聚合反应正常进行。为了避免出现上述现象,必须将乙炔含量降到一定值以下,才能作为合成高聚物的单体。通常来讲,要求乙烯产品中乙炔含量低于 5μg/g。工业上脱除乙炔的方法主要有催化选择加氢法、溶剂吸收法、乙炔铜沉淀法和低温精馏法等。催化选择加氢法工艺流程简单,能量消耗较少,无环境污染,因此,C_2 加氢单元成为现代大型乙烯装置中至关重要的一环,C_2 加氢催化剂技术也是整个乙烯技术中的关键技术,目前使用的催化剂主要是钯系催化剂,主要提供商分别是美国的 Girdle、CCI,英国的 ICI,德国的 Lurgi 以及法国的 IFP 等公司。

(三)新型介孔沸石催化裂化/加氢裂化催化剂

Rive 技术公司与 Grace 公司合作,把用于催化裂化工艺的分子大孔道催化剂技术工业化,又称"分子大道技术"(Molecular Highway™)。该技术通过在 Y 型沸石的晶体结构中建立的"分子大孔道"网络,使 Y 型沸石的性能得到大幅改进。这些"分子大道"允许原料油中最大的分子进入大孔道,并进行预裂化,也可以使汽油和柴油分子快速从大孔道中出来,改善了传质效率(图2)。这种介孔沸石用于催化裂化催化剂,使焦炭选择性和塔底油裂化大大改进,运输燃料的收率明显提高。此外,该款催化剂还可以增加处理量,加工更重质的原油,提高全厂的操作灵活性等。

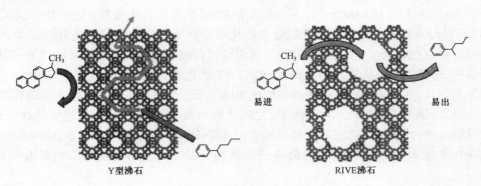

图2 Rive 介孔沸石与 Y 型沸石

Rive 技术公司还与 Zeolyst 和 Criterion 公司合作,将其 Molecular Highway™ 技术应用于加氢裂化催化剂的研发。实验数据表明,该款催化剂能显著提高柴油选择性。此外,Rive 技术公司还同时与几家石化公司以及技术供应商合作,推进分子大孔道技术在高附加值产品领域的应用。Rive 技术公司称仍在继续验证并改进分子大孔道技术,期待用于催化裂化工艺并为炼厂创造价值。

目前,所有催化剂公司都在集中力量研发新型加氢裂化催化剂,以适用于炼厂多产喷气燃料、煤油和柴油的需求。此外,加氢新工艺也在不断涌现。自2008年以来,关于悬浮床加氢工艺的研究成为各大公司的热点。这项技术可以解决渣油固定床加氢处理和沸腾床加氢裂化转化率不高的限制。悬浮床加氢裂化采用纳米级分散型不老化的催化剂和新型均相等温反应器,可以把98%以上的渣油原料转化为馏分油,脱除杂原子的性能也很好,目前已经有多套小规模的中试装置在运转,主要开发商有BP/KBR、Axens、Chevron、Eni等,其中Eni公司的悬浮床技术(EST)已经投入工业示范装置。预计未来几年,将有百万吨级以上的装置建成投产。

(四)新型合成气转化和低温变换催化剂

托普索公司(Haldor Topsoe)在合成气方面的能力基于其长期以来积累的经验,这些经验通过研发新型催化剂和技术不断丰富。近年来,该公司先后宣布了合成气转化和低温变换催化剂方面的几项新进展。

合成气以一氧化碳和氢气为主要组分,主要用作化工原料。合成气的原料范围很广,可由煤或焦炭等固体燃料气化而成,也可由天然气和石脑油等轻质烃类制取,还可由重油经部分氧化法生产。合成气转化是一种高度吸热的反应,需要解决的挑战是在单个反应器内整合高传热性和高催化活性,同时不产生过大的压降。在反应器的加热侧,需要尽可能将潜热转移到反应器管,同时在辐射到对流的过程中保持最佳热通量分布。Haldor Topsoe公司作为反应器技术和催化剂的提供商,在这一领域占据着独特的地位。该公司生产的用于一段转化的合成气转化催化剂具有较高的机械强度,且其形状能够将管式转化炉的压降降到最小,该催化剂在转化炉的高操作温度下具有良好活性和较长催化剂寿命,载体具有良好的热稳定性和水热稳定性;加工重质天然气和石脑油等原料时,抗积碳、催化和热解能力也很强。目前,合成气的开发研究是C_1化工的重要方向,合成气制二甲醚技术、费托合成技术、低温液相甲醇合成技术都是当前的研究热点,并取得了很大进展。

对于制氢工艺来讲,最后一步通常是用低温变换(LTS)催化剂提高氢气产率。Haldor Topsoe公司推出的新一代低温变换催化剂称为LK-853Fence。其优点是寿命更长,抗中毒能力更强,与上一代催化剂相比生成甲醇更少。Haldor Topsoe公司称,经过改进的LK-853Fence催化剂是基于该公司栅栏(Fence)技术制造的。"栅栏"技术也可提高催化剂可用的铜表面积,可更好地减少硫中毒程度,并延长催化剂寿命。LK-853Fence能优化所用碱金属助剂的数量,在变换反应期间减少甲醇生成,提高氢气产量。

(五)结束语

未来世界炼油工业将加速向智能化方向发展,总的发展趋势是依托网络化实现炼油和经营过程中各环节的集中计划、监控、管理和协调,依托模型化对生产、经营以及战略决策进行模拟和调整,使之集成化和科学化。生物技术、纳米技术、催化新材料、膜分离技术等高新技术在炼油工业上的应用,将推动炼油技术的进一步发展和升级。加强炼油产业技术创新体系建设、增强创新能力,需要依靠科技进步,切实推进产业结构调整和增长方式的转变。以技术改造和重大工程建设为依托,加强产业发展的关键技术的研发,加强前瞻性、战略性前沿技术和应用基础研究,重点开发清洁燃料生产新技术、原油深加工新技术、节能减排新技术和 CO_2 回收利用技术等。

九、石油化工技术新进展

石油化工行业横跨能源采掘加工和原材料制造两大工业门类,石化产品交通运输燃料、三大合成材料和化肥等对经济、民生和国防影响广泛,石化产业投资强度高,工程技术密集,产品加工链长,对各国家工业产值快速增长贡献率大,世界强国的崛起过程均离不开石化行业的支撑,而这其中的石化技术革新起着十分重要的作用。

近期,催化剂集团资源公司(TCGR)组织了部分业内专家,对近年来石油化工领域的技术新进展进行了归纳,主要有以下几个方面。

(一)增产芳烃的新技术

目前,世界范围内生产芳烃产品主要采用石油原料路线,价格较高、缺口较大。芳烃主要包括苯、甲苯和二甲苯,一般简称为 BTX(Benzene,Toluene,Xylene),是重要的基础化工原料。其中,对二甲苯(PX)是石化工业的基本有机原料之一,消费总量较大,主要用于生产精对苯二甲酸(PTA),从而进一步生产聚酯(PET),即应用于"PX—PTA—聚酯—化纤—纺织"产业链中。此外,在合成树脂、农药、医药、高分子材料等众多领域也有重要用途。

促进增产芳烃技术进展的主要动力是开发新催化剂、吸附剂和工艺流程,并以此为基础提高生产对二甲苯(PX)的经济效益和能效。生产对二甲苯最常用的工艺路线是从邻位和对位二甲苯异构体混合物中抽提分离,国际上具有代表性的工艺包括埃克森美孚公司的 XyMax 工艺(图 1)、UOP 公司的 Isomar 和 Parex 工艺及 Axens 公司的 Eluxyl 工艺等。此外,BP 公司和OP 公司联合开发了 Cyclar 工艺,主要利用液化石油气制备包括对二甲苯在内的液体芳烃。

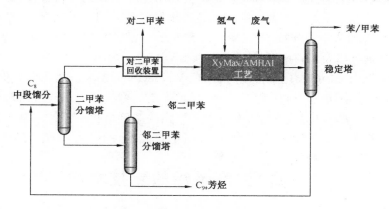

图 1　埃克森美孚公司的 XyMax 工艺流程

从事可再生燃料和化学品业务的美国 Gevo 公司正在开发可再生对二甲苯的生产新途径。该工艺利用 Gevo 公司的发酵技术使生物基异丁醇转化为对二甲苯,继而生产聚对苯二甲酸乙二醇酯(PET 聚酯)的关键单体对苯二甲酸。在世界范围内,超过 60% 的 PET 产品用于生产合成纤维,Gevo 公司的生物基 PET 技术对于替代目前的石油基 PET 具有重要意义。

（二）生产基础化工原料的新技术

近年来，在有机合成方面最大的技术进展是 BP 公司推出的 SaaBre 技术。该技术开辟了通过合成气（一氧化碳＋氢气）生产乙酸的新路径，不用甲醇作为中间体，且不再需要腐蚀性的碘化物。SaaBre 技术的最大突破点在于它通过一体化的三步过程将合成气直接转化为乙酸，无须提纯一氧化碳或采购甲醇。与甲醇羰基化技术相比，SaaBre 技术有望显著降低乙酸的生产成本。BP 全球石化业务总裁阎思礼指出："SaaBre 技术的根本优势是不再需要原油工艺中净化一氧化碳和加入甲醇的步骤；并且其反应过程不含碘化物，降低了对特殊金属材料的需要。此外，该技术在生产如甲醇和乙醇等副产品领域也颇具发展潜力。"BP 公司石化技术副总裁丹·莱昂纳迪表示，甲醇羰基化工艺已经达到极限，因此 BP 公司几年前就决定开发新技术，以从根本上提高规模化乙酸生产的经济性。据悉，BP 公司正在积极探索将 SaaBre 技术进行商业化的可选途径，计划在未来的乙酸投资中对 SaaBre 技术加以有效利用。目前，用乙酸生产乙醇的新技术开发已由 Celanese 公司在中国实现了工业生产。

（三）氧化工艺方面的新技术

近年来，在氧化工艺方面主要有两项进展。首先，美国绿色技术公司 Novomer 开发了一种新型的丙烯酸生产技术。该技术以乙烯为原料氧化生成环氧乙烷（而不是采用传统工艺中的化学级丙烯），从而与 CO 合成中间体丙内酯，进而较为廉价和环保地生产丙烯酸产品；传统工艺则采用乙烯酮和甲醛制备丙烯酸及其酯。Novomer 称，利用环氧乙烷和 CO 是一条更为有效的中间体生产路线，且该技术路线的产品收率高，副产物少而且节能。目前，该技术还处在试验阶段，距离大规模产业化应用还需时日，但该公司希望尽早找到合作伙伴，最好是美国的丙烯酸生产商或者是在中东地区或亚洲拥有充足乙烯原料的公司。据估算，该技术路线可以削减 20%～30% 的原料成本，同时还可以减少约 50% 的投资成本；当然，其成本效益将很大程度依赖于装置所建地区以及原料来源。

另一项新进展由 Eastman 化学公司与 JonsonMattheyDavy 技术公司共同研发。该技术主要以煤或天然气或生物质为原料，利用合成气生产乙二醇。乙二醇通常被称为单乙二醇（MEG），它是一种重要的工业化学品，也是生产聚酯的基础材料。该技术基于这两家公司开发的新型专有催化剂和工艺设计，与其他技术不同，该技术并不产生草酸中间体。

（四）生产烯烃的新技术

丁二烯是 C_4 馏分中最重要的组分之一，在石油化工烯烃原料中的地位仅次于乙烯和丙烯。主要用于合成聚丁二烯橡胶（BR）、丁苯橡胶（SBR）、丁腈橡胶（NBR）、丁苯聚合物胶乳、苯乙烯热塑性弹性体（SBS）以及丙烯腈—丁二烯—苯乙烯（ABS）树脂等多种产品。此外，还可用于生产己二腈、己二胺、尼龙 66、1,4－丁二醇等有机化工产品以及用作黏结剂、汽油添加剂等，用途十分广泛。目前，世界范围内丁二烯的来源主要有两种：一种是从乙烯裂解装置副

产的混合 C_4 馏分中抽提得到,这种方法价格低廉,经济上占优势,是目前丁二烯的主要来源;另一种是利用炼厂 C_4 馏分脱氢制得,该方法只在几个丁烷、丁烯资源丰富国家应用。在世界范围内,传统生产丁二烯的工艺以日本瑞翁公司的 DMF 工艺、德国 BASF 公司的 NMP 工艺以及日本 JSR 公司改进的 ACN 工艺最具有竞争力。

国内外一些企业开始重新关注定向合成丁二烯的工艺,纷纷计划利用正丁烯或正丁烷等为原料,脱氢生产丁二烯。目前,中国和日本正在开发丁烯脱氢生产丁二烯的技术。丁烯脱氢工艺主要分为催化脱氢工艺和氧化脱氢工艺。由于氧化脱氢相比催化脱氢的原料单耗和蒸汽单耗更低,产品收率及丁烯转化率都有大幅度提高,因此氧化脱氢工艺是工业上正丁烯脱氧制丁二烯的主要工艺。此外,新西兰 INVISTH 和 Lanza 技术公司还开发了利用回收的 CO 与 2,3 - 丁二醇生产丁二烯的新技术。

在乙烯生产新技术方面,美国 Siluria 技术公司已于近期成功投运了其位于得克萨斯州拉波特市的天然气直接制乙烯示范装置,标志着世界首套通过甲烷氧化偶联(OCM)技术大规模生产乙烯的装置诞生,该示范装置的建成投运具有里程碑意义。Siluria 公司计划在 2017—2018 年实现该技术的商业化。此外,埃克森美孚公司已经宣布,在新加坡的裂解新装置可以用原油裂解生产乙烯,这样就不再需要生产石脑油来为裂解装置提供原料。值得注意的是,Siluria 公司还成功开发了将乙烯转化成液态烃技术(ETL),OCM 技术生产的乙烯可以作为ETL(乙烯制油)工艺的原料来生产汽油、柴油和航空燃料。

(五)生物化工技术新进展

目前,生物技术发展迅速,生物化工产业的发展也十分迅猛。据预测,未来化工领域 20%~30% 的化学工艺过程将会被生物技术过程所取代,生物化工产业将成为 21 世纪的重大化工产业。

与此同时,人们也逐渐认识到现代生物技术的发展离不开化学工程,生物化工技术为生物技术提供了高效率的反应器、新型分离介质、工艺控制技术和后处理技术,使应用范围更加广阔,产品的下游技术不断更新,大大提高了生物技术的产量和质量。目前,在以糖和其他生物质作为原料生产化学品的化学工艺技术领域,已取得许多新进展。其中,最重要的进展是目前在建或计划建设的生物乙烯、生物丁二烯、生物丁醇和生物 1,3 - 丁二醇的生产装置。

1. 生物乙烯生产的新技术

Axens 公司、法国 IFP 研究院和 Total 炼油化学公司共同研发出一种生物乙醇脱水生产聚合级生物乙烯的新技术——Atol 技术。生产的生物乙烯可直接用于现有的聚合装置,生产聚乙烯、聚苯乙烯、聚对苯二甲酸乙二酯、聚氯乙烯和其他乙烯衍生物。在 Atol 技术中,乙醇在 400~500℃ 以及温和压力下进行气相脱水。此外,该工艺使用两个串联的固定床绝热反应器,采用热集成技术使热回收达到最大化,让公用工程消耗达到最小化。Atol 技术的乙醇脱水催化剂具有高选择性、高活性、高热稳定性和耐污染性,可以使其在精制过程中得到聚合级生物乙烯,无需传统工艺的碱洗塔和乙烯—乙烷分离器。目前,生产生物乙烯的工艺路径主要是以生物醇类脱水制乙烯,原料包括生物乙醇、丙二醇以及玉米等粮食作物。

2. 生物丁二烯生产的新技术

由于页岩气产量猛增，北美大量原有和新建裂解装置都以乙烷等轻烃作为原料，导致丁二烯产量大幅度减少，供应缺口加大。为此，北美另辟蹊径，通过开发生物技术和新工艺来增产丁二烯，弥补缺口。美国 Cobalt 技术公司成功研发了以生物正丁醇为原料生产丁二烯的工艺技术。Cobalt 公司正在开发可在全球推广的生物丁二烯整套技术。Cobalt 公司还宣布，计划在亚洲建设第一套生物丁二烯装置，预计 2017 年投产。

3. 生物丁醇生产的新技术

相比于燃料乙醇，丁醇具有更高的能量密度、更强的疏水性，且不具有腐蚀性，可以延长运输管道的使用寿命。此外，还可以作为燃料直接使用而无须改造现有的动力引擎。

生物丁醇的生产多采用生物质发酵法，即以玉米、木薯等淀粉质产品或糖蜜、甜菜等糖质产品为原料。ABE（acetone – butanol – ethanol）发酵法是生物法生产丁醇的最主要方法。原料经水解得到发酵液，然后在丙酮—丁醇梭菌作用下，经发酵制得丙酮（A）、丁醇（B）和乙醇（E）混合物，三者比例因菌种、原料和发酵条件不同而异，一般情况下三者质量分数依次为30%，60% 和 10%。美国 Gevo 公司从 2005 年开始研发生物发酵法生产生物丁醇技术。2010 年，该公司将位于密苏里州的乙醇装置改造为第一套生物丁醇示范装置并开始生产，从而验证乙醇装置改造为生物丁醇装置的可行性。目前，改造后的装置既能生产生物乙醇也能生产生物丁醇，同时还开发出回收发酵产物的专用分离技术。此外，BP 公司与 DuPont 公司也开始联合研发生产生物丁醇的生物酶催化剂，用以生产可再生运输燃料。

目前，全球多家公司都在积极开发非粮食原料的生物化工技术，并努力扩大生产规模，拓展产品市场。比如，Genomatica 公司与 DuPont Tate & Lyle 生物产品公司合作，第一次用可再生原料工业规模化生产丁二醇，并将该技术转让。目前，巴斯夫和 Novamont 两家公司都在建设生产装置。此外，Myriant 和 BioAmber 公司正在积极研发利用可再生原料生产丁二酸技术，进而采用 Davy 工艺技术生产生物丁二醇，这项技术也可以联产四氢呋喃（THF）和 γ – 丁内酯。

十、中国海油成功研发"贪吃蛇"技术的启示

近日,中国海油宣布自主研发的旋转导向系统(RSS)和随钻测井系统(LWD)联袂在渤海成功完成钻井作业,标志着该公司成为全球第四、国内第一家同时拥有这两项技术的企业。这两项技术代表着当今世界钻井、测井技术的最高水平,正在成为国际工程技术服务高端市场的标配技术和赢得竞争优势的撒手锏。中国石油的 RSS 和 LWD 技术研发起步较早,也取得了比较好的进展,但由于多家分头研发,投入力量分散,在一定程度上影响了技术研发和应用的效果。因此,有必要借鉴中国海油的做法和经验,集中优势力量,加快实现 RSS 和 LWD 技术的研发应用突破。

(一)"贪吃蛇"技术及其特点

1. 什么是"贪吃蛇"技术

"贪吃蛇"技术是通过旋转导向系统和随钻测井系统的结合实现定向钻井的一种技术,能够引导钻头像"贪吃蛇"一样在地下几千米坚硬的岩石里自由穿行,准确命中油藏。其名称形象地反映了该技术准确寻找并钻取地质甜点的特点。RSS 和 LWD 并肩作战,能够实现全井段定向旋转钻进,测量井下环境参数,并实时调整井眼轨迹,极大地提升作业效率、降低工程风险,是进行超深水、水平井、大位移井等高难度定向井作业的"撒手锏"。

2."贪吃蛇"的核心技术

"贪吃蛇"技术组合如图 1 所示。"贪吃蛇"核心技术之一的 RSS 是国外在 20 世纪 90 年代中期开始研发的一项革命性技术。RSS 技术打破了以往定向钻井中钻柱"滑动式"行进的方式,在旋转钻进的同时,随钻实时完成导向。由于实现了旋转钻进,RSS 比传统的滑动导向工具井身质量更高,井眼净化效果更好,位移延伸能力更强,卡钻事故更少。由于实现了连续导向,操作人员无须在旋转钻进和滑动钻进两种方式之间切换,有助于提高机械钻速,减少非生产时间,而且井眼轨迹更加平滑。由于集成了近钻头传感器,使 RSS 能够连续、实时、准确地监测钻头的钻进方向和近钻头地质参数,并根据实时监测到的井下情况,引导钻头在储层中的最佳位置钻进。加之具有双向通信能力,能实时自动调整钻进方向,在不起钻的情况下沿修正的井眼轨迹钻进。

图 1　"贪吃蛇"技术组合

"贪吃蛇"的另一项核心技术——LWD 是在钻井的同时用安装在钻铤上的测井仪器测量

地层电、声、核等物理性质，并将测量结果实时地传送到地面或部分存储在井下存储器中的一种技术。LWD 技术要求能够把测井仪器安装在钻铤内较小的空间里，并可以承受高温高压和钻井振动，还应具有足够功率和容量的电源，因此，对技术要求非常高。

RSS 和 LWD 是钻井、测井领域最尖端的技术，是参与国际钻井高端服务市场竞争的利器之一，由于研发难度大，多年来这两项技术一直被国际上四大主要油田服务公司所垄断。

（二）国外技术发展状况

1. 技术发展现状

RSS 是当今钻井领域的尖端和高效技术，目前全球完全拥有成熟技术的公司不到 10 家，其中斯伦贝谢公司、哈里伯顿公司和贝克休斯公司的技术实力最强，在服务市场居垄断地位。除此之外，威德福、APS、德国智能钻井、Gyrodata 等几家公司也拥有自己的旋转导向系统。

随着深井、超深井、特殊工艺井、高温高压井的数量和比例的逐渐增多，RSS 在拓展产品系列和规格、提高环境适应能力、加快数据传输速率、提升系统可靠性、提高自动化和智能化程度等方面不断发展和完善。为了进一步发挥 RSS 在水平井钻井中的优势，斯伦贝谢公司和贝克休斯公司于 2011 年和 2012 年先后推出了高造斜率旋转导向系统，最大造斜率提升至 17°/100ft 和 15°/100ft，哈里伯顿公司也推出最大造斜率为 10°/100ft 的旋转导向钻井系统，使水平井二开一趟钻完钻成为可能。在提升系统造斜性能的同时，各公司还通过不断创新和试验来提升系统的恶劣环境适应能力。2015 年，斯伦贝谢公司推出了业内第一个耐温能力达到 200℃ 的旋转导向系统，已经在 200℃ 的环境下试验 1458h，在墨西哥湾浅水地层温度超过 165℃、地层压力超过 15000psi 的现场环境下，成功完成方位角从 77° 到 57° 的 3D 井导向，节约钻井周期 9d、钻井费用 135 万美元。除此之外，近些年，各公司还在增大侧向力、提高近钻头导向能力、改善密封性能、提升系统的高转速适应能力等方面不断进行改进，推出了更加优化的产品。

与 RSS 的情况相似，LWD 也因技术含量高而成为行业垄断度较高的技术。目前，市场上比较主流的几种系统分别为斯伦贝谢公司的 VISION 系列和 Scope 系统、哈里伯顿公司的 Geo-Pilot 系统、贝克休斯公司的 OnTrack 系统和威德福公司的 Precision LWD™。此外，国外拥有 LWD 技术的还有 GE、科学钻探等几家公司，但随钻测井服务市场主要被四大油田服务公司所垄断。

2. 技术获取的主要方式

纵观国际主要大型油田服务公司在 RSS 和 LWD 技术上的发展路径，初期基本上是采取技术合作和技术收购的方式，然后投入力量进行技术升级改造（表 1）。兼并收购可以帮助公司快速获得技术，扩大产品线，开辟新市场。比如，斯伦贝谢公司 1984 年收购 Anadrill 公司获得 LWD 技术，1988 年收购 Camco 公司获得 RSS 技术；哈里伯顿公司的 MWD/LWD 技术最早是由购买 PathFinder 公司发展起来的，1998 年通过收购德莱塞公司，拥有了著名随钻测井技术服务品牌 Sperry-Sun；威德福公司 2005 年收购了加拿大 PD 公司的能源服务和国际钻井板块，之后组织技术攻关，开发出自己的成套随钻测井和旋转导向装备。另外，GE 能源公司也是在 2001 年收购了 Tensor,在此基础上开发自己的随钻测量/随钻测井技术。

表 1　四大油田服务公司的技术获取方式

公司	旋转导向技术	随钻测井技术
斯伦贝谢	1998 年收购了英国 Camco 国际公司获得 RSS 技术	1984 年收购了 Anadrill 公司获得了 LWD 技术
贝克休斯	20 世纪 90 年代,与意大利 Agip 公司合作研发	1979 年收购了 Teleco 随钻测量公司
哈里伯顿	20 世纪 80 年代,与日本国家石油公司合作研发	20 世纪 80 年代,收购了 PathFinder 公司获得随钻测量和随钻测井技术
威德福	2005 年收购了加拿大精确钻井公司获得 RSS 技术	2005 年收购了加拿大精确钻井公司获得 LWD 技术

国外大型油田服务公司基本上是按照产品线组织技术创新活动和油田技术服务。比如,斯伦贝谢公司就将油田技术服务分为油藏描述、钻井集团和油藏管理三大业务板块,随钻测井被放在钻井集团的"钻井与测井"服务之中。

3. 市场份额与未来增长

近年来,RSS 和 LWD 技术的应用范围不断扩大,现已成为海上和陆上各种类型的复杂结构井(水平井、大位移井、多分支井、三维多目标井、薄产层井)的重要钻探方法,有力地推动了油气资源的大规模开发。在过去十几年中,随钻测井技术在全球测井技术服务市场上的份额从 10% 提升到了 25%;旋转导向系统正在逐步取代以导向井下动力钻具为代表的常规定向服务,目前全球超过 60% 的定向井采用了 RSS 技术,而且发展势头不减(图 2、图 3)。

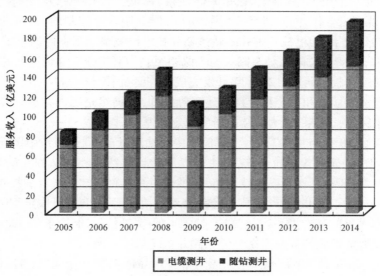

图 2　2005—2014 年随钻测井与电缆测井服务收入

资料来源:Spears & Associates

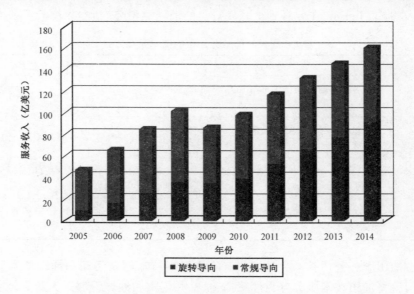

图3　2005—2014 年旋转导向与常规定向服务收入

资料来源：Spears & Associates

（三）中国海油的技术发展道路

中国海油的旋转导向和随钻测井技术在引进消化吸收基础上,主要依靠技术合作与自主研发,前后历经了十几年的研发路程。

1997 年,中海石油研究中心牵头国家 863 项目"海底大位移井钻井技术",与渤海石油公司、西安石油学院三家合作,共同研究开发了用于二维井眼轨迹控制的"井下闭环可变径稳定器"样机,取得初步成果,为可控三维井眼轨迹钻井技术研究奠定了良好的基础。

2001 年,中海油研究总院又牵头国家 863 课题"可控(闭环)三维轨迹钻井技术"研究,开始进行旋转导向工具技术研究。2005 年开发完成了一套旋转导向钻井系统,并完成了海上下井试验。尽管在造斜能力和系统稳定性上还有待提升,但仍然是国内在旋转导向系统研究方面取得的第一个标志性成果,也为后续的研发奠定了基础。

2008 年,中海油田服务股份有限公司(简称中海油服,COSL)开始与中国航天科工飞航技术研究院(简称航天三院)等单位合作,自主研发旋转导向钻井和随钻测井两套系统,通过对国外技术的充分消化吸收,逐步突破技术瓶颈,推出了具有自主知识产权的技术和装备体系。

2014 年,旋转导向 Welleader® 形成 2 套完整系统,制造了 4 套首批次定型装备。随钻测井 Drilog® 形成 2 套完整的基本型系统,可测量伽马、电阻率等信息,制造了 12 串定型装备和 4 套地面系统。中国海油的旋转导向系统与随钻测井系统如图4 所示。

2014 年 5 月,Drilog® + Welleader® 完成了第一口陆地水平井作业,11 月首次联合完成海上作业;2015 年 5 月,在渤海两套系统一趟钻完成 813m 定向井段作业,成功命中 1613.8m,2023.28m 和 2179.33m 3 处靶点,最大井斜 49.8°,最小靶心距 2.1m,证明两套系统具备了海上作业能力。下一步,中国海油将致力于两项技术的产业化推广应用。

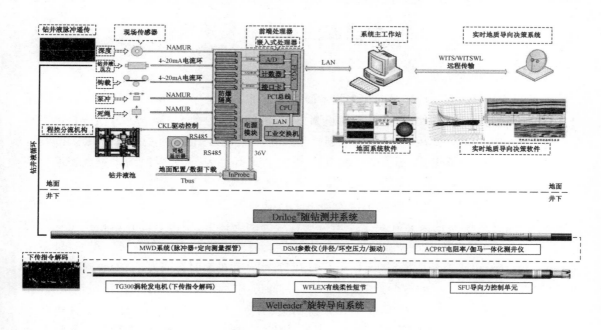

图4 中国海油的旋转导向系统与随钻测井系统

　　由于随钻测井服务与定向井服务密切关联,中海油服将测井服务(电缆测井与随钻测井)与定向井钻井服务结合在一起,设置"测井与定向井服务"产品线,"贪吃蛇"技术属于该产品线提供的服务(图5)。随钻测井与钻井服务的结合,可以使研发的新仪器及时到达现场进行试验,加速技术的成熟。

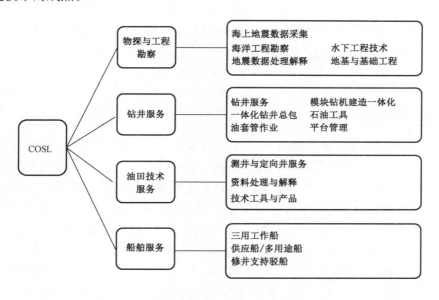

图5 中海油服的产品线组织

（四）中国石油技术研发现状

1. 旋转导向技术研发

中国石油是国内开展旋转导向相关技术研究最早的企业之一。1989—1991年,石油勘探开发科学研究院钻井所开始进行"井眼轨道制导"技术的可行性研究,完成了自动井斜角控制器设计并申报了专利。此后,对于国外刚刚兴起的旋转导向技术也进行了持续的跟踪和调研。前期的研发工作一直在开展,但由于机构变动、业务重组等原因,未能及时纳入重点技术攻关计划。

2008年专业化重组以后,各大钻探公司出于自身业务需要,纷纷开展了旋转导向系统的研发。其中,在中国石油天然气集团公司科技管理部的支持下,中国石油长城钻探工程公司（简称长城钻探）开展了指向式旋转导向系统的研制,目前正在制造工程样机并组织试验;中国石油渤海钻探工程公司（简称渤海钻探）与德国智能钻井公司联合研发了BH系列垂直钻井及旋转导向钻井系统,也进行了现场试验。中国石油川庆钻探工程公司（简称川庆钻探）2010年开展了自主知识产权的旋转导向钻井系统研发,并于2013年在龙岗022–H3井进行了CGSTEER–01旋转导向钻井现场试验。此外,大庆钻探工程公司（简称大庆钻探）和中国石油集团西部钻探工程有限公司（简称西部钻探）也都自行开展了研发攻关。

2. 随钻测井技术研发

从2000年开始,公司总部开始立项进行随钻测井技术研发,在科技管理部的科研经费支持下,钻井工程技术研究院、中国石油集团测井有限公司（简称中油测井）的随钻测井中心、长城钻探的测井技术研究院等单位自主研发随钻测井仪器。经过十几年的研究,三参数地层评价随钻测井仪器已投入应用,随钻电磁波、侧向电阻率、可控源中子孔隙度仪器已经研制出样机。其中,中油测井自主研发的"三电一声两放射"随钻测井系列仪器基本成型,三参数随钻测井系统生产上百套,进入批量应用;长城钻探的常规电磁波随钻仪已生产40多支,方位电磁波测井仪制造样机2支;钻井院推出了伽马、电磁波等随钻测井仪器,应用十几井次。

3. 制约技术研发的不利因素

在中国石油工程技术服务业务现有体制下,各单位各自为战的问题比较突出。随钻测井服务主要由中油测井和五大钻探公司中的测井公司提供,定向井服务主要由五大钻探公司中的钻井公司提供。两项服务分属不同公司,造成新研制的随钻测井仪器难以找到现场试验的井场,常常很长时间没有与钻井同步试验机会,严重影响仪器的开发进度和技术成熟速度。

同时,由于五大钻探公司以及专业技术公司之间存在一定程度的竞争,导致各家都希望扩展产品线。中油测井为了提升市场竞争力,与美国APS公司签署战略协议,APS公司的旋转导向系统与中油测井的随钻测井系统组合,提供旋转导向钻井服务。此外,中油测井也购买了贝克休斯公司的AutoTrack旋转导向系统,与自己的LWD挂接,为油田提供服务。

（五）启示与建议

借鉴中国海油"贪吃蛇"技术成功的经验,结合目前中国石油在旋转导向和随钻测井技术方面存在的问题,形成以下两点启示与建议:

（1）旋转导向与随钻测井技术是参与国际竞争的利器,加快研发势在必行。经过20多年的发展,RSS和LWD技术获得了快速发展,在定向水平井、大位移井等钻井过程中起到了提高钻井速度、缩短钻井周期、降低钻井风险、减少钻井成本的关键作用,已经成为国际高端市场投标的标配。国际大公司的旋转导向和随钻测井仪器一般只提供高价的技术服务,很少出售产品,少量销售也是前一代产品或基本型产品。因此,中国油气企业加快研发拥有自主知识产权的旋转导向和随钻测井技术势在必行。

（2）钻井与测井的一体化研发是大势所趋,需要统筹考虑。在国际工程技术服务一体化发展的大背景下,物探、测井、钻井等各专业领域的相互渗透、相互融合已成为大势所趋,与之相对应,研发过程中的多学科结合特点也愈发突出。随钻测井与定向钻井活动密切相关,无论斯伦贝谢公司,还是中国海油都将随钻测井技术与旋转导向技术融合应用,结合在一起提供定向井服务;在技术研发中,也需要测井、钻井等技术的有效结合。因此,深入研究多项技术的融合应用,广泛开展与相关学科的协同创新,开展钻测一体化研发,是提升公司工程技术服务的必然选择。

十一、低油价下北美地区降低钻完井作业成本的主要做法与启示

2014年下半年以来,为应对油价暴跌带来的压力,北美地区的主要页岩油气作业公司纷纷采取技术和管理措施,大幅度降低成本,取得了较好的成效。通过对EOG能源、Occidental石油、Chesapeake、Marathon、Southwest能源、Encana等公司钻完井设计和现场施工等有关资料的梳理与分析,从中可以发现,他们在压裂设计、钻完井设计、现场作业施工及作业管理等方面不断取得突破,依靠钻井提速、减少非作业时间、压缩材料费用等措施,降低开发成本。总结他们的做法和经验,不乏一些独到之处,可资参考借鉴。

(一)压裂作业

1.老井重复压裂

近4年来,北美陆上共钻井7.5万口,大多是页岩油气井,产量递减较快,新钻井相对于当前油价而言成本较高,而老井侧钻和重复压裂成本(约200万美元)要低得多。因此,一些公司从2013年开始对老井进行重复压裂。例如Marathon公司,截至2014年第三季度已在Bakken盆地对40%的井进行了重复压裂(图1)。

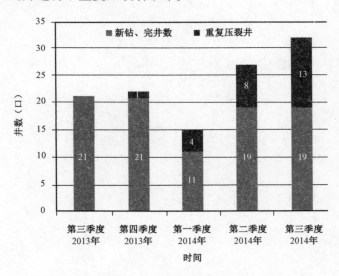

图1 Marathon公司Bakken页岩重复压裂井数

资料来源:Marathon公司报告,2014年12月

从当前应用效果来看,重复压裂后的水平井段油藏接触面积得到大幅改善(图2),4年以内的生产井绝大多数适合应用重复压裂,且重复压裂单井完井成本可降至100万~280万美

元之间,约为普通单井钻完井成本的 25% 。同时,广泛采用连续管技术进行重复压裂,作业相对简单。

(a) 一次压裂   (b) 重复压裂

图 2   水平井一次压裂后及重复压裂后井底裂缝示意图
资料来源:哈里伯顿公司报告

重复压裂井的初始产量最高能达到原井初始产量的 98% ,其初始年度递减约为 56% ,低于常规页岩油气井 64% 的初始年度递减率;重复压裂后产量增长明显,相对于重复压裂前,初始月度产量增长最高达 85%(图 3)。

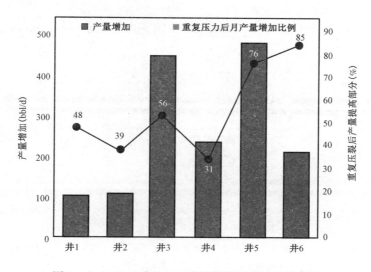

图 3   Eagle Ford 盆地 6 口井重复压裂前后产量变化
资料来源:斯伦贝谢公司报告,2015 年 7 月

重复压裂正逐渐成为北美提高油气产量、降低成本的重要手段。据 Energent 公司 2015 年 6 月报告,预计到 2020 年,仅 Haynesville 页岩油气开发中的重复压裂市场将超过 5 亿美元。IHS 公司 2015 年 7 月的分析表明,美国的重复压裂井将占到美国所有已压裂水平井的 11% 。截至 2015 年 7 月,全球有超过 4500 口重复压裂井,虽然当前全球范围内数量不多,但预计未来 5 年将快速上升。

2. 增加压裂段数,减小压裂段间距

当前越来越多的北美页岩油气作业者采用提高压裂段数和减小压裂段间距扩大泄油面积措施,提高单井初始产量,降低产量递减率。在 Eagle Ford(孔隙度小于20%)和 Bakken(孔隙度小于12%)页岩开发中,无论康菲等大型一体化石油公司(图4),还是 Noble 等大型独立石油公司,甚至 Memorial 等小型石油公司,都广泛采用该方式。目前,在上述两地区,每月新钻井中分别有26%和22%的井采用该方式完井。

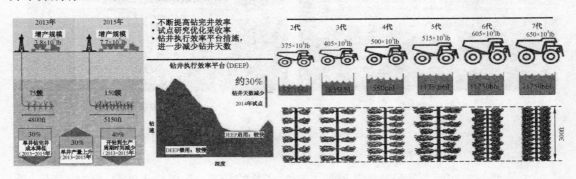

(a) 康菲公司   (b) Memorial资源开发公司

图4 康菲公司和 Memorial 资源开发公司 Eagle Ford 压裂设计变化

资料来源:康菲公司报告,2015 年 9 月;Memorial 公司报告,2015 年 9 月

Noble 公司当前已累计在公司 30% 的井中降低压裂段间距来提高产量(图5),在 2015 年完井中应用比例已达 50%。

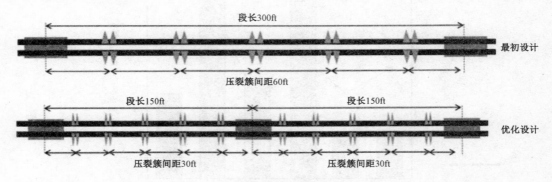

图5 Noble 公司降低压裂段间距示意图

资料来源:Noble 公司报告,2015 年 6 月

应用该技术后的前两年,油井产能下降明显比其他井平缓。EOG 能源等公司在 Eagle Ford 核心区现场应用显示,单口井完井成本虽然上升 12% ~25%,但由于同等产量目标下钻井数量减少,区域开采成本降低 20% ~25%。

3. 加大支撑剂量,提高支撑剂强度

北美地区陆续采用大排量压裂液(IHS 公司称为"超级压裂"),将常规压裂液中支撑剂强度(每英尺横向支撑剂)提升 25%(图6),甚至一些公司在应用中强度高达 3000lbf/ft²,最终使产量提升和递减趋缓更为明显。

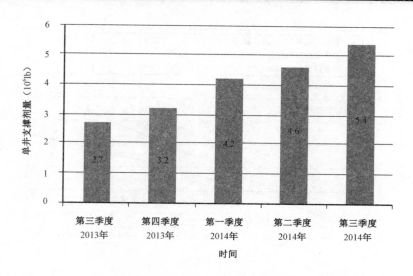

图6　大陆资源公司 Bakken 地区支撑剂消耗量

资料来源:Continental 资源公司报告,2014 年 12 月

大排量压裂液推动了近年来美国压裂砂用量快速增长,2008—2013 年年均增长 35%,2014 年相对以往增长更快,达到历史新高 $5350 \times 10^4 t$,比 2013 年增长 45%(图7)。

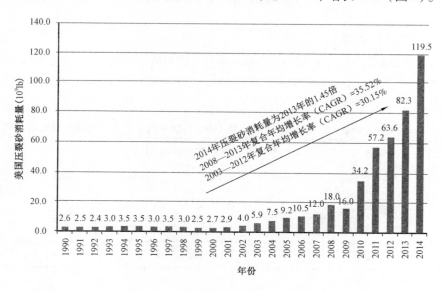

图7　1990—2014 年美国压裂砂消耗量

资料来源:Weatherford 公司报告,2015 年 1 月

虽然北美目前没有形成统一的标准,但 EOG 能源、大陆资源、Encana、康菲、Memorial 资源开发、QEP 资源等众多公司正在进行现场测试和应用,结果显示,大排量压裂液以及高强度支撑剂都能有效提升初始产量,降低产量递减,且比加密井提升产量的效果要好(图8)。

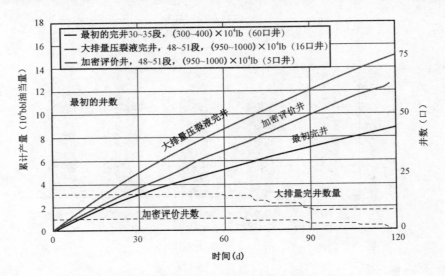

图8　QEP 资源公司在 Bakken 盆地大排量支撑剂应用效果

资料来源:QEP 资源公司报告,2015 年 9 月

（二）钻完井设计

1. 加大水平井段长度

近年来,在 Bakken、EagleFord、Marcellus 等盆地作业的 Chesapeake 等大型独立作业公司广泛提高了水平井段长度,Chesapeake 公司在 Marcellus 页岩水平井长度最高纪录为 3277m,水平井段分段压裂最高纪录达 50 段(表1)。

表1　Chesapeake 公司在 Marcellus 和 Utica 页岩平均水平井长度和压裂段数变化

盆地	类别	2011 年	2012 年	2013 年	2014 年	2015 年第一季度
Marcellus	水平段长度(m)	1585	1555	1646	1829	2013
	压裂段数	11	9	13	27	28
Utica	水平段长度(m)		1494	1570	1890	2408
	压裂段数		10	17	29	43

资料来源:Chesapeake 公司报告,2015 年 9 月。

小型独立作业公司也不断提高水平段长度。2010 年以来,Antero 公司在 Marcellus 页岩气作业中的平均水平段长度一直在提高,从 1747m 提升到 2015 年的 2743m,提高了 57%(图9)。

2. 优化钻完井设计开发多储层油气

应用单井场实现多产层共同开发,充分利用一次井场,减少井场占用面积,通过优化设计对地下储层进行多层开发,实现区块总体效益。在美国 Eagle Ford、Permian 盆地和加拿大 Montney 等页岩油气开发中广泛采用了这种开发方式。

QEP 资源开发公司在 Permian 盆地开发时,充分考虑了多储层开发问题,在页岩和碳酸盐岩组成的垂向 900m 多储层厚度内,共布置 755 口水平井,立体式开发页岩油气(图 10)。

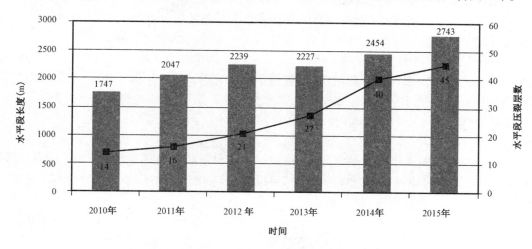

图 9　Antero 公司在 Marcellus 页岩气作业中水平井段长度和压裂段数
资料来源:Antero 公司报告,2015 年 10 月

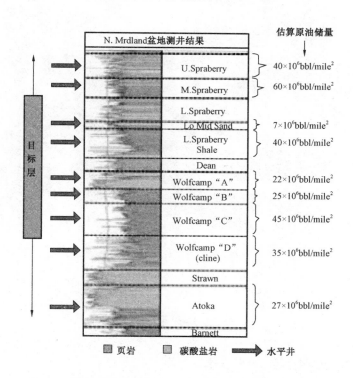

图 10　QEP 公司 Permian 盆地水平井设计
资料来源:QEP 资源公司报告,2015 年 9 月

3. 现场应用水循环系统降低水资源成本

采用现场水循环系统,使现场水资源循环利用,节省成本且环保,相对大的循环系统可通过管线供区域内多井场使用,小的系统如车载单套小型系统可到井场直接应用。这项技术服务业务在北美不断扩大,催生了 Omni Water 等大量专业小型水循环服务公司。

Approach 资源公司现场应用的 AREX 现场返排工艺和产出水处理工艺系统,处理能力为 32.9×10^4 bbl,通过对水的循环利用,可以降低单井钻完井成本 45 万~100 万美元,减少当地租赁费用约 1 美元/单位油当量,减少用水运输费用约 2 美元/单位油当量,同时能够每天从水中提取约 200bbl 油。2015 年 3 月投入现场应用,至今已在公司 70% 的作业区推广,累计处理 100×10^4 bbl 循环水。

Encana 公司 Montney 页岩油钻井采用的 Omni 公司车载水循环系统(图 11),处理能力为 1×10^4 bbl/d,具有过滤、储存和集输等能力,可以将产出水进行循环,也可以用于压力水供应,现场应用中单口井普遍节省 40 万美元。

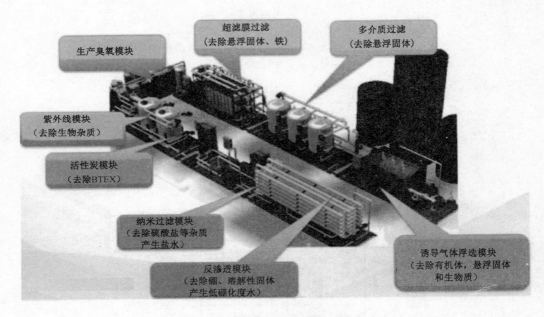

图 11 Omni 公司车载水循环系统示意图

资料来源:Encana 公司报告,2015 年

(三)现场施工

1. 广泛应用移动钻井平台,减少非作业时间

2014 年,北美陆上钻井平台中有 60% 具有移动能力,其中 35% 是步进式移动方式(图 12),25% 是滑动式移动方式。利用移动钻井平台进行工厂化作业,可将常规钻井平台的移动时间降至 30min,节省了大量作业时间和成本(图 13)。

图 12 Patterson – UTI 公司的步进式钻机及步进式移动系统
资料来源：Patterson – UTI 公司报告

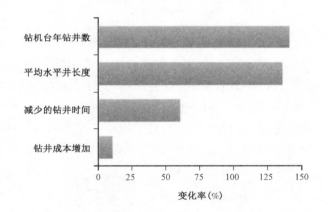

变化率(%)

图 13 2015 年 5 月相对于 2014 年 5 月钻机作业效率对比
资料来源：贝克休斯公司、Spears 公司报告

　　全球最大的陆上钻井承包商 Nabors 国际公司报告认为，2018 年工厂化钻井(PadDrilling)数量将占陆上钻井量的70%，平均每个 Pad 所钻井数也将从2010 年的2.2 口升至6 口以上(表2)。

表 2 不同时期全球工厂化钻井应用程度

项目	2010 年	2013 年	2018 年预计
工厂化钻井量占比(%)	20	50	70
每个 Pad 上钻井数量(口)	2.2	4.0	>6

资料来源：Nabors 公司全球市场研究报告，2015 年 6 月。

　　步进式移动系统能够在 8 个方向移动，十分灵活，可以直接安装到陆上钻井平台上。美国钻井承包商除了新建移动式钻机以外，也大量采用后装移动式系统来快速升级钻机装备，如全球第六大陆上钻井承包商 Patterson – UTI 公司的现有钻机都可按需安装该系统。

按照贝克休斯公司和 Spears 公司报告统计,2015 年 5 月的美国页岩油钻机作业能力比 2014 年同期大幅提升,单钻机年钻井数量提升近 50% ,单井钻井时间降低了 60% 。

2. 陆续采用批量钻井进行工厂化钻完井,节省更多时间

批量钻井(BatchDrilling),主要指按照顺序批量完成几口井的表层、直井段和水平井段。可以利用不同的钻机或者单一钻机,实现在同一井组中相同井段同样配置钻机和底部钻具,节省大量换钻具时间(图 14)。

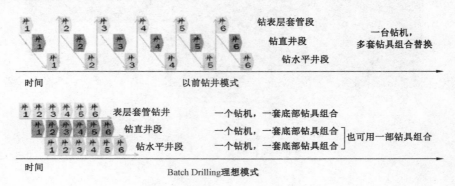

图 14　批量钻井作业流程示意图

用多台钻机时,一般采用常规移动钻机 + 服务钻机 + 连续管压裂装置 3 ~ 4 台设备,如先利用 750hp❶ 移动钻机进行表层钻进、完井,后利用移动式 1500hp 钻机进行垂直井眼和水平段钻进(或水平段单独用钻机钻进),最后进行连续管压裂。

利用单一移动式钻机时,在一个井工厂上,先按照单一顺序钻几口井的直井段,后反向顺序钻水平井段,最后进行压裂(图 15、图 16)。该方式在当前 4 ~ 6 口井的井组中更为常见。

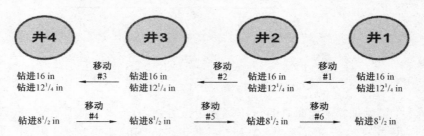

图 15　DrillTech 公司应用的单一钻机批量钻井作业流程

资料来源:DrillTech 公司报告,2015 年 5 月

3. 拉链式压裂和交叉压裂,增加地层干扰

当前,工厂化钻完井中已有 67% 的作业采用了拉链式压裂或交叉压裂,增加地层干扰可以在相同时间内比传统单井压裂提高一倍工作效率,并减少相应设备搬迁重复组装等成本,缩短试气周期。

----

❶ 1hp = 745.7W。

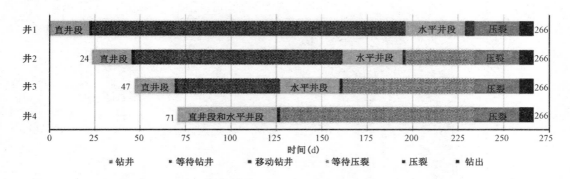

图16 Memorial 资源公司现场应用的单一钻机批量钻井作业流程

资料来源：Memorial 公司报告，2015 年 4 月

大规模开发初期，拉链式压裂广泛应用到并行两井组上（图17），目前一个井组中也广泛应用了交叉压裂，即通过相间隔的两口井进行交叉压裂（图18），可以增加相互地层干扰，提高产量。

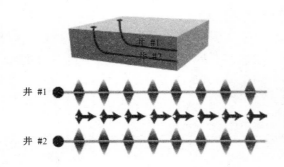

图17 拉链式压裂示意图

资料来源：Encana 公司报告，2015 年 5 月

图18 Encana 公司交叉压裂现场图

资料来源：Encana 公司报告，2015 年 5 月

（四）管理优化

当前，北美部分作业者如 EOG 资源公司等，在 Eagle Ford 等成熟页岩油区的单井成本已降到 580 万美元以下，但仍有部分作业者的单井成本在 1000 万美元以上。几乎所有作业者在寻求依靠技术的同时，努力通过管理优化进一步降低成本。

从北美页岩油气开发的作业流程看，普遍认为在一体化设计（规划）、钻完井管理和技术服务、物流管理、材料管理、钻井自动化和分析、专业合作（钻井、地质、作业者及施工方）六大领域仍存在管理优化空间。

威德福公司对 Eagle Ford 页岩油气开发中的管理和成本优化进行了深入研究分析，最初评价井钻完井成本要投入 1200 万美元，到区块开发时单井成本能够降到 730 万美元，其间工厂化和交叉压裂能够降低成本约26%,其他如底部钻具组合优化、钻井流体优化、完井设计优化和最佳实践、需求计划、直接材料来源等仍能降低成本约23%(图19)。

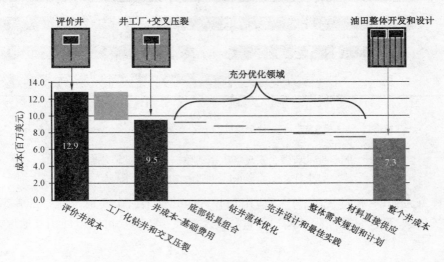

图19 威德福公司 Eagle Ford 页岩油气开发中的成本降低示意图
资料来源:威德福公司报告,2014 年 11 月

埃森哲管理咨询公司(Accenture)对 EagleFord 页岩油气开发中的一体化设计(规划)、服务管理、物流管理和材料管理 4 个方面进行了深入分析后(表3),在 2015 年 1 月的一份报告中认为,整个钻完井时间仍可以进一步降低25% ~40%,单井成本可以降低 130 万 ~260 万美元,从当前普遍的 650 万美元左右降至 400 万美元以下。

表3 作业流程中时间和成本的优化空间分析

勘探井、评价井或试验井	对建井、钻井和完井成本的影响(优化空间)	对作业时间的影响(优化空间)
一体化设计(规划)	5% ~10%	从选井位到生产,10% ~15%
服务管理	5% ~15%	从选井位到生产,10% ~15%
物流管理	5% ~10%	从选井位到生产,10% ~15%
材料管理	0 ~5%	

资料来源:埃森哲管理咨询公司报告,2015 年 1 月。

(五)启示与建议

(1)降低生产作业成本是应对低油价的有效途径。

在低油价时期,石油的一般商品属性凸显。在"市场决定价格、价格决定成本、成本决定利润"的市场经济规则下,价格就像一只无形的手,不断促进市场"重新洗牌",只有那些拥有低成本优势的企业才能获得生存和发展的机会。北美地区非常规油气资源开发的实践进一步表明,成本不是价格下跌的底线,相反价格是成本上升的天花板;任何成本都不是刚性不变的,需要随着市场供需和价格的变化而变化。对于那些在高油价时期形成并一度被视为理所当然的成本驱动要素，必须进行改革和调整。

比如，在页岩油气开发中，"水平井＋压裂"一直被视为提高产量的主要手段，也是降低生产作业成本的主要领域。近年来，国内的工厂化作业、水平井和压裂等关键技术和作业方法，虽然取得了一系列进步，但综合成本和作业效率相对于北美地区仍还有一定差距，可以挖潜提升的空间依然较大。在国内苏里格致密气开发中试验的老井侧钻水平井方法，特别是利用连续管天然气侧钻水平井，就突破了原有的生产理念，改变了原有的成本驱动要素，是在低油价下降低生产作业成本的一种有益探索。

（2）依靠技术和管理创新挖掘降低生产作业成本的潜力。

在低油价时期，企业必须依靠技术创新、管理优化，提高效率、优化运营、减少浪费，全方位、可持续地降低成本，绝不能以牺牲价值创造和未来发展为代价。以提高水平井分段压裂产量为例，根据斯伦贝谢公司和伯恩斯坦研究机构的报告，当前美国陆上水平井分段集中在24～36段，但只有25%～33%的段数能够产出油气，基本上20%～40%的压裂段贡献了80%的油气产量。如果未来的技术创新能够帮助作业者大幅度增加有效段数，或者减少浪费，将会进一步降低生产成本。曼哈顿研究所能源政策和环境研究中心甚至认为，未来有可能将页岩油开发成本控制在5～20美元/bbl之间。

学习借鉴北美地区的做法和经验，国内油气田降低成本必须应用多种手段对钻完井设计、井场设计、生产组织、工艺技术、现场管理等进行系统优化，对关键技术进行优化组合，对钻井液、工具等材料进行精打细算，对工艺流程管理进行无缝衔接。同时，重视研究开发和推广那些能够提高效率、简化流程、降低成本的实用技术，特别是与数字化、自动化、分析处理等相关的技术。

（3）建立完善促进学习曲线加速和降本增效的激励约束机制。

北美地区非常规油气资源成功开发的重要经验之一就是"学习曲线加速效应"，即各作业公司都能够在前期作业的基础上不断完善"最佳实践"，改进作业模式、技术方法等，提高钻井效率、降低钻完井成本。同时，在大批中小投资者、作业者的利益驱动下，使先进适用的生产技术、作业模式、管理经验得以迅速推广，其中大规模工厂化作业就是最典型的例证。

中国石油企业实施低成本战略，需要建立有效的激励约束机制，调动全体员工参与降本增效的积极性和创造性，把降本增效的压力和动力同步传导下去。同时，建立完善一体化的业绩考核机制，使石油公司与服务公司之间、石油公司上下游产业链之间等都能够做到同心协力、利益共享、风险共担，在石油的"寒冬"里同舟共济、抱团取暖。

十二、近年来全球油气领域
专利动态分析

近年来,受全球经济增速放缓、油气市场供需失衡等因素的影响,全球油气企业在更加重视和依靠技术创新的同时,纷纷调整技术研发重点和专利申请、保护策略,使全球油气领域专利布局呈现一些新态势。为满足新形势下中国石油企业专利管理工作的需要,有必要对近年来全球油气领域专利动态进行梳理分析,获取主要国际石油公司和技术服务公司油气专利布局的现状、技术领域及发展趋势,并做好对标分析,以期为中国石油企业建立符合业务结构的专利布局和推动技术创新提供参考。

(一)全球油气领域专利申请总体趋势

1. 中国与美国仍为全球油气技术创新主体,但专利申请量增速放缓

2014 年,全球在油气领域共完成基本专利申请 20904 件,比 2013 年增长 7.00%,但与 2006—2013 年 11.06% 的年均增长速度相比,增速明显降低(图 1)。来自中国的企事业单位和个人的油气专利申请量逐年增加,占全球油气基本专利总量的比例从 2006 年的 31.42% 快速增加至 2014 年的 59.86%,但基本专利申请量的年均增速从 2006—2013 年的 21.35% 降至 2014 年的 9.60%。来自美国的机构和个人的油气专利申请量占全球基本专利总量的比例从 2006 年的 29.71% 降至 2014 年的 18.83%,年均申请量增速从 2006—2013 年的 5.08% 降至 2014 年的 -0.15%。来自欧盟及日本的机构和个人在油气领域的专利申请热情逆势上扬,2014 年的基本专利申请量增速分别达到 10.65% 和 16.41%,一举扭转 2006—2013 年油气基本专利申请量逐年下降的态势。2015 年的全球油气专利申请统计数据尚未全部公开❶,但中国企事业单位及个人专利申请量已基本达到 2014 年申请总量,占全球油气领域基本专利总量的比例估计将达到 65% 以上。

2. 油气专利布局强度走低,中国差距明显

专利申请人完成技术创新后,会在其所在国家首先进行基本专利的申请,随后以该基本专利为优先权通过巴黎公约组织或《专利合作条约》(PCT)途径❷ 谋求在全球的多个国家进行专利布局形成同族专利,平均每件专利布局国家数量的多少即为专利布局强度。全球油气领域基本专利平均布局国家或地区数量呈现逐年降低趋势(图 2),布局强度从 2006 年的 2.13 个国家降至 2011 年的 1.80 个国家左右,2014 年各专利申请人进行专利布局的力度进一步降

---

❶ 按照专利法规,发明专利从专利局受理申请到申请文件公开一般需要 18 个月时间。申请公开之前,公众将无法获得专利申请的任何相关信息。因此截止检索日,2015 年的数据不能体现专利申请的真实情况。以下类似情形将不再注明。

❷ 按照 PCT 规则,一件基本专利可通过 PCT 途径在最早优先权日起 30 个月内申请进入其 150 余缔约国进行专利保护形成同族专利,并在 36 个月内进行公开,因此 2014 年后的同族专利数据不能体现专利申请的真实情况。以下类似情形将不再注明。

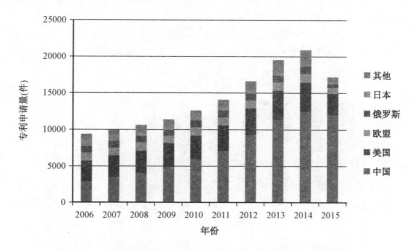

图 1　不同国家/地区申请人油气基本专利申请量分布

低,仅在中国、美国、欧盟、澳大利亚、加拿大、俄罗斯、巴西等主要的技术市场及油气资源国家进行专利布局,每件基本专利的布局国家数降至 1.56 个国家。中国企事业单位及个人的油气专利仅在 1.02 个国家进行专利布局,远低于美国、欧盟等 2.5 ~ 3.0 个国家的布局强度,反映出中国企事业单位及个人仅谋求技术的本土保护,无法完成对产品与服务市场的完全保护。

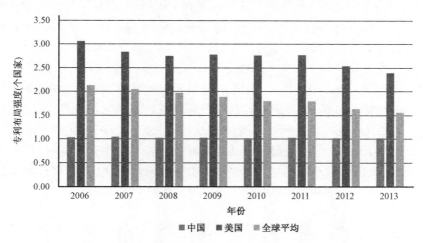

图 2　不同国家申请人油气专利布局强度分布

3. 油气开发、炼油等技术领域成为专利申请的重点

2006—2013 年,勘探、钻井等领域是专利申请的热门,在油气基本专利中的占比分别从2006 年的 1.78% 和 24.89% 提高至 2013 年的 3.56% 和 43.39%;而油气开发、炼油等领域基本专利占比则从 20.48% 和 42.49% 大幅萎缩至 17.11% 和 28.53%(图 3)。随着新一轮低油价时期的来临,2014 年炼油领域基本专利占比增加 0.67 个百分点至 29.20%,油气开发领域基本专利占比增加 0.24 个百分点至 17.35%,而钻井及勘探领域专利占比则分别降低 1.03 个百分点、0.16 个百分点至 42.36%、3.4%。与此同时,天然气处理与液化领域的专利申请量呈

现逐年增加的趋势,在油气领域基本专利中的占比从 2006 年的 0.78% 增长至 2014 年的 2.53%。从 2015 年已公开的专利情况来看,炼油领域专利占比更是增加至 30.15%,钻井领域专利降至 41.82%,天然气处理与液化专利占比达到 2.75%。这表明,各专利申请人在低油价下更加看好油气开发、炼油、天然气处理与液化等技术领域的发展机遇。

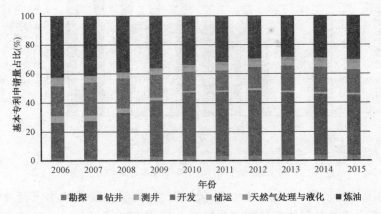

图 3　不同技术领域油气基本专利申请量占比

4. 高校在油气领域专利申请活跃

从专利申请人类型来看,企业依然是油气技术开发的主体,占据油气领域基本专利申请总量的 86% 左右(图 4)。中国科学院等政府性科研机构在油气领域的专利申请量增速远远落后于企业与高校,基本专利申请量占比从 2006 年的 6.92% 降至 2014 年的 3.92%。高校专利申请则十分活跃,维持 19% 左右的年均增速,在全球油气基本专利申请总量中的占比从 2006 年的 5.94% 增长到 2014 年的 9.83%。根据 2015 年已公开的专利统计数据,高校基本专利占比更是增加至 12.56%。从技术领域来看,科研机构更重视炼油领域专利申请,占其基本专利申请总量的 55.71%,高校基本专利中炼油领域专利占比为 43.50%,企业基本专利中炼油领域专利占比则只有 31.73%。与之相反,企业对钻井领域专利申请更为重视,占其基本专利申请总量的 41.36%,政府性科研机构基本专利中钻井领域专利占比则仅为 16.64%。

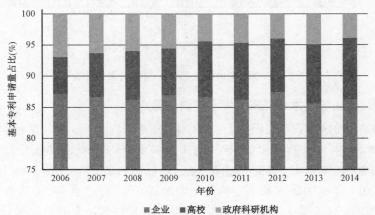

图 4　不同类型专利申请人油气基本专利申请量占比

5. 欧美专利合作申请意愿走高

技术研发及专利申请与维护需要花费大量的资金,而采用合作方式进行技术研发和专利申请可有效规避风险,降低负担。2006—2013 年,各油气企业资金较为充裕,因此多进行独立技术开发,强调对技术知识产权的自主掌握,合作专利占比从 13.00% 逐步降至 8.50% (图 5)。随着油气价格进入低位时期,美国、欧盟等国家的专利申请人又开始重视通过合作方式进行风险与成本分担,合作专利占比提高 1 个百分点以上。中国企事业单位及个人进行合作专利申请的积极性普遍不高,油气基本专利中合作专利占比维持在 7% 左右,低于全球平均水平。

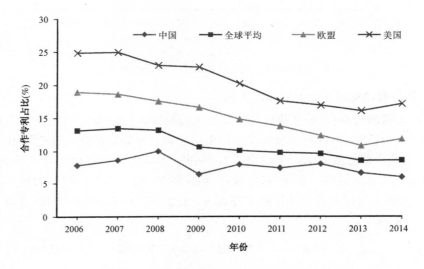

图 5　不同国家申请人合作专利占比

(二)国际石油公司和技术服务公司专利动态

1. 重视合作专利申请的灵活性

2014—2015 年,国际石油公司及油田服务公司采用共同专利权人方式申请基本专利 469 件,占基本专利申请总量的 8.49%,高于 2013 年的 6.51% (图 6)。BP 公司、道达尔公司和斯伦贝谢公司合作专利占比较高,均在 15% 以上;雪佛龙公司合作专利占比在 10% 以上。五大国际石油公司及四大技术服务公司与全球的 600 余家企业、高校及科研机构共同申请专利,其中国境内的中国石油大学、大连化物所排名靠前。从合作专利申请方式来看,国际石油公司及技术服务公司主要采用 3 种方式:一是作为共同专利权人进行申请;二是某些国家和地区的专利权人归属合伙人,而其他国家和地区专利权人归属自己;三是获取合伙人专利授权许可后变更为共同专利权人。

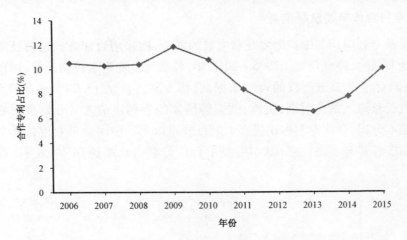

图6 国际石油公司及技术服务公司合作专利占比

2. 智能化与自动化成为专利布局新方向

推进生产运营的自动化、智能化成为国际石油公司及油田服务公司提高效率和管理水平的关键。2006—2015年,国际石油公司及油田服务公司共申请智能化与自动化相关专利4527件,占其基本专利申请总量的15.32%(图7)。钻井、炼油化工是自动化技术的应用领域,占到自动化相关专利总量的60%以上。BP公司、道达尔公司、雪佛龙公司自动化技术专利占比达到20%以上,斯伦贝谢公司自动化技术专利占比达到17.34%,其他公司的自动化技术专利占比也都在10%以上。

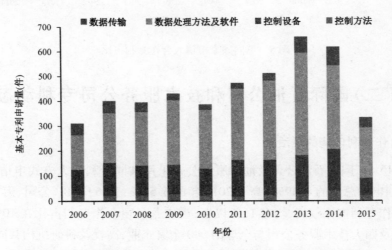

图7 国际石油公司及油服公司自动化技术基本专利申请量

3. 节能减排相关技术逐步受重视

为应对环境污染及全球气候变化,国际石油公司及油田服务公司注重节能减排技术的开发。2006—2015年共申请节能减排技术(节能仅包括加热炉及换热优化技术)基本专利814件,年均增幅达到7.50%(图8)。从技术用途来看,节能减排相关专利主要集中在工业废气

及汽车尾气中 SO_x、NO_x 高效脱除,工业废水及钻井液的无害处理与排放,二氧化碳分离等方面。埃克森美孚与壳牌公司对碳捕集与封存技术重视程度最高,年均专利申请量分别达到20件和10件。

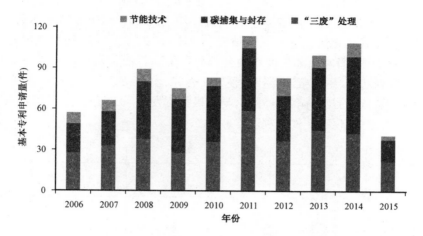

图8　节能减排技术基本专利申请量

4. 国际石油公司对炼化专利重视程度增强

2006—2013 年,国际石油公司对油气上游领域的关注程度高于下游领域,其上下游专利申请量比例从 2006 年的 19% 上升至 2013 年的 32%(图 9)。2014 年开始的低油价促使国际石油公司调整技术开发重点,对下游炼化领域的重视程度明显增强。受此影响,五大国际石油公司 2014 年的上下游专利申请量比例降低至 28%,从 2015 年已公开的专利数据看,又进一步降至 25%。国际石油公司炼化领域的专利布局主要集中在炼化催化剂开发、高档聚烯烃及合成橡胶产品、重油加氢技术开发、高级合成润滑油、清洁油品生产等方向。

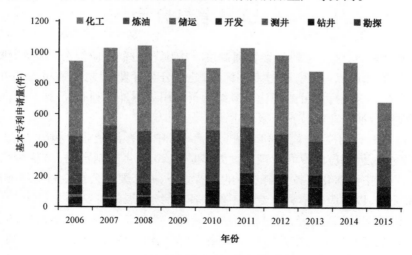

图9　国际石油公司上下游基本专利申请量

5. 可再生能源持续获得国际石油公司的重视

五大国际石油公司高度关注可再生能源技术的专利储备,2006—2015 年累计申请可再生能源相关基本专利 1038 件,占基本专利申请总量的 8.28%(图 10)。道达尔公司、BP 公司及壳牌公司表现尤为抢眼,可再生能源基本专利占比均达到 10% 以上。道达尔公司、壳牌公司看好太阳能领域(尤其是光伏发电),共申请专利 451 件,但主要通过并购公司方式进行专利储备,如 Sunpower 公司、日本昭和壳牌石油公司等。国际石油公司在生物质领域均储备大量专利,特别是纤维素乙醇、生物柴油等技术领域。壳牌、埃克森美孚等公司在燃料电池、储能及氢能领域也进行了一定的技术储备。然而,与积极投资发展风力发电不同,国际石油公司在风能领域的专利储备很少,仅有 5 件专利。

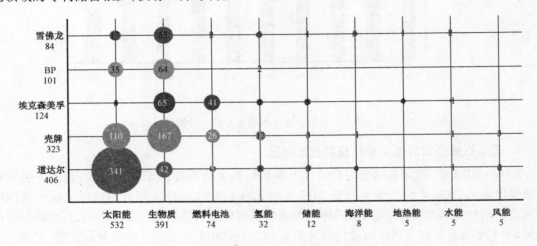

图 10　国际石油公司可再生能源基本专利申请量

(三)思考与启示

(1)做好专利稽查,建立专利分类管理制度。中国石油企业应对公司的专利家底进行财务层面和技术层面的清点审核。通过专利稽查,建立分类管理制度,低质量专利可以放弃或删减,非核心的技术可以进行许可或转让。节约的资金用于国外专利布局,努力提高核心专利的布局强度,为中国石油企业的技术与服务走出去保驾护航。

(2)调整专利管理的模式、流程和方法。近年来,中国石油企业专利申请量、授权量和有效专利量大幅增长,但相应的专利管理制度大多是在 2010 年前制定的,与新时期的专利发展不相适应。在当前中国深化科技体制改革的大背景下,有必要对公司专利管理的模式、流程和方法进行调整完善,以适应新形势下专利工作快速、持续发展的需要。

(3)探索专利价值实现途径,促进科研成果转化。为适应低成本发展战略的需要,中国石油企业应提前谋划专利申请与维护的应对策略,建立有利于科技成果转化的新机制,探索专利价值的实现途径,使专利工作在支撑公司创新发展的同时,实现"专利保护 – 专利交易 – 价值实现 – 专利投入"的良性循环。

（4）重视技术合作，理顺专利权属。政府性科研机构及高校是科技人才的聚集地，具有巨大的技术创新潜能，理应成为中国石油企业技术合作的重点，但是中国石油企业现有技术合作的某些不合理规定导致政府性科研机构及高校在合作中存在"留一手"的现象，未将核心专利、最新技术专利完全交出。因此，中国石油企业需要探索技术合作中专利申请的新模式，理顺双方权利的分配关系，切实实现双方的互利共赢。

（5）做好前沿技术和新能源技术的专利储备。为适应国家能源技术革命创新行动的新趋势、新要求，中国石油企业应提前做好前沿技术和新能源技术的专利储备，特别是在非常规油气和深层、深海油气开发，数字化和智能化，清洁高品质油品，高端石化产品，天然气处理与液化，可再生能源，先进储能，节能减排等技术领域，掌握研发和专利的主动权，抢占未来制高点。

附　　录

附录一 石油科技十大进展

一、2015 年中国石油科技十大进展

(一)致密油地质理论及配套技术创新支撑鄂尔多斯盆地致密油取得重大突破

中国石油依托重大科技专项,创新致密油地质理论与认识,形成致密油勘探开发关键技术,支撑鄂尔多斯盆地致密油勘探开发取得重大突破,为长庆油田 $5000 \times 10^4 t/a$ 持续稳产提供技术保障。

形成 5 个方面的理论技术突破:(1)建立陆相湖盆半深湖—深湖"朵体 + 水道"重力流沉积模式,突破深水区找油气禁区,拓宽盆地长 7 致密油勘探范围;(2)发现致密储层与低渗透储层在储集空间与石油微观赋存状态的差异,明确致密储层渗流系统为簇状连通孔喉体,体积压裂是实现致密油有效动用的途径;(3)深化大型陆相湖盆"高强度生烃、持续充注、近源富集"的致密油成藏机理,提出致密储层成藏物性下限;(4)建立陆相湖盆致密油甜点优选、资源和储量评价标准及规范,创新水平井 + 体积压裂致密油开发关键技术;(5)创新提出致密油水平井准自然能量开发方式、井网类型、能量补充途径和开发技术政策,在国内率先实现致密油规模开发。

这些理论技术突破在致密油勘探开发实践中取得成功应用,勘探成功率由 60% 提高到78%,单井产量提高 4~6 倍,落实 13 个有利目标区,发现中国首个亿吨级新安边大型致密油田,新建产能 $100 \times 10^4 t/a$,对中国致密油勘探开发起到示范推动作用。

(二)含油气盆地成盆—成烃—成藏全过程物理模拟再现技术有效指导油气勘探

中国石油经过 10 年攻关,自主研发形成了含油气盆地成盆、成烃、成藏多组分全过程物理模拟新技术,实现油气成藏要素模拟的定量化、可视化和规范化,为揭示复杂盆地油气成藏规律、指导油气勘探部署提供新手段。

研发具有自主知识产权的盆地构造与变形、高温高压沉积成岩等 6 套大型物理模拟装置,形成了以成盆、成烃、成储和成藏为核心的含油气盆地多组分等 9 项关键技术,解决多动力方向构造挤压、伸展、走滑作用,可有效推至地质体的高温高压生排烃以及成岩动力、油气充注动力与构造变形耦合等复杂过程的再现难题,使含油气盆地成藏要素与油气聚集物理模拟技术走在世界前列。

这项技术突破了以往成藏单要素模拟的局限性,通过对塔里木盆地库车盐下构造变形、储层演化与保持、天然气生成与充注的全过程模拟,创新深层天然气聚集模式,指导克深构造带万亿立方米规模天然气勘探,为深层、超深层和非常规领域石油地质理论创新与油气大发现提供强有力的技术支撑。

(三)大型碳酸盐岩油藏高效开发关键技术取得重大突破,支撑海外碳酸盐岩油藏高效开发

伊拉克碳酸盐岩油藏为大型生物碎屑灰岩油藏,是海外油田开发遇到的新类型,整体优化部署及注水开发技术方面没有成熟经验可借鉴。中国石油经过多年攻关,揭示水驱油机理,攻克整体优化部署及注水开发难题,支撑海外碳酸盐岩油藏高效开发。

主要技术创新:(1)生物碎屑碳酸盐岩油藏描述与一体化三维建模技术,指导油田快速评价与滚动扩边,新增地质储量超过 $1 \times 10^8 t$;(2)揭示生物碎屑碳酸盐岩水驱油机理与渗流规律,准确预测开发初期单井产能和开发初期工作量;(3)研发薄层油藏整体水平注采井网模式和巨厚油藏大斜度水平井 + 直井注采井网模式,节约投资 1.5 亿美元;(4)创新"上产速度 + 投资规模 + 增量效益"的多目标协同优化技术,实现艾哈代布和哈法亚项目内部收益率分别提高 3% 和 6%;(5)创新薄层碳酸盐岩油藏整体水平井注水和巨厚碳酸盐岩油藏分区分块差异注水开发技术,预计采收率比衰竭开发提高 15%~20%,增加可采储量 $5 \times 10^8 t$。

这项技术应用效果显著,实现伊拉克项目内部收益率达到 15% 以上,百万吨产能建设投资低于 3 亿美元,技术推广应用至鲁迈拉和西古尔纳,助推伊拉克合作区 2015 年原油作业产量超过 $6000 \times 10^4 t$,建成中国石油海外最大油气合作区。

(四)直井火驱提高稠油采收率技术成为稠油开发新一代战略接替技术

中国稠油已开发区普遍进入注蒸汽开发后期,面临采出程度低、油汽比低、吨油操作成本高等问题,亟待探索大幅度提高采收率和经济开发方式。火驱技术操作成本低,但面临原油燃烧过程复杂等问题。中国石油创新室内实验手段,揭示原油火烧机理,攻克井下大功率电点火、火线前缘调控等重大技术难题,直井火驱技术在现场得到工业化应用,将成为稠油开发新一代战略接替技术。

自主创新形成 4 个技术系列:(1)火驱机理研究与室内评价技术,创新了高温氧化反应动力学、三维高温高压火驱物理模拟等系列实验技术,揭示了火驱机理及最优燃烧状态;(2)直井火驱油藏工程优化设计技术,实现移风接火;(3)大功率移动式点火装置、井下高温高压测试装置、高温高含 CO_2 条件下防腐技术、产出流体监测与处理系统等直井火驱关键工艺技术,点火成功率达 100%;(4)火线前缘调控与动态管理技术,能有效形成油墙,实现火线均匀推进。自主研制装备 5 套,形成了 50 余项操作与生产标准规范。

直井火驱技术在辽河油田、新疆油田的工业化应用取得突破性进展,使老油区焕发青春,2015 年火驱井组已超过 160 井组,与注蒸汽相比,吨油操作成本降低 30%,年产量达到 $45 \times 10^4 t$。这项技术覆盖稠油地质储量 $10 \times 10^8 t$,增加可采储量 $3 \times 10^8 t$,应用前景广阔。

(五)开发地震技术创新为中国石油精细调整挖潜提供有效技术支撑

随着油田开发难度的增加,常规地震的分辨率已经不能满足精细开发的需求。中国石油 2006 年开始在大庆、冀东、新疆等多个探区实施精细开发地震技术研究,在数据采集、处理等方面取得重大突破,为老油田精细调整挖潜提供有效技术支撑。

以大庆油田为例,通过近 10 年的攻关,研发表层吸收补偿调查、地下密集管网准确定位、井地联采等新技术,实现高密度、宽频采集,地震信号频宽增加 10~15Hz;建立保幅处理方法和技术流程,地震频宽由 8~63Hz 拓展到 8~95Hz,部分达到 110Hz;实现表层 Q 补偿、深层黏

弹介质叠前时间偏移理论方法的突破,形成自主知识产权软件;创新密井网条件下的井震联合精细油藏描述技术,喇萨杏油田三维数字化表征精度达到1%;有效识别断距38~10m小断层,断点组合率由78.5%提高到94.3%,使2~5m窄小河道砂体、复合砂体内部的单一河道边界和沉积期次的描述精度由65%提高到80%以上,陆相薄互层地震刻画能力达到国际先进水平。

开发地震技术重构了地下构造和沉积储层认识体系,有效指导老油田开发生产。大庆长垣油田累计产油比规划多980×10^4t,水驱多增加阶段可采储量1200×10^4t,三次采油多增加阶段可采储量1600×10^4t,创直接经济效益8.33亿元。开发地震技术在大庆油田的成功应用为国内外老油田精细调整挖潜提供了可靠的成功经验。

(六)随钻电阻率成像测井仪器研制成功

中国石油研制成功随钻方位侧向电阻率和方位电磁波电阻率成像测井仪器,为快速评价复杂储层和水平井地质导向提供新技术,进一步缩小随钻测井技术与国外先进水平的差距。

随钻方位侧向电阻率成像测井仪器采用侧向电阻率测量方式,能够完成深浅电阻率测量,同时可实现全井眼覆盖旋转扫描电阻率成像以及地层边界探测,利于详细描述地层特征,提高地质导向准确性。仪器的主要技术指标达到国际领先水平:垂直分辨率0.2m,图像分辨率13mm,测量范围$(0.2~2) \times 10^4 \Omega \cdot m$,探хоž距离达到1m,耐温耐压分别为155℃和140MPa,可连续工作200h。主要技术创新包括:(1)独特的发射线圈和测量电极设计,改善地层响应;(2)纽扣电极嵌入技术,提高图像分辨率;(3)上下环形发射线圈的优化设计和软件聚焦技术,降低仪器复杂性和制造成本;(4)侧向象限电阻率测量技术,同时获得储层边界距离和方位。

随钻方位电磁波测井仪器采用2MHz和500kHz两种测量频率,适于中低电阻率地层。主要技术突破在于:(1)独特的天线设计,使地质导向更精确;(2)自动稳定补偿技术和动态方位测量技术,使电阻率测量更准确;(3)动态仪器姿态测量方式,利于提高钻进效率,减少停钻次数;(4)自适应快速反演算法和快速实时数据处理及显示系统,实时显示地层电阻率及地层边界3m以内的变化。

目前,这种仪器已投入现场试验,测量效果良好。这两种仪器大幅度提升了薄层、非均质、低孔隙度等复杂储层的大斜度井、水平井地质导向和储层评价能力,具有广阔的应用前景。

(七)高性能水基钻井液技术取得重大进展,成为页岩气开发油基钻井液的有效替代技术

中国石油针对页岩垮塌和摩阻大等问题,大力推进页岩气水平井高性能水基钻井液研发,成功开发出CQH-M1和DRHPW-1两套体系,为解决页岩气开发普遍采用的油基钻井液成本高、对环境不友好及影响开发效益的技术难题提供了一种新的技术途径。

CQH-M1高性能水基钻井液体系具有无土相、高效封堵、复合抑制等特点,已开展9井次试验应用。在威远区块,创下井深5250m、井温130℃、穿越页岩进尺2238m等多项纪录;在长宁区块,创造了水平段穿越页岩进尺、钻井液浸泡时间等多项纪录。

DRHPW-1高性能水基钻井液体系抑制和封堵性强,具有润滑性和热稳定性,主体技术指标达到油基钻井液水平,在昭通区块YS108H4-2井首次应用即创造了该地区钻井周期37.17d新纪录;在其他井中应用,取得了1670m水平段中钻井液浸泡40余天后,顺利实施起下钻、下套管作业等突出成果。

中国石油页岩气水平井高性能水基钻井液实现了国内零的突破,总体指标达到国际先进水平,进一步完善配套,将成为页岩气开发中油基钻井液有效替代技术,满足页岩气开发环保要求,提高页岩气开发整体效益。

(八)X80 钢级 1422mm 大口径管道建设技术为中俄东线管道建设提供了强有力技术保障

中国石油通过对 X80 钢级 1422mm 管道建设技术的攻关,形成第三代大输量天然气管道建设配套技术,并将首次应用于中俄东线天然气管道项目建设中,刷新国内高压大口径天然气管道建设纪录。

主要技术进展包括:(1)形成了 X80 钢级、1422mm、12MPa 管道断裂控制技术,建成了国内第一个全尺寸管道爆破试验场,在国际上首次开展 X80 钢级、1422mm、12MPa、使用天然气介质的全尺寸管道爆破试验;(2)制定了 X80 钢级、1422mm 管材及管件系列技术要求,完成了直缝埋弧焊管和螺旋埋弧焊管小批量试制、热煨弯管单根试制和三通单件试制;(3)研制了 56in 全焊接球阀和 DN1550 环锁型快开盲板,通过了出厂鉴定;(4)形成了 X80 钢级 1422mm 焊管现场焊接工艺、管道吊装工艺及技术规范、冷弯管机的改造以及冷弯工艺;(5)研发了适应于 X80 钢级、1422mm 管道施工的配套对口器、坡口机、内焊机、外焊机、机械化补口等装备 24 台(套);(6)制定了《1422 管道线路工程设计及施工技术规定》等 13 项标准规范。

这项技术将为中俄东线以及未来高钢级大口径天然气管道建设提供技术保障,不但能够推动中国油气管道建设技术水平持续保持国际领跑地位,而且将带动国内冶金、制管、机电等相关行业的技术进步。

(九)千万吨级大型炼厂成套技术开发应用取得重大突破

中国石油联合多家单位,成功开发出具有自主知识产权的千万吨级大型炼厂成套技术,总体技术水平达到国际先进水平,标志着中国石油完全具备了千万吨级大型炼厂总体设计和所有主要工艺装置自主设计能力,补齐了炼油设计技术短板。

这项成套技术的主要创新包括:(1)创建中国石油首个包括炼厂核心装置的 delta - base 模型和硫传递数据库,开发出千万吨级大型炼厂总体优化技术;(2)开发出千万吨级重质原油常减压工艺包;(3)集成开发出沉降器防结焦、提升管后部直连等 10 余项先进技术及 $200 \times 10^4 t/a$ TMP 催化裂解工艺包;(4)攻克定向反射阶梯式防结焦焦化炉、供氢体循环等系列先进技术,开发出以加工劣质重质渣油为主的 $400 \times 10^4 t/a$ 延迟焦化工艺包;(5)开发出催化汽油加氢 DSO 和 GARDES 技术工艺包。

这项成套技术中的单项特色技术和工艺包已在广西石化等 40 余家单位的 80 余套工业装置上得到应用与验证,大幅度减少了技术引进,累计创造经济效益 15 亿元以上,为中国石油炼油业务发展和核心竞争力提升提供了有力技术支撑。

(十)稀土顺丁橡胶工业化成套技术开发试验成功

中国石油"$1.5 \times 10^4 t/a$ 稀土顺丁橡胶工业化试验"在独山子石化公司通过现场验收,成功试产出合格的 BR9101 稀土橡胶,开发出具有自主知识产权的 $5 \times 10^4 t/a$ 稀土顺丁橡胶成套技术,标志着中国石油已经掌握了顺丁橡胶稀土催化剂体系制备和稀土顺丁橡胶工业化生产成套技术。

这项技术由中国石油与多家单位合作开发,完成了由小试、中试到工业化技术的开发,形成了单线能力 $5 \times 10^4 t/a$ 稀土顺丁橡胶生产成套技术工艺包。该技术催化剂体系具有高活性、高稳定性、高温定向性等特点,可在宽范围内调节稀土顺丁橡胶产品相对分子质量;产品性能达到国外同类产品水平,并制定了国内首项稀土顺丁橡胶质量标准。取得的技术创新成果包括:(1)形成了一种新的三元稀土催化剂陈化工艺技术及设备,解决了三元稀土催化剂陈化后易出现沉淀堵塞催化剂进料管线问题;(2)开发了蒸汽预凝聚技术,与凝聚三层异形搅拌相结合,解决了稀土顺丁橡胶由于相对分子质量大、自黏性强,在凝聚时易结团问题;(3)首次实现了稀土顺丁橡胶与镍系顺丁橡胶在同一套装置共用一套溶剂油回收系统同时生产,这项技术灵活易操作,在国内可推广应用于现有顺丁橡胶装置。工业试验数据表明,产品性能达到国际市场主流牌号产品的水平。

这项技术的成功,预示着中国石油已经形成了以稀土催化剂为核心的具有自主知识产权的成套稀土顺丁橡胶生产技术,是中国继镍系顺丁橡胶产业化后,自主开发的又一大品种的合成橡胶生产成套技术。

二、2015 年国际石油科技十大进展

(一)多场耦合模拟技术大幅提升地层环境模拟真实性

美国爱达荷国家实验室,研发出一种面向目标的、还原地下真实状况的多场耦合模拟环境(MOOSE)软件平台。其强大的平台功能及近期新增加的多项应用程序,可应用于非常规油气资源的研究,将储层中流体、化学物之间的反应、地质应力进行耦合,以了解其中一个因素是如何影响其他因素的,采用简单的数字化模型解决方程模拟的问题,没有数据遗失,得到的结果真实准确。

采用这种系统可以清晰地看到地下流体资源的状况。对深层储层进行模拟,在整个盆地范围内计算优化用水量,使一切相关预测更快、更便捷、更准确。这个平台获得"2014 年度 R&D100"大奖,并被誉为最特殊且最具创新性的产品兼技术,应用前景十分广阔。

(二)重复压裂和无限级压裂技术大幅改善非常规油气开发经济效益

水平井分段压裂技术成功推动北美非常规油气的规模化开发,但面临油气井产量递减快等难题。在低油价形势下,重复压裂和无限级压裂技术极具经济优势,是提高非常规生产井产量和最终可采储量的利器。

技术创新包括:(1)裂缝暂堵转向技术。不仅有效封堵近井地带的裂缝和炮眼,改变裂缝起缝方向,还能通过封堵主裂缝实现缝内转向,在油气层中打开新的油气流通道。(2)精准压裂设计。集成应用各种地层数据,优化压裂段位置和射孔簇布局,有效避开非生产层段,精确选择射孔和压裂位置。(3)分布式光纤传感器压裂实时监测技术。灵活地获取裂缝起裂部位、延伸长度、裂缝高度等参数,指导后续储层改造作业。(4)无限级压裂技术。在裂缝位置控制、压裂效率、压裂液用量、实时压力监测等方面性能优越,压裂速度快,能量耗散小,可以节水 20% 以上,两次压裂的间隙仅有 5min,每级压裂仅需不到 1h,无须钻掉桥塞。

新技术在现场取得良好的效果。经过重复压裂的井与钻新井相比,单井评估最终可采储

量增加 80%，桶油成本降低 66%，非生产时间减少 33%，潜在的原油采收率提高幅度高达 25%。无限级压裂技术已在 6325 口井中完成 12.136 万段压裂，先后多次刷新单井压裂级数、一趟管柱压裂级数等世界纪录。

（三）全电动智能井系统取得重大进展

在油气井生产过程中，油井过早出现水气突破已成为制约水平井高效开发的技术难题。目前主要依靠流入控制设备、滑套找水堵水等技术来控制，但流入控制设备在长期开采后效果会变差，滑套技术依靠打开和关闭滑套对产层进行控制，效果不甚理想。

贝克休斯公司研制 MultiNode 全电动智能井系统，主要由地上控制单元及地下主动式流量控制装置构成，具有以下特点：（1）地上控制单元通过一根电缆便可以实现对最多 27 个地下流量控制装置的供电和控制，降低成本；（2）阀门除具有开关作用外，还可提供 4 级流量调节，能够控制地层流体流量；（3）流量控制系统配备电动装置，可及时可靠地对控制系统做出响应，同时具备自检能力，可以及时发现设备自身的潜在问题；（4）系统装配的数据采集与监控系统接口可用于远程监视，可随时随地完成对系统的控制。

这套系统可远程监视和精确控制产层，管理水和天然气的突破，对高含水和高含气产层进行节流以改变油藏条件，平衡水平井段的生产，提高最终采收率。在中东浅海和陆上井进行应用，取得良好效果。

（四）低频可控震源推动"两宽一高"地震数据采集快速发展

地震信号的带宽是影响地震资料分辨率的关键因素，低频信号对提高储层分辨率、全波场反演、改善深部成像质量及油气直接检测十分有效。近年来，出力水平 8×10^4 lbf 的新型低频可控震源不断提高系统的稳定性，成为市场主流，推动"两宽一高"地震勘探技术快速发展。

低频可控震源主要有以下特点：（1）完善机械设计，加长重锤最大行程，增加液压压力，使得出力峰值最高可达 9×10^4 lbf；（2）扩大低频扫描范围，全行程或全流量下激发频率为 3Hz，最低可以接收到 1.5Hz；（3）采用硬度相当于常规可控震源 4 倍的超硬基板，有效提高了高频信号的保真度；（4）减小震源整体体积（大小相当于出力 6.2×10^4 lbf 的震源），降低重心，提高了可操作性和灵活性，以及在地表崎岖环境下作业的安全性；（5）提升环保要求，配备智能电源管理（IPM）系统，自动管理发动机转速，可以有效减少燃料消耗，减少尾气排放，节省能耗 15% 左右。

目前，低频可控震源已成为"两宽一高"地震数据采集中的利器，激发频带达到 6 个倍频程，比常规勘探增加两个倍频程，稳定性、HSE 等方面的性能不断完善，在中国、中东、哈萨克斯坦多个项目中进行工业化应用，取得了优异的勘探效果，资料信噪比和分辨率得到显著提升，展示了广阔的应用前景。

（五）高分辨率油基钻井液微电阻率成像测井仪器提高成像质量

油基钻井液微电阻率成像测井技术已取得显著进步，但仍落后于水基钻井液微电阻率成像测井技术，主要问题在于成像质量不高。为提高油基钻井液成像测井质量，国外最近推出新型油基钻井液微电阻率成像测井仪器。

新型油基钻井液电阻率成像仪器采用全新的电子和机械设计，通过简化的物理测量提高测量分辨率，其垂直分辨率和水平分辨率分别可达到 0.24in 和 0.13in。仪器配有 8 个独立的交叉分布的推靠臂,推靠臂上的 8 个极板装有 192 个微电极,可提供 192 条用于成像的测井曲线,在 8in 井眼中的覆盖率接近 100%;新型探头极大地提高了图像分辨率和清晰度,可识别岩相、沉积地质和构造特征,精度和可靠性与岩心分析相当。极板与支撑臂之间由旋转接头连接,可轴向旋转 15°,所有支撑臂(6 个)是完全独立的,可变换节面角,测井时无须使仪器完全居中,利于在各种剖面和倾角的井中测井。仪器可上行或下行测量,下行测量不会受到其他仪器的影响,测井速度可以达到 3600ft/h,大幅减少了钻机时间和降低了作业风险,保障了数据采集。

通过 Techlog 井眼软件平台,油基钻井液成像数据很容易生成类似于岩心图片、分辨率达 0.24in 的图像,对这些图像进行解释,即可获得连续"岩心描述"结果,且定向精准,利于提取关键的储层参数。

(六)钻井井下工具耐高温水平突破 200℃大关

随着油气勘探开发不断向深层、复杂储层拓展,许多井的井下温度接近 200℃ 或更高,地层压力超过 140MPa,给钻井、测井、测试及后续安全生产等作业带来巨大挑战。国际上多家公司积极开展钻井井下工具的耐温耐压技术研发,在陶瓷材料的多芯片组件(MCM)、循环散热等多项技术不断推进的基础上,井下工具整体耐高温能力迈上新台阶。

2015 年 2 月,哈里伯顿公司推出 Quasar 脉冲 MWD/LWD 系统。这个系统可在高温高压条件下获取准确可靠的井眼方位、振动等数据,精确指导井眼钻进。其最高耐温 200℃、最大承载压力 172MPa,可在恶劣环境下完成随钻测量/随钻测井作业,进入常规仪器无法进入的储层,且无须添加钻井液冷却或在井眼中等待仪器冷却。这个系统已在中东、亚太及北美非常规产区进行测试,成功下井 50 多次,钻井总进尺近 9×10^4ft,取得了很好的效果。同年 3 月,斯伦贝谢公司推出耐温能力达到 200℃ 的旋转导向系统 PowerDrive ICE,并在井下 200℃ 环境下试验 1458h。5 月,斯伦贝谢公司又推出耐温 200℃ 的随钻测量仪器——TeleScope ICE。

这些工具耐高温高压能力的集中突破,显示了国际石油公司致力于高温高压工具研发的重要技术进展,对提高深井高温井钻井的测控能力、促进技术装备的配套具有重大意义。

(七)经济高效的玻璃纤维管生产技术将推动管道行业发生革命性变化

随着全球油气资源开发不断面对极端地形环境,传统钢质管道已经无法满足某些敷设环境及输送工艺对油气管道的要求。一种新近开发出的,被认为是革命性进步的玻璃纤维管道生产线所生产的玻璃纤维管道,与传统钢质管道相比,具有更高的经济性与安装效率。

主要技术特点:(1)管道没有接头,避免了泄漏问题,同时不需要焊接及法兰连接等其他连接方式,有效防止了接头处的腐蚀;(2)施工中不需要额外扩充管沟的尺寸,减少了挖掘工作量,在坚硬的岩石环境中施工具有优势;(3)管道内壁光滑,可减少运行过程中的输送阻力,从而降低对泵功率的要求;(4)生产线可运送到施工现场直接生产敷设,管径和壁厚可根据用户要求进行定制,6min 即可生产 36m 长、直径为 1.5m 的管道,可直接生产截断阀部位等管件;(5)可将光纤或其他的通信电缆集成在管材中,同时不会降低管道强度,管道外壁还采取了防火甚至防弹等级的处理。

WNR 公司生产线已经通过德普华检测中心(STS)的测试,符合澳大利亚、新西兰、美国标准,可满足油气输送过程中的多种压力要求,在油气产业、水利、农业、矿业及相关产业拥有巨大的潜力。

（八）全球首套煤油共炼工业化技术取得重大进展

全球首套 $45 \times 10^4 t/a$ 煤油共炼（Y-CCO）装置于 2015 年 1 月一次试车成功，产出合格产品，72h 连续运行，煤粉浓度为 41% 时，煤转化率为 86%，525℃ 以上的催化裂化油浆转化率为 94%，液体收率达 70.7%，能源转换效率为 70.1%。煤油共炼技术由延长石油集团自主开发，2014 年 9 月 15 日通过技术鉴定，创新性技术处于世界领先水平。

创新技术主要包括：（1）提出煤油共炼协同反应机理，首次开发浆态床与固定床加氢的工业化在线集成工艺；（2）发明煤油共炼专有催化剂和添加剂体系，实现中低阶煤及重油的高转化率、高液体收率，并缓解了反应及分离系统的结焦问题；（3）发明煤基沥青砂水下成型和改性技术，解决了煤基沥青砂软化点波动造成无法成型的难题；（4）发明浆态床反应器特殊构造的隔热衬里和内衬筒，解决了高温、高压、临氢条件下隔热材料选材及施工难题。

这项技术以中低阶煤炭与催化裂化油浆为原料生产轻质油品，突破了煤化工行业煤炭清洁高效转化和石化行业重劣质油轻质化两个领域的技术难题，实现了重油加工与现代煤化工的技术耦合，为煤制油和重劣质油轻质化开辟了一条新的技术路线，具有良好的应用前景。

（九）加热炉减排新技术大幅降低氮氧化物排放

美国的环保法规正在收紧，按照新能源性能标准要求，2016 年从天然气锅炉排放的氮氧化物（NO_x）含量将降低到 $5\mu g/g$，因此对 NO_x 控制技术的要求必须进一步提高。美国 ClearSign 燃烧公司开发的能控制锅炉燃烧等排放的氮氧化物量的新技术 Duplex 可以满足上述要求，而且既简单又廉价。

多数现有技术在努力降低燃烧时 NO_x 的排放，但使用成本高，需要空间大。其他替代技术会使结焦增加，使用效率低，且增加了维修需要的停工时间。Duplex 技术大幅提高了燃烧器运行效率，降低了运行成本，可用于任何一种燃烧天然气的工业燃烧器。装上一种多孔的陶瓷件，可以把一个大型且难以控制的火焰分为数千个细小的更容易控制的火焰。陶瓷件可使燃烧器更均匀地燃烧，阻止生成 NO_x 的温度峰值产生。安装陶瓷件速度快且成本低，降低 NO_x 的程度可与选择性催化还原系统相比。Duplex 技术的创新点为：（1）热容量的提高。燃烧器将在更高的效率下燃烧，优化了整体产出量。（2）更彻底的混合。更均衡的燃料和空气混合能够更好地稀释氮氧化物种类。（3）消除了火舌冲击。减少了焦化，降低了损失效率，提高了使用寿命。（4）较小的加热器和锅炉。设备可根据加热能力的大小调节尺寸。（5）降低了操作成本。无外部烟道气回注，无高氧含量或者无选择性催化还原。Duplex 技术实验数据显示，在一个热传导为 $5 \times 10^6 Btu/h$、温度高达 1600℉ 的天然通风炉中，此技术将 NO_x 排放量减少到小于 $5\mu g/g$，CO 几乎是零排放。

Duplex 技术已经成功应用到 Tricor 炼制公司的 Bakersfield 炼厂 $1500 \times 10^6 Btu/h$ 的立式圆筒形加热炉。这项技术的成功可以有效降低天然气锅炉排放 NO_x 的浓度，为天然气锅炉清洁排放开创新的路径。

（十）人工光合制氢技术取得进展

氢是一种理想的绿色能源，利用太阳光分解水制氢，长久以来被视为"化学的圣杯"。由大连化物所与日本科学家合作开发的人工光合制氢新技术实现了利用太阳光分解水制氢气和氧气的反应,其效率为世界最高水平,使"利用人工光合系统生产洁净太阳能燃料"的构想成为可能,可以缓解化石能源制氢的压力。

叶绿体中类囊体膜上的光合酶(PSⅠ、PSⅡ)是光合作用中吸收光能和光电转换的重要机构。这项技术利用光合酶 PSⅡ和人工光催化剂的优势,构建植物 PSⅡ酶和半导体光催化剂的自组装光合体系,其中高能量的氢气燃烧后生成水,整个体系清洁可再生。PSⅡ膜片段可通过自组装方式结合在无机催化剂表面,PSⅡ氧化水产生的电子通过界面传递离子对,并将电子转移到半导体催化剂表面参与质子还原产氢反应。氮化合成的异质结材料可有效促进光生电荷分离。研究人员模拟自然光合作用原理,采用"Z"机制实现了完全分解水制氢,其制氢表观量子效率在波长为 420nm 可见光激发下高达 6.8%,为目前国际上最高。实现太阳能光催化分解水制氢反应的关键是构建高效的光催化体系,核心技术是宽光谱响应半导体材料的研发和应用。多数人工光催化剂体系的催化剂活性比自然光合体系的催化活性低,尤其是水氧化助催化剂的活性更低,而自然光合体系的捕光范围和稳定性不如基于无机半导体的人工光合体系优越。因此,研究人员提出复合人工光合体系理念,试图杂化集成两种体系的优势,建立自然光合和人工光合的复合杂化体系,以实现太阳能到化学能的高效转化。

这项研究大幅提升了光生电荷的分离效率和光催化 Z 机制完全分解水制氢性能,打通了从新型材料研发到完全分解水制氢的链条,为进一步构建和发展"自然—人工"杂化的太阳能高效光合体系提供新思路,是实现人工光合制氢能源变革中的重要一步,是解决未来能源危机的理想方法之一。

三、2005—2014 年中国石油与国外石油科技十大进展汇总

(一)2005 年中国石油与国外石油科技十大进展

1. 中国石油科技十大进展

(1)精细勘探技术研究与应用取得重大进展。

(2)岩性地层油藏勘探理论与配套技术取得重大突破。

(3)TCA 温控变黏酸酸压配套技术试验成功。

(4)可控震源高效数据采集技术应用效果显著。

(5)远探测声波测井技术研究获得成功。

(6)快速钻井及配套技术取得重大突破。

(7)中国首台 9000m 超深井钻机研制成功。

(8)油气混输工程技术取得重大进展。

(9)国产 X80 高强度管线钢管研制成功投入工业应用。

(10)多产丙烯系列裂化催化剂及助剂开始工业化应用。

2. 国外石油科技十大进展

(1)台盆区海相碳酸盐岩天然气勘探开发及配套技术取得重大进展。

(2)海底生产系统取得新突破。

(3)压裂增产新工艺和新材料大幅度提高低渗透油气藏产量。

（4）三维地震可视化技术应用规模不断扩大。

（5）壳牌和 Reeves 油田服务公司联合研制成功过钻头测井系统。

（6）套管钻井技术成为降低钻井成本的新技术。

（7）复合补强钢管在长输管道应用优势显著。

（8）利用挠性管清除管道堵塞可有效节约成本。

（9）生产超低硫柴油的缓和加氢裂化新工艺。

（10）过氧化氢生产环氧丙烷工艺加快推向工业化。

（二）2006 年中国石油与国外石油科技十大进展

1. 中国石油科技十大进展

（1）碳酸盐岩油气藏勘探技术及应用取得重大突破。

（2）蒸汽辅助重力泄油技术在辽河油田应用获得突破进展。

（3）水平井技术及应用规模取得历史性进展。

（4）叠前时间偏移技术成为地震数据处理主导技术。

（5）EILog－06 测井成套装备研制取得重要技术突破。

（6）近钻头地质导向钻井系统研制成功。

（7）四川龙岗井创多项国内钻井纪录。

（8）直径 1016mm 大口径管道高清晰度智能化漏磁检测器研制和工业应用获得成功。

（9）LIP 新型催化剂进一步提高汽油质量。

（10）大连石化海水淡化技术国内领先。

2. 国外石油科技十大进展

（1）Petrel 自动构造解释模块取得重要进展。

（2）新型解释软件 Recon 成为真正三维交互式油藏地质综合研究工具。

（3）应用多学科综合方法促进水平井水驱技术进步。

（4）CO_2 驱提高采收率技术成为世界研发和应用热点。

（5）AVO 技术成为研发应用新热点。

（6）地震数据采集系统研发获得快速发展。

（7）低污染地层流体采样技术取得新进展。

（8）旋转导向钻井技术向综合应用方向发展。

（9）因特网监视控制和数据采集系统进一步提升管道自动化管理水平。

（10）LC－FINING 技术成为满足欧盟超低硫标准的解决方案。

（三）2007 年中国石油与国外石油科技十大进展

1. 中国石油科技十大进展

（1）渤海湾石油勘探理论与配套技术指导南堡油田获得重大发现。

（2）岩性油气藏地质勘探理论与技术获多项创新成果。

（3）叠前储层描述技术工业化应用取得显著成果。

（4）苏里格气田技术集成与规模开发取得突破进展。

（5）扶余油田开发综合调整配套技术研究与应用成效显著。

（6）酸性火山岩测井解释理论与方法取得重大突破。

（7）中国首台 12000m 钻机及配套顶驱装置研制成功。

（8）超深井钻井技术应用连续创造多项公司新纪录。

（9）西气东输二线用 X80 钢大口径螺旋埋弧焊管研制成功。

（10）石蜡高压加氢催化剂及工艺首次成功工业应用。

2. 国外石油科技十大进展

（1）新的石油储量/资源评价体系的建立获重要进展。

（2）挪威提出油气勘探黄金地带理论。

（3）可控源电磁技术成为地球物理勘探新亮点。

（4）水平井防砂控水技术取得新进展。

（5）智能化开发集成技术应用取得进展。

（6）随钻低频四极横波测井技术取得突破。

（7）高导流聚能射孔技术。

（8）控压钻井技术在快速钻井应用中取得重要进展。

（9）美国利用玉米棒芯制成天然气储存装置。

（10）全球单套规模最大的 $65 \times 10^4 t/a$ 聚乙烯装置开工建设。

（四）2008 年中国石油与国外石油科技十大进展

1. 中国石油科技十大进展

（1）中国天然气成因及大气田形成机制研究成果显著。

（2）柴达木盆地油气勘探开发关键技术研究取得重要进展。

（3）含 CO_2 气田开发及 CO_2 驱油技术取得重大进展。

（4）特低渗透油田高效开发技术重大突破支撑长庆油田快速上产。

（5）复杂地表地震工程遥感配套技术在西部地区应用效果显著。

（6）多项钻井技术集成助力中国石油水平井年钻井规模突破 1000 口。

（7）成像测井、数字岩心、处理解释一体化技术研究获突破性进展。

（8）西气东输二线关键技术重大突破有力支撑了西气东输二线工程建设。

（9）最大化多产丙烯催化裂化工业试验获得成功。

（10）丁苯和聚丁二烯橡胶技术开发取得重大突破。

2. 国外石油科技十大进展

（1）深水盐下油气地质勘探理论技术应用取得重要进展。

（2）环北极地区油气资源评价获突破性进展。

（3）重油就地改质开发技术矿场试验获突破性进展。

（4）高含水油田改善水驱新技术取得重要进展。

（5）随钻地震技术在精确高效低成本勘探钻井方面发挥重要作用。

（6）连续管钻井技术进一步拓展应用领域。

（7）测量横向弛豫时间的核磁共振随钻测井仪器研制成功。

（8）"血小板"技术解决油气田集输管道泄漏定位与修复难题。

（9）渣油悬浮床加氢裂化工业试验成功。

（10）第二代生物柴油生产技术开发成功，首套装置建成投产。

（五）2009 年中国石油与国外石油科技十大进展

1. 中国石油科技十大进展

（1）歧口富油气凹陷整体勘探配套技术取得重要进展。

（2）邦戈尔盆地石油地质研究获乍得两个亿吨级油田新发现。

（3）三元复合驱技术助力大庆油田持续稳产 4000×10^4 t。

（4）松辽盆地和准噶尔盆地火山岩气藏勘探开发技术取得重大突破。

（5）中国首个超万道级地震数据采集记录系统研制成功。

（6）分支井和鱼骨井钻完井技术应用大幅度提高单井产量。

（7）多极子阵列声波测井仪研制成功。

（8）输油管道减阻剂及多项减阻增输核心技术达国际先进水平。

（9）高性能碳纤维及原丝工业化成套技术开发成功。

（10）加氢异构脱蜡生产高档润滑油基础油成套技术应用成功。

2. 国外石油科技十大进展

（1）复杂地质环境油气勘探分析技术解决多种储层钻探难题。

（2）页岩气开采技术取得突破性进展。

（3）油藏数值模拟能力达到 10 亿网格。

（4）双程逆时偏移技术取得新进展。

（5）融合四维地震技术的高密度、宽方位地震勘探能力得到有效提高。

（6）有缆钻杆技术突破钻井自动化信息传输瓶颈。

（7）井间电磁测井仪器研发取得新进展。

（8）过钻头测井系统投入商业应用。

（9）有效进行管道完整性检测的非接触式磁力断层摄影术。

（10）多产丙烯/联产 1－己烯的组合技术工业应用效果显著。

（六）2010 年中国石油与国外石油科技十大进展

1. 中国石油科技十大进展

（1）变质基岩油气成藏理论及关键技术指导渤海湾盆地发现亿吨级储量区带。

（2）高煤阶煤层气勘探开发理论和技术突破推动沁水盆地实现煤层气规模化开发。

（3）"二三结合"水驱挖潜及二类油层聚合物驱油技术突破支撑大庆油田保持稳产。

（4）超稠油热采基础研究及新技术开发取得重大突破。

(5)逆时偏移成像技术突破大幅提高成像精度。

(6)水平井钻完井和多段压裂技术突破大大改善低渗透油田开采效果。

(7)新一代一体化网络测井处理解释软件平台开发成功。

(8)多品种原油同管道高效安全输送技术有效解决长距离混输难题。

(9)满足国Ⅳ标准的催化裂化汽油加氢改质技术开发成功。

(10)1－己烯工业化试验及万吨级成套技术开发成功助力提升聚乙烯产品性能。

2. 国外石油科技十大进展

(1)浅水超深层勘探技术不断创新与应用推动墨西哥湾成熟探区特大型气藏新发现。

(2)有望探测剩余油分布的油藏纳米机器人首次成功通过现场测试。

(3)宽频地震勘探技术加大频谱采集范围有效解决复杂构造成像难题。

(4)微地震监测成为油气勘探开发研究应用热点技术。

(5)先进技术集成推动超大位移井不断突破钻井极限。

(6)导向套管尾管钻井技术实现钻井新突破。

(7)元素测井技术获得突破性进展。

(8)高精度数字式第三代地震监测系统在阿拉斯加管道投入运行。

(9)纤维素乙醇生物燃料开发取得重要进展。

(10)世界最大的煤制烯烃装置建成投产。

(七)2011 年中国石油与国外石油科技十大进展

1. 中国石油科技十大进展

(1)勘探理论和技术创新指导发现牛东超深潜山油气田。

(2)陆上大油气区成藏理论技术突破支撑储量高峰期工程。

(3)油田开发实验研究系列新技术、新方法获重大进展。

(4)复杂油气藏开发关键技术突破支撑"海外大庆"建设。

(5)中国石油首套综合裂缝预测软件系统研发成功。

(6)精细控压钻井系统研制成功解决安全钻井难题。

(7)随钻测井关键技术与装备研发取得重大突破。

(8)输气管道关键设备和 LNG 接收站成套技术国产化。

(9)委内瑞拉超重油轻质化关键技术完成首次工业化试验。

(10)单线产能最大丁腈橡胶技术实现长周期工业应用。

2. 国外石油科技十大进展

(1)储层物性纳米级实验分析技术投入应用。

(2)致密油开发关键技术实现工业化生产应用。

(3)近 3000m 超深水油气藏开发技术取得重大突破。

(4)综合地球物理方案提高非常规油气勘探开发效益。

(5)水平井钻井技术创新推动页岩气大规模开发。

(6)介电测井技术取得重大进展改善储层评价效果。

(7)管道激光视觉自动焊机提高焊接效率和质量。

(8)微通道技术成功用于天然气制合成油。

(9)石脑油催化裂解万吨级示范装置建成投产。

(10)新型车用碳纤维增强塑料取得重大突破。

(八)2012 年中国石油与国外石油科技十大进展

1. 中国石油科技十大进展

(1)复杂油气成藏分子地球化学示踪技术获重要突破。

(2)海相碳酸盐岩油气勘探理论技术突破助推高石梯—磨溪气区重大发现。

(3)低压超低渗透油气藏勘探开发技术突破强力支撑"西部大庆"建设。

(4)超深层超高压凝析气藏开发技术突破开辟油气开发新领域。

(5)复杂山地高密度、宽方位地震技术突破支撑柴达木盆地亿吨级油田发现。

(6)超深井钻井技术装备研发取得重大进展和突破。

(7)自主研发的成像测井装备形成系列实现规模应用。

(8)高钢级高压大口径长输管道技术和装备国产化支撑西气东输二线工程全线贯通。

(9)自主研发的加氢裂化催化剂取得成功并实现工业应用。

(10)中国首套自主研发的国产化大型乙烯工业装置一次开车成功。

2. 国外石油科技十大进展

(1)非常规油气资源空间分布预测技术有效规避勘探风险。

(2)深层油气"补给"论研究获得重要进展。

(3)注气提高采收率技术取得新进展。

(4)新型压裂工艺取得重要进展。

(5)无缆、节点地震数据采集装备与技术快速发展。

(6)工厂化钻完井作业推动非常规资源开发降本增效。

(7)无化学源多功能随钻核测井仪器问世。

(8)管道三维超声断层扫描技术取得新突破。

(9)无稀土与低稀土催化裂化催化剂实现规模应用。

(10)甲苯甲醇烷基化制对二甲苯联产低碳烯烃流化床技术取得重大进展。

(九)2013 年中国石油与国外石油科技十大进展

1. 中国石油科技十大进展

(1)深层天然气理论与技术创新支撑克拉苏大气区的高效勘探开发。

(2)被动裂谷等理论技术创新指导乍得、尼日尔等海外风险探区重大发现。

(3)自主研发大规模精细油藏数值模拟技术与软件取得重大突破。

(4)浅层超稠油开发关键技术突破强力支撑风城数亿吨难采储量规模有效开发。

(5)自主知识产权的"两宽一高"地震勘探配套技术投入商业化应用。

(6)工厂化钻井与储层改造技术助推非常规油气规模有效开发。

（7）地层元素测井仪器研制获重大突破。

（8）大型天然气液化工艺技术及装备实现国产化。

（9）催化汽油加氢脱硫生产清洁汽油成套技术全面推广应用支撑公司国Ⅳ汽油质量升级。

（10）中国石油首个高效球形聚丙烯催化剂成功实现工业应用。

2. 国外石油科技十大进展

（1）海域深水沉积体系识别描述及有利储层预测技术有效规避勘探风险。

（2）地震沉积学分析技术大幅提高储层预测精度和探井成功率。

（3）天然气水合物开采试验取得重大进展。

（4）深水油气开采海底工厂系统取得重大进展。

（5）百万道地震数据采集系统样机问世。

（6）钻井远程作业指挥系统开启钻井技术决策支持新模式。

（7）三维流体采样和压力测试技术问世。

（8）大型浮式液化天然气关键技术取得重大进展。

（9）世界首创中低温煤焦油全馏分加氢技术开发成功。

（10）天然气一步法制乙烯新技术取得突破性进展。

（十）2014 年中国石油与国外石油科技十大进展

1. 中国石油科技十大进展

（1）古老海相碳酸盐岩天然气成藏地质理论技术创新指导安岳特大气田战略发现和快速探明。

（2）非常规油气地质理论技术创新有效指导致密油勘探效果显著。

（3）三元复合驱大幅度提高采收率技术配套实现工业化应用。

（4）三相相对渗透率实验平台及测试技术取得重大突破。

（5）LFV3 低频可控震源实现规模化应用。

（6）多频核磁共振测井仪器研制成功。

（7）四单根立柱 9000m 钻机现场试验取得重大突破。

（8）油气管道重大装备及监控与数据采集系统软件实现国产化。

（9）超低硫柴油加氢精制系列催化剂和工艺成套技术支撑国Ⅴ车用柴油质量升级。

（10）合成橡胶环保技术工业化取得重大突破。

2. 国外石油科技十大进展

（1）细粒沉积岩形成机理研究有效指导油气勘探。

（2）CO_2 压裂技术取得重大突破。

（3）低矿化度水驱技术取得重大进展。

（4）声波全波形反演技术走向实际应用。

（5）地震导向钻井技术有效降低钻探风险。

（6）岩性扫描成像测井仪器提高复杂岩性储层评价精度。

（7）多项钻头技术创新大幅度提升破岩效率。

（8）干线管道监测系统成功应用于东西伯利亚—太平洋输油管道。

（9）炼厂进入分子管理技术时代。

（10）甲烷无氧一步法生产乙烯、芳烃和氢气的新技术取得重大突破。

附录二　国外石油科技主要奖项

一、2015年世界石油奖

2015年10月,由美国《世界石油》杂志评选的2015年世界石油奖揭晓,多名业界知名专家组成的世界石油奖顾问委员会,经过3个多月的严格筛选,评出本届18项世界石油奖。在本届评奖中,中国石油提交的"智能司钻指示器"入围最佳可视化与合作奖。

(一)最佳完井技术奖——NCS Multistage公司的可多次开关滑套

可多次开关滑套能够灵活地完成各级压裂,以应对应力遮蔽效应。这种滑套可以根据需要进行开启或关闭,使完井、生产和修井作业具有极大的灵活性和可控性。在初始完井阶段,由连续管拖动的无限级压裂隔离总成来操控套管滑套。对于修井和重复压裂,连续管工具用于操控滑套和分隔目标层段。可在井中下入无数个可多次开关滑套作为套管或衬管柱的一部分。该滑套保留了NCS标准套管滑套的特性、操控性和可靠性。这种滑套始终是全通径的,可以像套管接头一样以任何顺序加装到套管柱上。滑套能够实现任何层段的压裂前注入测试,为作业者提供沿水平段的各种储层特征信息。在增产过程中,压裂完一个层段后可即刻关闭该滑套,以避免支撑剂回流。该滑套还可以用于防止压裂液再次逆流至仪器串之上的井段,造成不必要的损失。至今,在约250口井中安装了6000多个可多次开关滑套,成功地避免了压裂后的支撑剂回流,并用于解决Shaunavon和Bakken水驱项目中的水平井控水问题,降低产量递减率多达10%。

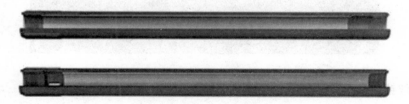

(二)最佳数据管理及应用解决方案奖——GE油气公司的防喷器无损检测技术:4D数字指纹识别

防喷器(BOP)无损检测利用4D数字指纹识别技术无须拆卸设备即可检测复杂的BOP系统。通过生成设备当前状态的3D数字指纹,与基准状态进行对比,了解随时间的变化情况,检测磨损,做出积极明智的维修决策。该项技术可以现场检测、测试和再认证,无须将设备运至岸上或拆卸,减少停钻时间及拆卸风险,节

约 BOP 系统运输成本,完善设备维护计划,有助于更频繁地检测设备,优化关键系统的性能。通过无损 BOP 检测技术,可以将设备再认证周期缩短 40%,生成的数字记录利于设备的状态监视性维护。

（三）最佳深水技术奖——贝克休斯公司的超深水综合完井和生产系统

一种从井口到油藏综合一体化的完井与生产系统——Hammerhead 系统,用于满足超深水的生产需要。整套系统包括上部完井、单程多段下部完井、封隔总成和智能生产设备。系统能够以 50bbl/min 的排量将多达 500×10^4 lb 的支撑剂送入 5 个层段,改善油藏的连通性和传导率。其强大的下放和上提力利于提高可靠性并简化操作。对于 $8\frac{1}{2}$ in 的高压完井作业,最小生产内径为 $5\frac{1}{4}$ in,在井的整个寿命周期内每天的流量高达 3×10^4 bbl。此外,高压差(1.5×10^4 psi)结合海底升压技术有助于降低井的废弃压力,最大化油气开采量。监测技术包括可以提供连续实时数据的分布式热敏光纤电缆和电子压力温度计以及利于选择性层段控制和提高产量的双节气液压智能井系统阀。Hammerhead 系统包含了新的技术组合,耐温耐压分别达到 300℉ 和 2.5×10^4 psi。通过整体工程方法,实现了完全一体化,降低了作业风险,消除了多家供应商整合的负担。

（四）最佳钻完井液奖——斯伦贝谢公司的 RHELIANT PLUS 钻井液

RHELIANT PLUS 钻井液体系是一种非水流体,保持了热稳定性和一致的流变性,尽管地层和立管之间的温度波动很大,但仍能在深水和大位移井钻井作业中防止重晶石沉降。此外,该体系具有极好的井眼清洁能力,降低了作业成本和循环漏失量,提高了起下速度,节省了钻机时间。RHELIANT PLUS 钻井液的物理特性不受温度和压力变化的影响,稳定的流变性和凝胶结构允许以较低的当量循环密度钻井并恢复循环压力,预防钻井问题发生。通过简单的现场配方消除激动压力和抽汲压力造成的液压变化,比其他流体具有更大的稳定性,额定温度比上一代提高了 80℉(29.6%)。换成 RHELIANT PLUS 钻井液无须改变操作,且可有效使用多种非水流体。这种热稳定钻井液已经在全球范围获得应用,从印度和泰国的高温井到巴伦兹海的低温井。

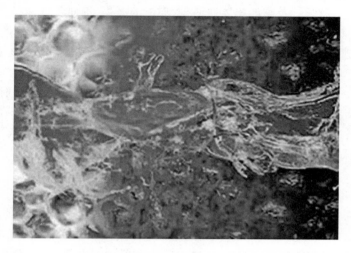

（五）最佳钻井技术奖——斯伦贝谢公司的随钻 GeoSphere 油藏测绘服务

随钻实时 GeoSphere 油藏测绘服务能够对 100ft 范围内的地层进行全方位的连续成像。基于深探测定向电磁测量，该项服务以前所未有的清晰度和分辨率揭示了地层和流体界面，成功填补了井眼测量与地面地震的空白，能够在井眼四周巨大体积内探测油藏"甜点"，优化井眼轨迹，最大化油藏接触面积，优化油田开发方案。因测量是随钻完成的，钻井液侵入造成的地层变化降至最低，故图像非常清晰，利于精准导向决策，无需成本高昂的导孔，就可钻成更加平滑的井眼，避免了地质和钻井事故发生。基于 GeoSphere 成像，一次测量可以评价更大的油藏体积，有利于更好地进行生产和完井决策。此外，这种成像测量还可降低钻井风险，并在钻后优化地质图形和 3D 油藏模型。

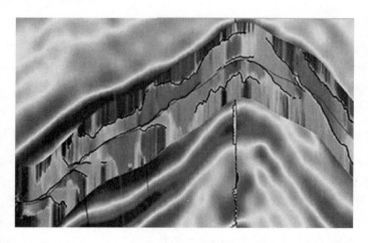

（六）最佳 EOR 技术奖——Blue Spark 能源公司的电缆脉冲增产技术

电缆脉冲增产（WASP）技术是一种新型、高效、低成本、低风险的油气井增产方法，可以大幅提高生产率，降低对环境的影响。该技术利用高功率脉冲原理，将电能转换成可重复的大功率液压脉冲，也就是将电能转换成流体冲击波，进而起到增产的作用。WASP 增产作业还可在井眼附近岩石中产生微裂缝及新的流体通道,增加泄油面积,进而改善油藏和井眼的连通性。

WASP 技术能够改善新井或低产井的油气流动,还可以恢复部分非生产井的生产。该工具可以在 8h 内处理 72ft 的直井段。如果配合带有电缆牵引器或泵入设备的电动连续管时,也可用于水平井增产作业。

这是一种高效、经济、安全的增产技术,可以替代基质酸化、水力压裂、射孔等传统方式来缓解井眼附近的储层伤害。该工艺对环境影响较小,作业时不需要爆炸物或推进剂,因而不会对储层或完井设备造成伤害,而且作业时也无须进行层段隔离。

(七)最佳勘探技术奖——沙特阿美石油公司和斯伦贝谢公司的水平井井间电磁 3D 油藏饱和度绘图

井间电磁(EM)法通过在相邻两口井中发射和接收 EM 信号,完成层析成像测量。即:一口井中的发射器发射连续的 EM 信号(强度是常规单井感应测井仪器源强的 10 万倍),另一口井中的接收器接收井间传播的 EM 信号。通过不断改变接收器的位置,完成整个井段测量。通过 3D 反演方法对接收的数据进行处理,能够获得井间油藏电阻率的 3D 层析图像。将采集的电阻率数据与井眼测井资料结合可以获得井间油藏的含水饱和度分布,借此评价驱替效率、最终采油量和采收率。井间 EM 提升了电阻率测井范围,提供更详细和更大范围的图像,利于优化油藏管理、提高波及效率、识别剩余油及提高采收率。井间 EM 技术在大间距斜井和水平井中的应用能够深化对油藏饱和度的认识,有可能起到游戏变革者的作用,特别是裂缝性油藏。

(八)海上健康、安全、环境/可持续发展奖——国民油井华高公司的安全锁模块

安全锁模块作为震动钻井震击器的标准元件,能够使震击器在地面时安全锁定,下井时靠静水压力自动开启,下井之前无须人力操控双作用水力震击器,也无需常规的外部安全钻铤。该技术可使安全锁定机构保持工具在下井之前是开启的,当暴露于一定静水压力时(垂直深度 300~400ft),工具自动解锁并转换成自由震击的水力震击器;反之,起出井眼时,在到达地面之前安全锁机构自动锁定震击器,避免水力震击器上掉落部件,保障钻井震击器在井中安全使用。模块设计耐压达 2.5×10^4psi,提高了安全性和效率,无须使用外部机械安全钻铤。自动化利于减轻设备损害,并避免丢失或损坏安全钻铤。通过限制人为操控震击器,安全锁模块极大地降低了作业风险。

(九)陆上健康、安全、环境/可持续发展奖——威德福公司的 EnviroLift 抽油机

EnviroLift 抽油机解决了诸如泄漏、陆上应用受限、视觉污染以及安全问题。因不含填料盒、光杆夹或光杆,可避免最常见的填料盒泄漏。系统采用环境友好的液压流体驱动泵,纤细的外形设计有助于更好地融入周围环境,可直接与井口连接,无需长绳,因此比水力活塞泵装置更靠近井口,提高了系统的安全性,更不易被察觉及人为损坏。抽油机的设计抗风能力为 100m/h,包括双 5000lb 防喷器。所有活动部件均被安全封装在泵缸内,动力装置置于可锁定的密封罩内。因活动部件少,与常规的长冲程装置相比,系统无需场地准备,人力和时间需求少,长期维护成本低。EnviroLift 系统是从早期的液压杆举升设计演变而来,具有提高安全性、环境保护、空间效率和成本效益的特点,适于下一代多井场和人口稠密地区作业使用。

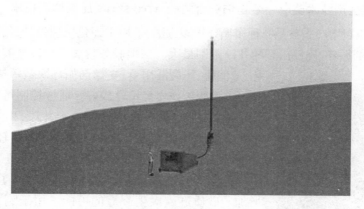

（十）最佳拓展奖——Fortis 能源服务公司的 Fortis 4 Vets 项目

Fortis 能源服务公司设立了退伍军人就业计划,帮助他们在能源行业就业的动态过渡,确保遵守美国统一服务就业与再就业权利法案（USERRA）和所有退伍法规。退伍军人享受100% 员工工资福利、具竞争力的薪酬、带薪假期、401k 计划、在职培训等。基于对退伍军人的贡献及其在部队和平民生活中追求事业所面临挑战的深入了解,Fortis 能源服务公司认识到招聘具有从军经验人员的优势,欣赏退伍和现役军人所具有的价值、技能和个人品质,并深知这些技能和品质能够明显提升公司的价值。随着项目的深入发展,Fortis 能源服务公司深入其业务的所有社区,参与退伍军人招聘会,与其他组织机构协作,促进对退伍军人、后备军人和国民警卫队战士的招聘。Fortis 能源服务公司的雇员大约有 10% 为退役或现役军人。

（十一）最佳生产化学品奖——沙特阿美石油公司的非常规油藏化学诱导脉冲压裂技术

化学诱导脉冲压裂是一种基于化学反应产生的压力脉冲压开地层的新型压裂技术,可有效增大井眼四周油藏的压裂体积。通过增大压裂体积和裂缝面积,改善非常规气体生产。概念基于在井中注入反应性化学物质,化学反应使惰性气体（氮气）膨胀,产生高达 4×10^4 psi 的压力脉冲,在地层中压出多条裂缝,通过射孔将气体导向一条主裂缝,通过控制反应浓度和体积满足压裂需求。采用化学诱导压力脉冲压裂,可以控制增压时间,优化缝网。该技术提供了经济有效的作业方法,有可能降低 80% 的压裂成本,商业开发非常规气体。此外,新方法会排出裂缝周围圈闭的液体,提高传导性,最终提高非常规致密气开发的商业价值。

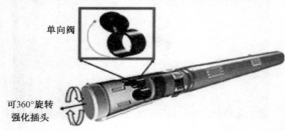

单向阀

可360°旋转
强化插头

（十二）最佳生产技术奖——哈里伯顿公司的 AccessFrac 压裂增产技术

AccessFrac 压裂增产服务是一种多循环压裂方法，采用工程化压裂设计，用高保真转向分流器隔离多次支撑剂循环，确保压裂的井筒范围最大。该项服务解决了分段压裂作业中的段数优

化、簇间距、压裂液用量、支撑剂循环次数等诸多复杂问题，结果显示该服务技术经济性较好。通过控制每个支撑剂循环的流动面积，可以更有效地处理各个井段，相当于使支撑剂沿生产井段更均匀分布，裂缝半长更均匀，减轻了井间干扰，避免油气被绕过。多循环设计准许在每级压裂中处理更大井段，用更少的机械隔离工具。该过程增加了井底作业压力，增加了砂质进入次生裂缝的可能。用于隔离每个压裂循环的导向物质对环境无害，在富水流体中自身降解，产生无毒液体副产品，不影响回收水的再循环或处理。该项服务在多层桥塞射孔完井和裸眼井滑套完井中是有效的。它限制了单个裂缝的优先增长，达到更大的裂缝覆盖范围，均匀的增产处理及产量在整个井眼的均匀分布，避免了加密钻井或二次压裂，有可能节省数百万美元，降低了生产成本。

（十三）最佳可视化与合作奖——Packers Plus 能源服务公司的 ePLUS Retina 监测系统

ePLUS Retina 监测系统用于监测多级完井系统的工作状况及其对油藏的影响。这种独立的监测装置可以独立于完井系统工作，对增产作业无影响。特别设计的传感器将井眼信息传送到 Retina 监测系统，所有的测量安全余量特性确保采集到及时精确的数据。Retina 监测系统的数据可以实时与地面压力以及水泥浆流量和混合支撑剂密度进行相关对比，准确监测井底作业。自 2014 年推出以来，Retina 监测系统已经用于美国、加拿大和沙特阿拉伯，在 500 多级压裂中采集数据。系统提供了观测多级压裂完井的有效手段，实施快速作业调整确保增产作业成功，并提供有价值的信息。

（十四）最佳油气井完整性技术奖——威德福公司的深水 MPD 系统，包括微流量控制系统

深水控压钻井（MPD）系统可以对井实施连续的闭环监测，自动探测及控制早期井涌和漏失。自动化方法优于常规探测方法，有助于在达到井控门槛之前保持最小的井涌量，预防井

涌。MPD 的可量测性使其技术的推广应用能力大大增加，更便于采用和快速接受并充分利用深水 MPD 系统。该技术在新兴深水市场的应用为其快速发展指明了方向，不论是为最大限度地提高作业安全性和效率而积极主动安装 MPD 系统，还是为应对本来可以避免的事故而被动安装 MPD 系统。

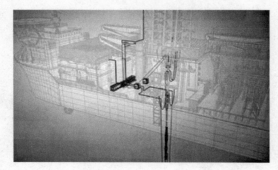

（十五）最佳修井技术奖——Tenaris 连续管公司的 BlueCoil 技术

应用 BlueCoil 技术，可以使连续管更加坚固，抗疲劳和耐硫化氢腐蚀的性能更强，有助于扩展连续管的作业能力，提升作业的可靠性和修井性能。Blue-Coil 技术代表了常规连续管制造的重大突破，通过连续的热处理对整个连续管柱进行均匀处理，在制造的最后一步形成管柱的微结构和特性。已经证实，BlueCoil 产品的基管疲劳寿命增加了 2.5 倍，斜纹焊接疲劳寿命提高了 4 倍。此外，测量的鼓胀率下降50%，有助于延长管柱寿命、降低成本。BlueCoil 连续管已经用于洗井、酸化、打捞、磨铣、喷砂射孔和环空压裂，显示出了更高的可靠性、更好的作业效率和成本节省。

（十六）创新思想家奖——PMSNIDER 咨询公司的 Philip M. Snider 先生

1979 年，Snider 先生就职于马拉松公司，先后在钻井工程师、钻井监督和油藏工程师岗位任职。随后，被调往阿拉斯加成为生产工程师，此后两年在路易斯安那作为西墨西哥湾项目的完井监督。1989 年调到休斯敦，从事钻完井相关的各种技术工作，后升任高级技术顾问。目前，他是独立的完井技术咨询专家。在马拉松公司任职的 34 年中，Snider 为全球工程师、地质家和管理人员提供完井技术咨询。此外，他还参与了大量的行业培训，包括 SPE 短训班。拥有约 30 个专利，发表了 30 多篇有关完井技术的论文和文章，曾是 SPE 杰出演讲者，API 射孔学会前主席及 API 爆炸物安全委员会成员。2012 年，Snider 获得 SPE 墨西哥湾沿岸地区完井优化和技术奖，2013 年从马拉松石油公司退休。

（十七）终身成就奖——FMC 技术公司的 Tore Halvorsen 先生

Halvorsen 先生拥有 30 多年的海底油田开发经验，包括设计和研发、技术和项目管理，是

全球油气工业海底技术开发和实施的引领者。1994 年，Halvorsen 成为 FMC Kongsberg 公司的总经理，现任 FMC 技术公司的高级副总裁。Halvorsen 积极提升公司解决各种挑战的能力，在公司的水下业务（占总收入的 70% 以上）增长中起着举足轻重的作用，在研发标准的水下解决方案中具有重要作用，包括第一个无潜水员海底油田及被称为 HOST（Hinge Over Subsea Template）的海底设备，为 Statoil 公司在挪威大陆架的大型海底油田开发奠定了基础，推动了挪威水下油气工业的发展，被国际油气行业公认为"海底先生"。此外，他还获得诸多奖项，包括 SPE 挪威分会颁发的"2009 年石油人奖"。

（十八）新视野奖——Modumental 公司的 Modumental 先生

通过先进的纳米分层技术，Modumental 先生能够用常规的钢和金属合金生产全新的金属，大幅改善材料的性能和特性。通过在纳米级上控制金属界面，生成新的金属结构，以各种各样的排列组合到建筑材料中，使新材料具有意想不到的特性，比常规金属更坚固、更轻，寿命更长，更耐腐蚀。低成本生产工艺利用电而不是热，利于在室温下完成生产。生产期间能耗的降低有助于节省生产成本。他发明的纳米叠片涂层可用于在强研磨状况下保护和延长油气设备部件寿命。经 Modumental 涂层处理的部件性能和寿命均比常规金属合金涂层高 10 倍。

二、2015 年工程技术创新特别贡献奖

由油田工程技术服务公司和作业公司提交，经多家石油公司和咨询机构专家组成的评委会评审，美国"E&P"杂志评选出 2015 年度 17 项石油工程技术创新特别贡献奖。获奖的新产品和新技术包括理念、设计和应用等方面的技术创新。它们大多是单项的新技术，但却解决了有关专业的一些关键问题，在提高油气勘探、钻井、生产、陆海设施、HSE 的效率和盈利能力等方面发挥了重要作用。

（一）钻头奖——斯伦贝谢公司的锥形齿金刚石钻头

StingBlade 锥形齿金刚石钻头的中心具有金刚石锥形齿，能够提高钻头中心部位低速区的破岩效率。此外，通过在钻头翼部增加锥形切削齿，可大大增加钻头进尺和机械钻速，提高造斜率；通过改善工具面控制，提高钻头的稳定性，降低底部钻具组合振动和冲击造成的影响，产生更大的钻屑利于现场地层评价。

与常规 PDC 切削齿相比，锥形齿更具攻击力，切削力的高度居中，可以更有效地切割高压缩强度的地层，钻屑更大，用更小的扭矩钻进，可以更好地控制方向。

在 14 个国家的 250 次下井中，StingBlade 钻头平均进尺提高 55%，钻速增加 30%。在澳大利亚西北海域 Browse 盆地，在坚硬的石灰岩和燧石组成的高压缩强度地层钻出 $12\frac{1}{4}$in 垂直井段，第一只 StingBlade 钻头钻进 1516m，钻速为 11m/h，比邻井常规 PDC 钻头的进尺和钻速分别提高 97% 和 57%。余下井段由第二只钻头完成，平均钻速为 16m/h。

（二）钻井流体奖——哈里伯顿公司的抗盐水泥

许多盐下油气藏通常位于 2000m 厚的盐层之下，常常会出现井眼闭合、循环漏失、套管变形及层段封隔等问题，给钻井和注水泥作业带来重大挑战。哈里伯顿公司通过研究盐的化学、热力以及地质力学作用对水泥环造成的破坏机理，开发出 SaltShield 水泥浆，即便污染程度达到 12%，仍然可以防止盐溶解，避免井眼冲蚀，实现井段封隔，有助于减少可能造成套管变形的非均匀负荷。

在北海北部，Zechstein 盆地存在大面积的塑性蠕动盐层，盐层的塑性流动产生的地质和地球化学应力会诱发周期性负荷。盐层在套管周围不均匀地缓慢流动，造成套管变形。一家作业公司在该盆地钻的两口井投产后不久，即因大量产水而被废弃。通过有限元分析模型了解 Zechstein 盐层的塑性流动，优化了新井的 SaltShield 水泥浆体系。新井投产一年多仍在生产，未出现任何盐蠕动造成的不良影响。

 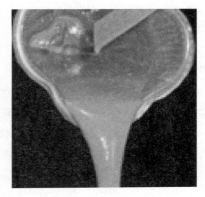

（三）钻井系统奖——斯伦贝谢公司的 GeoSphere 油藏随钻测绘服务

通过采用深探测定向电磁波测量，GeoSphere 油藏随钻测绘服务能够详细测绘距离井眼 30m 开外的地层和流体界面。与之前的地层界面测绘服务相比，GeoSphere 的探测深度增加 4 倍，填补了地震数据成像和近井眼岩石物理测量间分辨率的空白，通过探测不同电阻率的地层界面，实时绘制储层和流体界面。

GeoSphere

GeoSphere 的优点包括：避免地质灾害，随钻准确定位储层甜点，用实时采集的数据优化 3D 储层模型，有利于更好地进行油田开发和生产决策。地质家可以利用 GeoSphere 图像校准地震数据图像的时—深变换。该项服务可以与 LWD 仪器结合用于任何类型的井中。

在巴西，壳牌公司需要钻一口穿越两个断块的深井，并将井眼从下落断块导向到上升断块，并穿越甜点。基于实时数据，成功地完成了井眼轨迹调整，在钻穿两个断块时避免了穿过非产层。

（四）勘探奖——斯伦贝谢公司新的 Petrel 2014 用户经验软件

随着勘探与生产工业向情景驱动的数字环境过渡，面向用户经验的工作流程变得愈加重要。在 Petrel 软件中增加新的用户经验的目的是提高石油公司雇员的劳动生产率，这一点在软件开发期间已经得到 40 多个客户的印证。

该软件的优点包括：逻辑接口配置、关注环境、减少鼠标点击率、注重解释和数据。该软件还可提供用户跟踪和行为调查，用户可以选择常规地震—模拟流程或更有针对性的地质和地球物理评估。

新的接口基于微软的 Ribbon 概念，鼠标运行时间和鼠标点击量分别减少 30% 和 35%，使客户用于数据和工作流程的时间平均增加 30%。

（五）浮动系统和钻机奖——Archer 公司的 Emerald 钻机

在海洋工业努力降低作业成本和提高油气产量的时候，Archer 公司的模块式钻机（MDRs）——Emerald 和 Topaz，最有可能成为昂贵的固定钻井设施的替代产品，虽然 MDRs 不是新的概念，但环境限制和平台的局限减少了成功使用这些设施的机会，特别是在环境恶劣的地区。通过对现代先进技术的整合，模块式钻机系统将会突破这些限制，其现有模块的尺寸/质量将大大减轻，削减或淘汰大量工作人员，减少钻机安装时间，提升作业效率。Archer 公司已经建造完成的一台海上模块式钻机设备，完全符合 NORSOKD - 001 和英国标准，可以在全球最恶劣的环境使用。

2012 年，Emerald 钻机开始在新西兰海上作业。作为超级单齿条齿轮钻机，在单个模块中融入了已有的搬运方法和最现代的钻井技术，能够完成钻井、修井和封堵与废弃作业。该钻机近期完成了一系列钻井作业，获得良好效果：一口井钻深超过 6100m，另外两口井的钻井时间分别比计划减少 8d，比预计时间减少 30d。

（六）地层评价奖——哈里伯顿公司的流体和岩样采集系统

哈里伯顿公司的流体和岩样采集系统（CoreVault）将流体采样和岩石取心融为一体，使得在取心期间低渗透地层获取流体样品不会漏失。对于非常规储层，该系统可以提供更精确的油气含量数据。过去，当岩心压力降低时，50% ~ 70%的油气会漏失掉，在建立模型时，需要估算流体流失量。通过将流体100%保存在样品中，CoreVault系统能够改善对潜在产能的评估，大幅提高地质储量预测值。

在美国俄亥俄州和西弗吉尼亚州作业的一家公司使用该系统采集岩心样品，使得油气储量预测值大幅提高。Core-Vault系统在5口井中采集了150块岩心。与含气量模拟结果（2.2m^3/t）相比，取心分析的平均值为5.62.2m^3/t，是预测值的2.5倍。

（七）HSE奖——哈里伯顿公司的环境友好型燃烧器

哈里伯顿公司开发了环境友好型燃烧器（EDB），重新定义了燃烧器应有的作用。传统的燃烧器可以应对处于稳态生产的井，如果流量达到预期，则常常可以得到清洁燃烧的结果，但

没有调节流量变化或控制流量瞬间增大或断流的余地。EDB具有独特的喷嘴设计，组合了气动活塞和阀门，可实时控制10个喷嘴的操作位置，使燃烧器在试井期间保持在理想的工作范围之内。当一个喷嘴关闭时，油流从入口流向雾化室，空气流相应减少，使得所有剩余油被雾化并有效燃烧。这一点至关重要，因多数燃烧器漏油故障出现在关井阶段。权威的认证机构见证了燃烧器的无漏油运行率达到99.99952%，比以前行业标准减少漏油14.5倍。

（八）水力压裂/完井奖——哈里伯顿公司的 AccessFrac IntraCycle 压裂服务

在进行分段压裂设计时，增加压裂段数和支撑剂用量有利于提高井的产能，但会导致井的经济性下降。AccessFrac IntraCycle增产服务力图通过在单一层段完成多次循环的压裂方法来解决这一问题。通过对泵送时间和分流器的优化，隔离进行多个支撑剂循环，解决了分段压裂作业中的段数优化、簇间距、压裂液用量、支撑剂循环次数等诸多复杂问题，结果显示该服务技术经济性较好。

在Bakken的一次完井作业中，AccessFrac创造了在单一注水泥桥塞射孔完井段隔离支撑剂循环次数的新纪录。与常规压裂设计相比，有效压裂段增加300%。在该井中，用一个趾端压差滑套进行3个注入循环，依次完成了33个机械分隔层段的压裂。初步结果显示，与以前的井相比，初始产量提高27%，72d层段总产液量提高24%。在EagleFord一次重复压裂中，

作业策略是增加每英尺的支撑剂注入量和水平段的射孔簇数,重复压裂过程中进行了 26 次循环,共注入支撑剂 $644 \times 10^4 lb$,产量提升了 325%。

(九)水力压裂奖——Packers Plus 能源服务公司的 Inferno 系统

地热是一种可用于发电的环境友好型可再生能源,钻井和开采技术进步为在地热资源丰富的地区建造地热电厂奠定了基础。高达 315℃ 的温度和 100% 的水环境给完井和其他操作带来诸多问题。Inferno 完井系统是为 Geodynamics 公司在极端条件下完井的需要开发的。为使 7in 和 $9\frac{5}{8}$in 套管能够承受 315℃ 和 10000psi 压力,Packers Plus 能源服务公司设计、试验并现场测试了封隔器、衬管悬挂器、衬管悬挂封隔器、抛光孔座、密封组件、锚栓和浮动设备。Inferno 完井工具在短时间内成功设计和交付使用,Geodynamics 公司和 Packers Plus 能源服务现场人员解决了极高温条件下成功完井所面临的挑战。随着油气勘探开发领域的不断拓展,油气井完井也将面临更深、更高温地层的挑战,Inferno 工具同样可用于油气井多级水力压裂。

(十)智能系统与组件奖——中国石油天然气集团公司的智能司钻指示器

司钻在设定钻压和转速等钻井参数时,常常根据以往的经验或参考规范的钻井参数而定,并保持这些参数在很长井段不变,而忽略了所钻地层的具体情况。然而,钻井期间地层岩性和井眼几何形状可能发生变化,若驱动钻头的钻井参数保持不变,会导致破岩不足或过渡切削,引发钻头泥包或钻头损毁,造成切削效率低下。为解决这一问题,中国石油天然气集团公司开发成功一款被称为智能司钻指示器(SDI)的实时钻井参数指示器,可以为司钻实时显示适于所钻地层特点的钻压、转速和钻井液流量,达到更高的钻速和更长的钻头寿命。通过软闭环解决方案(NAVA)计算最佳的钻井参数并适时更新,实时监测钻速及钻压。此外,NAVA 含有实时钻柱振动评价模型,用于确定钻头反跳、旋转和黏滑范围,优化钻井参数利于减小钻柱振动,提高钻井速度。

NAVA 已经在中国的 20 多口井中使用,进尺约 9144m,与常规钻井相比,钻速提高 20% ~ 54%,钻头寿命更长,节省了钻机时间和成本。

(十一)智能系统与组件奖——NOV 公司的钻井自动化系统和优化服务

NOV 公司的钻井自动系统和优化服务为井队提供了更精准的控制系统,改善实时决策并提高了分析能力。该项服务包含高频井底数据采集工具、IntelliServ 高速遥测网络、钻井应用软件、优化员工、可视化与报告 5 部分。系统的主要影响源自这 5 部分的整合,并创造了多个第一:世界上第一个滑动钻井的闭环控制;世界上第一个每 2s 更新一次工具面的高速探测;世界上第一个井底和钻柱高速实时钻井振动数据和实时环空压力测量。

该项服务在 Eagle Ford 页岩油气田的一个项目(10 口井)中获得应用。第一阶段,钻成 4 口井,未用有线钻杆,用井下传感器建立统计基准。第二阶段,应用全套的钻井自动化和优化服务系统又钻成 4 口井,总钻井时间降低 43%,远远超过客户希望能够将钻井时间降低 10% 的要求。由于钻速的提高及钻头寿命的延长,与第一阶段相比,第二阶段共节省 80 万美元。

(十二)智能系统与组件奖——马来西亚国家石油公司的智能集中销售计量监控系统

SmartCen 是一种监控计算机系统,用于交接输送和分配计量。该系统具有监测与控制、报告、记录、资产管理、预警和趋势分析等多种功能,还包括用于交接输送计量用的虚拟流量计算、综合校验、误测管理、在线不确定性计算和计量诊断等诸多先进功能。

　　SmartCen 可确保交接输送计量计算的完整性,模块采用了各种国际测量标准。实时校验确保计算精度最高,同时快速检测异常,极大地减少了人为误差,进一步提高了测量完整性。SmartCen 的一个重要功能是误测管理,如果出现装置故障等造成的测量错误,系统将计算出替代的计费报告。由于 SmartCen 最少 5min 就对关键数据进行一次计算,因此系统在优先获得数据的基础上能够对重新计算的计费报告进行纠错。

　　SmartCen 可以用于新建或已有设备,安装在已有设备时用于解决现有常规计算机系统造成的问题。对两种系统的测量效率进行了一项对比研究。SmartCen 基于计算机的原始流量数据重新计算了转运量,并立即向用户预警现有的流量计算差异,使用户每年节省 700 万美元。

(十三)IOR/EOR/修井奖——贝克休斯公司的小曲率半径电动潜油泵系统

　　非常规油气勘探开发经历了钻井和生产活动的繁荣期,生产井通常是水平井,且水平段的长度可能超过垂直深度。为钻达产层,这些井的造斜点和曲率半径变化很大。水平钻井导致的问题之一是限制了电动潜油泵(ESP)的安装。弯曲井段较高的造斜率会阻止 ESP 安全地安装于最深处。行业指南建议不要通过大于 6°/30m 的造斜段安装 ESP,故 ESP 系统通常被安装在垂直井段,可能对生产造成不良影响。

　　CENesis 小曲率半径 ESP 系统解决了这一问题,ESP 系统可以安装在更靠近产层的位置,以提高产量和采收率。ESP 系统组件接头的新设计可以使系统可靠地通过斜率高达 15°/30m 的弯曲井段。

　　安装期间,接头处的机械应力使得接头成为系统最薄弱的地方。与标准的螺栓法兰设计相比,CENesis 曲线螺纹接头能够经受更高的机械应力,最大限度地减少可靠性问题。这种新系统能够减少钻机时间,螺纹连接有助于避免安装期间螺栓或仪器落入井下。

(十四)海上设施建造与退役奖——威德福公司的无钻机轻型提拉与顶升装置

　　威德福公司的新型无钻机技术,特别是无钻机轻型提拉与顶升装置(PJU),很有潜力提高油气井维修和废弃作业效率并降低成本。对于海上修井和废弃作业,无钻机装置无须利用成本高昂的自升式平台和修井机,特别适合于在降级和空间有限的平台上拔出导管。装置的拉升系统采用伸缩式轻便井架和动力水龙头,提拉距离在 13.4m 内时,起升力为 35000lb;距离在 1.5m 以内时,顶升力为 100×10^4 lb。无钻机轻型 PJU 还具有高度机动性和适用性。

在墨西哥湾6口井的油气井废弃项目中,提拉和顶升空间有限,管线、海底碎屑和不同的桩靴基础可能给自升式钻井平台带来问题。该项目需要在2135m深处切割和拔出各种管柱,威德福公司建议使用无钻机轻型PJU。因设备很少依赖平台起重机,作业公司能够同时完成电缆和连续管作业。该项目用时1545h,非生产时间只有11h,不到总时间的1%。

(十五)陆上钻机奖——哈里伯顿公司的浮力辅助下套管设备

北美页岩气革命证实,工厂化钻井和大位移水平井可以降低成本提高产量。然而,大位移水平井可能对下套管带来麻烦。水平段会使摩擦和阻力超过钻机的大钩负荷或套管的屈曲载荷,阻碍套管下到预定深度。套管悬浮法需要在套管柱底部的腔室中充入空气或更轻的流体,帮助浮起管柱,降低套管阻力。页岩井中下套管的主要问题是套管屈曲,而不是大钩负荷。水平井中小直径套管易于弯曲,可能造成下套管深度误差达数百甚至数千英尺。

哈里伯顿公司的浮力辅助下套管设备(BACE)有助于降低水平段下套管所需的推力,减小了可能导致套管弯曲的阻力。有了BACE设备,不论是钻井液泵送管线还是回流管线,均须单独安装。这种单独安装的管线,只需替换等同于浮动腔室体积的钻井液,就可使作业更优化。BACE设备排空过程平均在45min内即可建立循环,比常规排空方法提高效率85%。

 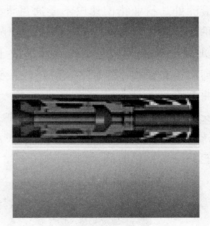

(十六)海底系统奖——威德福公司的红眼海底含水率测量仪

水流探测和跟踪对海上作业至关重要,许多海底井只在多口井产出流体汇集的管汇处收集流量和含水率数据,因此无法监测每口井的含水率。红眼海底含水率测量仪为探头式传感器,有利于了解产水开始时间、出水位置以及管线中水合物抑制剂的相对浓度。

这些数据有利于更准确地跟踪出水情况,优化流动保障和油藏管理。传感器可以安装在海底生产系统的任何位置,用于三相流测量。红眼海底含水率测量仪是第一个能够在多项流管线中测量含水率的独立海底测量仪,也是第一个在含水率很低(28300m³气体中只含0.25bbl水)时即可探测气井产水的海底传感器。持水率计的额定压力为15000psi,适于安装在3048m深处,可以跟踪每口井的产水情况,对电力和通信的需求很低。该工具可以用于任何海底生产系统,包括高压高温井。

（十七）水管理奖——斯伦贝谢公司的 EPCON Dual 紧凑型浮选设备

在油气生产作业中,产出水是迄今为止主要的废液物。为了满足废弃物处置条例并保持必要的产油量,需要具有更大能力和更高性能的产出水处理方案。特别是新建的海上生产设备,需要满足除油最高标准同时减少人员干预的产出水处理方案。EPCON Dual 紧凑型浮选装置(CFU)采用了内部工程设计,结合二次分离阶段的残余浮选气体,提高水中油的清除效果,同时充分去除净水出口的气体。陆上受控环境的先导测试表明,装置的除油效率比常规技术高75%。系统设计简单紧凑,占地面积仅为常规系统的50%,节省了钻机空间,具有最优的水处理效果。一台单压 EPCON Dual 装置的处理量为500~150000bbl/d。该装置已经用于挪威国家石油公司北海挪威水域,结果显示,处理后水的油含量为10mg/L,低于处理之前的25mg/L,水油分离率比常规技术高27%。

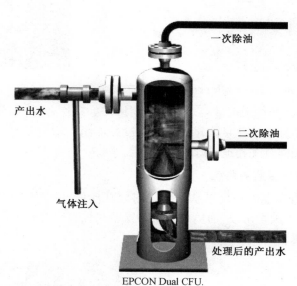

EPCON Dual CFU.

三、2015 年 OTC 聚焦新技术奖

2015 年5月4—7日,第46届海洋石油技术会议(OTC)在"世界油都"休斯敦顺利召开,这是全球规模最大、历史最悠久的石油行业盛会之一。此次会议由 AAPG、SPE、SEG 等14家世界著名的工业组织和协会组办,同时举办技术会议和新技术、新装备展览,旨在促进近海油气资源勘探、钻井、采油及环保技术的发展。从2004年开始,每届会议推选出若干项值得推广、有经济效益、令人瞩目的新技术——授予聚焦新技术奖,2015年共有14家公司研发的17项技术获此殊荣。

（一）贝克休斯公司的 MultiNode™ 全电动智能完井系统

MultiNode™全电动智能完井系统是业界第一款可实现遥控监测、精确控制产层、控制水和气体突破、提高最终采收率的先进完井系统。该系统可对高含水和高含气的产层进行节流，以平衡水平井段的生产，从而适应变化的油藏条件。

（二）Cameron 公司的 Mark Ⅳ 高效防喷器控制系统

Mark Ⅳ 高效防喷器控制系统为业界第一款采用三点分布式设计的水下防喷器控制系统。第三个布点用于增加系统的备用性，将钻井系统的作业效率提高到 98%。每个布点设计简单，可提高整个系统的可靠性。

（三）Fishbones 公司的 Dreamliner 多分支增产技术

Dreamliner 多分支增产技术可进一步简化储层增产处理作业，提高作业的准确性和效率。该技术通过钻机配备的标准钻井泵将井内流体通过井下涡轮增压泵挤入储层，在储层中同时产生众多相互独立的侧向分支孔道，提高油井产能。

（四）FMC 公司的环空监测系统

FMC 技术公司的环空监测系统可从开钻之时起在海底井口内提供独立的井况监测。在钻井、完井及试井的各个关键阶段，通信系统利用安装在环空中的多个模拟或数字传感器向作业者提供可操作的信息。

（五）哈里伯顿公司的 RezConnect™ 试井系统

RezConnect™ 试井系统是业界第一款全声波控制的中途测试系统，可实时控制井下取样器、阀门和仪表，并将相关的状态信息实时传输到地面，使作业者能够自信地控制、测量和分析油气井。

（六）Oceaneering 公司的深水拔桩机

Oceaneering 公司的深水拔桩机为电驱动系统，利用自带的泵在 360°范围内进行水力喷射和抽汲，当喷射使桩内泥土流化后，由抽汲泵将桩内泥土抽出，从而可拔出任何深度的桩。

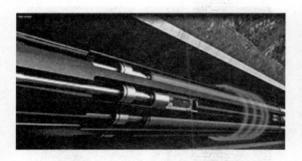

（七）Oceaneering 公司的 Magna 水下检测系统

Magna 水下检测系统是一种多用途筛查检测工具，可在不中断生产的情况下快速评估管道的机械完整性。该系统由水下机器人部署，可 360°检查管道，一次部署即可提供管壁状况的实时数据。

（八）OneSubsea 公司的多相压缩装置

OneSubsea® 多相压缩装置是世界上第一款也是唯一真正的湿气压缩装置，对产自井下的流体无须预处理即可进行压缩。该装置由 OneSubsea 公司、挪威国家石油公司和壳牌公司共同开发，目的是加快开采速度，经济有效地增加海底天然气田的回接距离。

（九）OneSubsea 公司的锚链连接器

ARCA 锚链连接器是一种新型的连接器，用于将锚链与浮式装置相连。在锚链中安装锚链铰接器，有助于方便地将锚链取回进行检测与维护。通过 ARCA 锚链连接器，无需潜水员即可实施锚链的连接或断开，可显著降低单点系泊系统的成本。

（十）斯伦贝谢公司的 GeoSphere 储层随钻测绘服务

GeoSphere 储层随钻测绘服务可提供距井筒 100 多英尺范围内地层和流体界面的详细信

息,通过对测量数据的实时解释,有助于作业者优化井眼轨迹,最大限度地增加储层接触面积,改善油田开发方案。

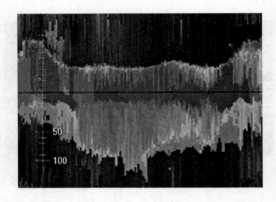

(十一)斯伦贝谢公司的 QuantaGeo 高真实度油藏地质服务

Quanta Geo 高真实度油藏地质服务重新定义了油基钻井液环境下的成像测量,可提供非常详细、类似岩心的微电阻率图像,直观再现地层的地质情况。由这些图像可直观地识别出沉积相,确定沉积走向,从而减少油藏模型的不确定性,更好地制订油田发展方案,并量化项目的经济性。

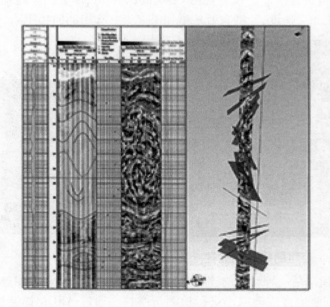

(十二)TRACERCO 公司的 Discovery® 海底管道检测装置

Discovery® 海底管道检测装置是海底管道检测技术的一次重大突破,运营商可在不去除管道涂层的情况下,从外部检查有涂层的管道,以便进行流动保障和管道完整性分析,其特点包括可以在不中断生产的情况下提供检测数据,识别水合物、蜡、沥青质或结垢并实时提供检测结果。

Discovery®海底管道检测装置已经通过了现场验证,完成了数百次的深水海底管道检测。

(十三) Versabar 公司的 VersaCutter 切割工具

VersaCutter 切割工具提供了一种切割海上平台桩腿和油井导管的全新方法,切割点最深可达泥线以下 20ft。VersaCutter 切割工具通过喷射将一长根往复切割线输送到泥线以下,进行平台桩腿和油井导管的连续切割。

(十四) 威德福公司的 RedEye® 海底含水率测量仪

RedEye®海底含水率测量仪通过吸收近红外线进行水侵检测、含水率测量和水—水合物抑制剂比率测量。该仪器可在三相流体内使用,不受含气量限制,不受盐度变化的影响,无须对这些因素进行校正。

(十五) 威德福公司的角速率陀螺综合振动监测仪

角速率陀螺综合振动监测仪(TVM＋)是一种井下传感器,采用业界首款基于微机电系统的角速率陀螺仪,可提供实时和存储格式的关键钻井动态数据。该装置利用井下传感器测量角度旋转,测量的精细程度前所未有,便于深入分析钻柱动力学,加强钻井过程管理。

（十六）Welltec 公司的 Welltec®环空封隔器

Welltec®环空封隔器（WAB®）是一种可膨胀的金属质环空封隔工具，在建井期间可用来代替水泥。该工具坚固耐用，满足 ISOV0 监管标准，已经被用作无水泥的井筒封隔屏障，在油井全生命周期内保护表层井眼。

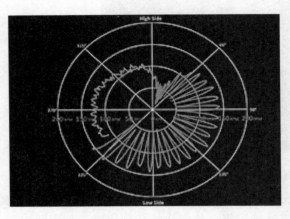

（十七）WiSub 公司的 MAELSTROM™无针式水下湿式连接器

MAELSTROM™无针式水下湿式连接器系统基于固态电子解决方案，消除了水下湿式连接器常用的针式接口，延长了使用寿命，降低了作业成本，提高了海底连接的可靠性。该连接器通过感应耦合传输电力，利用具有专利权的微波通信方法使数据传输速率达到 100Mbit/s。

附录三 "2016国内外石油科技发展与展望发布会"纪实

2016年10月12—14日,首届"中国石油经济技术研究院科技周"活动在北京成功举办,这是中国石油集团经济技术研究院(以下简称经研院)首次尝试以科技周的形式集中开展成果发布和交流研讨活动,旨在进一步用好在"科技发展战略与创新管理"领域的信息产品和研究成果,扩大智库的影响和引领作用。科技周活动首日,举办了"2016国内外石油科技发展与展望发布会",这次发布会延续了前两次发布会的特点,同时增加了国内外技术创新进展与油气行业未来发展展望。发布会以"油气技术迈入数字化、智能化新时代"为主题,多侧面分析预判了油气技术发展的新趋势、新动态及其对未来油气行业的影响。

中国石油天然气集团公司总经理助理王铁军、咨询中心副主任吴国干、国家能源局油气司综合处处长杨青、中国工程院院士翟光明、苏义脑、李根生等领导、专家出席发布会并做点评发言。来自国家能源局、中国石油天然气集团公司总部机关及专业公司的领导和专家,来自辽河油田、长庆油田、西南油气田、吉林油田、大港油田、青海油田、华北油田、吐哈油田、冀东油田、吉林石化、独山子石化、西部钻探、长城钻探、渤海钻探、东方物探,以及勘探开发研究院、石油化工研究院、钻井工程技术研究院、咨询中心等20多家油气田、炼化、工程技术企业和科研院所的代表,还有来自《经济日报》《科技日报》《中国能源报》《中国石油报》《石油商报》等新闻媒体的记者,来自《石油钻采工艺》《石油科技论坛》等专业期刊的采编等,共有100多人参加了此次发布会。

经研院院长李建青代表经研院致辞,在致辞中表示,经研院作为中国石油天然气集团公司的战略研究机构,认真履行"一部三中心"的职责,致力于能源战略与政策、油气市场与营销、科技发展与创新管理、国际化经营与地缘政治、信息资源开发五大领域的研究。"2016国内外石油科技进展与展望发布会"是继"国内外油气行业发展报告发布会""世界与中国能源展望

发布会"之后举办的第三场发布会,也是经研院第三次发布科技发展报告,与大家分享经研院在国内外石油科技发展与创新方面的最新研究成果。油气科技发展与创新管理是经研院传统的研究领域,科研团队积极参与承担国家和中国石油天然气集团公司的多项重大科技项目研究,在技术经济分析、国内外对标、技术预测、创新管理、知识产权及技术政策研究等方面卓有建树。

经研院党委书记钱兴坤、副院长刘朝全、纪委书记张宏、副总经济师李尔军和廖钦,以及经研院各管理部门、研究所(中心)负责人参加了发布会。吕建中副院长全程主持了会议,他在主持中强调,此次发布的研究成果是基于经研院过去两年来对国内外石油科技发展的研究分析,特别是参与承担国家重大科技专项、中国石油集团"十三五"科技发展以及国内外技术交流与专题研究等众多成果。越是在困难的条件下,越要倍加重视和依靠技术创新,跟上科技革命步伐,准确把握未来方向,以自我革命、自我超越的精神,赢得竞争优势和发展空间。来自石油科技研究所的张焕芝首先做了题为《国内外石油科技发展与展望》的报告,系统分析了低油价下国内外石油科技发展前沿与趋势,随后杨金华、邱茂鑫、李晓光、余本善、王祖纲分别做了《智能化——世界油气工业持续提质降本增效的有效途径和必由之路》《提高采收率——油田开发永恒的主题》《大数据在油气行业应用进展与展望》《储能技术发展与展望》《新能源汽车发展及对我国油气行业的影响》五个专题报告,获得了翟光明、苏义脑、李根生3位院士及王铁军助理、吴国干副主任和杨青处长的高度评价。

翟光明院士认为,报告提出了石油行业可以实现的、非常好的前景,可以通过各种新的思想、新的认识进一步推广创新技术,使得各项工作再往前推进一步,这也符合习近平总书记多次讲到的创新精神。我们的工作就是要创新,石油行业的各种技术,以及各种技术的综合集成、勘探、开发、钻井、测井、大数据,甚至于新能源汽车,需要坚持不懈地创新,坚持不懈地对各方面的问题和技术持一种既相信又怀疑的态度,如何进一步改进,如何进一步深入,始终在新思想、新思路的指导下工作。

苏义脑院士认为经研院作为国家智库,发布的报告已经达到了国家层面、战略高度、国际视野、创新思维的标准,是为我们国家石油工业奉上的一份硕果。既有对科技发展形势的判断和前瞻,又提出对当前存在问题的建议,有助于了解行业全貌、开阔视野、拓宽思路。新能源的发展虽然迅速,但现在还不是主体能源,石油还是主体能源。新能源的发展是为了让石油有更好的用处,发挥更大的作用。尽管遇到低油价,但是石油行业将来肯定会有很好的发展前景。

李根生院士认为油气科技的发展是工业科技、世界科技发展的重要组成部分。报告站在世界工业革命、科技革命和能源革命的大视野以及国内外生产和社会生活的相关高新技术的大环境下来结合油气工业的科技发展,指出了未来油气科技发展的趋向是智能化、互联网和跨界创新。跨界创新就像高新技术的大数据、智能化、3D打印、仿生技术、虚拟现实、纳米技术等可以更大地推动油气科技的发展。自动化、信息化是科技的必由之路,智能化又是新的大趋势,在智能钻井、智能油田、智能炼厂、智能管道方面都有广阔的前景。

咨询中心副主任吴国干给予发布会高度评价。他认为发布会主题鲜明,针对性很强,前瞻性很强,技术总结非常全面。在低油价时代,推进石油科技进步、实现降本增效和持续发展需要技术创新和管理创新,国内油气可持续发展比任何时候都依赖技术进步。从长远来看,"两深一非"是我国的资源长期可接替必然要走的领域,但是目前面临着技术和成本的双重挑战。国外的技术不能完全复制过来,希望经研院今后能够更加紧密结合我国的特点,以及我国的油气地质特点,找准我们的技术研发和国外的技术研发之间的差别,使报告更有指导性。

国家能源局油气司杨青处长认为,此次发布会报告对油气资源在今后能源领域的地位和作用提出了国家级的、智库级的结论。报告详细、全面地阐述了面对着新能源的发展,油气资源在能源中的地位和作用;低油价环境下国内油气行业的地位、作用及国际竞争力,以及低油价环境下怎么进行低成本的勘探、开发,如何提高石油供应能力,确保石油供应的安全等实际问题。报告抓住了油气行业发展的关键技术热点,结合实际的技术需求和自身的技术特点,更加关注了油气替代技术,以及新一轮的工业技术革命,用智能化技术、跨领域和跨专业的综合技术来解决当前油气勘探开发中的实际问题,可以实现降本增效。

最后,总经理助理王铁军发表了热情洋溢的总结讲话。他认为,本次发布会内容丰富、视野宽阔、站位高远,展示了一幅世界石油科技发展的精彩画面,充分体现了经研院在过去几年的进步和提升。他希望经研院能够进一步把准定位,当好参谋,积极为集团公司的改革创新发展资政建言;坚持以人为本,突出队伍建设,大力培养高水平的专家智囊;注重夯实基础,强化能力建设,形成独具特色的智库优势。

王铁军助理在"2016 国内外石油科技发展与
展望发布会"上的总结讲话

各位领导、各位院士、各位专家,大家下午好!

今天非常高兴再次参加经研院举办的"2016 国内外石油科技发展与展望发布会"。这是经研院年度系列发布会之一,主要展示了在国内外油气科技进步和创新领域取得的优秀信息产品和研究成果,我代表集团公司,并以我个人的名义向本届发布会的成功举办表示热烈的祝贺。

一、专家对发布会的评价

这次发布会与上次相比,内容更加丰富,视野更加宽阔,站位更加高远,为我们展示了一幅世界石油发展的精彩画面。这充分体现了经研院过去几年的进步和提升。

同时,几位院士、专家和领导也对一个总报告和五个分报告进行了精彩点评,既高度评价了你们的成果,也提出了很好的建议,希望认真地思考和吸纳。翟光明院士要求大家进一步解放思想,思路超前,不管多么伟大的理论和研究,一定要跟实践有机地结合。苏义脑院士对你们的研究给予了很高的评价。对新能源汽车的研究显示,百公里只需要 5 度电,充一次电可以行驶 500 公里,成本仅为汽油的 1/10,而油气能源,在世界占比 55%,中国大概是 25%,建议对全球的数据进行统计,让统计学这门科学,帮助高层决策者进行更加有效、正确的决策。李根生院士提出经研院的研究是石油工业、是能源技术发展战略趋势的研究。吴国干先生提到国内油气可持续发展比任何时候都依赖技术进步,目前面临着技术和成本的双重挑战,尤其非常规的开发,国外的技术不能完全复制过来,今后需要做一些更有指导性的工作。杨青处长提到让我们的视野更宽阔一点,站在全球的角度,把一个领域再拓宽一点。

二、对经研院研究与发展的建议

首先是关于经研院的地位和作用。经研院作为集团公司决策支持机构,在集团公司,乃至国家油气行业改革发展中发挥着重要的参谋咨询作用。2015 年,经研院被中央确定为首批 25 家国家高端智库试点单位,而且是唯一一家来自企业的智库。就是对经研院多年来的工作成效、地位作用的认可,也是对未来工作寄予更高的期望和要求。经研院的研究工作包括能源战略与政策、油气市场与营销、科技发展与创新、国际化经营与地缘政治、信息资源开发五大领域。可以说既有经济,又有技术;既有国外,又有国内;既有宏观,又有微观;既有战略,又有策略。我们在集团公司总部工作,每天都能看到信息非常大、研究成果非常多的来自于经研院的大量的信息产品和研究报告,而且报告写得很精彩,看完了使人为之一振,记忆很深。有力地支撑了公司的科技规划、科技管理、技术政策、重大专项、体制机制改革、研究等工作。

经研院编写出版的年度《国外石油科技发展报告》目前已成为公司领导、管理部门及业界人士了解石油科技发展前沿和趋势的重要参考资料。在我的印象中,你们提供的有关致密油的开发、旋转导向钻井、大数据的技术信息、国外页岩气开发成本、油公司购并等分析报告,特别参与了集团公司工程技术业务重组改革方案研究等,都获得了集团公司的批示和肯定,并引导了相关的业务工作,借此机会,向经研院以及所有参与课题研究、项目咨询、管理服务、报告编写的科技人员表示衷心的感谢,道一声大家辛苦了。

关于技术创新的战略,大家知道,科技创新始终是世界石油工业发展的动力源泉。石油工业历史上的每一次跨越几乎都得益于技术革命的推动,特别是一些颠覆性的技术,往往是在应对挑战过程中破壳而出的,像北美地区的页岩气革命实质上就是一场技术的革命,并引发了全球能源格局的巨大变革。因此,越是在困难的条件下,越要倍加重视和依靠技术创新,跟上科技革命的步伐,准确地把握未来方向,以自我革命、自我超越的精神赢得竞争优势和发展空间。正因为此,国际大石油公司纷纷将科技创新作为立身之本,将科技投入作为公司的战略投资,依靠创新培育核心竞争力,占领未来的制高点。

自2014年下半年,也就是上一次发布会以来,受世界经济增长乏力、能源消费增速放缓因素的影响,国际石油市场处于深度调整和再平衡的过程中,影响供需关系、价格各种不确定因素错综复杂,油价持续低位振荡,油气行业整体业务大幅下滑。在国外有很多企业破产了,有多少万人失业。我记得一个数字,地球物理勘探公司破产了70家,全球25万人失业,油气行业在短时间内难以走出不景气的周期。

面对低油价的冲击和挑战,国际大石油公司都在采取压缩投资,一般投资压缩20%左右,利润下滑70%~80%。国际上在采取压缩投资、裁减人员、剥离资产、兼并重组等措施的同时,普遍对技术创新高度重视,一些石油公司、服务公司的研发投入强度不仅没有减少,甚至还有所增加,并对研发的方向进行了必要的调整,以前是中长期,现在将研发时间缩短为中短期项目,侧重于降成本和优化产量的实用技术、强化研发项目的优化组合等。

当前集团公司面临的勘探开发的对象日趋复杂,要素成本逐年上升。炼化、加工资源日趋劣质化,工程技术服务业务核心竞争力亟待提升,非常规油气、深层勘探开发、安全环保节能等领域的技术瓶颈制约依然明显。加上国际油价持续低迷,给公司生产经营带来了巨大的压力和挑战,迫切需要通过进一步增强科技创新能力推动降本增效、转型升级。

2016年初,集团公司工作会议正式提出实施创新战略。在之后召开的科技与信息化创新大会上,进一步明确了大力实施创新战略的目标、任务和要求,强调深入贯彻中央创新驱动发展战略和创新发展理念。坚持把创新摆在公司全局发展的核心地位,以科技创新带动全面的创新,加快实现从主要依靠投资和要素驱动向主要依靠创新驱动的转变,全面提升发展的质量和效益。到2020年,公司的科技实力保持在央企前列,保持行业先进,成为国际知名的创新型企业。到2030年,努力建成世界一流的创新型企业。建设世界一流的创新型企业,需要有世界一流的智库提供咨询服务和决策支撑。集团公司对经研院的智库建设工作高度重视,并寄予了殷切希望,希望你们进一步努力实施创新驱动发展战略,加强智库建设,为公司发展目标提供更好的决策支持。

三、对智库建设与发展的建议

结合集团公司面临的形势和改革发展的任务,对经研院的智库建设再提三点建议,供你们参考。

第一,把准定位,当好参谋,积极为集团公司改革创新发展资政建言。智库是智囊团、思想库,也是参谋部。顾问的班子对政策决策、企业发展、社会舆论与公共知识传播具有深刻的影响。作为集团公司的智库,经研院应紧紧地围绕建设世界一流综合性国际能源公司目标,立足企业改革创新发展中的难点、热点问题,以全球的视野、战略的眼光、专业的角度、超前的研究、独立的思考、周密的论证,多出有创新性、针对性、实用性的思路和举措。资政建言应做到敢言、能言、善言,不断增强话语权和影响力。

第二,以人为本,突出队伍建设,大力培养高水平的专家智囊。纵观国内外的知名智库,其立足之本主要是依靠高水平的专家,特别是那些在国际政治外交里赫赫有名的智库大多有全球知名的专家学者。我们有些专家曾是叱咤风云的世界人物,经研院要进一步解放思想,不但在中国,还要走向世界参与更多的国际活动,加大对人才的培养力度,大胆地采取"走出去""引进来"的方式,用好"旋转门",实施开放式的创新,做好引才、引智的公司。同时,深化体制机制改革,为人才脱颖而出、成名、成家创造良好的条件。我们有更多国际知名专家,在国际、国内的话语权会大大提升。

第三,夯实基础,强化能力建设,形成独具特色的智库优势。大凡世界著名的智库都有自己独特的本领、优势领域。经研院的智库建设应突出能源行业和中国石油企业的特色,充分发挥好技术与经济、国内与国外、宏观与微观相结合的优势,围绕五大重点领域,创新研究方法和手段,强化数据库分析模型和信息平台开发。推进智囊研究院建设,不断增强研究工作的科学性、系统性,努力打造更多、更好、更有影响力的智库产品。

各位领导、各位院士、各位专家,中国有句古诗"行到水穷处,坐看云起时。"在这个充满机遇、挑战和不确定的变革时代里,我们比以往任何时候都更加需要科技创新的力量,更加期待着发挥智库资政建言、决策支持的作用。祝经研院百尺竿头更进一步,祝各位领导、院士、专家、来宾们,身体健康、工作顺利、生活愉快。

谢谢大家!

中国石油天然气集团公司
总经理助理王铁军
2016 年 10 月 13 日